DIE GRUNDLEHREN DER MATHEMATISCHEN WISSENSCHAFTEN

IN EINZELDARSTELLUNGEN MIT BESONDERER BERÜCKSICHTIGUNG DER ANWENDUNGSGEBIETE

HERAUSGEGEBEN VON

R. GRAMMEL · E. HOPF · H. HOPF · W. MAGNUS
F. K. SCHMIDT · B. L. VAN DER WAERDEN

BAND LXII

ANFANGSWERTPROBLEME BEI
PARTIELLEN DIFFERENTIALGLEICHUNGEN

VON

ROBERT SAUER

ZWEITE AUFLAGE

SPRINGER-VERLAG
BERLIN · GÖTTINGEN · HEIDELBERG
1958

ANFANGSWERTPROBLEME BEI PARTIELLEN DIFFERENTIALGLEICHUNGEN

VON

DR. ROBERT SAUER

O. PROFESSOR FÜR MATHEMATIK UND ANALYTISCHE MECHANIK
AN DER TECHNISCHEN HOCHSCHULE MÜNCHEN

ZWEITE ERWEITERTE AUFLAGE

MIT 68 ABBILDUNGEN

SPRINGER-VERLAG
BERLIN · GÖTTINGEN · HEIDELBERG
1958

ISBN 978-3-540-02276-3   ISBN 978-3-642-85597-9 (eBook)
DOI 10.1007/978-3-642-85597-9

Vorwort zur zweiten Auflage

Auch in der zweiten Auflage wendet sich das vorliegende Buch in erster Linie an Physiker und Ingenieure und an den an Anwendungen interessierten Mathematiker. Der Inhalt der ersten Auflage wurde mit einer Reihe von Verbesserungen und Berichtigungen sowie Ergänzungen, z. B. durch Hinzunahme eines Absatzes über Differentialgleichungen vom gemischten Typus, im großen und ganzen unverändert in die zweite Auflage übernommen. Neu hinzugefügt wurde ein Kapitel über den Distributionskalkül von LAURENT SCHWARTZ. Im Rahmen dieses Kalküls werden auch die Pseudofunktionen von MARCEL RIESZ eingeführt und Theorie und Anwendungen der LAPLACE-Transformation kurz erörtert.

Bei der Herstellung und Durchsicht des Manuskripts, insbesondere für das neu hinzukommende Kapitel, haben mich die Herren Dr. PENZLIN, Dr. STETTER und Dr. SUSCHOWK sehr wesentlich unterstützt. Die Darstellung der Distributionstheorie schließt sich an eine Veröffentlichung von Dr. PENZLIN an. Die neu aufgenommenen Abbildungen wurden von den Herren GAST und SCHÄTZ gezeichnet, beim Lesen der Korrekturen halfen mir die Herren Dr. STETTER und Dr. SUSCHOWK. Das Namen- und das Sachverzeichnis wurden von den Herren GAST und HUBER aufgestellt. Allen diesen meinen Mitarbeitern danke ich aufs herzlichste für ihre freundliche und bereitwillige Unterstützung, ohne die es mir nicht möglich gewesen wäre, die Neuauflage in der kurzen zur Verfügung stehenden Zeit druckfertig zu machen. Herrn Kollegen Prof. PINL danke ich für viele wertvolle Hinweise und Verbesserungsvorschläge. Besonderer Dank gebührt auch bei der zweiten Auflage dem Springer-Verlag für die rasche und vorzügliche Drucklegung.

München, im März 1958.

R. SAUER

Vorwort zur ersten Auflage

Das vorliegende Buch behandelt Anfangswertprobleme, die bei partiellen Differentialgleichungen und Differentialgleichungssystemen vom hyperbolischen Typus auftreten. Nach dem einführenden Kapitel I, in dem an einfachen Beispielen Anfangswert- und Randwertprobleme gegenübergestellt werden, und dem vorbereitenden Kapitel II, das eine kurze Darstellung der Charakteristikentheorie der Differentialgleichung erster Ordnung enthält, sind die beiden Hauptkapitel III und IV den Systemen quasilinearer Differentialgleichungen erster Ordnung und der Differentialgleichung zweiter Ordnung gewidmet. In Kapitel III werden diese Probleme bei zwei unabhängigen Veränderlichen, in Kapitel IV bei mehr als zwei unabhängigen Veränderlichen behandelt.

Hyperbolische Anfangswertprobleme treten in allen Gebieten der Physik und Technik auf, die es mit Wellenausbreitungs- und Ausstrahlungsvorgängen zu tun haben. Ein besonders umfassendes Anwendungsgebiet der Systeme quasilinearer Differentialgleichungen ist die Strömungslehre kompressibler Medien, die man kurz als Gasdynamik zu bezeichnen pflegt. Ein wesentliches Ziel dieses Buches soll es sein, dem Physiker und Ingenieur das erforderliche mathematische Rüstzeug in einer ihm angemessenen Weise zu vermitteln. Im Sinne dieser Zielsetzung wird durchwegs versucht, die grundlegenden Begriffe der Theorie geometrisch und physikalisch zu veranschaulichen und an analogen Fragen bei Differenzengleichungen zu verdeutlichen. Aus demselben Grunde ist den Anwendungen, insbesondere aus dem Gebiet der Gasdynamik, sowie der Darlegung numerischer und graphischer Näherungsmethoden (Differenzenverfahren, Gitterkonstruktionen) ein breiterer Raum zugewiesen, als dies in mathematischen Büchern sonst üblich ist. Bezüglich der numerischen Methoden sei auch auf das als Band LX dieser Sammlung erschienene Buch von L. COLLATZ: Numerische Behandlung von Differentialgleichungen, und zwar insbesondere auf Kap. III dieses Buches, verwiesen.

Das Buch kann keinerlei Anspruch auf Vollständigkeit erheben. So wurde beispielsweise auf die Behandlung der Operatorenmethoden (FOURIER- und LAPLACE-Transformationen, BERGMANSche Integraloperatoren) verzichtet und die HADAMARDSche Integrationstheorie nur in ihren Grundzügen dargestellt. Der dem Buch gesteckte Rahmen gestattete es leider nicht, die HADAMARDsche Theorie im Zusammenhang mit der Distributionstheorie von L. SCHWARTZ zu entwickeln und dadurch die HADAMARDschen Begriffsbildungen zu erweitern und zu vertiefen. Andererseits lag es in der Natur der Sache, daß sich Überschneidungen mit dem als Band XLVIII dieser Sammlung erschienenen Werk von R. COURANT und D. HILBERT: Methoden der mathematischen Physik II, nicht vermeiden ließen. Verschiedene Gebiete, die der Verfasser sonst gerne berücksichtigt hätte (z. B. Anwendungen aus der Optik und Elektrodynamik), wurden, um weitere Überschneidungen zu vermeiden, beiseite gelassen.

Herrn Privatdozent Dr. W. MEYER-KÖNIG möchte ich auch an dieser Stelle für zahlreiche wertvolle Hinweise und Verbesserungsvorschläge herzlich danken. Desgleichen danke ich Herrn Kollegen Prof. Dr. J. HEINHOLD sowie meinen Mitarbeitern Herrn Dr. H. JORDAN, Herrn R. AUFSCHLÄGER und Herrn K. R. DORFNER für ihre freundliche Hilfe bei den Korrekturen und der Vorbereitung des Manuskripts. Ebenso ist es mir ein Bedürfnis, dem Springer-Verlag, der meine Arbeit auch diesmal wieder in jeder Weise erleichtert hat und das Buch nunmehr in der bekannten vorzüglichen Ausstattung herausbringt, meinen herzlichsten Dank auszusprechen.

München, Ostern 1952.   R. SAUER.

Inhaltsverzeichnis

Erstes Kapitel

Gegenüberstellung von Anfangswert- und Randwertproblemen

Zweites Kapitel

Differentialgleichungen erster Ordnung

Viertes Kapitel

**Systeme quasilinearer Differentialgleichungen erster Ordnung
und die quasilineare Differentialgleichung zweiter Ordnung
bei mehr als zwei unabhängigen Veränderlichen**

Inhaltsverzeichnis   XIII

Fünftes Kapitel

Behandlung von Anfangswertproblemen mit Hilfe des Distributionskalküls

Literatur

Von Lehrbüchern, in denen Anfangswertprobleme bei partiellen Differential-gleichungen behandelt werden, seien genannt:

[1] COURANT, R., u. D. HILBERT: Methoden der mathematischen Physik, Band II. Berlin: Springer 1937.

[2] FRANK, PH., u. R. V. MISES: Die Differential- und Integralgleichungen der Mechanik und Physik, Band I. Braunschweig: Vieweg 1930, 2. Auflage. New York 1943.

[3] HADAMARD, J.: Le problème de Cauchy et les équations aux dérivées par-tielles linéaires hyperboliques. Paris: Hermann et Cie. 1932.

[4] SOMMERFELD, A.: Partielle Differentialgleichungen der Physik (Vorlesungen über theoretische Physik, Band VI). Leipzig: Akad. Verl.-Ges. 1947.

[5] KAMKE, E.: Differentialgleichungen, Lösungsmethoden und Lösungen, Band II. Leipzig: Akad. Verl.-Ges. 1944.

[6] KAMKE, E.: Differentialgleichungen reeller Funktionen. 2. Auflage, Leipzig: Akad. Verl -Ges. 1944.

[7] SZEGÖ, G.: Partielle Differentialgleichungen der mathematischen Physik. Leipzig und Berlin: Teubner 1930.

Eine Zusammenstellung der Existenzsätze mit vielen Literaturangaben findet sich bei

[8] BERNSTEIN, D. L.: Existence theorems in partial differential equations. Annals of Mathematics Study, Nr. 23. Princeton University Press 1950.

Anwendungen auf die Theorie der Strömungen kompressibler Medien sind in folgenden Werken enthalten:

[9] COURANT, R., u. K. O. FRIEDRICHS: Supersonic flow and shock waves. Interscience Publishers, Inc., New York 1948.

[10] HADAMARD, J.: Leçons sur la propagation des ondes. Chelsea Publ. Comp. New York 1949.

[11] SAUER, R.: Einführung in die theoretische Gasdynamik. 2. Auflage. Berlin/ Göttingen/Heidelberg: Springer 1951.

[12] SAUER, R.: Théorie des écoulements des fluides compressibles. Paris: Béranger 1951.

Einleitung

Das vorliegende Buch handelt von partiellen Differentialgleichungen, d.h. von Differentialgleichungen mit zwei oder mehr als zwei unabhängigen Veränderlichen. Um eine bestimmte Lösung einer partiellen Differentialgleichung festzulegen, muß man noch gewisse zusätzliche Daten vorschreiben. Je nach der Art dieser zusätzlichen Daten spricht man in gewissen Fällen von Anfangswertproblemen und in anderen Fällen von Randwertproblemen oder von Anfangs-Randwert-Problemen. Ein Anfangswertproblem läßt sich z.B. für die Wellengleichung $f_{xx} - f_{yy} = 0$ stellen (vgl. § 2); eine Lösung $f(x, y)$ dieser Gleichung liegt etwa in der oberen x, y-Halbebene eindeutig fest, wenn auf der x-Achse als Anfangskurve die Werte von f und der ersten partiellen Ableitung f_y (Anfangswerte) bekannt sind. Ein Randwertproblem kann z. B. für die Potentialgleichung $f_{xx} + f_{yy} = 0$ gestellt werden (vgl. § 1); hier liegt eine Lösung $f(x, y)$ etwa im Innern eines Kreises eindeutig fest, wenn man die Werte von f auf dem Kreis (Randwerte) kennt. Als Beispiel eines Anfangs-Randwert-Problems sei folgende Aufgabe genannt: Gesucht ist die Lösung der Wellengleichung für einen in der oberen x, y-Halbebene gelegenen Halbstreifen, der von einer Strecke der x-Achse und zwei zur y-Achse parallelen Halbgeraden begrenzt wird; auf der Strecke der x-Achse sind die Werte von f und f_y (Anfangswerte) vorgegeben, auf den beiden Halbgeraden die Werte von f allein (Randwerte). Anfangs- und Randwertprobleme können nicht nach Belieben gestellt werden, sondern für gewisse Differentialgleichungen sind nur Anfangswertprobleme, für andere nur Randwertprobleme „sachgemäß".

Die eben genannten Beispiele zeigen bereits einen kennzeichnenden Unterschied der Anfangs- und Randwertprobleme: Beim Randwertproblem der Potentialgleichung hat eine Abänderung der Randwerte auf einem noch so kleinen Teilbogen des Randes eine Abänderung der Lösung in dem ganzen von der Randkurve umschlossenen Bereich zur Folge. Beim Anfangswertproblem der Wellengleichung dagegen beeinflußt eine Abänderung der Anfangsdaten auf einem Teilbogen der Anfangskurve die Lösung nur in einem gewissen „Einflußbereich". Die Begrenzungslinien solcher Einflußbereiche, die sog. Charakteristiken, spielen in der Theorie der Anfangswertprobleme eine grundlegende Rolle.

Anfangswertprobleme bei partiellen Differentialgleichungen, und zwar die sog. hyperbolischen Anfangswertprobleme (vgl. § 3), bilden den Gegenstand dieses Buches. Zuweilen wird auch von gewissen Anfangs-Randwert-Problemen die Rede sein. In der Physik treten Anfangswertprobleme überall dort auf, wo es sich um Ausbreitungs- und Ausstrahlungsvorgänge (fortschreitende Wellen) handelt, also z. B. in der Akustik und Optik (lineare Wellengleichungen) und bei vielen Fragen der Gasdynamik, d. h. der Strömungslehre kompressibler Medien (nichtlineare Wellengleichungen). Wir werden diesen Anwendungen, insbesondere den gasdynamischen, einen breiten Raum zuweisen. Daneben werden wir uns gelegentlich auch mit differentialgeometrischen Anwendungen, nämlich dem Verbiegungsproblem der negativ gekrümmten Flächen, beschäftigen.

Für die Behandlung der Anfangswertprobleme bei linearen partiellen Differentialgleichungen wurde neuerdings mit der sogenannten Distributionstheorie des französischen Mathematikers LAURENT SCHWARTZ[1] ein besonders elegantes Werkzeug geschaffen. In diesem neuen, fruchtbaren Zweig der Funktionalanalysis werden die Begriffe Funktion und Ableitung der klassischen Analysis so erweitert, daß man dadurch einen sehr einfachen und durchsichtigen Kalkül für die Lösung von Anfangswertproblemen linearer Differentialgleichungen erhält. Ein Vorläufer dieses Kalküls sind die DIRACschen ,,uneigentlichen Funktionen''. Im Schlußkapitel des vorliegenden Buches geben wir eine Einführung in den Distributionskalkül unter dem Gesichtspunkt seiner praktischen Anwendung in Physik und Technik. Dabei werden wir auch auf die LAPLACE-Transformationen eingehen, die oft ein nützliches Hilfsmittel zur Lösung von Anfangswertproblemen sind.

Erstes Kapitel

Gegenüberstellung von Anfangswert- und Randwertproblemen

Ausgehend von zwei bereits in der Einleitung genannten typischen Beispielen, nämlich dem Randwertproblem der Potentialgleichung und dem Anfangswertproblem der Wellengleichung, werden grundlegende Begriffe und Fragestellungen erläutert und durch analoge Beziehungen bei Differenzengleichungen verdeutlicht. Da in den späteren Kapiteln die gasdynamischen Anwendungen einen breiten Raum einnehmen, werden außerdem die Grundgleichungen der Gasdynamik kurz hergeleitet und zusammengestellt.

---

[1] SCHWARTZ, L.: Théorie des distributions I, II. Paris: Hermann 1950/51

§ 1. Dirichletsches Randwertproblem der Potentialgleichung

1. Aufgabenstellung

Ein typisches Beispiel eines Randwertproblems ist die Dirichletsche Randwertaufgabe der Potentialtheorie:

Von einer Funktion $f(x, y)$, die in einem ganz im Endlichen liegenden, einfach zusammenhängenden Bereich[1] (B) der x, y-Ebene (Abb. 1) zweimal stetig differenzierbar ist und der Potentialgleichung

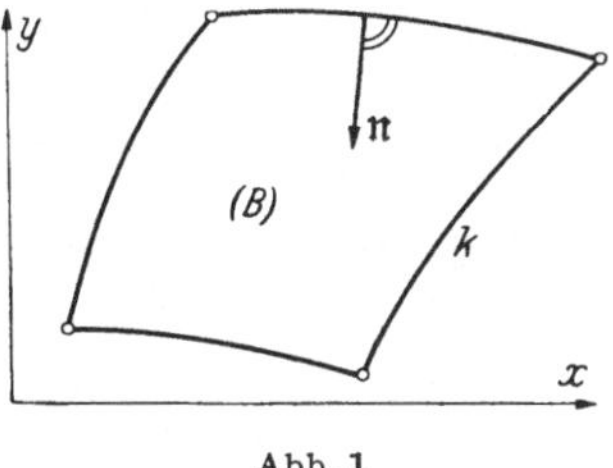

$$\Delta f \equiv f_{xx} + f_{yy} = 0 \qquad (1.1)$$

genügt, sind die Funktionswerte $f = \bar{f}(s)$ auf der Randkurve k vorgegeben. Die Kurve k soll aus endlich vielen analytischen Kurvenbögen bestehen, s ist ihre Bogenlänge. Gesucht sind die Funktionswerte $f(x, y)$ in den Innenpunkten des Bereiches (B).

Abb. 1

Daß die gestellte Aufgabe höchstens eine Lösung haben kann, sieht man sofort folgendermaßen:

Durch Anwendung des Gaussschen Satzes

$$\iint\limits_{(B)} \operatorname{div} \mathfrak{p}\, d\sigma = - \int\limits_{k} \mathfrak{n}\, \mathfrak{p}\, ds \qquad (1.2)$$

($d\sigma$ = Flächenelement, ds = Bogenelement der Randkurve, $\mathfrak{n}$ = Normalenvektor der Randkurve, nach innen weisend) auf den Vektor $\mathfrak{p} = u(x, y) \cdot \operatorname{grad} u(x, y)$ kommt

$$\iint\limits_{(B)} (u_x^2 + u_y^2)\, d\sigma + \iint\limits_{(B)} u(u_{xx} + u_{yy})\, d\sigma = - \int\limits_{k} u \frac{\partial u}{\partial n}\, ds.$$

Ist nun $u = f_1(x, y) - f_2(x, y)$ die Differenz zweier Lösungen unserer Randwertaufgabe, so ist $\Delta u = 0$ und auf dem Rande $u = 0$. Daraus folgt

$$\iint\limits_{(B)} (u_x^2 + u_y^2)\, d\sigma = 0,$$

also $u_x = u_y = 0$ und demnach $u(x, y) = \text{const} = 0$, wie behauptet.

2. Differenzierbarkeitseigenschaften der Lösung

Die Lösung $f(x, y)$ unserer Aufgabe ist nicht nur, wie zunächst verlangt war, zweimal, sondern beliebig oft nach x, y differenzierbar. Diese sehr bemerkenswerte Eigenschaft ergibt sich leicht aus der Funk-

---

[1] Eine zusammenhängende, abgeschlossene Punktmenge wird kurz „Bereich", eine zusammenhängende, offene Punktmenge „Gebiet" genannt.

tionentheorie: Durch die CAUCHY-RIEMANNschen Differentialgleichungen

$$g_x = -f_y, \qquad g_y = f_x$$

ist bis auf eine additive unwesentliche Konstante eine weitere zweimal stetig differenzierbare Lösung $g(x, y)$ der Potentialgleichung festgelegt. $F = f + ig$ ist eine in jedem Teilgebiet von (B) reguläre analytische Funktion der komplexen Veränderlichen $z = x + iy$, besitzt also Ableitungen beliebiger Ordnung nach z. Hiermit ist unter Berücksichtigung von

$$\frac{dF}{dz} = f_x - i f_y, \qquad \frac{d^2 F}{dz^2} = f_{xx} - i f_{xy} = -f_{yy} - i f_{xy} \quad \text{usf.}$$

die Behauptung bewiesen.

3. Konstruktion der Lösung mittels der Greenschen Funktion

Die soeben gefundene Beziehung zur Funktionentheorie hat eine weitere wichtige Folge:

Wird das Innere des Bereiches (B) der z-Ebene durch eine analytische Funktion $z = z(w)$ mit $z'(w) \neq 0$ auf ein Gebiet der w-Ebene umkehrbar eindeutig und konform abgebildet, wobei $w = u + iv$ sei, so wird $F = f + ig = F(z(w))$ eine analytische Funktion von $u + iv$, unsere Lösung f genügt also auch, aufgefaßt als Funktion von u und v, der Potentialgleichung.

Man kann infolgedessen unsere Randwertaufgabe durch konforme Abbildung des Bereiches (B) abändern. Insbesondere kann man (B) auf Grund des RIEMANNschen Abbildungssatzes durch eine geeignete analytische Funktion $w(z)$ auf den Einheitskreis $|w| \leq 1$ der w-Ebene abbilden. Diese Abbildung ist bis auf Drehungen der w-Ebene um den Nullpunkt eindeutig bestimmt, wenn irgendein Innenpunkt $\zeta = \xi + i\eta$ von (B) dem Nullpunkt $w = 0$ zugeordnet wird (Abb. 2).

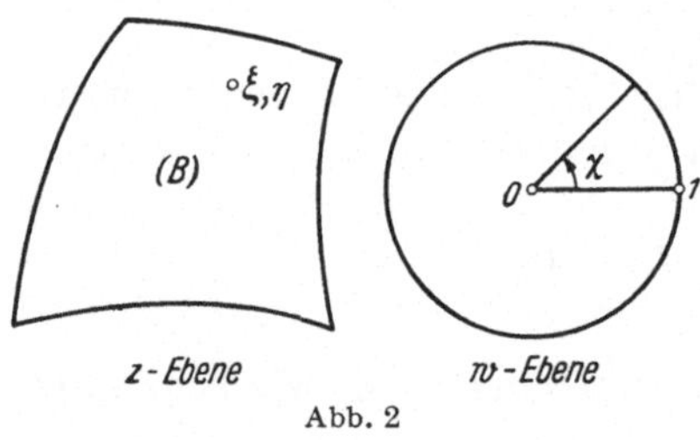

Abb. 2

Die Funktionswerte f werden bei der konformen Abbildung von den Punkten z auf die entsprechenden Punkte w übertragen. Wenn also die Abbildung $w = w(z)$, die natürlich ζ als Parameter enthält, bekannt ist, haben wir nur noch die einfachere Aufgabe zu lösen, den Funktionswert f im Kreismittelpunkt $w = 0$ aus den Funktionswerten $f = \bar{f}$ auf dem Einheitskreis zu ermitteln. Diese Aufgabe läßt sich folgendermaßen lösen:

Wir transformieren das Innere des Einheitskreises $|w| < 1$ durch eine lineare Abbildung auf die obere Halbebene einer ω-Ebene (Abb. 3) und ersetzen die Randwerte $\bar{f}$ durch stückweise konstante Werte $\bar{f}_i$. Dann ist mit den in Abb. 3 benützten Bezeichnungen

$$f(\Omega) = \frac{1}{\pi}\,\bar{f}_i\,(\vartheta_1 - \vartheta_2) = \frac{1}{\pi}\,\bar{f}_i\,\varDelta\vartheta = \frac{1}{2\pi}\,\bar{f}_i\,\varDelta\chi$$

eine Lösung der Potentialgleichung, welche auf der reellen Achse der ω-Ebene außerhalb $A_1 A_2$ verschwindet und zwischen A_1 und A_2 den festen Wert $\bar{f}_i$ annimmt.

Die beiden zur Geraden $A_1 A_2$ orthogonalen Kreisbögen ΩA_1, ΩA_2 gehen bei der konformen Abbildung in zwei Radien des Kreises $|w| = 1$ über. Der von ihnen eingeschlossene Winkel $\varDelta\chi = 2\,\varDelta\vartheta$ bleibt bei der konformen Abbildung erhalten. Ω ist

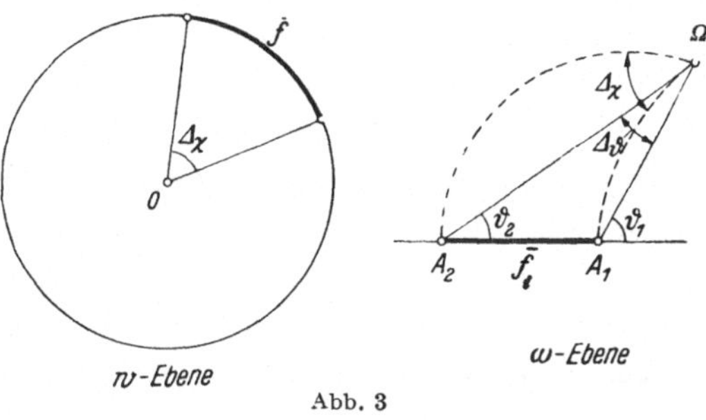

Abb. 3

der dem Kreismittelpunkt $w = 0$ entsprechende Punkt der ω-Ebene. Durch Summation über i und Grenzübergang von der Summe zum Integral erhält man die bekannte Gleichung

$$f(\Omega) = f(O) = \frac{1}{2\pi}\int\limits_0^{2\pi}\bar{f}\big(s(\chi)\big)\,d\chi, \qquad (1.3)$$

welche den Funktionswert f im Kreismittelpunkt O als Mittelwert der Randwerte $\bar{f}$ darstellt.

Man hat jetzt nur noch die Lösung (1.3) der Randwertaufgabe von der w-Ebene auf die z-Ebene zu übertragen. Wir nehmen an, daß die obengenannte konforme Abbildung $w = w(z, \zeta)$ bekannt sei, setzen

$$\ln w(z, \zeta) = -2\pi(G + iH)$$

und bezeichnen den Realteil $G(x, y; \xi, \eta)$ als Greensche Funktion. Sie verschwindet am Rande $|w| = 1$, wo $w = e^{i\chi}$ ist mit $\chi = -2\pi H$, und hat für $z = \zeta$, d. h. $w = 0$, eine logarithmische Singularität. Durch Einsetzen von

$$d\chi = -2\pi\,dH = -2\pi(H_x\,dx + H_y\,dy) = 2\pi(G_y\,dx - G_x\,dy) = 2\pi\frac{\partial G}{\partial n}\,ds$$

in Gl. (1.3) erhält man schließlich

$$f(\xi, \eta) = \int\limits_k \bar{f}(s)\,\frac{\partial G}{\partial n}\,ds. \qquad (1.4)$$

Nach Gl. (1.4) ist die Lösung unserer Randwertaufgabe geleistet, sobald die GREENsche Funktion $G(x, y; \xi, \eta)$ bekannt ist oder, was auf dasselbe hinausläuft, sobald die konforme Abbildung des Bereiches (B) auf den Einheitskreis vorliegt. Auch die schon in Ziff. 1 bewiesene Eindeutigkeit der Lösung ergibt sich von neuem aus Gl. (1.4).

Die GREENsche Funktion ist als Realteil einer analytischen Funktion selbst eine Lösung der Potentialgleichung, und zwar eine solche Lösung, die am Rande k verschwindet und im Gebietspunkt ξ, η eine logarithmische Singularität besitzt. Solche „Grundlösungen" werden uns in ähnlicher Weise auch bei den Anfangswertproblemen begegnen und auch dort eine fundamentale Rolle spielen (vgl. § 28).

4. Festlegung der Lösung durch die Randwerte

Durch die vorangehenden Entwicklungen ist gezeigt, 1. daß eine vorliegende Lösung $f(x, y)$ unserer Randwertaufgabe durch die Randwerte $f = \bar{f}(s)$ eindeutig festgelegt wird, und 2. wie sich die Werte $f(x, y)$ aus den Randwerten berechnen lassen.

Man kann weiterhin zeigen[1]: Wenn die Randwerte $\bar{f}(s)$ als beliebige stetige Funktion der Bogenlänge s vorgegeben werden, stellt Gl. (1.4) im Innern von (B) eine Lösung unserer Randwertaufgabe dar; $f(x, y)$ ist im Innern von (B) eine beliebig oft differenzierbare Funktion und nach Hinzufügung der Randwerte $\bar{f}(s)$ eine stetige Funktion im Bereich (B).

§ 2. Anfangswertproblem der Wellengleichung

1. Aufgabenstellung

Dem in § 1 behandelten Randwertproblem der Potentialgleichung (1.1) stellen wir jetzt das Anfangswertproblem der Wellengleichung

$$f_{xx} - f_{yy} = 0 \tag{2.1}$$

gegenüber, welche durch die Koordinatentransformation

$$x' = x + y, \quad y' = x - y$$

in $f_{x'y'} = 0$ übergeht. Hieraus ergibt sich

$$f = \varphi(x') + \psi(y') = \varphi(x + y) + \psi(x - y) \tag{2.2}$$

als allgemeine Lösung der Wellengleichung (D'ALEMBERT). Dabei sind $\varphi(x')$ und $\psi(y')$ willkürliche zweimal differenzierbare Funktionen.

Deutet man x, y, f als cartesische Koordinaten im Raum, so stellt Gl. (2.2) eine Rückungsfläche dar, aus der die Ebenen $x + y = \text{const}$

---

[1] Vgl. z. B. J. LENSE: Vorlesungen über Höhere Mathematik, S. 212 bis 214. München 1948.

und $x - y = $ const jeweils kongruente und parallele Kurven ausschneiden.

Wir stellen nun folgendes Anfangswertproblem (Abb. 4): Gesucht wird für eine gewisse Umgebung der Strecke $A B\,(y = 0,\ a \le x \le b)$ eine zweimal nach x und zweimal nach y stetig differenzierbare Funktion $f(x, y)$, welche erstens die Wellengleichung (2.1) erfüllt und zweitens auf der Strecke $A B$ den Anfangsbedingungen

$$f(x, 0) = \bar{f}(x),$$
$$f_y(x, 0) = \bar{q}(x) \qquad (2.3)$$

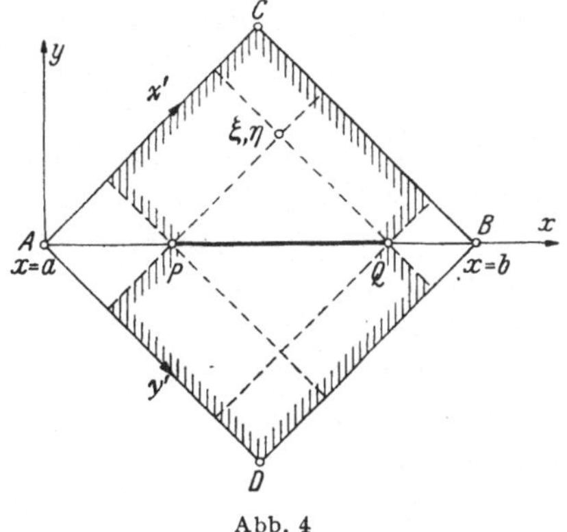

Abb. 4

genügt; die vorgegebene Funktion $\bar{f}(x)$ soll zweimal und $q(x)$ einmal stetig differenzierbar sein. Es sind also längs der Strecke $A B$ der Geraden $y = 0$ die Werte sowohl der Funktion $f(x, y)$ als auch ihrer ersten Ableitungen $f_x(x, y)$ und $f_y(x, y)$ gegeben.

Aus den Gln. (2.2) und (2.3) erhält man

$$f(x, 0) = \bar{f}(x) = \varphi(x) + \psi(x), \qquad f_y(x, 0) = q(x) = \varphi'(x) - \psi'(x),$$

also

$$2\varphi'(x) = \bar{f}'(x) + \bar{q}(x), \qquad 2\psi'(x) = \bar{f}'(x) - \bar{q}(x),$$

und hiermit

$$f(x, y) = \tfrac{1}{2}\left[\bar{f}(x + y) + \bar{f}(x - y)\right] + \tfrac{1}{2}\int\limits_{x-y}^{x+y} \bar{q}(\xi)\, d\xi \qquad (2.4)$$

als eindeutige Lösung unseres Anfangswertproblems[1].

2. Bestimmtheits-, Abhängigkeits- und Einflußbereiche; Charakteristiken

Durch Gl. (2.4) ist die Lösung $f(x, y)$ unserer Aufgabe eindeutig bestimmt in dem Quadrat $A C B D$ über der Diagonalkurve $A B$ (Bestimmtheitsbereich); außerhalb des Quadrats ist die Funktion $f(x, y)$ durch das Anfangswertproblem nicht festgelegt. Der Funktionswert $f(x, y)$ in einem Punkt ξ, η des Bestimmtheitsbereichs hängt nur von

---

[1] Vgl. hierzu F. G. FRIEDLANDER: Proc. Cambridge Phil. Soc. **43**, 348—359, (1947), wo ähnliche Lösungen für die allgemeinere Differentialgleichung $f_{xx} - f_{yy} = h(x) \cdot f$ behandelt werden.

den Anfangsdaten f, f_y auf der Teilstrecke PQ (Abhängigkeits-bereich) ab, welche von den durch den Punkt ξ, η gehenden Geraden $x \pm y = $ const aus AB ausgeschnitten wird. Die Anfangsdaten auf dieser Teilstrecke PQ beeinflussen die Lösung $f(x, y)$ nur in dem in Abb. 4 schraffierten Teilbereich des Quadrats $ACBD$ (Einflußbereich). In dem Restbereich bleibt also die Lösung $f(x, y)$ ungeändert, wenn man die Anfangsdaten lediglich auf der Teilstrecke PQ von AB abändert.

Die Geraden $x \pm y = $ const, welche hierbei als Grenzen des Be-stimmtheitsbereichs und der Abhängigkeits- und Einflußbereiche auftreten, nennt man die Charakteristiken der Wellengleichung.

Wir haben hiermit bereits den in der Einleitung hervorgehobenen grundlegenden Unterschied der Anfangs- und Randwertprobleme an einfachen Beispielen bestätigt. Bei der Wellengleichung (2.1) beeinflußt die Abänderung der Anfangsdaten auf einer Teilstrecke PQ der An-fangskurve AB die Lösung nur in einem Teilbereich des Bestimmt-heitsbereichs (Einflußbereich). Bei der Potentialgleichung (1.1) da-gegen ändert sich die Lösung in allen Innenpunkten ξ, η des Bereichs (B), wenn die Randwerte auf einem noch so kleinen Teilbogen der Randkurve k abgeändert werden.

3. Differenzierbarkeitseigenschaften der Lösung; Ausbreitung von Unstetigkeiten

Aufs engste hängt hiermit folgender weiterer Unterschied der An-fangs- und Randwertprobleme zusammen: Die Lösungen des in § 1 betrachteten Randwertproblems hatten sich als notwendigerweise be-liebig oft nach x und y differenzierbar erwiesen. Die Lösungen des vor-liegenden Anfangswertproblems dagegen müssen lediglich stetige zweite Ableitungen f_{xx}, f_{yy} besitzen; höhere Ableitungen existieren nur dann, wenn die Anfangsdaten $\bar{f}(x), \bar{q}(x)$ entsprechend gewählt werden. Un-stetigkeiten von Ableitungen der Anfangsdaten in einem Punkt P der Strecke AB pflanzen sich nach Gl. (2.4) längs der von P ausgehenden Charakteristiken fort. Die Charakteristiken erscheinen hierbei als Aus-breitungslinien von Unstetigkeiten.

4. Charakteristische Anfangswertprobleme

Statt die Werte der Funktion f und ihrer ersten Ableitungen auf einer Strecke AB der x-Achse vorzugeben, kann man auch die Werte der Funktion f allein auf einem von Charakteristiken gebildeten Streckenpaar CAD (Abb. 4) vorschreiben (charakteristisches Anfangs-wertproblem). Wir setzen

$$f(x', a) = \bar{f}(x') \text{ auf } AC, \quad f(a, y') = \bar{\bar{f}}(y') \text{ auf } AD, \quad \bar{f}(a) = \bar{\bar{f}}(a), \quad (2.5)$$

und erhalten dann aus Gl. (2.2) die Lösung

$$f(x', y') = \bar{f}(x') + \bar{\bar{f}}(y') - \tfrac{1}{2}\left[\bar{f}(a) + \bar{\bar{f}}(a)\right] \tag{2.6}$$

in dem Rechteck $DACB$ als Bestimmtheitsbereich.

Die Funktionswerte f auf dem Teilstück CAD des Randes des Rechtecks legen also die Randwerte auf dem restlichen Randstück CBD fest. Man sieht hieraus, daß sich die Randwerte nicht auf dem ganzen Rechtecksrand willkürlich vorschreiben lassen. Während also bei der Potentialgleichung das in § 1 betrachtete Randwertproblem „sachgemäß" war, d. h. genau eine Lösung lieferte, wäre das analoge Randwertproblem bei der Wellengleichung für das Rechteck $ACBD$ „unsachgemäß", d. h. es ließe im allgemeinen keine Lösung zu[1]. Unsachgemäß wäre es ebenso, für die Potentialgleichung ein Anfangswertproblem wie bei der Wellengleichung mit nicht beliebig oft differenzierbaren Anfangsdaten zu stellen. Wenn diese Aufgabe in der Umgebung einer Teilstrecke PQ der Anfangskurve AB eine Lösung $f(x, y)$ mit stetigen zweiten Ableitungen hätte, müßte diese Lösung nach § 1 Ableitungen beliebig hoher Ordnung besitzen, die Anfangsdaten müßten also entgegen der Voraussetzung ebenfalls beliebig oft differenzierbar sein.

Die Frage, ob ein Problem sachgemäß gestellt ist[2], wird uns im folgenden immer wieder begegnen. Ein sachgemäß gestelltes Problem ist beispielsweise auch die folgende charakteristische Anfangswertaufgabe, bei der Anfangsdaten auf dem Streckenpaar BAD (Abb. 4), also einem charakteristischen Kurvenstück (Strecke AD) und einem nichtcharakteristischen Kurvenstück (Strecke AB) folgendermaßen vorgegeben sind:

Auf der Strecke $AD(x + y = 0)$ wird die gesuchte Funktion $f(x, -x) = \bar{f}(x)$ und auf der Strecke $AB(y = 0)$ die y-Ableitung der gesuchten Funktion $f_y(x, 0) = \bar{q}(x)$ vorgeschrieben. Mit $f(x, y) = \varphi(x + y) + \psi(x - y)$ ergibt sich dann aus

$$f(x, -x) = \varphi(0) + \psi(2x) = \bar{f}(x) \quad \text{und} \quad f_y(x, 0) = \varphi'(x) - \psi'(x) = \bar{q}(x)$$

die eindeutige Lösung

$$f(x, y) = \bar{f}\left(\frac{x + y}{2}\right) + \bar{f}\left(\frac{x - y}{2}\right) - \bar{f}(0) + \int\limits_0^{x+y} \bar{q}(\xi)\,d\xi$$

für den Bestimmtheitsbereich BAD. Hier ist also auf einem Teil der Berandung (Strecke AD) die Funktion selbst, auf einem anderen Teil

---

[1] Vgl. J. HADAMARD: J. Chin. Math. Soc. **2**, 6—20 (1937); dort wird untersucht, für welche Bereiche das Randwertproblem der Wellengleichung unlösbar, eindeutig oder mehrdeutig ist. Siehe auch J. HADAMARD: Sur le cas anormal du problème de Cauchy. Studies Essays, pres. to Courant (1948), S. 161–165.

[2] Vgl. J. HADAMARD: Le problème de Cauchy. Paris 1932.

(Strecke AB) die Ableitung der Funktion senkrecht zum Rand vorgegeben und auf dem restlichen Teil der Berandung überhaupt keine Bedingung gestellt.

5. Beispiel: Akustische Wellen in zylindrischem Rohr

Die Wellengleichung (2.1) tritt in der Physik bei eindimensionalen Ausbreitungsvorgängen schwacher Störungen auf, z. B. bei der Schallausbreitung in einem zylindrischen, mit Gas gefüllten Rohr. Diese genügen der Wellengleichung

$$f_{tt} - a^2 f_{xx} = 0, \tag{2.7}$$

wobei die Funktion $f(x, t)$ die „Schallschnelle" $u' = f_x$ (= Geschwindigkeit der schwingenden Gasteilchen) und den „Schalldruck" $p' = -\bar{\varrho} f_t$, der sich dem Druck $\bar{p}$ des ungestörten Mediums überlagert, bestimmt (vgl. § 6, Ziff. 4). Hierbei ist x die Ortskoordinate in Richtung der Rohrachse, t die Zeit, $\bar{\varrho}$ die konstante Dichte des Mediums und a eine weitere Konstante. Aus Gl. (2.2) ergibt sich $f(x, t) = \varphi(x + at) + \psi(x - at)$. Für $\varphi = 0$ hat man eine rechtslaufende fortschreitende akustische Welle von der Form $\psi(x)$, wobei die Werte ψ für $x - at = \text{const}$ fest bleiben, also mit der Phasengeschwindigkeit $\frac{dx}{dt} = a$ nach rechts wandern; a ist demnach die Schallgeschwindigkeit. Für $\psi = 0$ hat man eine linkslaufende Welle.

a) Anfangswertproblem beim beidseitig unendlich langen Rohr (Abb. 5). Zur Zeit $t = 0$ seien Schalldruck und Schallschnelle, also $f(x, 0)$ und $f_t(x, 0)$, in dem Rohrausschnitt $x_0 \leqq x \leqq x_1$ vorgegeben; für $x < x_0$ und $x > x_1$ sei das Medium ungestört, also

$$f(x, 0) = f_t(x, 0) = 0.$$

Gemäß Gl. (2.4) ist dann $f(x, t)$ in der ganzen oberen Halbebene $t \geqq 0$ festgelegt. Sie wird durch die von A und B ausgehenden Charakteristiken (Phasenlinien) $x \pm at = x_0$ und $x \pm at = x_1$ in sechs Teilgebiete

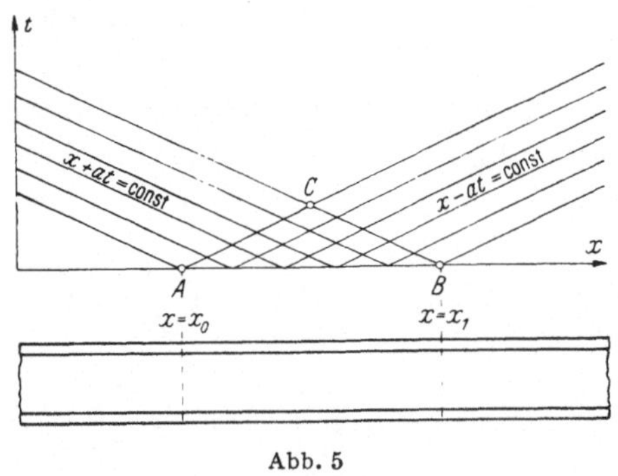

Abb. 5

zerlegt. In den drei nichtschraffierten Gebieten ist das Medium ungestört, in den zwei einfach schraffierten Gebieten hat man eine rechts- bzw. linkslaufende Welle und in dem doppelt schraffierten Gebiet überlagern sich diese beiden Wellen.

b) Zusätzliche Randbedingungen bei geschlossenem Rohr (Abb. 6). Ist das Rohr bei $x = 0$ und $x = 1$ geschlossen, so werden die an diesen

Wänden ankommenden Wellen derart reflektiert, daß durch Überlagerung der einfallenden und reflektierten Wellen an den Wänden
die Randbedingung $u' = 0$ erfüllt wird. Derartige ,,Anfangs-Rand-
wert-Probleme'' treten bei vielen Anwen-
dungen auf und werden uns wiederholt
begegnen.

Man kann die hier vorliegende Anfangs-
Randwert-Aufgabe auf eine reine Anfangswertaufgabe zurückführen, indem man die
Strecke AB mit ihren Anfangswerten an
den Endpunkten A und B spiegelt und
durch Fortsetzung solcher Spiegelungen
die ganze x-Achse mit periodisch sich
wiederholenden Anfangsdaten belegt. Die
Lösung des so erhaltenen Anfangswertproblems ist dann für die ganze Halbebene $t \geqq 0$ eindeutig festgelegt und
erfüllt aus Symmetriegründen die Randbedingungen $u'(0, t) = 0$ und $u'(1, t) = 0$.

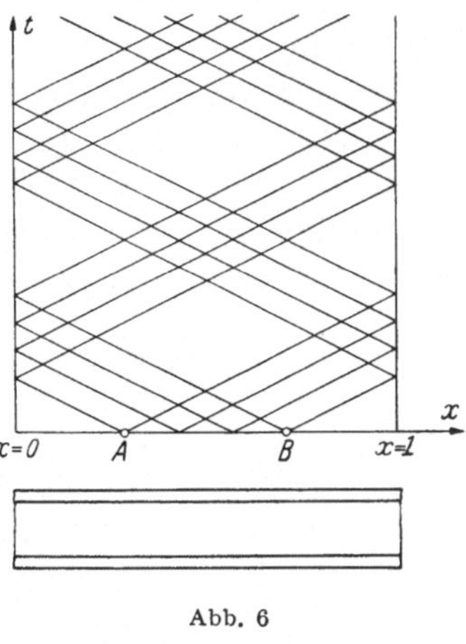

Abb. 6

Setzt man für die periodisch sich wiederholenden Anfangsdaten
die formalen FOURIER-Entwicklungen

$$f(x,0) = \bar{f}(x) \sim \sum_{n=0}^{\infty} A_n \cos n\pi x, \qquad f_t(x,0) = \bar{q}(x) \sim \sum_{n=0}^{\infty} B_n \cos n\pi x$$

in Gl. (2.4) ein, so erhält man mit

$$f(x,t) = \frac{1}{2}\left[\bar{f}(x+at) + \bar{f}(x-at)\right] + \frac{1}{2a} \int_{x-at}^{x+at} \bar{q}(\xi)\, d\xi \sim$$

$$\sim \sum_{n=0}^{\infty} \cos n\pi x \left\{ A_n \cos n\pi at + \frac{1}{n\pi a} B_n \sin n\pi at \right\}$$

die formale FOURIER-Entwicklung für die Lösung der Anfangs-Randwert-Aufgabe. Sie erfüllt offenbar die Randbedingung $u' = f_x = 0$ für
$x = 0$ und $x = 1$.

§ 3. Hyperbolische, elliptische und parabolische Differentialgleichungen

1. Typeneinteilung der linearen Differentialausdrücke zweiter Ordnung

Wir wenden uns nun von der Potentialgleichung und der Wellengleichung zu allgemeineren Differentialgleichungen und werden diese
in solche vom hyperbolischen, elliptischen und parabolischen Typus

einteilen. Dabei gehen wir aus von dem linearen Differentialausdruck zweiter Ordnung

$$L[f] = a\,f_{xx} + 2b\,f_{xy} + c\,f_{yy}, \tag{3.1}$$

dessen Koeffizienten a, b, c (in dem in Frage stehenden Bereich der x, y-Ebene) stetig differenzierbare, nicht gleichzeitig verschwindende Funktionen von x, y sind.

Durch eine in dem betrachteten x, y-Bereich umkehrbar eindeutige Transformation $\xi = \xi(x, y)$, $\eta = \eta(x, y)$, bei der die Funktionen $\xi(x, y)$ und $\eta(x, y)$ zweimal stetig differenzierbar sein sollen und der Bedingung $\xi_x \eta_y - \xi_y \eta_x \neq 0$ genügen, geht $L[f]$ über in einen Ausdruck

$$\Lambda[f] + \delta = \alpha\,f_{\xi\xi} + 2\beta\,f_{\xi\eta} + \gamma\,f_{\eta\eta} + \delta$$

mit

$$\alpha = a\,\xi_x^2 + 2b\,\xi_x\,\xi_y + c\,\xi_y^2, \qquad \gamma = a\,\eta_x^2 + 2b\,\eta_x\,\eta_y + c\,\eta_y^2,$$

$$\beta = a\,\xi_x\,\eta_x + b(\xi_x\,\eta_y + \xi_y\,\eta_x) + c\,\xi_y\,\eta_y,$$

$$\delta = f_\xi(a\,\xi_{xx} + 2b\,\xi_{xy} + c\,\xi_{yy}) + f_\eta(a\,\eta_{xx} + 2b\,\eta_{xy} + c\,\eta_{yy}).$$

$L[f]$ und $\Lambda[f]$ stehen also in derselben Beziehung wie quadratische Formen $aX^2 + 2bXY + cY^2$ bei Lineartransformationen der X, Y. Die Diskriminanten $ac - b^2$ und $\alpha\gamma - \beta^2$ sind verknüpft durch die Gleichung

$$\alpha\,\gamma - \beta^2 = (a\,c - b^2)(\xi_x\,\eta_y - \xi_y\,\eta_x)^2. \tag{3.2}$$

Die Diskriminante des Differentialausdrucks $L[f]$ bleibt also bei den Transformationen $\xi = \xi(x, y)$, $\eta = \eta(x, y)$ positiv, negativ oder Null. Infolgedessen können wir folgende Fallunterscheidung treffen:

Der Differentialausdruck $L[f]$ und die mit ihm gebildeten Differentialgleichungen

$$L[f] = h(x, y, f, f_x, f_y) \tag{3.3}$$

heißen in einem Bereich (B) der x, y-Ebene hyperbolisch, wenn in diesem Bereich $ac - b^2 < 0$ ist, parabolisch bei $ac - b^2 = 0$ und elliptisch bei $ac - b^2 > 0$.

Wenn nicht alle drei Koeffizienten a, b, c konstant sind, kann natürlich dieselbe Differentialgleichung in einem gewissen Bereich der x, y-Ebene vom hyperbolischen und in einem anderen Bereich vom elliptischen Typus und an der Grenze dieser Bereiche vom parabolischen Typus sein (vgl. Ziff. 3).

Die Anfangswertprobleme, welche den Gegenstand dieses Buches bilden, werden sich im Laufe unserer Untersuchungen bei den hyperbolischen Gleichungen als sachgemäß erweisen. Die bei der Wellengleichung eingeführten Begriffe (Charakteristiken, Abhängigkeitsbereich usw.) werden hierbei sinngemäß verallgemeinert werden.

Elliptische Gleichungen führen zu Randwertproblemen und werden uns daher fortan nur gelegentlich beschäftigen. Auch der Zwischenfall der parabolischen Gleichungen, der z. B. bei Wärmeleitungsproblemen auftritt, wird im vorliegenden Buch nicht erörtert.

Der hier für lineare Differentialausdrücke zweiter Ordnung eingeführte Begriff des hyperbolischen Typus wird später beim Studium von nichtlinearen Differentialgleichungen und von Differentialgleichungssystemen erheblich verallgemeinert werden. Insbesondere werden wir in § 19 die Typeneinteilung mittels $ac - b^2 \gtreqless 0$ auf quasilineare Differentialgleichungen, bei denen die Koeffizienten a, b, c auch von f_x und f_y abhängen, übertragen.

2. Normalformen der Differentialausdrücke $L[f]$

Durch geeignete Transformationen $\xi = \xi(x, y)$, $\eta = \eta(x, y)$ lassen sich die Differentialformen $L[f]$ transformieren in die Normalformen

(a) $\Lambda[f] = 2\beta f_{\xi\eta}$ oder $= \alpha(f_{\xi\xi} - f_{\eta\eta})$ im hyperbolischen Fall ($ac - b^2 < 0$),

(b) $\Lambda[f] = \alpha f_{\xi\xi}$ im parabolischen Fall ($ac - b^2 = 0$),

(c) $\Lambda[f] = \alpha(f_{\xi\xi} + f_{\eta\eta})$ im elliptischen   Fall ($ac - b^2 > 0$).

Die Normalform (c) ist uns bereits bei der Potentialgleichung (1.1), die Normalform (a) bei der Wellengleichung (2.1) begegnet.

Herleitung der Normalformen (a): Ohne Beschränkung der Allgemeinheit können wir $a \neq 0$ voraussetzen. Dann sind durch

$$a\, dy^2 - 2b\, dy\, dx + c\, dx^2 = 0, \quad \text{also} \quad \left(\frac{dy}{dx}\right)_{1,2} = \frac{1}{a}\left(b \pm \sqrt{b^2 - ac}\right) \quad (3.4)$$

zwei Kurvenscharen $y = \varphi_1(x, \xi)$ und $y = \varphi_2(x, \eta)$ mit den Integrationskonstanten ξ und η bestimmt. Durch Auflösung nach ξ bzw. η ergeben sich die Funktionen $\xi = \xi(x, y)$, $\eta = \eta(x, y)$, von denen wir voraussetzen können, daß sie stetige zweite Ableitungen besitzen. Wegen $ac - b^2 < 0$ schneiden sich die Kurven $\xi = \text{const}$ und $\eta = \text{const}$ unter nicht verschwindenden Winkeln, woraus $\xi_x\eta_y - \xi_y\eta_x \neq 0$ folgt. Aus $\xi_x dx + \xi_y dy = 0$ für $\xi(x, y) = \text{const}$ und $\eta_x dx + \eta_y dy = 0$ für $\eta(x, y) = \text{const}$ folgt $\alpha = a\xi_x^2 + 2b\xi_x\xi_y + c\xi_y^2 = 0$ und $\gamma = a\eta_x^2 + 2b\eta_x\eta_y + c\eta_y^2 = 0$, die Transformation $\xi = \xi(x, y)$, $\eta = \eta(x, y)$ liefert also die erste der Normalformen (a). Mit $\xi = \xi' + \eta'$, $\eta = \xi' - \eta'$ ergibt sich die zweite Normalform (a).

Herleitung der Normalform (b): Wir setzen wieder $a \neq 0$ voraus. Die beiden durch Gl. (3.4) definierten Kurvenscharen fallen zusammen und sollen mit $\eta(x, y) = \text{const}$ bezeichnet werden. Wie bei (a) ist dann $\gamma = 0$. Jede beliebige zweite Kurvenschar $\xi(x, y) = \text{const}$ mit $\xi_x\eta_y - \xi_y\eta_x \neq 0$ erfüllt wegen $ac - b^2 = 0$ und Gl. (3.2) auch die Bedingung $\beta = 0$ und liefert daher die Normalform (b).

Herleitung der Normalform (c): Wir beschränken uns hier auf die Voraussetzung analytischer Koeffizienten a, b, c und erhalten dann die Normalform (c) aus der Normalform (a) durch $\xi = \xi' + i\eta'$, $\eta = \xi' - i\eta'$.

Die durch Gl. (3.4) definierten Kurven bezeichnet man als die Charakteristiken der Differentialgleichungen $L[f] = h$. Bei der Wellengleichung (2.1) sind es die beiden Scharen paralleler Geraden $x \pm y = $ const.

3. Differentialgleichungen vom gemischten Typus

Wie bereits in Ziff. 1 erwähnt wurde, gibt es Differentialgleichungen, die in einem Bereich der x, y-Ebene vom elliptischen und in einem anderen Bereich vom hyperbolischen Typus sind. Die Behandlung solcher Differentialgleichungen vom „gemischten Typus" begegnet erheblichen Schwierigkeiten. Die bisher gewonnenen Ergebnisse beziehen sich vor allem auf die zuerst von F. TRICOMI[1] untersuchte und daher nach ihm benannte Differentialgleichung

$$y f_{xx} + f_{yy} = 0. \tag{3.5}$$

Sie ist in der oberen Halbebene ($y > 0$) elliptisch, in der unteren Halbebene ($y < 0$) hyperbolisch und längs der x-Achse parabolisch.

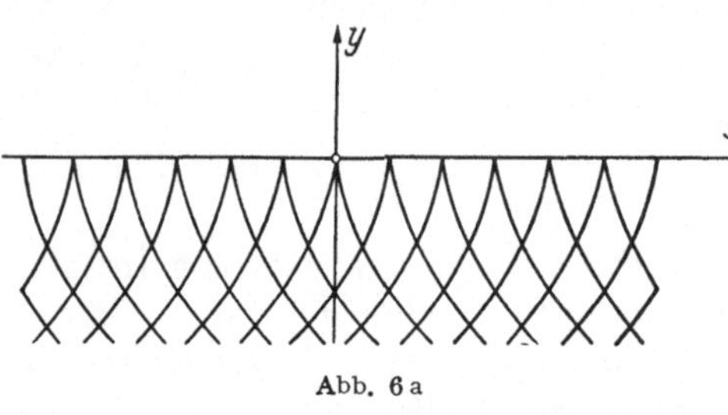

Abb. 6a

Aus Gl. (3.4) ergeben sich als Charakteristiken im hyperbolischen Bereich die NEILschen Parabeln

$$3x \pm 2\sqrt{-y^3} = \text{const}, \tag{3.6}$$

deren Spitzen auf der parabolischen Kurve $y = 0$ liegen (Abb. 6a).

Es würde den Rahmen dieses Buches überschreiten, wenn wir die bisher vorliegenden Ansätze zu einer Theorie der Differentialgleichungen vom gemischten Typus[2] im einzelnen auseinandersetzen wollten. Wir beschränken uns darauf, einige wesentliche Gesichtspunkte an dem trivialen Beispiel der Differentialgleichung

$$\text{sign} \, y \, f_{xx} + f_{yy} = 0, \quad \text{also} \quad \begin{cases} f_{xx} + f_{yy} = 0 & \text{für} \quad y > 0 \\ -f_{xx} + f_{yy} = 0 & \text{für} \quad y < 0 \end{cases} \tag{3.7}$$

---

[1] TRICOMI, F.: Atti Accad. naz. Lincei **14**, 5 (1923).

[2] CIBRARIO, M.: Rend. R. Accad. naz. Lincei **13**, 6 (1931). — FRANKL, F. J.: Bull. Acad. Sci. URSS **8** (1944). — GERMAIN, P., u. R. BADER: Rend. Circ. Mat. Palermo **2**, 2, 53—69 (1953). — HELLWIG, G.: Math. Z. **58**, 337—357 (1953) u. **61**, 26—46 (1954) sowie HAACK, W., u. HELLWIG G.: Arch. der Math. **5**, 60—76 (1954); in diesen Arbeiten finden sich weitere zahlreiche Literaturhinweise.

zu erläutern. Hier haben wir es in der oberen Halbebene mit der Potentialgleichung (1.1) und in der unteren Halbebene mit der Wellengleichung (2.1) zu tun. In Bereichen, welche teils der oberen und teils der unteren Halbebene angehören, lassen sich weder die Ergebnisse von § 1 noch diejenigen von § 2 unmittelbar anwenden, jedoch kommt man mit ihrer Hilfe zu folgendem sachgemäß gestellten Problem[1]:

Wir gehen aus von dem in Abb. 6b schraffierten Bereich, der in der oberen Halbebene von einem Halbkreis k und in der unteren Halbebene von den beiden Charakteristiken AD und BD begrenzt wird. Gesucht wird die Lösung in diesem Bereich bei vorgegebenen Randwerten auf k und auf AD. Ebenso wie beim ersten der in § 2, Ziff. 4, besprochenen charakteristischen

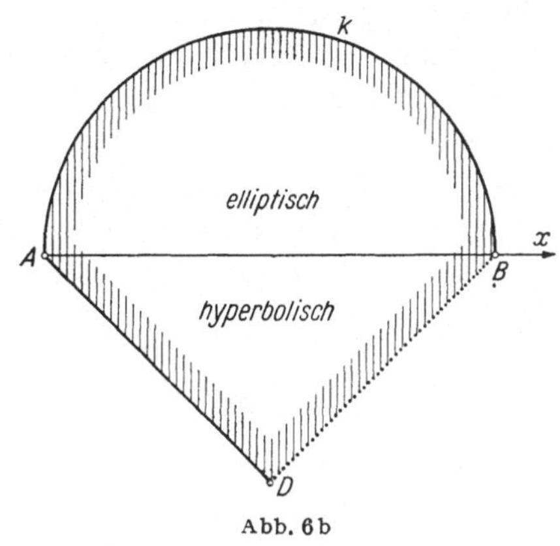

Abb. 6b

Anfangswertprobleme werden also auch hier die Funktionswerte f nur auf einem Teil der Berandung vorgegeben.

Die Existenz und Eindeutigkeit der Lösung läßt sich folgendermaßen plausibel machen:

Gibt man neben den auf k und AD vorliegenden Randwerten f noch die Ableitung f_y längs der Strecke AB vor, dann ist die Lösung in dem hyperbolischen Teil, nämlich dem Dreieck ABD, eindeutig festgelegt. Dies folgt unmittelbar aus dem zweiten der in § 2, Ziff. 4, besprochenen charakteristischen Anfangswertprobleme. In dem elliptischen Teil, nämlich dem von AB und k begrenzten Bereich, läßt sich ähnlich wie in § 1 mit Hilfe einer GREENschen Funktion die Lösung aus den Randwerten f auf k und f_y auf AB ebenfalls eindeutig bestimmen. Man hat somit je eine Lösung für den elliptischen und den hyperbolischen Bereich. Um zu erreichen, daß sich beide Lösungen an der parabolischen Linie $y = 0$ stetig aneinanderschließen, hat man die zunächst willkürlich gewählten Werte von f_y längs AC in geeigneter Weise abzuändern. Dies führt auf eine Integralgleichung für $f_y(x, 0) = \nu(x)$, die dann schließlich die eindeutige Lösung des Problems liefert.

---

[1] Vgl. die auf S. 14 zitierten Arbeiten von G. HELLWIG.

§ 4. Analytische Lösungen analytischer Differentialgleichungen

1. Existenzsatz von Cauchy-Kowalewski

In § 2 haben wir festgestellt, daß das Anfangswertproblem bei der Potentialgleichung für nicht beliebig oft differenzierbare Anfangsdaten keine Lösung hat, also nicht sachgemäß ist. Wenn wir uns jedoch auf analytische, d. h. durch konvergente Potenzreihen darstellbare Funktionen beschränken, gilt folgender allgemeine Existenzsatz von CAUCHY und SOPHIE KOWALEWSKI:

Es seien $f_0(x)$ und $f_1(x)$ in der Umgebung von $x = 0$ analytische Funktionen von x und es sei $F(x, y, f, f_x, f_y, f_{xx}, f_{xy})$ eine analytische Funktion ihrer Argumente in der Umgebung von $x = y = 0$,

$$f = f_0(0), \qquad f_x = f_0'(0), \qquad f_y = f_1(0), \qquad f_{xx} = f_0''(0), \qquad f_{xy} = f_1'(0).$$

Dann hat die Differentialgleichung zweiter Ordnung

$$t = F(x, y, f, p, q, r, s) \tag{4.1}$$

in der Umgebung von $x = y = 0$ genau eine analytische Lösung $f = f(x, y)$, welche für $y = 0$ den Anfangsbedingungen

$$f(x, 0) = f_0(x), \qquad f_y(x, 0) = f_1(x) \tag{4.2}$$

genügt; dabei ist zur Abkürzung

$$f_x = p, \qquad f_y = q, \qquad f_{xx} = r, \qquad f_{xy} = s, \qquad f_{yy} = t$$

gesetzt.

Die Differentialgleichung (4.1) enthält als Spezialfälle sowohl die elliptischen als auch die hyperbolischen und parabolischen Differentialgleichungen (3.3).

Der Existenzsatz läßt sich erheblich verallgemeinern[1], einerseits auf Systeme von Differentialgleichungen und andererseits auf Anfangswertprobleme, bei denen die Anfangsdaten statt für $y = 0$ für eine beliebige analytische Kurve, die von keiner Charakteristik (vgl. § 25, S. 120) berührt wird, vorgegeben sind.

Bei Beschränkung auf analytische Funktionen werden im hyperbolischen Fall die Begriffe Bestimmtheits-, Abhängigkeits- und Einflußbereich gegenstandslos; denn eine in einer Umgebung von $x = 0$ analytische Funktion $f_0(x)$ oder $f_1(x)$ ist durch ihre Werte, die sie in

---

[1] Über „gleichmäßig sachgemäß gestellte" Anfangswertprobleme für Systeme linearer partieller Differentialgleichungen im Gebiet der nichtanalytischen Funktionen vgl. J. PETROWSKI: Bull. Univ. Etat Moscou, Sci. Int., Sect. A Math. et Méch. **1**, 1—74 (1938). — Vgl. auch TOLOTTI, C.: Atti Accad. naz. Lincei, Rend., Ser. 27, **6**, 212—216 (1938). Dort wird das Anfangswertproblem für nichtanalytische Anfangsdaten behandelt, indem eine Lösung konstruiert wird, welche das Anfangswertproblem approximativ, d. h. bis auf Glieder höherer Ordnung, löst.

einem beliebig kleinen Intervall $|x| \leqq \varepsilon$ der x-Achse annimmt, bereits vollständig festgelegt.

Man beachte, daß beim Randwertproblem der Potentialgleichung (§ 1) nur Funktionswerte f vorgegeben waren, während bei dem Existenzsatz von CAUCHY-KOWALEWSKI sowohl Funktionswerte f als auch Werte der Ableitung f_y vorgegeben werden dürfen. Dies bedeutet keinen Widerspruch; denn im ersten Fall (vgl. Abb. 1) sind die Funktionswerte auf der ganzen geschlossenen Kurve k vorgegeben und legen $f(x, y)$ im ganzen Bereich (B) fest, während im zweiten Fall die Anfangsdaten nur auf einem hinreichend kleinen Kurvenbogen vorliegen und die Lösung $f(x, y)$ nur in einer hinreichend kleinen Umgebung dieses Kurvenbogens bestimmen.

2. Zurückführung des Existenzsatzes auf einen Konvergenzsatz

Wenn die in Ziff. 1 gestellte Aufgabe eine analytische Lösung

$$f(x, y) = \sum_{i, k} c_{i k} x^i y^k \qquad (4.3)$$

besitzt, dann ist diese durch die Anfangsdaten eindeutig bestimmt; denn die $c_{i k}$ sind durch die Werte der Funktion f und ihrer Ableitungen $\dfrac{\partial^{n+m} f}{\partial x^n \partial y^m}$ an der Stelle $x = y = 0$ festgelegt und diese ergeben sich durch fortgesetzte Differentiation aus den Anfangsdaten folgendermaßen:

$$f = f_0(0), \qquad f_x = f_0'(0), \qquad f_y = f_1(0),$$
$$f_{xx} = f_0''(0), \qquad f_{xy} = f_1'(0), \qquad f_{yy} = F(0, 0, f_0, f_0', f_1, f_0'', f_1') = f_2(0),$$
$$f_{xxx} = f_0'''(0), \qquad f_{xxy} = f_1''(0), \qquad f_{xyy} = f_2'(0),$$
$$f_{yyy} = F_y + F_f f_1 + F_p f_1' + F_q f_2 + F_r f_1'' + F_s f_2' = f_3(0) \quad \text{usw.}$$

Falls die auf diese Weise gewonnene TAYLOR-Reihe (4.3) konvergiert, stellt sie eine, und zwar die einzige analytische Lösung unserer Aufgabe dar. Es muß also lediglich die Konvergenz dieser Reihe nachgewiesen werden. Wir führen diesen Konvergenzbeweis im folgenden nach E. GOURSAT[1] durch und können dabei die Aufgabe dadurch etwas vereinfachen, daß wir statt $f(x, y)$ die Funktion

$$f^*(x, y) = f(x, y) - f_0(x) - y f_1(x) - \frac{y^2}{2} f_2(x)$$

betrachten. Diese genügt wieder einer Differentialgleichung (4.1), wobei an Stelle von F eine andere analytische Funktion F^* tritt. Außerdem ergibt sich für $y = 0$ offenbar

$$f^* = f_x^* = f_y^* = f_{xx}^* = f_{xy}^* = f_{yy}^* \equiv 0.$$

---

[1] GOURSAT, E.: Cours d'Analyse II, S. 360. Paris 1942. — HADAMARD, J.: Le problème de Cauchy, S. 15. Paris 1932.

Wir dürfen daher im folgenden, nach Weglassen der Sterne, ohne Beschränkung der Allgemeinheit die Anfangsdaten für $y = 0$ als identisch verschwindend voraussetzen, also

$$f_0(x) = \sum a_i x^i \equiv 0, \qquad f_1(x) = \sum b_i x^i \equiv 0. \tag{4.4}$$

Außerdem wird bei diesen Anfangsdaten $F = 0$ für $x = y = f = p = q = r = s = 0$, d. h. in der TAYLOR-Reihe

$$F = \sum_{\nu_1 \ldots \nu_7} \gamma_{\nu_1 \ldots \nu_7} x^{\nu_1} y^{\nu_2} f^{\nu_3} p^{\nu_4} q^{\nu_5} r^{\nu_6} s^{\nu_7} \tag{4.5}$$

verschwindet das konstante Glied.

3. Bildungsgesetz der Koeffizienten c_{ik}

Nach Ziff. 2 erhält man die Koeffizienten c_{ik} der TAYLOR-Reihe (4.3) durch wiederholte Differentiationen aus den TAYLOR-Reihen (4.4) und (4.5) und Multiplikation mit reziproken Fakultäten $1/n!$. Die letzteren kürzen sich mit den beim Differenzieren hinzukommenden ganzzahligen positiven Faktoren wieder weg. Daher sind die c_{ik} Polynome der a_i, b_i, $\gamma_{\nu_1 \ldots \nu_7}$ mit nichtnegativen (von der speziellen Gestalt der Funktionen f_0, f_1 und F nicht abhängenden, sondern ein für allemal festliegenden) ganzzahligen Koeffizienten. Nach der in Ziff. 2 getroffenen Vereinfachung sind außerdem die sämtlichen Zahlen a_i und b_i gleich Null.

4. Konvergenzbeweis

Wir ersetzen die Reihen (4.4) und (4.5) durch majorante Reihen mit nichtnegativen Koeffizienten

$$\sum_i A_i x^i, \qquad \sum_i B_i x^i, \qquad \sum_{\nu_1 \ldots \nu_7} \Gamma_{\nu_1 \ldots \nu_7} x^{\nu_1} \ldots s^{\nu_7},$$
$$0 = |a_i| \leqq A_i, \qquad 0 = |b_i| \leqq B_i, \qquad |\gamma_{\nu_1 \ldots \nu_7}| \leqq \Gamma_{\nu_1 \ldots \nu_7} \tag{4.6}$$

und betrachten das Anfangswertproblem für diese majoranten Reihen. Für die Lösung dieses „majoranten Anfangswertproblems" ergibt sich nach Ziff. 2 eine Reihe $\sum_{i,k} C_{ik} x^i y^k$. Auf Grund des in Ziff. 3 erkannten Bildungsgesetzes sind die C_{ik} nichtnegative Zahlen und die Reihe $\sum_{i,k} C_{ik} x^i y^k$ ist eine Majorante der Reihe (4.3), d. h. es gilt $|c_{ik}| \leqq C_{ik}$.

Wenn es uns also gelingt, konvergente majorante Reihen (4.6) zu finden, für welche das Anfangswertproblem eine analytische Lösung hat, für welche also die Reihe $\sum_{i,k} C_{ik} x^i y^k$ konvergiert, dann ist die Konvergenz der Reihe (4.3) gesichert und der Existenzsatz bewiesen.

Wegen $a_i = 0$ und $b_i = 0$ ist jede Reihe $\sum A_i x^i$ bzw. $\sum B_i x^i$ mit nichtnegativen Koeffizienten eine Majorante der Reihen (4.4). Um eine passende Majorante für die Reihe (4.5) zu erhalten, erinnern wir uns, daß für jede konvergente Potenzreihe

$$\sum_{\nu_1 \ldots \nu_n} \gamma_{\nu_1 \ldots \nu_n} x_1^{\nu_1} \ldots x_n^{\nu_n}, \qquad |x_\nu| \leq \varrho,$$

eine positive Zahl M angegeben werden kann derart, daß

$$|\gamma_{\nu_1 \ldots \nu_n}| \leq \frac{M}{\varrho^{\nu_1 + \cdots + \nu_n}} < \frac{M}{\varrho^{\nu_1 + \cdots + \nu_n}} \frac{(\nu_1 + \cdots + \nu_n)!}{\nu_1! \ldots \nu_n!} = \Gamma_{\nu_1 \ldots \nu_n}$$

gilt, also die majorante Reihe

$$\sum_{\nu_1 \ldots \nu_n} \Gamma_{\nu_1 \ldots \nu_n} x_1^{\nu_1} \ldots x_n^{\nu_n} = \frac{M}{1 - \dfrac{x_1 + \cdots + x_n}{\varrho}}, \qquad |x_1| + \cdots + |x_n| < \varrho$$

existiert. Ebenso liefert aber auch

$$\frac{M}{\left(1 - \dfrac{x_1 + \cdots + x_m}{\varrho_1}\right)\left(1 - \dfrac{x_{m+1} + \cdots + x_n}{\varrho_2}\right)}$$

mit geeigneten positiven Zahlen ϱ_1, ϱ_2 majorante Reihen. Daher erhält man aus

$$\frac{M}{\left(1 - \dfrac{x + y + f + p + q}{\varrho_1}\right)\left(1 - \dfrac{r + s}{\varrho_2}\right)} - M$$

und erst recht aus

$$\Phi = \frac{M}{\left(1 - \dfrac{x + y/\alpha + f + p + q}{\varrho_1}\right)\left(1 - \dfrac{r + s}{\varrho_2}\right)} - M, \quad 0 < \alpha < 1, \quad (4.7)$$

eine majorante Reihe für (4.5); dabei verschwindet Φ ebenso wie F für $x = y = f = p = q = r = s = 0$.

Wir betrachten nun an Stelle von (4.1) die Differentialgleichung

$$t = \Phi(x, y, f, p, q, r, s) \tag{4.8}$$

und müssen nach den vorangehenden Überlegungen nur noch beweisen, daß diese Differentialgleichung bei jedem positiven M, ϱ_1 und ϱ_2 und geeignetem α eine in der Umgebung von $x = y = 0$ analytische Lösung besitzt, welche ebenso wie ihre Ableitung nach y für $y = 0$ durch eine Reihe von Potenzen von x mit nichtnegativen Koeffizienten (Majoranten von $f_0 = 0$ und $f_1 = 0$) dargestellt wird.

Um dies einzusehen, setzen wir eine Lösung von (4.8) in der Form $f = f(z)$ mit $z = y + \alpha x$ an und erhalten dann für $f(z)$ die gewöhnliche Differentialgleichung

$$\left[1 - \frac{M}{\varrho_2}(\alpha + \alpha^2)\right] f'' - \frac{\alpha + \alpha^2}{\varrho_2} f''^2 = \frac{M}{1 - \dfrac{1}{\varrho_1}\left(\dfrac{z}{\alpha} + f + (1 + \alpha) f'\right)} - M \equiv R; \tag{4.9}$$

die Striche bedeuten Ableitungen nach z. Wählt man jetzt α zwischen 0 und 1 so, daß $\alpha + \alpha^2 < \varrho_2/M$ ist, dann ist der Koeffizient von f''

positiv und die Auflösung der quadratischen Gl. (4.9) nach f'' liefert für die eine Wurzel f'' eine Potenzreihe nach R mit nichtnegativen Koeffizienten. Entwickelt man hierauf R selbst nach Potenzen von z, f und f', so ergibt sich schließlich

$$f'' = \sum_{\nu,\,\mu,\,\sigma} e_{\nu\mu\sigma}\, z^\nu\, f^\mu\, f'^\sigma \tag{4.10}$$

mit nichtnegativen Koeffizienten. Nach dem Existenzsatz für gewöhnliche Differentialgleichungen besitzt Gl. (4.10) genau eine analytische Lösung $f(z)$ mit den Anfangswerten $f(0) = f'(0) = 0$. Die höheren Ableitungen $f''(0)$, $f'''(0)$ usw. folgen dann aus Gl. (4.10) durch wiederholtes Differenzieren und sind durchwegs nichtnegativ. Infolgedessen sind $f(z)$ und $f'(z)$, also auch $f(x, 0)$ und $f_y(x, 0)$ durch Potenzreihen mit nichtnegativen Koeffizienten darstellbar. Hiermit ist der Konvergenzbeweis erbracht.

§ 5. Anfangs- und Randwertaufgaben bei Differenzengleichungen

1. Formulierung analoger Anfangs- und Randwertaufgaben bei Differenzengleichungen

Die in den §§ 1, 2 erörterten Beziehungen bei Differentialgleichungen haben gewisse Analogien zu entsprechenden Fragestellungen bei Differenzengleichungen und lassen sich hierdurch auf sehr einfache und durchsichtige Weise verdeutlichen. Eine eingehende Darstellung dieser Analogien findet sich in einer Arbeit von COURANT, FRIEDRICHS und LEWY[1]. Die folgenden Ausführungen schließen sich an diese Arbeit an.

Wir gehen aus von einem endlichen Quadratgitter G_h mit der Maschenweite h in der x, y-Ebene. Es besteht aus endlich vielen Gitterpunkten $x = mh$, $y = nh$ (m, $n = 0$, ± 1, ± 2, ...) und endlich vielen zu den Koordinatenachsen parallelen Gitterseiten von der Länge h, welche „Nachbarpunkte" des Gitters verbinden (Abb. 7).

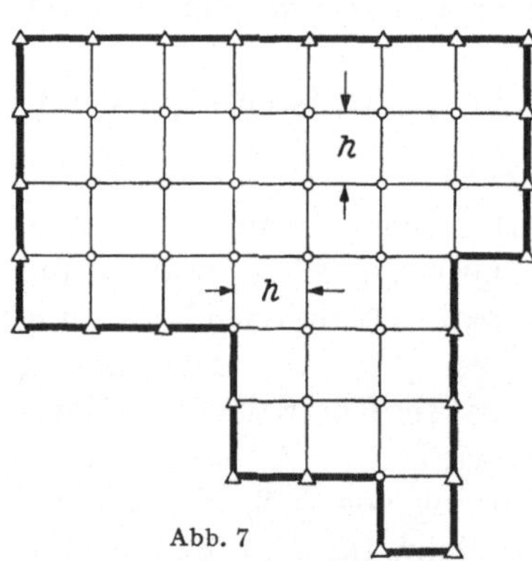

Abb. 7

Die Gitterpunkte sollen einen Bereich der Ebene ausfüllen, der von einem geschlossenen, doppelpunktfreien Polygon begrenzt wird. Die Gitterpunkte sind entweder Innenpunkte, wenn alle vier Nachbarpunkte dem Gitter angehören (in Abb. 7 durch kleine Kreise markiert),

---

[1] COURANT, R., K. FRIEDRICHS u. H. LEWY: Über die partiellen Differenzengleichungen in der Physik. Math. Ann. **100**, 32ff. (1928).

oder Randpunkte, wenn nicht alle vier Nachbarpunkte Gitterpunkte sind (in Abb. 7 durch kleine Dreiecke markiert).

Es werden nun Gitterfunktionen betrachtet, d. h. Funktionen $f(x, y)$, welche nur für die Gitterpunkte definiert sind. Wir bilden die Differenzenquotienten dieser Gitterfunktionen und benützen folgende Bezeichnungen:

$$f_x = \frac{1}{h}\left[f(x + h, y) - f(x, y)\right], \qquad f_{\bar{x}} = \frac{1}{h}\left[f(x, y) - f(x - h, y)\right],$$

$$f_y = \frac{1}{h}\left[f(x, y + h) - f(x, y)\right], \qquad f_{\bar{y}} = \frac{1}{h}\left[f(x, y) - f(x, y - h)\right].$$
(5.1)

Für die zweiten Differenzenquotienten kommt dann

$$f_{x\bar{x}} = f_{\bar{x}x} = \frac{1}{h^2}\left[f(x+h, y) - 2f(x, y) + f(x-h, y)\right] = \frac{1}{h^2}\left(f_1 - 2f_0 + f_3\right),$$

$$f_{y\bar{y}} = f_{\bar{y}y} = \frac{1}{h^2}\left[f(x, y+h) - 2f(x, y) + f(x, y-h)\right] = \frac{1}{h^2}\left(f_2 - 2f_0 + f_4\right),$$
(5.2)

wobei f_0, f_1 usw. die Funktionswerte in den Gitterpunkten 0, 1 usw. (Abb. 8) sind.

Wir stellen nun folgende Rand- und Anfangswertaufgaben einander gegenüber:

a) Randwertaufgabe der Differenzengleichung

$$f_{x\bar{x}} + f_{y\bar{y}} = 0. \quad (5.3)$$

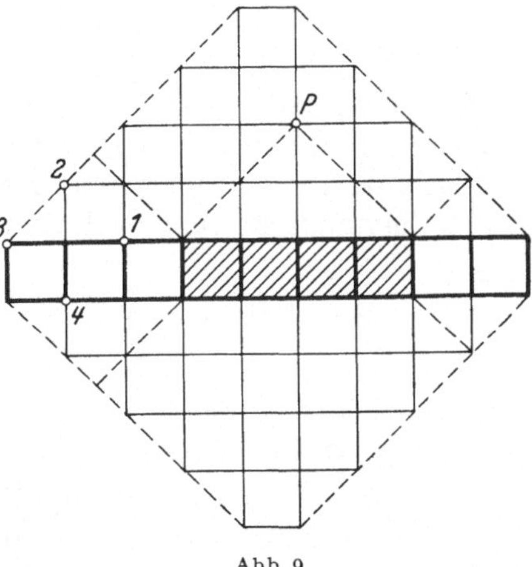

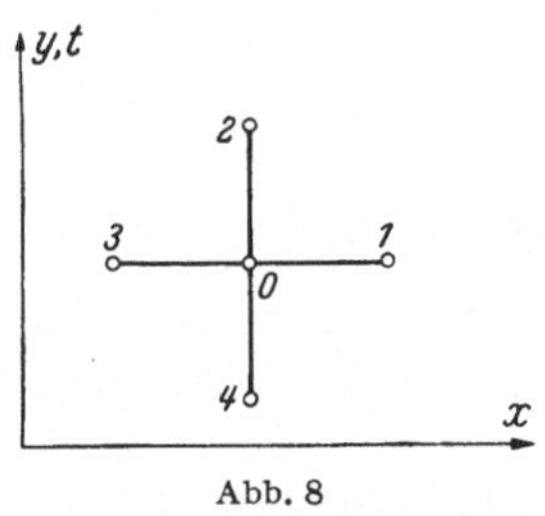

Abb. 8

Abb. 9

Die Gitterfunktion $f(x, y)$ ist in den Randpunkten des Gitters (Abb. 7) gegeben und in den Innenpunkten des Gitters gesucht.

b) Anfangswertaufgabe der Differenzengleichung

$$f_{x\bar{x}} - f_{y\bar{y}} = 0. \tag{5.4}$$

Die Gitterfunktion $f(x, y)$ ist in den Gitterpunkten einer Quadratreihe (in Abb. 9 stark gezeichnet) gegeben und wird für weitere Punkte eines die Quadratreihe enthaltenden Gitters gesucht.

2. Lösung der Randwertaufgabe

Mit Hilfe der Gl. (5.2) läßt sich die Differenzengleichung (5.3) in

$$f_0 = \tfrac{1}{4}(f_1 + f_2 + f_3 + f_4) \tag{5.5}$$

umformen, d. h. für jeden inneren Gitterpunkt ($N = $ Anzahl der inneren Gitterpunkte) ist der Funktionswert f das arithmetische Mittel der Funktionswerte in den vier Nachbarpunkten; vgl. die analoge Beziehung (1.3) für die Differentialgleichung (1.1). Man erhält auf diese Weise N lineare Gleichungen für die N gesuchten Funktionswerte in den Innenpunkten. Es muß nun gezeigt werden, daß dieses lineare Gleichungssystem genau eine Lösung besitzt, daß also die vorliegende Randwertaufgabe ebenso wie das DIRICHLETsche Randwertproblem der Potentialgleichung (§ 1) sachgemäß ist.

Zum Beweis betrachten wir neben dem linearen Differenzenausdruck zweiter Ordnung $L[f] = f_{x\bar{x}} + f_{y\bar{y}}$ auch den quadratischen Differenzenausdruck erster Ordnung $B[f, f] = f_x^2 + f_y^2$ und bilden die Summe

$$h^2 \sum_{G_h} B[f, f]$$

über alle Gitterpunkte; dabei werden Differenzen zwischen den Werten f in einem Randpunkt des Gitters und einem dem Gitter nicht mehr angehörenden Nachbarpunkt jeweils durch Null ersetzt.

Durch Summation ergibt sich in Analogie zum GAUSSschen Satz Gl. (1.2)

$$h^2 \sum_{G_h} B[f, f] = -h^2 \sum_{G_h'} f\, L[f] - h \sum_{\Gamma_h} f\, R[f]. \tag{5.6}$$

Mit G_h' ist die Menge der Innenpunkte, mit Γ_h die Menge der Randpunkte und mit G_h wie vorher die Menge aller Gitterpunkte bezeichnet; die Kenntnis des Differenzenausdrucks $R[f]$ in den Randpunkten ist für die weiteren Untersuchungen nicht erforderlich.

Gl. (5.6) zeigt sofort, daß die spezielle Randwertaufgabe $f(\Gamma_h) = 0$ nur die triviale Lösung $f(x, y) \equiv 0$ zuläßt. Da nämlich die quadratische Form $\sum B[f, f]$ positiv definit ist, folgt aus $f(\Gamma_h) = 0$ und der Differenzengleichung $L[f] = 0$ für alle Gitterpunkte $f_x = f_y = 0$, also $f(x, y) = \text{const} = f(\Gamma_h) = 0$. Demnach hat das lineare Gleichungssystem zur Bestimmung der N gesuchten Funktionswerte f im homogenen Fall ($f(\Gamma_h) = 0$) nur die triviale Lösung Null, seine Determinante ist also von Null verschieden. Dann aber hat auch das inhomogene System ($f(\Gamma_h)$ beliebig vorgegeben) stets genau eine Lösung, w. z. b. w.

3. Lösung der Anfangswertaufgabe

Mit Hilfe der Gl. (5.2) formen wir die Differenzengleichung (5.4) um in

$$f_1 + f_3 = f_2 + f_4, \quad \text{also} \quad f_2 = f_1 + f_3 - f_4. \tag{5.7}$$

Hierdurch ergibt sich aus den vorgegebenen Anfangswerten f_1, f_3 und f_4 (Abb. 9) eindeutig der Funktionswert f_2 in dem Nachbarpunkt 2 und man erhält Schritt für Schritt die Funktionswerte in den sämtlichen Punkten des in Abb. 9 gezeichneten Gitters über der stark ausgezogenen Quadratreihe als Diagonale. Die Anfangswertaufgabe führt hiernach ebenso wie die Randwertaufgabe auf ein System linearer Gleichungen. Während aber bei der Randwertaufgabe die eindeutige Lösbarkeit dieses Systems erst durch eine besondere Untersuchung nachgewiesen werden mußte, ist die eindeutige Lösbarkeit beim Anfangswertproblem offensichtlich; denn hier ist das System „gestaffelt", d. h. die N Unbekannten lassen sich einzeln der Reihe nach aus den N linearen Gleichungen berechnen.

Die Begriffe Bestimmtheits-, Abhängigkeits- und Einflußbereich der Wellengleichung (2.1) lassen sich sinngemäß auf die vorliegende Anfangswertaufgabe der Differenzengleichung (5.4) übertragen. Der Bestimmtheitsbereich ist das in Abb. 9 dargestellte Gitter. Der Abhängigkeitsbereich für einen Gitterpunkt P ist der (in Abb. 9 schraffierte) Teil der vorgegebenen Quadratreihe, welcher von den beiden durch P gehenden Geraden $x \pm y = $ const ausgeschnitten wird. Die beiden unteren Eckpunkte des schraffierten Gebietes gehören nicht mehr zum Abhängigkeitsbereich für den Punkt P. Ebenso wird der Einflußbereich des schraffierten Teiles der Quadratreihe von Geraden $x \pm y = $ const begrenzt. Wie in § 2 bezeichnen wir diese Geraden $x \pm y = $ const, welche hier als Diagonalen des Gitters erscheinen, als Charakteristiken.

Bei der Randwertaufgabe der Differenzengleichung (5.3) wirkt sich die Änderung der Randwerte in einem Teil des Randes auf sämtliche Innenpunkte aus und der Funktionswert in einem Innenpunkt hängt stets von den sämtlichen Randpunkten ab. Dieses wesentlich verschiedene Verhalten hängt mit der obenerwähnten Tatsache zusammen, daß das System der linearen Gleichungen bei der Anfangswertaufgabe gestaffelt ist, bei der Randwertaufgabe dagegen nicht.

4. Grenzübergang von Differenzen- zu Differentialgleichungen

Die in Ziff. 2 und 3 behandelten elementaren Lösungen der Anfangs- und Randwertaufgaben der Differenzengleichungen (5.3) und (5.4) konvergieren gegen die Lösungen der in den §§ 1, 2 behandelten

Lösungen der Rand- bzw. Anfangswertaufgaben der Differentialgleichungen (1.1) und (2.1), wenn man durch einen Grenzprozeß $h \to 0$ zu beliebig engmaschigen Gittern G_h übergeht.

a) Grenzübergang bei der Randwertaufgabe der Gl. (5.3). Der Einfachheit halber beschränken wir uns auf Gitter mit einem vorgegebenen Rechteck $\varGamma$ als Rand. Beim Grenzprozeß $h \to 0$ soll die Maschenweite halbiert, gedrittelt usw. werden, so daß der Rand allen Gittern G_h der Folge gemeinsam ist. Die Randwerte sollen einer auf $\varGamma$ vorgegebenen stetigen Funktion $f(s)$ der Bogenlänge für alle Gitter G_h entnommen werden. Dann läßt sich zeigen, daß die nach Ziff. 2 bestimmten Gitterfunktionen $f_h(x, y)$ gegen die Lösung (1.4) des DIRICHLETschen Randwertproblems konvergieren. Der Beweis ist in der obengenannten Arbeit von COURANT-FRIEDRICHS-LEWY durchgeführt.

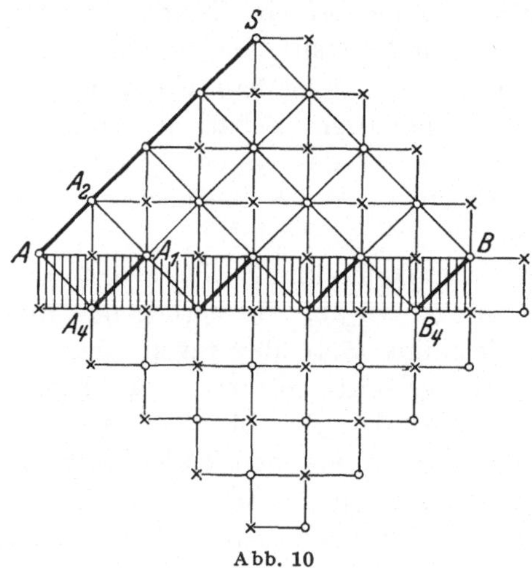
Abb. 10

b) Grenzübergang bei der Anfangswertaufgabe der Gl. (5.4). Wir geben zunächst die explizite Lösung der in Ziff. 3 behandelten Anfangswertaufgabe an. Wie Gl. (5.7) zeigt, werden jeweils nur die Funktionswerte in den in Abb. 10 mit Kreisen bzw. Sternchen markierten Gitterpunkten durch die vorliegende Differenzengleichung miteinander verknüpft. Wir können uns daher weiterhin etwa auf die mit Kreisen markierten Punkte beschränken.

Bildet man die „diagonalen" Differenzen (vgl. Abb. 8)

$$f_2' = f_2 - f_3, \qquad \hat{f_2} = f_2 - f_1,$$

so folgt aus Gl. (5.7)

$$f_1' = f_2' = \cdots = \text{const}, \qquad \hat{f_2} = \hat{f_3} = \cdots = \text{const},$$

d. h. die linksseitigen diagonalen Differenzen sind längs der rechtslaufenden Charakteristiken konstant und die rechtsseitigen Differenzen längs der linkslaufenden Charakteristiken. Also ist z. B. (vgl. Abb. 10)

$$f(S) - f(A) = \sum_{A_2}^{S} f = \sum_{A_1}^{B} f$$

oder

$$f(S) = f(A) + \sum_{A_1}^{B} f' = f(A) + \frac{1}{\sqrt{2}} \sum_{A_1}^{B} \frac{f'}{h\sqrt{2}} 2h. \qquad (5.8)$$

Hierdurch ist der Funktionswert in einem Gitterpunkt S durch Funktionswerte in dem (in Abb. 10 wieder schraffierten) Abhängigkeitsbereich dargestellt.

Beim Grenzprozeß $h \to 0$ soll nun das Punktepaar AB der x-Achse festgehalten und die Gitterfolge G_h wieder durch Halbieren, Dritteln usw. der ursprünglichen Maschenweite gebildet werden. Außerdem wird auf AB eine zweimal stetig differenzierbare Funktion $\bar{f}(x)$ und eine stetig differenzierbare Funktion $\bar{r}(x)$ vorgegeben. Die Anfangswerte der Gitterfunktion in den Punkten $A, A_1, \ldots, B$ sollen der Funktion $\bar{f}(x)$ entnommen und die Anfangswerte in den darunterliegenden Punkten $A_4, \ldots, B_4$ so gewählt werden, daß in den Gitterpunkten $A_1, \ldots, B$ jeweils $\dfrac{f'}{h\sqrt{2}} = \bar{r}(x)$ gilt. Für $h \to 0$ geht dann Gl. (5.8) über in

$$f(x, y) = \bar{f}(x - y) + \frac{1}{\sqrt{2}} \int\limits_{x-y}^{x+y} \bar{r}(x)\, dx$$

mit $f(x, 0) = \bar{f}(x)$ und $\bar{r}(x) = \dfrac{1}{\sqrt{2}} \left[\dfrac{d\bar{f}(x)}{dx} + \bar{q}(x) \right]$. Dies ist aber die Lösung Gl. (2.4) des Anfangswertproblems der Wellengleichung (2.1), wenn man $\bar{q}(x)$ statt $\bar{r}(x)$ einführt.

5. Anfangswertaufgabe bei allgemeineren Differenzengleichungen

Die soeben bewiesene Konvergenz der Lösungen der Differenzengleichung (5.4) gegen die Lösungen der Differentialgleichung (2.1) hängt damit zusammen, daß die Gitterdiagonalen zugleich Charakteristiken der Differentialgleichung und infolgedessen die Bestimmtheits-, Abhängigkeits- und Einflußbereiche des Gitters zugleich Bestimmtheitsbereiche usw. für die Differentialgleichung sind. Dies wird anders, wenn wir die bereits in § 2, Ziff. 5 besprochene Differentialgleichung

$$f_{tt} - a^2 f_{xx} = 0, \quad 0 < a^2 \neq 1, \tag{5.9}$$

und die entsprechende Differenzengleichung

$$f_{t\bar{t}} - a^2 f_{x\bar{x}} = 0 \tag{5.10}$$

betrachten. Mit den in Abb. 8 eingeführten Bezeichnungen ergibt sich aus Gl. (5.10)

$$f_2 = 2(1 - a^2) f_0 + a^2 (f_1 + f_3) - f_4,$$

d. h. f_2 ist ebenso wie bei $a^2 = 1$ auch bei $a^2 \gtrless 1$ durch die Nachbarwerte f_0, f_1, f_3, f_4 jeweils eindeutig bestimmt. Man kann also die Anfangswertaufgabe der Differenzengleichung (5.10) durch dieselbe Gitterkonstruktion im nämlichen Quadratgitter, also auch mit demselben Bestimmtheitsbereich usw., lösen.

Für $a^2 \neq 1$ sind jetzt aber die „Charakteristiken" der Differenzengleichung (5.10), d. h. die Gitterdiagonalen $x \pm t = \text{const}$, verschieden von den Charakteristiken $x \pm at = \text{const}$ der Differentialgleichung (5.9), und zwar sind für $a^2 \gtrless 1$ die Charakteristiken der Differentialgleichung flacher bzw. steiler als die Diagonalen des Quadratgitters. Infolgedessen greift der für $a^2 \gtreqless 1$ gemeinsame Bestimmtheitsbereich der Differenzengleichung bei $a^2 > 1$ über den Bestimmtheitsbereich der Differentialgleichung hinaus und stellt bei $a^2 < 1$ nur einen Teil dieses Bestimmtheitsbereichs dar. Der zu einem Gitterpunkt P gehörende Abhängigkeitsbereich der Differentialgleichung (Abb. 11) reicht bei $a^2 > 1$ weiter und bei $a^2 < 1$ weniger weit als der Abhängigkeitsbereich der Differenzengleichung.

Wir betrachten nun wieder denselben Grenzprozeß $h \to 0$ wie in Ziff. 4. Im Falle $a^2 > 1$ ist der Funktionswert $f(P)$ in allen Gittern G_h

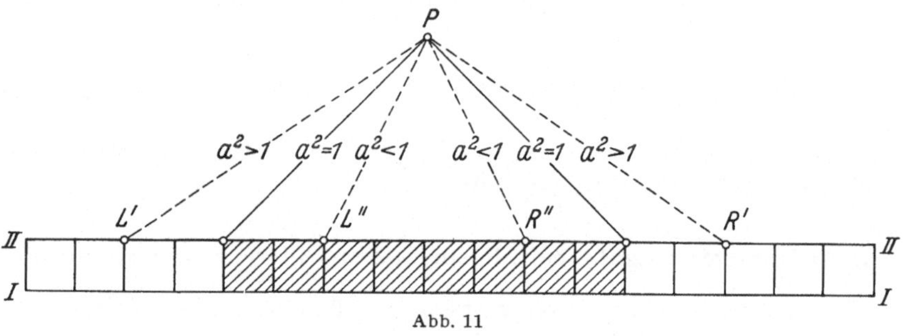

Abb. 11

der Folge lediglich durch die Anfangswerte in dem in Abb. 11 schraffierten Abhängigkeitsbereich des Gitters festgelegt, ist also unabhängig von den Anfangsdaten in den weiterreichenden Teilen des Abhängigkeitsintervalls $L'R'$ der Differentialgleichung. Infolgedessen kann bei $a^2 > 1$ die Lösung der Differenzengleichung nicht gegen die Lösung der Differentialgleichung konvergieren.

Im Falle $a^2 < 1$ hängt der Funktionswert $f(P)$ in allen Gittern G_h der Folge nicht nur von den Anfangsdaten des Abhängigkeitsintervalls $L''R''$ der Differentialgleichung ab, sondern auch von den Anfangsdaten in den weiterreichenden Teilen des in Abb. 11 schraffierten Abhängigkeitsbereichs. Trotzdem konvergiert bei $a^2 < 1$, wie wir in Ziff. 6 zeigen werden, die Lösung der Differenzengleichung gegen die Lösung der Differentialgleichung. Dies ist dadurch möglich, daß der Einfluß der Anfangswerte in den obengenannten zu weit reichenden Teilen des Abhängigkeitsbereichs der Differenzengleichung für $h \to 0$ immer schwächer wird.

Man kann ähnlich wie in Ziff. 4, jedoch mit umfangreicheren Rechnungen, die explizite Lösung der Differenzengleichung (5.10) angeben und sieht dann, daß diese Lösung für $h \to 0$ bei $a^2 > 1$ divergiert und bei $a^2 < 1$ gegen die Lösung der Differentialgleichung (5.9) konvergiert. Wir wollen jedoch im Anschluß an COURANT-FRIEDRICHS-LEWY statt dieses direkten Wegs die Konvergenz im Falle $a^2 < 1$ ohne Verwendung der expliziten Lösung mit Hilfe eines Verfahrens nachweisen, das sich leicht sinngemäß auf allgemeinere Differenzengleichungen übertragen läßt.

Konvergenzbetrachtungen dieser Art sind auch vom Standpunkt der praktischen Rechnung grundlegend wichtig; denn wie das vorliegende einfache Beispiel zeigt, kann der Versuch, durch ein Differenzenverfahren eine angenäherte Lösung einer Differentialgleichung zu erhalten, zu falschen Resultaten führen. Bei den in den späteren Abschnitten dieses Buches erörterten Differenzenverfahren werden solche Fehler dadurch vermieden, daß ähnlich wie hier in Ziff. 4 von vornherein „charakteristische Gitter" benützt werden, d. h. solche Gitter, bei denen die Abhängigkeitsbereiche der Differenzengleichung den Abhängigkeitsbereichen der Differentialgleichung angepaßt sind. Bei der Differenzengleichung (5.10) wird diese Anpassung dadurch erreicht, daß man an Stelle von x die Veränderliche $x^* = x/a$ einführt.

6. Konvergenzbeweis

Wir führen nun für den Fall $a^2 < 1$ den angekündigten Konvergenzbeweis durch und schreiben dabei die Differenzengleichung (5.10) in der Form

$$L[f] \equiv \frac{1}{h^2}(f_2 - 2f_0 + f_4) - \frac{a^2}{h^2}(f_1 - 2f_0 + f_3) = 0.$$

Mit Hilfe der Identitäten

$$(f_2 - f_4)(f_2 - 2f_0 + f_4) = (f_2 - f_0)^2 - (f_4 - f_0)^2,$$

$$(f_2 - f_4)(f_1 - 2f_0 + f_3) = (f_2 - f_0)^2 - (f_4 - f_0)^2 -$$

$$- \tfrac{1}{2}[(f_2 - f_1)^2 + (f_2 - f_3)^2 - (f_4 - f_1)^2 - (f_4 - f_3)^2]$$

ergibt sich

$$0 = 2(f_2 - f_4) L[f] = \frac{2}{h^2}(1 - a^2)[(f_2 - f_0)^2 - (f_4 - f_0)^2] +$$

$$+ \frac{a^2}{h^2}[(f_2 - f_1)^2 + (f_2 - f_3)^2 - (f_4 - f_1)^2 - (f_4 - f_3)^2]. \tag{5.11}$$

Neben den bereits in Ziff. 4 benützten Abkürzungen f' und f' für die „diagonalen" Differenzen verwenden wir jetzt noch die Abkürzung $\dot{f}_2 = f_2 - f_0$ für die Differenzen in der t-Richtung und erhalten dann durch Summation der Gln. (5.11) über alle in Abb. 10 eingezeichneten Diagonalquadrate des Bestimmtheitsdreiecks ABS

$$0 = 2h^2 \sum_{ABS} \frac{f_2 - f_4}{h} \, L\,[f]$$

$$= \left\{ \begin{aligned} & h \sum_{AS} \left[2(1 - a^2)\left(\frac{\dot{f}}{h}\right)^2 + a^2\left(\frac{f'}{h}\right)^2 \right] \\ & + h \sum_{BS} \left[2(1 - a^2)\left(\frac{\dot{f}}{h}\right)^2 + a^2\left(\frac{f'}{h}\right)^2 \right] \\ & - h \sum_{AB} \left[2(1 - a^2)\left(\frac{\dot{f}}{h}\right)^2 + a^2\left(\frac{f'}{h}\right)^2 + a^2\left(\frac{f'}{h}\right)^2 \right]. \end{aligned} \right. \qquad (5.12)$$

Die Glieder für die „inneren", d. h. je zwei benachbarten Diagonalquadraten gemeinsamen Seiten heben sich bei der Summation weg.

Beim Grenzübergang $h \to 0$ strebt in Gl. (5.12) die Summe $h \sum_{AB}$ gegen ein bestimmtes Integral mit einem endlichen nichtnegativen Wert; wie in Ziff. 4 sind dabei die Anfangsdaten wieder durch vorgegebene Funktionen $\bar{f}(x)$ und $\bar{q}(x)$ bestimmt, nämlich $f = f(x)$, $\frac{\dot{f}}{h} = \bar{q}(x)$, woraus dann $\frac{f'}{h} \to \bar{q}(x) + \bar{f}'(x)$ und $\frac{f'}{h} \to \bar{q}(x) - \bar{f}'(x)$ folgt.

Da die linke Seite in Gl. (5.12) wegen $L[f] = 0$ verschwindet und wegen $a^2 < 1$ alle Summenglieder auf der rechten Seite nichtnegativ sind, bleiben beim Grenzübergang $h \to 0$ auch die beiden ersten (nichtnegativen) Summen beschränkt. Daraus folgt dann weiter, daß für jede rechts- oder linkslaufende diagonale Linie die Beschränktheitsbeziehung gilt

$$h \sum \left(\frac{f'}{h}\right)^2 < M, \qquad h \sum \left(\frac{f'}{h}\right)^2 < M, \qquad (5.13)$$

wobei die positive Zahl M sowohl von h als auch von der Lage und Länge der diagonalen Linie unabhängig ist.

Jetzt kann man leicht einsehen, daß die Gitterfunktionen $f_h(x, y)$ für jeden Wert der Maschenweite h in allen Richtungen „gleichartig stetig" sind, d. h. es ist für irgend zwei Gitterpunkte P, Q eines Gitters G_h der Folge

$$|f_h(P) - f_h(Q)| < \varepsilon \quad \text{für Abstand} \quad PQ < \delta(\varepsilon),$$

wobei $\delta(\varepsilon)$ von h unabhängig ist, also für alle Gitter G_h gilt.

Zu Beweis der gleichartigen Stetigkeit verbinden wir die Gitterpunkte P, Q durch ein Diagonalstreckenpaar PRQ (Abb. 12) und haben dann

$$|f_h(Q) - f_h(P)| \leq |f_h(R) - f_h(P)| + |f_h(R) - f_h(Q)|.$$

Dabei ist

$$\left| f_h(R) - f_h(P) \right| = \left| \sum_{PR} f_h'^2 \right| \leq \sqrt{n \sum_{PR} f_h'^2}$$

($n =$ Anzahl der Quadratseiten auf PR), wie aus der SCHWARZschen Ungleichung

$$\left| \sum_{\nu=1}^{n} a_\nu b_\nu \right| \leq \sqrt{\sum a_\nu^2 \sum b_\nu^2}$$

mit $b_\nu = 1$ folgt. Wegen

$$n = \frac{d}{h\sqrt{2}} \leqq \frac{s}{h\sqrt{2}} < \frac{s}{h}$$

kommt weiter

$$\left| f_h(R) - f_h(P) \right| < \sqrt{s}\,\sqrt{h \sum_{PR} \left(\frac{f_h'}{h}\right)^2}$$

und ebenso

$$\left| f_h(R) - f_h(Q) \right| < \sqrt{s}\,\sqrt{h \sum_{QR} \left(\frac{f_h'}{h}\right)^2}\,.$$

Unter Berücksichtigung der Beschränktheitsbeziehungen (5.13) hat man dann schließlich

$$\left| f_h(Q) - f_h(P) \right| < 2M\sqrt{s} \leqq 2M\sqrt{\delta} = \varepsilon \quad \text{für} \quad s \leqq \delta,$$

d. h. $\delta = \varepsilon^2/4\,M^2$ ist nur von ε, nicht aber von h abhängig, w. z. b. w.

Infolge der gleichartigen Stetigkeit der Gitterfunktionen f_h und der Beschränktheit der Anfangsdaten kann man nach dem „Häufungs-stellenprinzip"[1] aus der Folge der Gitterfunktionen eine Teilfolge her-ausgreifen, die gleichmäßig gegen eine Grenzfunktion $f(x, y)$ konver-giert. Dabei hat man sich die zu-nächst nur in den Gitterpunkten de-finierten Funktionen $f_h(x, y)$ durch lineare Interpolation in einem durch Halbieren der Gittermaschen ent-stehenden Dreiecksnetz ergänzt zu denken.

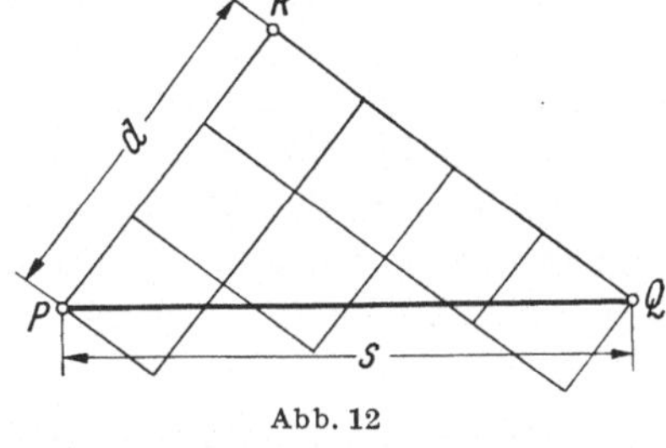

Abb. 12

Weiter muß nun gezeigt werden, daß diese Grenzfunktion $f(x, y)$ die Lösung des Anfangswertproblems der Differentialgleichung (5.9) darstellt, daß sie also dieser Gleichung und den vorgeschriebenen Anfangsdaten genügt.

Wegen der Linearität der Differenzengleichung (5.10) genügen mit $f_h(x, y)$ auch die Differenzenquotienten von $f_h(x, y)$ derselben Diffe-renzengleichung. Die Anfangswerte der ersten und zweiten Differenzen-

---

[1] Vgl. hierzu etwa COURANT-HILBERT: Methoden der math. Physik, 2. Aufl., Bd. I, S. 49. (Grundlehren d. math. Wissenschaften.) Berlin: Springer 1931.

quotienten auf den Anfangsreihen I, II eines Gitters G_h (vgl. Abb. 11) lassen sich vermöge der Differenzengleichung (5.10) durch solche Differenzenquotienten erster, zweiter und dritter Ordnung ausdrücken, in denen nur Funktionswerte f_h aus den Anfangsreihen I, II selbst, also nur Anfangsdaten des Problems, auftreten. So ist beispielsweise

$$f_t(x, t + h) = f_t(x, t) + h f_{t\bar{t}}(x, t + h)$$

$$= \frac{1}{h} [f(x, t + h) - f(x, t)] + h f_{t\bar{t}}(x, t + h)$$

mit

$$f_{t\bar{t}}(x, t + h) = a^2 f_{x\bar{x}}(x, t + h)$$

$$= \frac{a^2}{h^2} [f(x + h, t + h) - 2f(x, t + h) + f(x - h, t + h)].$$

Wir fordern, daß diese Differenzenquotienten gegen stetige Grenzfunktionen streben, d. h., daß die Anfangsdaten $\bar{f}(x)$ und $\bar{q}(x)$ dreimal bzw. zweimal stetig differenzierbar seien. Dann läßt sich die vorher für die Folge $f_h(x, t)$ angestellte Konvergenzbetrachtung ebenso auf die ersten und zweiten Differenzenquotienten anwenden. Daraus folgt, daß diese bei Auswahl geeigneter Teilfolgen selbst gleichmäßig gegen Grenzfunktionen konvergieren. Diese Grenzfunktionen sind die Ableitungen einer Grenzfunktion $f(x, y)$, welche demnach der Differentialgleichung (5.9) genügt, die für $h \to 0$ aus der Differenzengleichung (5.10) entsteht. Da auf Grund unserer Forderungen an die Anfangsdaten auf I und II auch die Anfangsbedingungen von der Grenzfunktion $f(x, y)$ erfüllt werden, löst $f(x, y)$ das Anfangswertproblem der Differentialgleichung (5.9).

Nach § 2 hat das Anfangswertproblem der Differentialgleichung (5.9) nur eine Lösung. Folglich muß jede gegen eine Grenzfunktion konvergierende Teilfolge f_h gegen dieselbe Grenzfunktion $f(x, y)$ konvergieren, d. h. die Folge selbst konvergiert gegen $f(x, y)$, womit der Konvergenzbeweis erbracht ist.

§ 6. Hyperbolische Differentialgleichungen in der Gasdynamik und Akustik

1. Grundgleichungen der Strömung kompressibler Medien

Da wir die mathematischen Betrachtungen häufig auf Fragen der Gasdynamik[1], d. h. auf Strömungsvorgänge kompressibler Medien, anwenden und an diesen physikalischen Problemen verdeutlichen werden, sollen die Grundgleichungen der Gasdynamik hier bereitgestellt werden.

---

[1] Vgl. z. B. R. SAUER: Einführung in die theoretische Gasdynamik, 2. Aufl. Berlin: Springer 1951.

Diese Grundgleichungen sind im allgemeinen nichtlineare Differentialgleichungen. Sie spezialisieren sich in der Akustik zu linearen Differentialgleichungen.

Wir betrachten in einem Bereich des x, y, z-Raums ein in Bewegung
befindliches kompressibles Medium (Gas), dessen Druck p und Dichte ϱ
ebenso wie der Geschwindigkeitsvektor $\mathfrak{v} = (u, v, w)$ stetige und hinreichend oft stetig differenzierbare Funktionen der Ortskoordinaten
x, y, z und der Zeit t sind. Innere Reibung und Wärmeleitung sowie
äußere Kräfte werden vernachlässigt. Außerdem beschränken wir uns
bis auf weiteres auf wirbelfreie und isentropische Strömungen, d. h.
wir verlangen

$$\operatorname{rot} \mathfrak{v} = 0, \tag{6.1}$$

und nehmen an, daß der Druck eine umkehrbar eindeutige, stetig
differenzierbare Funktion $p(\varrho)$ der Dichte ϱ ist. Diese Funktion definiert durch

$$a^2 = \frac{dp}{d\varrho} \tag{6.2}$$

eine Größe a, die wir alsbald als Schallgeschwindigkeit ($=$ Ausbreitungsgeschwindigkeit einer kleinen Störung) erkennen werden.

Der Satz von der Erhaltung des Impulses liefert die Bewegungs-
gleichung

$$\frac{d\mathfrak{v}}{dt} = \mathfrak{v}_t + u\,\mathfrak{v}_x + v\,\mathfrak{v}_y + w\,\mathfrak{v}_z = -\frac{1}{\varrho}\operatorname{grad} p = -\frac{a^2}{\varrho}\operatorname{grad}\varrho \tag{6.3}$$

und der Satz von der Erhaltung der Masse die Kontinuitätsgleichung

$$\varrho_t + \operatorname{div}(\varrho\,\mathfrak{v}) = 0. \tag{6.4}$$

Auf Grund von Gl. (6.1) kann man ein Geschwindigkeitspotential
$\varphi(x, y, z, t)$ mit $\mathfrak{v} = \operatorname{grad}\varphi$ einführen und erhält dann aus Gl. (6.3)

$$\mathfrak{v}_t\,d\mathfrak{s} + \mathfrak{v}\,d\mathfrak{v} = -\frac{1}{\varrho}\,dp \quad \text{mit} \quad d\mathfrak{s} = (dx, dy, dz).$$

Durch Integration folgt

$$-\varphi_t = \frac{1}{2}(\varphi_x^2 + \varphi_y^2 + \varphi_z^2) + \int_{p_0}^{p}\frac{dp}{\varrho} = \frac{1}{2}|\mathfrak{v}|^2 + \int_{p_0}^{p}\frac{dp}{\varrho}. \tag{6.5}$$

Hierdurch und durch $\mathfrak{v} = \operatorname{grad}\varphi$ ist das Geschwindigkeitspotential
$\varphi(x, y, z, t)$ bis auf eine additive Konstante festgelegt.

Aus Gl. (6.5) erhält man

$$\frac{p_t}{\varrho} = a^2\,\frac{\varrho_t}{\varrho} = -\varphi_{tt} - (\varphi_x\,\varphi_{xt} + \varphi_y\,\varphi_{yt} + \varphi_z\,\varphi_{zt})$$

und durch Einsetzen dieser Beziehung in Gl. (6.4) kommt

$$\varphi_{xx}(a^2 - \varphi_x^2) + \varphi_{yy}(a^2 - \varphi_y^2) + \varphi_{zz}(a^2 - \varphi_z^2) - 2\varphi_{yz}\varphi_y\varphi_z -$$
$$- 2\varphi_{zx}\varphi_z\varphi_x - 2\varphi_{xy}\varphi_x\varphi_y - \varphi_{tt} - 2(\varphi_{xt}\varphi_x + \varphi_{yt}\varphi_y + \varphi_{zt}\varphi_z) = 0. \tag{6.6}$$

In dieser nichtlinearen Differentialgleichung für $\varphi(x, y, z, t)$ ist a^2 als Funktion von p, also auch von $\int\limits_{p_0}^{p} \dfrac{dp}{\varrho}$ oder nach Gl. (6.5) als vorgegebene Funktion von $\varphi_t + \tfrac{1}{2}(\varphi_x^2 + \varphi_y^2 + \varphi_z^2)$ zu betrachten. Bei idealen Gasen ist

$$\frac{p}{p_0} = \left(\frac{\varrho}{\varrho_0}\right)^\varkappa, \qquad a^2 = a_0^2 - (\varkappa - 1)\left[\varphi_t + \frac{1}{2}(\varphi_x^2 + \varphi_y^2 + \varphi_z^2)\right]$$

mit $\varkappa = c_p/c_v$ (= Verhältnis der spezifischen Wärmen bei konstantem Druck bzw. konstantem Volumen) = const.

2. Spezialisierung für stationäre Strömungen

Hier sind alle Zustandsgrößen von der Zeit unabhängig, also reine Ortsfunktionen. Gl. (6.6) spezialisiert sich daher zu

$$\varphi_{xx}(a^2 - \varphi_x^2) + \varphi_{yy}(a^2 - \varphi_y^2) + \varphi_{zz}(a^2 - \varphi_z^2) - \\ - 2\varphi_{yz}\varphi_y\varphi_z - 2\varphi_{zx}\varphi_z\varphi_x - 2\varphi_{xy}\varphi_x\varphi_y = 0 \tag{6.7}$$

oder bei Benützung von Zylinderkoordinaten x, r, ω (Abb. 13) zu

$$\varphi_{xx}(a^2 - \varphi_x^2) + \varphi_{rr}(a^2 - \varphi_r^2) + \frac{1}{r^2}\varphi_{\omega\omega}\left(a^2 - \frac{1}{r^2}\varphi_\omega^2\right) - \\ - \frac{2}{r^2}\varphi_{r\omega}\varphi_r\varphi_\omega - \frac{2}{r^2}\varphi_{x\omega}\varphi_x\varphi_\omega - 2\varphi_{xr}\varphi_x\varphi_r + \\ + \frac{1}{r}\varphi_r\left(a^2 + \frac{1}{r^2}\varphi_\omega^2\right) = 0. \tag{6.8}$$

Im Kapitel III werden wir uns vor allem mit den Sonderfällen der ebenen und der drehsymmetrischen Strömungen beschäftigen. Bei den ebenen Strömungen hängt φ nur von x, y, nicht aber von z ab und man erhält aus Gl. (6.7)

$$\varphi_{xx}(a^2 - \varphi_x^2) + \varphi_{yy}(a^2 - \varphi_y^2) - 2\varphi_{xy}\varphi_x\varphi_y = 0. \tag{6.9}$$

Bei den drehsymmetrischen Strömungen hängt φ nur von x, r, nicht aber von ω ab und man erhält aus Gl. (6.8)

$$\varphi_{xx}(a^2 - \varphi_x^2) + \varphi_{rr}(a^2 - \varphi_r^2) - 2\varphi_{xr}\varphi_x\varphi_r + \frac{a^2}{r}\varphi_r = 0, \tag{6.10}$$

also bis auf das neu hinzugekommene letzte Glied dieselbe Differentialgleichung wie bei der ebenen Strömung.

Die Differentialgleichungen (6.9) und (6.10) enthalten nur noch zwei unabhängige Veränderliche und sind bezüglich der zweiten Ableitungen linear. Nach der in § 3, Ziff. 2, und § 19, Ziff. 1, für lineare und quasilineare Differentialgleichungen angegebenen Typeneinteilung sind die Gln. (6.9) und (6.10) wegen

$$(a^2 - \varphi_x^2)(a^2 - \varphi_y^2) - \varphi_x^2\varphi_y^2 = a^4 - a^2(\varphi_x^2 + \varphi_y^2) = a^2(a^2 - |\mathfrak{v}|^2) \gtreqless 0$$

für $|\mathfrak{v}| < a$ (Unterschallströmungen) vom elliptischen und für $|\mathfrak{v}| > a$ (Überschallströmungen) vom hyperbolischen Typus. Der Beschränkung dieses Buches auf hyperbolische Probleme entsprechend werden wir es also vor allem mit Überschallströmungen zu tun haben.

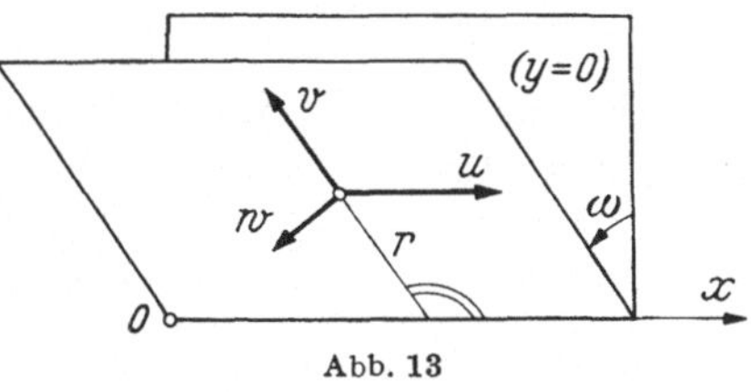

Abb. 13

Für die „kritische Geschwindigkeit" a^*, bei der die Strömungsgeschwindigkeit $|\mathfrak{v}|$ mit der Schallgeschwindigkeit zusammenfällt, erhält man aus der letzten Gleichung von Ziff. 1 mit $\varphi_t = 0$ im Spezialfall der idealen Gase sofort $a^* = a_0 \sqrt{\dfrac{2}{\varkappa + 1}}$.

3. Spezialisierung für eindimensionale, zylindrische und kugelsymmetrische nichtstationäre Strömungen

Bei eindimensionalen Strömungen, bei denen φ nur von x und t abhängt, ergibt sich aus Gl. (6.6) die nichtlineare Wellengleichung

$$\varphi_{tt} - \varphi_{xx}(a^2 - \varphi_x^2) + 2\varphi_{xt}\varphi_x = 0. \tag{6.11}$$

Bei zylindersymmetrischen Strömungen ($\sigma = 1$) erhält man aus Gl. (6.8) und bei kugelsymmetrischen Strömungen ($\sigma = 2$) aus einer entsprechenden Gleichung in Polarkoordinaten die nichtlinearen Wellengleichungen

$$\varphi_{tt} - \varphi_{rr}(a^2 - \varphi_r^2) + 2\varphi_{rt}\varphi_r = \sigma\, a^2\, \frac{\varphi_r}{r}. \tag{6.12}$$

Dabei bedeutet r im ersten Fall den Abstand von der Zylinderachse und im zweiten Fall den Abstand vom Kugelmittelpunkt. Die Differentialgleichungen (6.11) und (6.12) sind für alle Geschwindigkeiten $|\mathfrak{v}| \gtrless a$ vom hyperbolischen Typus.

4. Linearisierung der Differentialgleichungen

Die Differentialgleichungen (6.6) bis (6.12) sind linear bezüglich der zweiten Ableitungen von φ, jedoch nicht schlechthin (d. h. bezüglich aller Ableitungen und φ selbst) linear. Man kann sie durch lineare Näherungsgleichungen ersetzen, wenn man die Untersuchung auf einen Raum-Zeit-Bereich beschränkt, in dem die Abweichungen der Zustandswerte von gewissen Mittelwerten hinreichend klein sind, und diese Abweichungen nur linear berücksichtigt. Wir setzen also (nach geeigneter Drehung des Koordinatensystems)

$$\mathfrak{v} = \bar{\mathfrak{v}} + \mathfrak{v}'(x, y, z, t) \quad \text{mit} \quad \bar{\mathfrak{v}} = (\bar{u}, 0, 0),$$
$$\varphi = \bar{\varphi} + \varphi'(x, y, z, t) \quad \text{mit} \quad \bar{\varphi} = \bar{u}\, x;$$

die überstrichenen Werte $\bar{\mathfrak{v}}$ und $\bar{u}$ sind die konstanten Mittelwerte.

Man erhält auf diese Weise aus der nichtlinearen Gl. (6.6) die lineare Gleichung

$$\varphi'_{xx}(\bar{a}^2 - \bar{u}^2) + \bar{a}^2(\varphi'_{yy} + \varphi'_{zz}) - (\varphi'_{tt} + 2\bar{u}\,\varphi'_{xt}) = 0. \qquad (6.13)$$

Sie geht durch die GALILEI-Transformation $x - ut = x^*$ nach Weglassen des Sternes in die gewöhnliche lineare Wellengleichung

$$\varphi'_{tt} - \bar{a}^2(\varphi'_{xx} + \varphi'_{yy} + \varphi'_{zz}) = 0 \qquad (6.14)$$

der Akustik über, die uns im Kapitel IV beschäftigen wird und die wir im Spezialfall der eindimensionalen Strömung bereits in § 2, Ziff. 5, behandelt haben. $\bar{a}$ bedeutet in Gl. (6.14) die Ausbreitungsgeschwindigkeit von Störungsfronten (vgl. § 34), womit die bereits eingeführte Bezeichnung „Schallgeschwindigkeit" gerechtfertigt ist. Aus Ziff. 1 ergibt sich ferner, daß $u' = \operatorname{grad}\varphi'$ die Schallschnelle ($=$ Relativgeschwindigkeit der schwingenden Gasteilchen) und $p' = -\bar{\varrho}\,\varphi'_t$ der Schalldruck ($=$ der von den schwingenden Gasteilchen hervorgerufene Zusatzdruck) ist. Bei den zylindersymmetrischen ($\sigma = 1$) und kugelsymmetrischen ($\sigma = 2$) akustischen Wellen spezialisiert sich Gl. (6.12) zu

$$\varphi'_{tt} - \bar{a}^2\,\varphi'_{rr} = \sigma\,\bar{a}^2\,\frac{\varphi'_r}{r}\,. \qquad (6.15)$$

Für die stationären linearisierten Strömungen, wie sie z. B. als Strömungen um hinreichend schlanke oder flache Körper oder in hinreichend großer Entfernung von umströmten Körpern vorkommen, ergibt sich aus Gl. (6.7)

$$\varphi'_{xx}(\overline{M}^2 - 1) - (\varphi'_{yy} + \varphi'_{zz}) = 0; \qquad (6.16)$$

hierbei bedeutet die MACH-Zahl $\overline{M} = \bar{u}/\bar{a}$ das Verhältnis der Gasgeschwindigkeit zur Schallgeschwindigkeit in der Grundströmung. Ersetzt man x durch t und, falls $\overline{M} > 1$ ist (Überschall), $\overline{M}^2 - 1$ durch $1/\bar{a}^2$, so geht Gl. (6.16) in die zweidimensionale Wellengleichung $\varphi'_{tt} - \bar{a}^2(\varphi'_{yy} + \varphi'_{zz}) = 0$ über.

Die Differentialgleichung der zweidimensionalen stationären Strömung

$$\varphi'_{xx}(\overline{M}^2 - 1) - \varphi'_{yy} = 0 \qquad (6.17)$$

läßt sich im Falle $\overline{M} < 1$ (Unterschall) durch die PRANDTL-GLAUERTsche Affintransformation

$$x = \xi, \quad y = \frac{\eta}{\sqrt{1 - \overline{M}^2}}$$

in die Potentialgleichung (1.1) überführen und im Falle $\overline{M} > 1$ (Überschall) in die in § 2 behandelte eindimensionale Wellengleichung.

Dieser Unterschied des Typus bei $\overline{M} < 1$ und $\overline{M} > 1$ läßt sich physikalisch folgendermaßen verdeutlichen (Abb. 14):

Eine von einem Punkt A ausgehende kleine Störung breitet sich nach der Laufzeit t auf einen Kreis aus, dessen Mittelpunkt M vom Störungszentrum A sich um die Strecke $\overline{u}t$ wegbewegt hat und dessen Radius gleich $\overline{a}t$ ist. Infolgedessen pflanzt sich die Störung bei $\overline{a} > \overline{u}$ nach hinreichend langer Zeit in die ganze x, y-Ebene fort, während sie bei $\overline{a} < \overline{u}$ nur einen von A ausgehenden Winkelraum $2\overline{\alpha}$ beeinflußt (MACH-scher Winkel $\overline{\alpha} = \mathrm{arc}\,\sin \overline{a}/\overline{u}$). Wenn man also in einer Unterschall-strömung an irgendeiner Stelle eine Änderung der Randbedingungen

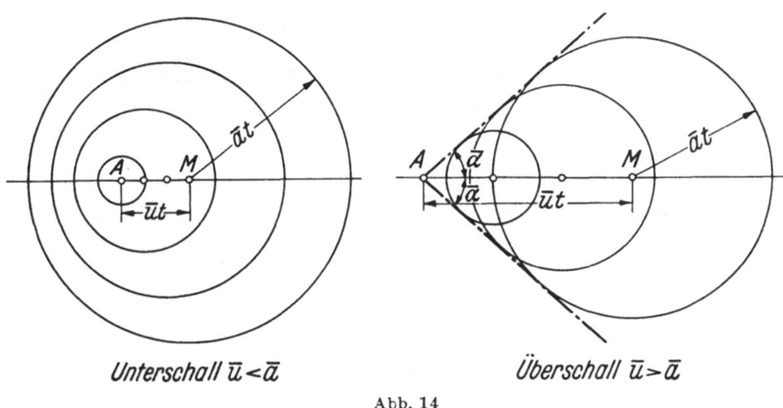

Abb. 14

vornimmt, also z. B. einen Teil der Kanten eines umströmten Körpers abändert, wird das ganze Strömungsfeld beeinflußt; bei einer Über-schallströmung dagegen beeinflußt die Änderung nur einen strom-abwärts sich erstreckenden Einflußbereich. Die Grenzen dieser Ein-flußbereiche (MACHsche Linien) sind nach Abb. 14 die Geraden $x \pm y\,\mathrm{ctg}\,\overline{\alpha} = \mathrm{const}$; sie sind natürlich mit den Charakteristiken der Differentialgleichung (6.17) identisch. Auf diese Weise verdeutlichen die Unter- und Überschallströmungen das in § 2 erörterte verschiedene Verhalten der elliptischen Randwertprobleme und der hyperbolischen Anfangswertprobleme.

Zweites Kapitel

Differentialgleichungen erster Ordnung

Die Integration einer partiellen Differentialgleichung erster Ordnung läßt sich auf die Integration eines Systems gewöhnlicher Differential-gleichungen zurückführen. Kapitel II enthält eine kurze Darstellung dieser Integrationstheorie als Vorstufe zum Studium der vom Standpunkte der Anwendungen wichtigeren partiellen Differentialgleichungen zweiter Ordnung und der Systeme partieller Differentialgleichungen. Ebenso wie schon bei den einführenden Bemerkungen zum Anfangswertproblem der Wellengleichung (§ 2) steht auch in der Integrationstheorie der partiellen Differentialgleichungen erster Ordnung der Charakteristikenbegriff im Mittelpunkt. Da sich bei zwei unabhängigen Veränderlichen die analytischen Beziehungen geometrisch veranschaulichen lassen, wird die Theorie zuerst bei zwei unabhängigen Veränderlichen entwickelt und dann auf n unabhängige Veränderliche verallgemeinert.

§ 7. Quasilineare Differentialgleichung bei zwei unabhängigen Veränderlichen

1. Mongesches Richtungsfeld und Charakteristiken

Gegenstand der Untersuchung ist die quasilineare (d.h. bezüglich f_x und f_y, jedoch nicht notwendig auch bezüglich f lineare) Differentialgleichung erster Ordnung

$$a(x, y, f)\, f_x + b(x, y, f)\, f_y = h(x, y, f). \tag{7.1}$$

a, b und h sind Funktionen von x, y, f mit stetigen ersten Ableitungen in einem gewissen Bereich des x, y, f-Raums. a und b sollen in diesem Bereich nirgends gleichzeitig verschwinden. Gl. (7.1) definiert im x, y, f-Raum ein Vektorfeld $\mathfrak{p} = (a, b, h)$. Wir nennen $\mathfrak{p}$ den MONGEschen Vektor im Punkt x, y, f.

Die stetig differenzierbaren Lösungen $f(x, y)$ der Differentialgleichung (7.1) werden durch glatte Flächen $f = f(x, y)$ dargestellt, deren Normalvektoren $(f_x, f_y, -1)$ in jedem Flächenpunkt zum MONGEschen Vektor $\mathfrak{p} = (a, b, h)$ senkrecht sind. Die MONGEschen Vektoren sind also Tangentenvektoren der Integralflächen und die Tangentenebenen der durch einen Punkt $P(x, y, f)$ gehenden Integralflächen gehören einem Ebenenbüschel an, in dessen Achse der MONGEsche Vektor liegt.

Ein räumliches Richtungsfeld läßt sich durch ein System gewöhnlicher Differentialgleichungen festlegen. Das durch die MONGEschen Vektoren bestimmte Richtungsfeld wird durch die gewöhnlichen Differentialgleichungen

$$\frac{dx}{ds} = a(x, y, f), \qquad \frac{dy}{ds} = b(x, y, f), \qquad \frac{df}{ds} = h(x, y, f) \tag{7.2}$$

gegeben. Wir bezeichnen die durch den Parameter s dargestellten Integralkurven $x = x(s)$, $y = y(s)$, $f = f(s)$ dieser Differentialgleichungen als die Charakteristiken c der partiellen Differentialgleichung (7.1). Da die rechten Seiten der Gln. (7.2) stetige Ableitungen besitzen, geht durch jeden Punkt x, y, f des in Frage stehenden Raumbereichs nach bekannten Sätzen über gewöhnliche Differentialgleichungen genau eine Charakteristik. Die Charakteristiken c bilden also eine 2-parametrige Menge. Ihre Grundrisse c' in der x, y-Ebene nennen wir Grundcharakteristiken.

Da die unabhängige Veränderliche s in den Gln. (7.2) nicht explizit vorkommt, ergeben sich dieselben Integralkurven, wenn wir s durch $s +$ const ersetzen; eine der drei Integrationskonstanten des Systems (7.2) tritt also bei s als unwesentliche additive Konstante auf. Der Parameter s bedeutet natürlich im allgemeinen nicht die Bogenlänge der Integralkurven.

2. Äquivalenzsatz

Das Integrationsproblem der partiellen Differentialgleichung (7.1), d. h. die Ermittlung aller glatten Flächen, deren Normalen auf den MONGESchen Vektoren senkrecht stehen, und das Integrationsproblem der gewöhnlichen Differentialgleichungen (7.2), d. h. die Ermittlung aller glatten Kurven $x(s)$, $y(s)$, $f(s)$ (Charakteristiken) welche MONGE-sche Vektoren als Tangenten haben, sind in folgendem Sinne äquivalent:

a) Jede von einer 1-parametrigen Menge von Charakteristiken aufgespannte glatte Fläche ist eine Integralfläche der Differentialgleichung (7.1).

b) Jede Integralfläche läßt sich von einer 1-parametrigen Menge von Charakteristiken aufspannen.

Behauptung a) folgt unmittelbar aus Ziff. 1 und wird in Ziff. 3 präzisiert werden. Um Behauptung b) einzusehen, gehen wir von einer vorliegenden Integralfläche $f = f(x, y)$ aus und setzen $f(x, y)$ in die beiden ersten Gln. (7.2) ein:

$$\frac{dx}{ds} = a\left(x, y, f(x, y)\right), \qquad \frac{dy}{ds} = b\left(x, y, f(x, y)\right).$$

Die Lösungen $x(s)$, $y(s)$ dieses Systems bestimmen zusammen mit $f = f(x(s), y(s))$ eine 1-parametrige Kurvenschar, welche die vorgegebene Integralfläche aufspannt. Wegen

$$\frac{df}{ds} = f_x \frac{dx}{ds} + f_y \frac{dy}{ds} = f_x a + f_y b = h\left(x(s), y(s), f(s)\right)$$

ist auch die dritte Gl. (7.2) erfüllt, d. h. die so ermittelten Flächenkurven sind Charakteristiken. Als wichtige Folgerung ergibt sich weiter:

c) Wenn eine Charakteristik einen Punkt mit einer Integralfläche gemeinsam hat, gehört sie ihr ganz an.

3. Anfangswertproblem

Wir behandeln nun folgende Anfangswertaufgabe: Gegeben ist eine Raumkurve k („Anfangskurve") durch $x(t)$, $y(t)$, $f(t)$ oder, was dasselbe ist, ihre Grundrißkurve k' durch $x(t)$, $y(t)$ samt Wertebelegung $f(t)$. Die Funktionen $x(t)$, $y(t)$, $f(t)$ sollen stetige erste Ableitungen $\dot{x}$, $\dot{y}$, $\dot{f}$ besitzen; außerdem soll $\dot{x}^2(t) + \dot{y}^2(t) \neq 0$ gelten und die Kurve k' soll doppelpunktfrei sein, damit mehrdeutige Lösungen ausgeschlossen werden. Gesucht wird in einer Umgebung von k eine Integralfläche $f = f(x, y)$ mit stetigen ersten Ableitungen von f, welche die vorgegebene Anfangskurve k enthält.

Bei der Lösung dieser Aufgabe besteht folgende Alternative:

a) Wenn k' nicht mit einer Grundcharakteristik c' zusammenfällt und von keiner Grundcharakteristik berührt wird, wenn also für die gegebenen Anfangsdaten $\dot{x}(t):\dot{y}(t) \neq a:b$ gilt, geht durch die Punkte der Kurve k eine 1-parametrige Charakteristikenschar $x(s, t)$, $y(s, t)$, $f(s, t)$. Nach bekannten Sätzen über gewöhnliche Differentialgleichungen besitzen diese Funktionen stetige Ableitungen nach s und t. Nun ist auf k und in einer gewissen Umgebung von k nach Voraussetzung

$$x_t : y_t \neq a : b = x_s : y_s.$$

Die Gleichungen $x = x(s, t)$, $y = (s, t)$ sind also nach s, t auflösbar und es ergibt sich eine Funktion $f(s(x, y), t(x, y))$ mit stetigen Ableitungen f_x, f_y, geometrisch also eine glatte Fläche, deren Tangentenebenen nicht senkrecht zur x, y-Ebene stehen. Nach Ziff. 1 ist diese Fläche Integralfläche und nach Ziff. 2 die einzige Integralfläche mit den vorliegenden Anfangsdaten.

b) Wenn die vorgegebene Kurve k selbst Charakteristik ist, lassen sich durch k unendlich viele Integralflächen legen. Jede Kurve l nämlich, welche die gegebene Kurve k schneidet und die unter a) gestellten Voraussetzungen erfüllt, liefert gemäß a) eine durch k gehende Integralfläche.

c) Wenn die vorgegebene Kurve k nicht Charakteristik ist, ihr Grundriß k' aber die Bedingung $\dot{x}:\dot{y} = a:b$ der Grundcharakteristiken erfüllt, gibt es keine Lösung mit stetigen ersten Ableitungen. Wählt man nämlich auf k einen Parameter t so, daß $\dot{x} = a$ und $\dot{y} = b$ ist, dann liefert die Differentialfleichung (7.1) sofort $\dot{f} = f_x\dot{x} + f_y\dot{y} = h$ entgegen der Voraussetzung. Wenn man auf die Forderung stetiger Differenzierbarkeit von f verzichtet, ist dieser Schluß nicht zulässig. Es kann dann die Kurve k Umriß einer Integralfläche sein, die längs k zur x, y-Ebene senkrechte Tangentenebenen besitzt, und der Grundriß k' kann Einhüllende der Grundcharakteristiken dieser Integralfläche sein („Grenzlinie").

Die gestellte Anfangswertaufgabe hat also im Falle a) genau eine Lösung, im Falle b) unbegrenzt viele Lösungen (1 willkürliche Funktion einer Veränderlichen) und im Fall c) keine Lösung. Dabei war angenommen, daß die Bedingungen der Fälle a), b), c) jeweils für alle Punkte der vorliegenden Kurve k gelten.

4. Bestimmtheitsbereich, Abhängigkeitsbereich, Einflußbereich

Die in Ziff. 3 ermittelten Lösungen $f(x, y)$ haben stetige erste Ableitungen, brauchen jedoch, auch wenn die Koeffizienten $a(x, y)$, $b(x, y)$, $h(x, y)$ analytische Funktionen sind, keineswegs analytisch zu sein.

Die bei der Wellengleichung (§ 2) eingeführten Begriffe Bestimmtheits-, Abhängigkeits- und Einflußbereich lassen sich auf das vorliegende Anfangswertproblem (Fall a) folgendermaßen übertragen (Abb. 15).

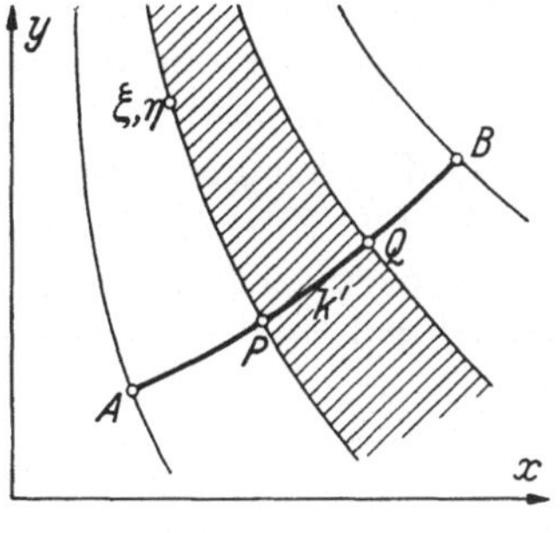

Abb. 15

Der zu einem Bogen $A B$ der Ausgangskurve k' gehörige Bestimmtheitsbereich wird von den beiden Grundcharakteristiken durch A und B begrenzt. Der „Abhängigkeitsbereich" eines Punktes ξ, η besteht aus dem Punkt P, in dem k' von der durch ξ, η gehenden Grundcharakteristik geschnitten wird. Der Einflußbereich eines Teilbogens PQ der Ausgangskurve k' (in Abb. 15 schraffiert) wird von den beiden Grundcharakteristiken durch P und Q begrenzt, ist also identisch mit dem zu PQ gehörigen Bestimmtheitsbereich.

Die Charakteristiken erscheinen demnach als Verzweigungslinien von Lösungen. Längs einer Charakteristik können sich Unstetigkeiten zweiter und höherer Ableitungen der Lösung $f(x, y)$ ausbreiten (Berührlinien von Integralflächen). Aber auch Schnittlinien verschiedener Integralflächen sind, wie aus Ziff. 3 folgt, Charakteristiken.

5. Erläuterungen der Alternative an Differenzengleichungen

Wir ersetzen die Kurve k' durch ein Polygon, dessen Seiten nicht zu den Koordinatenachsen parallel sind, und zeichnen das zu den Koordinatenachsen parallele Rechtecksgitter (Abb. 16) über dem Polygon als Diagonale. In diesem Gitter soll die Gitterfunktion $f(x, y)$ ermittelt werden aus den in den Polygoneckpunkten gegebenen Anfangswerten und aus der Differenzengleichung

$$a \frac{f_3 - f_1}{\Delta x} + b \frac{f_2 - f_3}{\Delta y} = h.$$

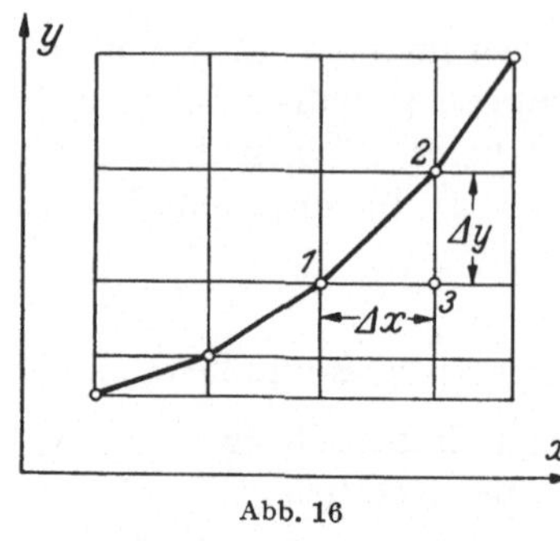

Abb. 16

Sie entspricht der Differentialgleichung (7.1) und soll für je drei benachbarte Gitterpunkte erfüllt sein. Die Koeffizienten a, b, h werden im Punkt 1 (x_1, y_1, f_1) genommen. Bei der Auflösung nach f_3,

$$f_3 = \frac{h\, \Delta x\, \Delta y + a\, f_1\, \Delta y - b\, f_2\, \Delta x}{a\, \Delta y - b\, \Delta x},$$

ergibt sich die zu Ziff. 3 analoge Alternative:

a) Bei $\Delta x : \Delta y \neq a : b$ ist die Lösung eindeutig bestimmt.

b) Bei $\Delta x : \Delta y : (f_2 - f_1) = a : b : h$ verschwindet sowohl der Nenner als auch der Zähler und die Lösung wird unbestimmt.

c) Bei $\Delta x : \Delta y = a : b$ und $\Delta x : (f_2 - f_1) \neq a : h$ verschwindet lediglich der Nenner und es existiert keine endliche Lösung f_3.

Der Bestimmtheitsbereich für die vorliegende Anfangswertaufgabe der Differenzengleichung ist das in Abb. 16 dargestellte Gitter. Ebenso wie in § 5, Ziff. 5, sind also auch hier die Bestimmtheitsbereiche bei Differenzengleichung und Differentialgleichung verschieden, die Gitterkonstruktionen in der angegebenen Form der Aufgabe also nicht angepaßt.

6. Spezialfall: Lineare Gleichung

Wenn a, b und h nur von x, y abhängen, spezialisiert sich die quasilineare Differentialgleichung (7.1) zu der schlechthin linearen Differentialgleichung

$$a(x, y)\, f_x + b(x, y)\, f_y = h(x, y). \tag{7.3}$$

In diesem Fall sind die beiden ersten Gleichungen des Systems (7.2) für sich allein integrierbar. Die Grundcharakteristiken c' sind daher von den Lösungen $f(x, y)$ unabhängig und bilden statt einer 2-parametrigen nur eine 1-parametrige Schar. Über jeder Grundcharakteristik c' liegt im Raum eine 1-parametrige Schar kongruenter, durch Parallelverschiebung in Richtung der f-Achse auseinander hervorgehender Charakteristiken c; denn die dritte Gl. (7.2) liefert jetzt für f eine additive Integrationskonstante. Das MONGESche Richtungsfeld wird bei Parallelverschiebungen in der f-Richtung als Ganzes in sich transformiert. Alle aus einer Integralfläche durch Parallelverschiebung in der f-Richtung entstehenden Flächen sind wieder Integralflächen. Bei halblinearen Differentialgleichungen, d. h. wenn in Gl. (7.3) die rechte Seite h eine Funktion von x, y und f ist, liegen die Charakteristiken c zwar auch über festen, von der Lösung f unabhängigen Grundcharakteristiken c', gehen aber nicht mehr durch Parallelverschiebung auseinander hervor.

§ 8. Allgemeine Differentialgleichung bei zwei unabhängigen Veränderlichen

1. Mongesches Richtungsfeld

Gegeben ist die allgemeine Differentialgleichung erster Ordnung

$$\Phi(x, y, f, p, q) = 0, \tag{8.1}$$

wobei $f_x = p$, $f_y = q$ gesetzt ist. Die Funktion Φ soll bezüglich der fünf Argumente in dem in Frage stehenden x, y, f, p, q-Bereich stetige zweite Ableitungen besitzen. Außerdem sollen an keiner Stelle des Bereichs Φ_p und Φ_q gleichzeitig verschwinden; es gilt also durchwegs

$$\Phi_p^2 + \Phi_q^2 \neq 0. \tag{8.2}$$

Die gesuchten Lösungen $f(x, y)$ sollen stetige zweite Ableitungen, die Integralflächen $f = f(x, y)$ also stetige Tangentenebenen und Krümmungseigenschaften besitzen.

Durch die Differentialgleichung (8.1) werden jedem Punkt $P(x, y, f)$ des in Frage stehenden Raumbereichs die Ebenen

$$(X - x)\,p + (Y - y)\,q - (F - f) = 0$$

zugeordnet. Wir setzen voraus, daß sie eine 1-parametrige Menge $p(\lambda)$, $q(\lambda)$ bilden und daher einen Kegel umhüllen (MONGEscher Kegel). Bei den quasilinearen Differentialgleichungen (7.1) entartet dieser Kegel in ein Ebenenbüschel. Die Integralflächen werden in jedem ihrer Punkte vom MONGEschen Kegel berührt, sind also Hüllflächen MONGEscher Kegel (Abb. 17).

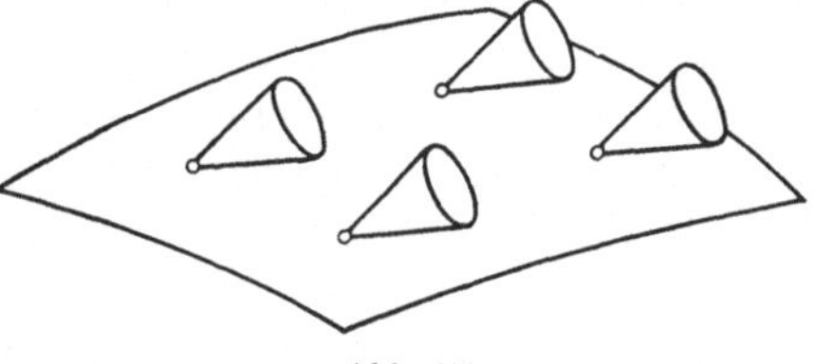

Abb. 17

Als MONGEsche Richtungen bezeichnen wir die Richtungen der Mantellinien der MONGEschen Kegel. Das von den MONGEschen Richtungen erzeugte Richtungsfeld ordnet jedem Punkt $P(x, y, f)$ eine 1-parametrige Menge von Richtungen zu; bei den quasilinearen Gln. (7.1) fallen diese Richtungen in eine einzige zusammen.

Die MONGEschen Richtungen ergeben sich aus den Berührlinien der Tangentenebenen der MONGEschen Kegel, d. h. aus den Gleichungen

$$(X - x)\,p(\lambda) + (Y - y)\,q(\lambda) - (F - f) = 0,$$
$$(X - x)\,p'(\lambda) + (Y - y)\,q'(\lambda) = 0.$$

Mit Berücksichtigung von

$$\frac{d}{d\lambda}\,\Phi\big(x, y, f, p(\lambda), q(\lambda)\big) = \Phi_p\,p' + \Phi_q\,q' = 0$$

folgt hieraus

$$(X - x) : (Y - y) : (F - f) = \Phi_p : \Phi_q : (p\,\Phi_p + q\,\Phi_q). \tag{8.3}$$

Die Raumkurven $x(s)$, $y(s)$, $f(s)$, deren Tangenten dem Monge-schen Richtungsfeld angehören und als Mongesche Kurven bezeichnet werden sollen, genügen nach Gl. (8.3) den gewöhnlichen Differential-gleichungen

$$\frac{dx}{ds} = \Phi_p\,, \qquad \frac{dy}{ds} = \Phi_q\,, \qquad \frac{df}{ds} = p\,\Phi_p + q\,\Phi_q$$

bzw. $\hspace{11cm}$ (8.4)

$$\frac{dy}{dx} = \frac{\Phi_q}{\Phi_p}\,, \qquad \frac{df}{dx} = p + q\,\frac{\Phi_q}{\Phi_p} \quad (\text{für } \Phi_p \neq 0)\,.$$

Hierbei sind p, q zwei der Nebenbedingung (8.1) genügende Funktionen von s. Durch Elimination von p und q ergibt sich eine in den Ableitungen $\frac{dx}{ds}$, $\frac{dy}{ds}$, $\frac{dz}{ds}$ homogene gewöhnliche Differentialgleichung erster Ordnung

$$G\left(x,\, y,\, f,\, \frac{dx}{ds},\, \frac{dy}{ds},\, \frac{df}{ds}\right) = 0\,, \tag{8.5}$$

welche ebenso wie die partielle Differentialgleichung (8.1) das Monge-sche Richtungsfeld darstellt. Sie kann auch in der nichthomogenen Form

$$G\left(x,\, y,\, f,\, 1,\, \frac{dy}{dx},\, \frac{df}{dx}\right) = 0 \tag{8.6}$$

geschrieben werden.

Da Gl. (8.6) zwei gesuchte Funktionen $y(x)$, $f(x)$ enthält, kann zwischen diesen noch irgendeine Beziehung vorgeschrieben werden, d. h., die Mongeschen Kurven sind nicht wie die Integralkurven des Systems (7.2) durch einen Anfangspunkt bestimmt, sondern können noch einer geeigneten weiteren Bedingung unterworfen werden. Zum Beispiel kann man vorschreiben, daß die Mongesche Kurve auf einer vorgegebenen Fläche $f = f(x,\, y)$ liegen soll. Durch Einsetzen von $\frac{df}{dx} = f_x + f_y\,\frac{dy}{dx}$ geht dann Gl. (8.6) in eine gewöhnliche Differentialgleichung für $y(x)$ über und stellt in der x, y-Ebene das Richtungsfeld dar, dessen Integralkurven die Grundrisse der auf der vorgegebenen Fläche verlaufenden Mongeschen Kurven sind. Das Richtungsfeld dieser Mongeschen Kurven auf der Fläche selbst ergibt sich geometrisch durch den Schnitt der Fläche mit den von den Flächenpunkten ausgehenden Mongeschen Kegeln.

2. Charakteristiken und charakteristische Streifen

Wir bezeichnen fortan einen Punkt samt einer ihn enthaltenden Ebene als „Flächenelement" (veranschaulicht durch den Punkt und eine Umgebung des Punktes in der zugeordneten Ebene) und eine 1-parametrige Menge von Flächenelementen, die von den Punkten einer Kurve und von Ebenen durch die Tangenten dieser Kurve erzeugt werden, als „Streifen". Zu jeder MONGEschen Kurve gehört dann ein MONGEscher Streifen, der von den Berührebenen der MONGEschen Kegel längs der MONGEschen Kurve gebildet wird.

Betrachten wir nun wie in Ziff. 1 eine vorgegebene Fläche $f = f(x, y)$ und auf ihr eine MONGEsche Kurve. Dann bilden die Tangentenebenen der Fläche längs der MONGEschen Kurve einen Streifen (Berührstreifen), der im allgemeinen verschieden ist vom MONGEschen Streifen der vorliegenden MONGEschen Kurve; denn die MONGEschen Kegel werden im allgemeinen die Fläche $f(x, y)$ schneiden. Wenn die Fläche jedoch Integralfläche ist, berührt sie die MONGEschen Kegel, und die Berührstreifen längs der auf ihr liegenden MONGEschen Kurven sind dann zugleich MONGEsche Streifen. Wir nennen die auf Integralflächen verlaufenden MONGEschen Kurven Charakteristiken und die zugehörigen Berührstreifen (= MONGEsche Streifen) charakteristische Streifen. Diese genügen natürlich den Gln. (8.4) der allgemeinen MONGEschen Kurven, dazu aber noch folgenden Zusatzbedingungen:

Durch Einsetzen von $f(x, y)$ in Gl. (8.1) ergibt sich die Identität

$$\Phi\big(x, y, f(x, y), \ f_x(x, y), \ f_y(x, y)\big) \equiv 0.$$

Differentiation nach x und y liefert

$$\Phi_x + \Phi_f\, p + \Phi_p\, f_{xx} + \Phi_q\, f_{yx} = 0,$$
$$\Phi_y + \Phi_f\, q + \Phi_p\, f_{xy} + \Phi_q\, f_{yy} = 0,$$

und bei Berücksichtigung von $f_{xy} = f_{yx}$ [da $f(x, y)$ mit stetigen zweiten Ableitungen vorausgesetzt wurde] sowie der Gln. (8.4) kommt

$$\Phi_x + \Phi_f\, p + \frac{dx}{ds}\, p_x + \frac{dy}{ds}\, p_y = \Phi_x + \Phi_f\, p + \frac{dp}{ds} = 0,$$

$$\Phi_y + \Phi_f\, q + \frac{dx}{ds}\, q_x + \frac{dy}{ds}\, q_y = \Phi_y + \Phi_f\, q + \frac{dq}{ds} = 0.$$

Somit gelten also für die Charakteristiken und charakteristischen Streifen $x(s)$, $y(s)$, $f(s)$, $p(s)$, $q(s)$ die fünf gewöhnlichen Differentialgleichungen erster Ordnung (Charakteristikengleichungen)

$$\frac{dx}{ds} = \Phi_p, \quad \frac{dy}{ds} = \Phi_q, \quad \frac{df}{ds} = p\,\Phi_p + q\,\Phi_q,$$
$$\frac{dp}{ds} = -\Phi_x - p\,\Phi_f, \qquad \frac{dq}{ds} = -\Phi_y - q\,\Phi_f. \tag{8.7}$$

Dieses Gleichungssystem kann [ähnlich wie das System (7.2) in § 7] unabhängig von der partiellen Differentialgleichung (8.1) für sich allein betrachtet werden. Da die rechten Seiten Funktionen mit stetigen Ableitungen sind, liefert jedes Anfangswertsystem x_0, y_0, f_0, p_0, q_0 des in Frage stehenden Bereichs genau eine Lösung $x(s)$, $y(s)$, $f(s)$, $p(s)$, $q(s)$, welche nach dem Parameter s und den Anfangsdaten stetig differenzierbar ist. Das System (8.7) liefert also eine 4-parametrige Menge von

Lösungen (die fünfte Integrationskonstante tritt als unwesentliche additive Konstante bei s auf). Die Lösungen stellen Streifen dar; denn sie erfüllen die für Streifen kennzeichnende Bedingung

$$\frac{df}{ds} = p(s)\frac{dx}{ds} + q(s)\frac{dy}{ds}. \tag{8.8}$$

Diese besagt, daß die Tangentenvektoren $(dx/ds,\ dy/ds,\ df/ds)$ der Streifenkurve zu den Normalvektoren $(p,\ q,\ -1)$ der Streifenebenen senkrecht stehen.

Längs eines jeden den Gln. (8.7) genügenden Streifens ist $\Phi(x, y, f, p, q) = \text{const}$; denn aus den Gln. (8.7) folgt sofort

$$\frac{d\Phi}{ds} = \Phi_x\frac{dx}{ds} + \Phi_y\frac{dy}{ds} + \Phi_f\frac{df}{ds} + \Phi_p\frac{dp}{ds} + \Phi_q\frac{dq}{ds} = 0.$$

Man kann hiernach aus der Gesamtheit der Lösungen des Systems (8.7) eine 3-parametrige Teilmenge von Streifen auswählen, welche der partiellen Differentialgleichung (8.1) genügen; die Auswahl erfolgt dadurch, daß man sich auf Systeme von Anfangswerten $x(0)$, $y(0)$, $f(0)$, $p(0)$, $q(0)$ mit der Nebenbedingung $\Phi = 0$ beschränkt. Wir bezeichnen fortan die Streifen dieser 3-parametrigen Menge als charakteristische Streifen. Offenbar gehören zur Menge dieser Streifen die vorher bereits als charakteristische Streifen bezeichneten MONGEschen Streifen der Integralflächen. Aus den Ausführungen in Ziff. 4 wird sich ergeben, daß beide Definitionen gleichwertig sind, d. h. daß auch umgekehrt jeder durch die Gln. (8.7) und die Nebenbedingung $\Phi = 0$ gekennzeichnete Streifen MONGEscher Streifen einer Integralfläche ist.

3. Äquivalenzsatz

Ähnlich wie im quasilinearen Fall ist das Integrationsproblem der partiellen Differentialgleichung (8.1) äquivalent mit dem Integrationsproblem der gewöhnlichen Differentialgleichungen (8.7). Wenn wir, wie eben verabredet, die den Gln. (8.7) und der Bedingung $\Phi = 0$ genügenden Streifen als charakteristische Streifen bezeichnen, gelten folgende Sätze:

a) Jede Fläche $f = f(x, y)$ mit stetigen zweiten Ableitungen von f, die von einer 1-parametrigen Menge charakteristischer Streifen aufgespannt wird, ist eine Integralfläche der partiellen Differentialgleichung (8.1).

b) Jede Integralfläche läßt sich von einer 1-parametrigen Menge charakteristischer Streifen erzeugen.

Behauptung a) wird in Ziff. 4 präzisiert und bewiesen werden.

Behauptung b) folgt unmittelbar aus Ziff. 1, da nach den Gln. (8.4) jede Integralfläche von MONGEschen Streifen erzeugt werden kann und diese den Gln. (8.7) genügen.

Als wichtige Folgerung ergibt sich weiter:

c) Wenn ein charakteristischer Streifen ein Flächenelement mit einer Integralfläche gemeinsam hat, ist er identisch mit einem MONGE-schen Streifen dieser Integralfläche und gehört ihr daher ganz an.

4. Anfangswertproblem

Wir behandeln nun folgende Anfangswertaufgabe[1]: Gegeben sind in dem in Frage stehenden x, y, f, p, q-Bereich fünf Funktionen $x(t)$, $y(t)$, $f(t)$, $p(t)$, $q(t)$ mit stetigen ersten Ableitungen und der Nebenbedingung $\dot{x}^2 + \dot{y}^2 \neq 0$. Sie sollen außerdem die Streifenrelation (8.8) und die Gl. (8.1) erfüllen, also

$$\dot{f}(t) = p(t)\,\dot{x}(t) + q(t)\,\dot{y}(t),$$

$$\Phi\big(x(t),\,y(t),\,f(t),\,p(t),\,q(t)\big) = 0.$$

Die fünf Funktionen stellen dann einen Streifen („Anfangsstreifen") dar. Die Punkte des Streifens bilden eine Kurve k, ihre Grundrisse in der x, y-Ebene eine Kurve k', von der wir noch zusätzlich voraussetzen, daß sie doppelpunktfrei sei. Die Streifenebenen sind Tangentenebenen der von den Streifenpunkten ausgehenden MONGEschen Kegel, der Streifen ist also ein Hüllstreifen dieser Kegelschar. Gesucht ist in einer Umgebung der Kurve k eine Integralfläche $f = f(x, y)$ mit stetigen ersten und zweiten Ableitungen von f, welche den vorgegebenen Anfangsstreifen enthält.

Ähnlich wie in § 7 besteht bei der Lösung dieser Aufgabe folgende Alternative:

a) Der Grundriß k' der Kurve k des Anfangsstreifens soll nicht mit einer Grundcharakteristik c' [= Grundriß einer Lösungskurve des Systems (8.7) mit der Nebenbedingung $\Phi = 0$] zusammenfallen und von keiner Grundcharakteristik berührt werden; die Anfangsdaten genügen dann der Bedingung $\dot{x}(t) : \dot{y}(t) \neq \Phi_p : \Phi_q$. Ausgehend von den vorgegebenen Anfangsdaten, liefert dann die Integration des Systems (8.7) die Streifenschar $x(s, t)$, $y(s, t)$, $f(s, t)$, $p(s, t)$, $q(s, t)$; nach Ziff. 2 erfüllt diese Lösung nicht nur für $s = 0$ (Anfangsdaten), sondern für alle Werte s, t die Nebenbedingung $\Phi(x, y, f, p, q) = 0$. Nun ist für $s = 0$ nach Voraussetzung

$$x_s\,y_t - x_t\,y_s = \Phi_p\,y_t - \Phi_q\,x_t \neq 0.$$

---

[1] Über Bedingungen der Existenz der Lösungen partieller Differentialgleichungen erster Ordnung vgl. T. WAZEWSKI: Math. Z. **43**, 522—532 (1938). — DIGEL, E.: Math. Z. **44**, 445—451 (1939). — KAMKE, E.: Math. Z. **49**, 256—284 (1943/44).

Man kann daher in einer gewissen Umgebung von $s = 0$ die Gleichungen $x = x(s, t)$, $y = y(s, t)$ nach s und t auflösen und erhält die drei Funktionen

$$f = f\big(s(x, y),\, t(x, y)\big), \quad p = p\big(s(x, y),\, t(x, y)\big), \quad q = q\big(s(x, y),\, t(x, y)\big)$$

von x und y. Nach Ziff. 2 sind die Funktionen $x(s, t)$, $y(s, t)$, $f(s, t)$ eindeutig bestimmt und besitzen stetige erste Ableitungen nach s und t. Ebenso sind dann $f(x, y)$, $p(x, y)$ und $q(x, y)$ eindeutig bestimmte Funktionen mit stetigen ersten Ableitungen nach x und y. Weiter ist zu zeigen:

1. daß die Funktion $f(x, y)$ Lösung der Differentialgleichung (8.1) ist und stetige zweite Ableitungen besitzt,

2. daß sie die einzige den Anfangsdaten genügende Lösung der Differentialgleichung ist.

Beweis zu 1.: Der Nachweis, daß x, y zusammen mit $f(x, y)$, $p(x, y)$, $q(x, y)$ die Gleichung $\Phi(x, y, f, p, q) = 0$ identisch erfüllt, ist bereits erbracht worden. Es muß nur noch gezeigt werden, daß die drei Funktionen $f(x, y)$, $p(x, y)$, $q(x, y)$ den Beziehungen $f_x = p$, $f_y = q$ genügen und daß $f(x, y)$ stetige zweite Ableitungen besitzt. Sicher ist

$$f_s - f_x\, x_s - f_y\, y_s = 0, \quad f_t - f_x\, x_t - f_y\, y_t = 0.$$

Wenn wir nun zeigen können, daß auch

$$A = f_s - p\, x_s - q\, y_s = 0, \quad B = f_t - p\, x_t - q\, y_t = 0$$

gilt, folgt wegen $x_s y_t - x_t y_s \neq 0$ sofort die Behauptung $p = f_x$, $q = f_y$. Die erste dieser beiden Gleichungen, $A = 0$, ist eine unmittelbare Folge der Charakteristikengleichungen (8.7). Die zweite der Gleichungen, $B = 0$, ist nach Voraussetzung als Streifenbedingung für $s = 0$ erfüllt, d. h. es ist $B(0, t) = 0$. Um $B(s, t) \equiv 0$ nachzuweisen, bilden wir

$$B_s = B_s - A_t = -p_s\, x_t + p_t\, x_s - q_s\, y_t + q_t\, y_s$$
$$= p_t\, \Phi_p + q_t\, \Phi_q + (\Phi_x + p\, \Phi_f)\, x_t + (\Phi_y + q\, \Phi_f)\, y_t.$$

Die hierbei benützten gemischten zweiten Ableitungen von x, y und f nach s und t existieren und sind stetig; denn es folgt z. B. aus $\partial x / \partial s = \Phi_p$ wegen der vorausgesetzten Stetigkeit der zweiten Ableitungen von Φ sofort die Existenz und Stetigkeit der Ableitung

$$\frac{\partial}{\partial t}\left(\frac{\partial x}{\partial s}\right) = \frac{\partial \Phi_p}{\partial x}\,\frac{\partial x}{\partial t} + \frac{\partial \Phi_p}{\partial y}\,\frac{\partial y}{\partial t} + \cdots + \frac{\partial \Phi_p}{\partial q}\,\frac{\partial q}{\partial t}.$$

Mit Rücksicht auf

$$\Phi(s, t) \equiv 0, \quad \text{also} \quad \frac{\partial \Phi}{\partial t} = \Phi_x\, x_t + \Phi_y\, y_t + \Phi_f\, f_t + \Phi_p\, p_t + \Phi_q\, q_t = 0$$

kommt schließlich

$$B_s = \Phi_f \cdot (p\, x_t + q\, y_t - f_t) = -\Phi_f\, B,$$

also $B \equiv 0$ auf Grund des Anfangswerts $B(0, t) = 0$.

Nachdem gezeigt ist, daß $f_x = p$ und $f_y = q$ gilt, folgt aus der Existenz der stetigen ersten Ableitungen von p und q die zweimalige stetige Differenzierbarkeit der Funktion $f(x, y)$.

Beweis zu 2.: Es sei $f = f(x, y)$ irgendeine durch den gegebenen Anfangsstreifen gehende Integralfläche. Die durch den Anfangsstreifen festgelegten Längsstreifen der Differentialgleichungen (8.7) sind dann identisch mit den MONGEschen Streifen der vorliegenden Integralfläche. Die Integralfläche ist daher identisch mit der von den Lösungsstreifen erzeugten Fläche und infolgedessen durch den Ausgangsstreifen eindeutig bestimmt.

Als Folgerung hieraus ergibt sich, daß alle Lösungsstreifen des Systems (8.7) mit der Nebenbedingung $\Phi = 0$ MONGEsche Streifen von Integralflächen sind, wie wir bereits in Ziff. 2 angekündigt haben.

b) Wenn der vorgegebene Streifen ein charakteristischer Streifen ist, entartet die nach a) konstruierte Fläche, indem die sämtlichen die Fläche aufspannenden charakteristischen Streifen in den Ausgangsstreifen zusammenklappen. Es lassen sich dann, ähnlich wie in § 7, unendlich viele Integralflächen durch den Ausgangsstreifen legen; denn jeder Streifen, der mit dem Ausgangsstreifen ein Flächenelement gemeinsam hat und den unter a) gestellten Voraussetzungen genügt, liefert eine den Ausgangsstreifen enthaltende Integralfläche.

c) Wenn der vorgegebene Streifen nicht charakteristischer Streifen ist, jedoch der Grundriß k' der Streifenkurve k die Bedingung der Grundcharakteristiken $\dot{x}(t) : \dot{y}(t) = \Phi_p : \Phi_q$ erfüllt, folgt wie in § 7, Ziff. 3, daß keine Lösung $f(x, y)$ des Anfangswertproblems mit stetigen ersten und zweiten Ableitungen existiert. Wenn wir jedoch auf die Stetigkeitsforderungen längs k verzichten, wird eine Integralfläche von den charakteristischen Streifen erzeugt, die von den Flächenelementen des Anfangsstreifens ausgehen und daher den Anfangsstreifen als Einhüllende haben. Der Anfangsstreifen ist ein MONGEscher Streifen und wird sich in den Beispielen in § 9, Ziff. 3, als Rückkehrstreifen der Fläche erweisen. Der Grundriß k' der Ausgangskurve („Grenzlinie") wird von den Grundcharakteristiken der Integralfläche berührt.

Ähnlich wie im quasilinearen Fall (§ 7) hat demnach die Anfangswertaufgabe bei a) genau eine Lösung, bei b) unbegrenzt viele Lösungen (1 willkürliche Funktion einer Veränderlichen) und bei c) keine Lösung mit stetigen ersten und zweiten Ableitungen.

Ein wichtiger Grenzfall von a) sind die Integralflächen, welche von den charakteristischen Streifen aufgespannt werden, die von den

Flächenelementen des MONGESchen Kegels eines Punkts P ausgehen (Abb. 18). Ebenso wie vorher zeigt man, daß diese Streifenschar tatsächlich eine Integralfläche erzeugt. Allerdings ist der Punkt P ein

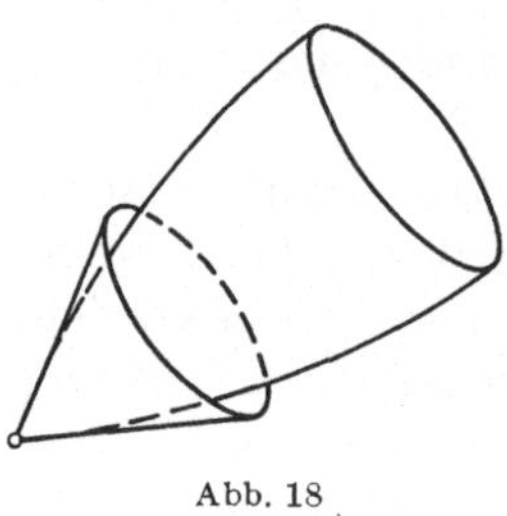

singulärer Punkt (konischer Punkt). Die Fläche hat in P den MONGESchen Kegel als Tangentenkegel und heißt wegen ihrer kegelartigen Gestalt Integralkonoid.

Wenn man die Betrachtungen dieses Abschnitts auf quasilineare Differentialgleichungen spezialisiert, gehen die Kurven der charakteristischen Streifen (8.7) in die durch die Gln. (7.2) definierten Charakteristiken über.

Abb. 18

Durch jede dieser Charakteristiken geht ein Büschel charakteristischer Streifen; diese Büschel entsprechen den Integralkonoiden der nichtquasilinearen Differentialgleichungen. Man sieht also, daß im nichtquasilinearen Fall sowohl die charakteristischen Kurven als auch die charakteristischen Streifen eine 3-parametrige Menge bilden, während im quasilinearen Fall eine 2-parametrige Menge charakteristischer Kurven und eine 3-parametrige Menge charakteristischer Streifen vorliegt.

5. Bestimmtheitsbereich, Abhängigkeitsbereich, Einflußbereich

Bezüglich der Begriffe Bestimmtheits-, Abhängigkeits- und Einflußbereich gelten dieselben Aussagen wie bei den quasilinearen Differentialgleichungen. Auch hier erscheinen die Charakteristiken wieder als Ausbreitungslinien etwaiger Unstetigkeiten, und zwar breiten sich längs ihnen Unstetigkeiten zweiter und höherer Ableitungen der Lösungen $f(x, y)$ aus. Unstetigkeiten zweiter und höherer Ordnung können beim Aneinanderfügen sich berührender Integralflächen auftreten. Unstetigkeiten erster Ordnung scheiden aus; denn durch eine Charakteristik geht im allgemeinen nur ein einziger charakteristischer Streifen, d.h. Charakteristiken können nicht Schnittkurven von Integralflächen sein.

Zum Abschluß dieser Betrachtungen wollen wir die Charakteristiken noch auf eine etwas andere Weise kennzeichnen, die uns in entsprechender Verallgemeinerung später bei den Differentialgleichungen zweiter Ordnung und den Differentialgleichungssystemen (vgl. § 14) wieder begegnen wird. Wir bezeichnen den Ausdruck

$$\frac{\partial f}{\partial s} = \alpha f_x + \beta f_y \tag{8.9}$$

als Ableitung der Funktion $f(x, y)$ nach der durch den Vektor $\mathfrak{s} = (\alpha, \beta)$ gegebenen Richtung. Ist $\mathfrak{s}$ Einheitsvektor $(\alpha^2 + \beta^2 = 1)$, so stellt

Gl. (8.9) die Ableitung von f nach der Bogenlänge einer Kurve mit $\mathfrak{s}$ als Tangentenvektor dar; im allgemeinen $(\alpha^2 + \beta^2 \neq 1)$ tritt zur Ableitung nach der Bogenlänge noch der Faktor $\sqrt{\alpha^2 + \beta^2}$ hinzu. Ist nun eine Kurve k' durch die Gleichung $\gamma(x, y) = 0$ gegeben, so stellt Gl. (8.9)

$$\text{für} \quad \begin{cases} \alpha\,\gamma_x + \beta\,\gamma_y = 0 & \text{eine ,,innere'' Ableitung,} \\ \alpha\,\gamma_x + \beta\,\gamma_y \neq 0 & \text{eine ,,äußere'' Ableitung} \end{cases}$$

(d. h. eine Ableitung in Richtung der Kurventangenten bzw. nicht in Richtung der Kurventangenten) dar; denn (α, β) ist im ersten Fall Tangentenvektor der Kurve $\gamma(x, y) = 0$, im zweiten Fall dagegen nicht. Die in Ziff. 4 erörterte Alternative zwischen dem Fall a) und den Fällen b), c) läßt sich jetzt folgendermaßen formulieren:

Vorgegeben sei durch $\gamma(x, y) = 0$ eine Ausgangskurve k', sowie außerdem eine Belegung dieser Kurve mit Werten f, p und q. Dadurch sind natürlich die inneren Ableitungen von f, p und q auf k' von vornherein ebenfalls bekannt. Bezüglich der äußeren Ableitungen gilt dagegen:

a) Bei $\gamma_x\,\Phi_p + \gamma_y\,\Phi_q \neq 0$ wird die Ausgangskurve k' von keiner Grundcharakteristik berührt und das in Ziff. 4 betrachtete Anfangswertproblem besitzt genau eine Lösung. Die partielle Differentialgleichung (8.1) $\Phi = 0$ liefert also zu den Anfangsdaten auf k' eindeutig die äußeren Ableitungen für sämtliche Richtungen.

b) Bei $\gamma_x\,\Phi_p + \gamma_y\,\Phi_q = 0$ ist die Ausgangskurve k' Grundcharakteristik. Damit die Anfangsdaten einer Lösung $f(x, y)$ mit stetigen zweiten Ableitungen angehören können, müssen sie nach Ziff. 4 einen charakteristischen Streifen bilden, und es gibt dann unendlich viele Lösungen zu diesen Anfangsdaten. Die partielle Differentialgleichung (8.1) $\Phi = 0$ liefert hier also keine Aussagen für die äußeren Ableitungen, sondern stellt eine ,,Verträglichkeitsbedingung'' für die inneren Ableitungen dar.

§ 9. Vollständige und singuläre Integrale

1. Vollständige Integrale

Eine 2-parametrige Schar von Lösungen $f = f(x, y, a, b)$ der partiellen Differentialgleichung (8.1) mit stetigen zweiten Ableitungen heißt vollständiges Integral, wenn in dem in Frage stehenden Bereich des x, y, f-Raums jedes der Gl. (8.1) genügende Flächenelement (x, y, f, p, q) einer und nur einer Fläche der 2-parametrigen Schar angehört. Es sind dann auch alle charakteristischen Streifen auf diesen Flächen enthalten. Die Lösung des Anfangswertproblems (§ 8, Ziff.4) kann jetzt dadurch gewonnen werden, daß man aus der 2-parametrigen

Flächenschar des vollständigen Integrals eine 1-parametrige Flächenschar herausgreift, nämlich diejenigen Flächen, welche jeweils durch
ein Flächenelement des vorgegebenen Ausgangsstreifens bestimmt sind.
Die Lösung des Anfangswertproblems erscheint als Einhüllende der
ausgewählten 1-parametrigen Flächenschar; sie wird von diesen Flächen
jeweils längs eines charakteristischen Streifens berührt.

Hiernach lassen sich aus dem vollständigen Integral in dem betreffenden x, y, f-Bereich alle weiteren Lösungen der Differentialgleichung (8.1) durch Enveloppenbildung, also lediglich durch Diffe-
rentiations- und Eliminationsprozesse herleiten: Wird etwa durch eine
stetig differenzierbare Funktion $b = b(a)$ eine 1-parametrige Flächenschar, welche eine vorgegebene Integralfläche als Hüllfläche besitzt,
ausgewählt, so ergibt sich diese Hüllfläche aus den beiden Gleichungen

$$f - f(x, y, a, b(a)) = 0,$$
$$f_a + f_b\, b'(a) = 0 \tag{9.1}$$

durch Elimination von a. Die Berührstreifen sind charakteristische
Streifen. Die 3-parametrige Menge der charakteristischen Streifen
ergibt sich mit a, b und $b'(a) = c$ als Parametern aus den Gleichungen

$$f - f(x, y, a, b) = 0, \qquad f_a + f_b\, c = 0,$$

indem man etwa

$$f_b = -s, \qquad f_a = c\,s \qquad (s = \text{Streifenparameter wie in § 8}) \tag{9.2}$$

setzt und diese beiden Gleichungen sowie $f - f(x, y, a, b) = 0$ auf-
löst nach

$$x = x(s, a, b, c), \qquad y = y(s, a, b, c), \qquad f = f(s, a, b, c);$$

die Auflösbarkeit ist unter der Voraussetzung

$$f_{xa} f_{yb} - f_{xb} f_{ya} \neq 0 \tag{9.3}$$

gesichert. Durch Differentiation von $f(x, y, a, b)$ nach x bzw. y
kommt noch

$$p = p(s, a, b, c), \qquad q = q(s, a, b, c)$$

hinzu, wodurch dann die Flächenelemente der charakteristischen
Streifen vollständig bestimmt sind.

Bei den vorangehenden Rechnungen ist die in § 8, Ziff. 3, erwähnte Äquivalenz zwischen der partiellen Differentialgleichung (8.1)
und dem System der gewöhnlichen Differentialgleichungen (8.7) im
umgekehrten Sinn wie in § 8, Ziff. 4, verwendet worden: Während
dort die Lösung der partiellen Differentialgleichung (8.1) aus der Lösung des Systems (8.7) hergeleitet wurde, haben wir hier die Lösung
des Systems (8.7) aus einem vollständigen Integral der partiellen Differentialgleichung (8.1) gewonnen, und zwar lediglich durch Diffe-
rentiations- und Eliminationsprozesse.

2. Singuläre Integrale

Falls die 2-parametrige Flächenschar eines vollständigen Integrals $f = f(x, y, a, b)$ der Differentialgleichung (8.1) eine gemeinsame Einhüllende $f = \varphi(x, y)$ besitzt, nennt man $\varphi(x, y)$ singuläres Integral. Es ergibt sich aus den 3 Gleichungen

$$f - f(x, y, a, b) = 0, \quad f_a(x, y, a, b) = 0, \quad f_b(x, y, a, b) = 0 \qquad (9.4)$$

durch Elimination von a und b.

In ähnlicher Weise definiert man bekanntlich bei einer gewöhnlichen Differentialgleichung erster Ordnung $\Phi(x, y, y') = 0$ als singuläre Integrale etwaige Hüllkurven 1-parametriger Lösungsscharen $y = y(x, a)$. Sie ergeben sich dort in analoger Weise aus den Gleichungen

$$y - y(x, a) = 0, \qquad y_a(x, a) = 0$$

durch Elimination von a. Sie lassen sich aber auch ohne Kenntnis der Lösungsscharen $y(x, a)$, also ohne Integrationen, unmittelbar aus der Differentialgleichung $\Phi = 0$, nämlich aus

$$\Phi(x, y, y') = 0, \qquad \Phi_{y'}(x, y, y') = 0,$$

also lediglich durch Differentiationen und Eliminationen gewinnen. Bei den partiellen Differentialgleichungen gilt folgender analoge Satz:

Die singulären Integrale der Differentialgleichung (8.1) erfüllen unter der Voraussetzung $f_{xa} f_{yb} - f_{xb} f_{ya} \neq 0$ die drei Gleichungen

$$\Phi(x, y, f, p, q) = 0, \qquad \Phi_p(x, y, f, p, q) = 0,$$
$$\Phi_q(x, y, f, p, q) = 0. \qquad (9.5)$$

Sie lassen sich daher aus $\Phi = 0$ durch Differentiationen und Eliminationen gewinnen und werden gerade von denjenigen der Gleichung $\Phi = 0$ genügenden Flächenelementen erzeugt, die wir gemäß Gl. (8.2) bei den (nichtsingulären) Integralen ausgeschlossen hatten.

Beweis: Wir haben zu zeigen, daß die aus den drei Gln. (9.4) durch Eliminationen sich ergebenden Funktionen $f = \varphi(x, y)$ den Bedingungen (9.5) genügen. Durch Einsetzen von $f = f(x, y, a, b)$ in Differentialgleichung (8.1) ergibt sich die Identität

$$\Phi\big(x, y, f(x, y, a, b), f_x(x, y, a, b), f_y(x, y, a, b)\big) \equiv 0.$$

Differentiation nach a bzw. b liefert

$$\Phi_f f_a + \Phi_p f_{xa} + \Phi_q f_{ya} = 0, \qquad \Phi_f f_b + \Phi_p f_{xb} + \Phi_q f_{yb} = 0,$$

also wegen $f_a = f_b = 0$ auch

$$\Phi_p f_{xa} + \Phi_q f_{ya} = 0, \qquad \Phi_p f_{xb} + \Phi_q f_{yb} = 0$$

und wegen $f_{xa} f_{yb} - f_{xb} f_{ya} \neq 0$ schließlich $\Phi_p = \Phi_q = 0$, w. z. b. w.

3. Beispiele

a) $\Phi\,(p,\,q) = 0$. Die Charakteristikengleichungen (8.7)

$$d\,x : d\,y : d\,f : d\,p : d\,q = \Phi_p : \Phi_q : (p\,\Phi_p + q\,\Phi_q) : 0 : 0$$

liefern $p = \text{const}$, $q = \text{const}$, also geradlinige und ebene charakteristische Streifen. Die Integralflächen sind demgemäß abwickelbare Flächen. Unter ihnen befindet sich die 2-parametrige Ebenenschar

$$f = a\,x + \alpha(a)\,y + b,$$

wobei die Funktion $\alpha\,(a)$ durch die Gleichung $\Phi(a,\,\alpha(a)) = 0$ gegeben ist, wenn wir $\Phi_q \neq 0$ voraussetzen. Diese Ebenenschar stellt ein vollständiges Integral dar.

Da die Differentialgleichung $\Phi(p,\,q) = 0$ die Punktkoordinaten x, y, f nicht enthält, sind alle MONGEschen Kegel zueinander kongruent und parallel. Das MONGEsche Richtungsfeld wird bei beliebigen Parallelverschiebungen in sich transformiert, alle zu einer Integralfläche parallelen Flächen sind wieder Integralflächen. Im Spezialfall

$$p^2 + q^2 = 1 \tag{9.6}$$

sind die MONGEschen Kegel Drehkegel mit dem Öffnungswinkel $\pi/2$ und mit Achsen parallel zur f-Achse. Die MONGEschen Kurven sind Böschungslinien mit dem Neigungswinkel $\pi/4$, die charakteristischen Streifen sind geradlinige und ebene Streifen mit dem Neigungswinkel $\pi/4$. Als Integralflächen ergeben sich die Böschungsflächen mit dem Winkel $\pi/4$, worunter sich insbesondere die ein vollständiges Integral bildenden Ebenen

$$f = a\,x + \sqrt{1 - a^2}\,y + b$$

befinden.

b) $f = x\,p + y\,q + h\,(p,\,q)$. Diese Gleichung entspricht der CLAIRAUTschen gewöhnlichen Differentialgleichung $y = x\,y' + h(y')$. Die Charakteristikengleichungen (8.7) liefern auch hier $p = \text{const}$, $q = \text{const}$, woraus sich dann die 2-parametrige Ebenenschar

$$f = a\,x + b\,y + h(a,\,b)$$

als vollständiges Integral ergibt. Eine etwa vorhandene Hüllfläche dieser 2-parametrigen Ebenenschar ist ein singuläres Integral, die nichtsingulären Lösungen werden von den abwickelbaren Flächen dargestellt, die von 1-parametrigen Teilscharen umhüllt werden. Die charakteristischen Streifen sind die geradlinigen Berührstreifen dieser abwickelbaren Flächen; die von den Charakteristiken verschiedenen MONGEschen Kurven sind, ebenso wie beim Beispiel a), die Rückkehrkanten der abwickelbaren Flächen.

§ 10. Berührungstransformationen

1. Elementvereine

Eine partielle Differentialgleichung erster Ordnung (8.1) kann man als Gleichung für Flächenelemente (x, y, f, p, q) deuten. Die Integralflächen sind gewisse 2-parametrige Mengen von Flächenelementen, welche der vorgelegten Gl. (8.1) genügen. Jedoch erzeugen keineswegs alle 2-parametrigen Mengen von Flächenelementen eine Fläche. Wenn man z. B. in den Punkten P einer vorliegenden Integralfläche jeweils ein der Integralfläche nicht angehörendes Flächenelement der Gl. (8.1) vorgibt, so bilden diese Elemente zwar eine der Bedingung $\Phi = 0$ genügende 2-parametrige Menge, erzeugen jedoch keine Fläche.

Wir bezeichnen nun als Elementverein eine n-parametrige Menge $x(t_1, \ldots, t_n)$, $y(t_1, \ldots, t_n)$, $f(t_1, \ldots, t_n)$, $p(t_1, \ldots, t_n)$, $q(t_1, \ldots, t_n)$ von Flächenelementen, wenn die fünf Funktionen stetige Ableitungen haben und wenn in den n unabhängigen Veränderlichen $t_1, \ldots, t_n$ identisch gilt

$$df = p\, dx + q\, dy, \tag{10.1}$$

wenn also jede in der Menge enthaltene 1-parametrige Teilmenge, die von ihrem Parameter stetig differenzierbar abhängt, die Streifenrelation (8.8) erfüllt. Als 1-parametrige Elementvereine $(n = 1)$ ergeben sich die in § 8, Ziff. 2, eingeführten Streifen; die Punkte der Flächenelemente bilden eine Kurve, die Ebenen gehen durch die Tangenten dieser Kurve. Die Streifen können in ebene Streifen (alle Flächenelemente haben dieselbe Ebene) oder in konische Streifen (alle Flächenelemente haben denselben Punkt) entarten. Die konischen Streifen umhüllen einen Kegel oder bilden ein Elementbüschel. Zu den 2-parametrigen Elementvereinen $(n = 2)$ gehören die Flächenelemente einer Fläche, aber auch die Streifenbüschel ($=$ 1-parametrige Streifenmenge mit gemeinsamer Kurve); als Entartungen treten die ebenen Felder (alle Flächenelemente haben dieselbe Ebene) und die Elementenbündel (alle Flächenelemente haben denselben Punkt) auf.

Man kann nun den Begriff der partiellen Differentialgleichung erster Ordnung und der Integrale solcher Gleichungen folgendermaßen verallgemeinern:

Bei der Differentialgleichung (8.1) $\Phi = 0$ wird die Nebenbedingung (8.2) nicht mehr verlangt. Es wird somit auch zugelassen, daß Φ weder p noch q enthält, daß also Gl. (8.1) eine Gleichung lediglich für die Punktkoordinaten x, y, f ist. Als Integral wird jeder zweidimensionale Elementverein $x(s, t)$, $y(s, t)$, $f(s, t)$, $p(s, t)$, $q(s, t)$ bezeichnet, wenn diese fünf Funktionen stetige zweite Ableitungen besitzen und der

Gl. (8.1) genügen. Neben den in § 8 betrachteten Integralflächen können dann also auch Streifenbüschel oder Elementbündel als Integrale auftreten. Beispiele hierzu vgl. Ziff. 4.

2. Definition der Berührungstransformationen

Eine umkehrbar eindeutige Transformation von Flächenelementen

$$x' = x'(x, y, f, p, q), \quad y' = y'(x, y, f, p, q), \quad f' = f'(x, y, f, p, q),$$

$$p' = p'(x, y, f, p, q), \quad q' = q'(x, y, f, p, q)$$

heißt Berührungstransformation, wenn die fünf Funktionen stetige erste Ableitungen besitzen und wenn jeder Elementverein wieder in einen Elementverein übergeführt wird.

Nach Gl. (10.1) ersetzen wir die Forderung, daß jeder Elementverein wieder in einen Elementverein transformiert wird, durch die Bedingung

$$df' - p' \, dx' - q' \, dy' = \varrho(x, y, f, p, q)(df - p \, dx - q \, dy) \tag{10.2}$$

mit $\varrho \neq 0$.

Die gewöhnlichen Punkttransformationen sind spezielle Berührungstransformationen, wenn man die Flächenelemente als Berührelemente von Flächen auffaßt und zusammen mit den Flächen transformiert. Ein weiteres Beispiel bilden die dualen projektiven Transformationen (Korrelationen), welche die Punkte und Ebenen der Flächenelemente in Ebenen und Punkte entsprechender Flächenelemente überführen (vgl. Ziff. 3).

Natürlich ist nicht jede Elementtransformation eine Berührungstransformation. So bildet z. B. die Transformation

$$x' = x, \quad y' = y, \quad f' = f, \quad p' = -p, \quad q' = -q$$

jedes Flächenelement unter Festhaltung seines Punkts in ein anderes Flächenelement ab, das aus dem ersten Element durch Spiegelung an einer zur z-Achse senkrechten Ebene entsteht. Offenbar geht dabei ein nicht in der x, y-Ebene liegender Streifen im allgemeinen nicht wieder in einen Streifen über.

3. Legendre-Transformation

Eine für die Theorie der partiellen Differentialgleichungen besonders wichtige Berührungstransformation ist eine spezielle duale projektive Transformation, nämlich die Polartransformation des Drehparaboloids

$$2f = x^2 + y^2.$$

Diese sog. LEGENDRE-Transformation ordnet jedem Punkt x, y, f eine Polarebene

$$f + F = x X + y Y \qquad (10.3)$$

zu und umgekehrt jeder Ebene (10.3) ihren Pol X, Y, F. Daraus regeben sich sofort die Transformationsgleichungen

$$x' = p, \quad y' = q, \quad f' = x p + y q - f, \quad p' = x, \quad q' = y. \qquad (10.4)$$

Sie sind bezüglich der gestrichenen und der ungestrichenen Größen symmetrisch.

4. Berührungstransformation von Differentialgleichungen

Wenn wir Differentialgleichungen und Integrale von Differentialgleichungen in dem verallgemeinerten Sinn von Ziff. 1 betrachten, führt eine Berührungstransformation eine Differentialgleichung und ihre Integrale in eine entsprechende Differentialgleichung und deren Integrale über. Falls die Integralflächen im engeren Sinne von § 8 wieder in ebensolche transformiert werden, bilden sich die charakteristischen Streifen der Differentialgleichung auch wieder in charakteristische Streifen ab.

Zur Erläuterung wenden wir die LEGENDRE-Transformation auf die beiden in § 9, Ziff. 3, erörterten Beispiele an:

b) $\Phi(p, q) = 0$. Durch LEGENDRE-Transformation ergibt sich die gewöhnliche Gleichung in Punktkoordinaten $\Phi(x', y') = 0$, welche einen zur x', y'-Ebene senkrechten Zylinder darstellt. Es entsprechen sich hierbei

$\Phi(p, q) = 0$.	$\leftrightarrow$ $\Phi(x', y') = 0$ (Zylinder senkrecht x', y'-Ebene).
2-parametrige Ebenenschar als vollständiges Integral.	$\leftrightarrow$ 2-parametrige Menge der (als Elementbündel aufgefaßten) Zylinderpunkte.
Integralflächen, erzeugt als Hüllflächen 1-parametriger Ebenenscharen des vollständigen Integrals.	$\leftrightarrow$ Integrale, entartet in Streifenbüschel, wobei die Büschelkurven 1-parametrige Punktmengen des Zylinders sind.

b) $f = x p + y q + h(p, q)$. Durch LEGENDRE-Transformation ergibt sich auch hier eine gewöhnliche Gleichung $f' + h(x', y') = 0$, welche jetzt aber eine von einem zur x', y'-Ebene senkrechten Zylinder verschiedene Fläche darstellt. Es entsprechen sich:

$$f = x p + y q + h(p, q). \qquad \leftrightarrow \qquad f' + h(x', y') = 0 \ (\text{Fläche } \Phi).$$

2-parametrige Ebenenschar als vollständiges Integral.	$\longleftrightarrow$	2-parametrige Menge der (als Elementbündel aufgefaßten) Punkte der Fläche Φ.
Singuläres Integral $=$ Hüllfläche der 2-parametrigen Ebenenschar.	$\longleftrightarrow$	Fläche Φ (aufgefaßt als Elementverein ihrer Flächenelemente).
Integralflächen, erzeugt als Hüllflächen 1-parametriger Ebenenscharen des vollständigen Integrals.	$\longleftrightarrow$	Integrale, entartet in Streifenbüschel, wobei die Büschelkurven 1-parametrige Punktmengen der Fläche Φ sind.

In § 19, Ziff. 4, werden wir die LEGENDRE-Transformation auf Differentialgleichungen zweiter Ordnung anwenden.

§ 11. Quasilineare Differentialgleichung bei mehr als zwei unabhängigen Veränderlichen

1. Charakteristiken und Äquivalenzsatz

Wir übertragen nun die Untersuchungen der §§ 7–9 auf Differentialgleichungen mit mehr als zwei unabhängigen Veränderlichen $x_1, x_2, \ldots, x_n$ ($n > 2$) und werden uns darauf beschränken, die Ergebnisse zusammenzustellen, ohne die analogen Beweise im einzelnen zu wiederholen. Die quasilineare Differentialgleichung

$$a_1 f_{x_1} + \cdots + a_n f_{x_n} = h, \qquad (11.1)$$

in der die Koeffizienten a_i und h Funktionen von $x_1, \ldots, x_n$ und f mit stetigen ersten Ableitungen sind und die a_i an keiner Stelle des in Frage stehenden Bereichs gleichzeitig verschwinden sollen, definiert im $R_{n+1}(x_1, \ldots, x_n, f)$ durch die Vektoren $\mathfrak{p} = (a_1, \ldots, a_n, h)$ ein Richtungsfeld. Wir bezeichnen es wie in § 7 als MONGEsches Richtungsfeld. Es läßt sich auch durch das System der gewöhnlichen Differentialgleichungen

$$\frac{dx_1}{ds} = a_1, \quad \ldots, \quad \frac{dx_n}{ds} = a_n, \quad \frac{df}{ds} = h \qquad (11.2)$$

festlegen.

Die Lösungen dieses Systems $x_1(s), \ldots, x_n(s), f(s)$ stellen im R_{n+1} eine n-parametrige Schar von Kurven c dar, die wir die Charakteristiken der Differentialgleichung (11.1) nennen; ihre Grundrisse c' im $R_n(x_1, \ldots, x_n)$ sollen Grundcharakteristiken heißen.

Wie in § 7 ist das Integrationsproblem der partiellen Differentialgleichung (11.1) äquivalent mit dem Integrationsproblem der gewöhnlichen Differentialgleichungen (11.2) in folgendem Sinn:

a) Jede von einer $(n-1)$-parametrigen Schar von Charakteristiken aufgespannte Fläche (Hyperfläche) des R_{n+1} ist eine Integralfläche $f = f(x_1, \ldots, x_n)$.

b) Jede Integralfläche läßt sich von einer $(n-1)$-parametrigen Schar von Charakteristiken aufspannen.

c) Folgerung: Wenn eine Charakteristik mit einer Integralfläche einen Punkt $x_1, \ldots, x_n, f$ gemeinsam hat, gehört sie ihr ganz an.

2. Mehrdimensionale charakteristische Mannigfaltigkeiten

Eine $(m-1)$-parametrige Menge von Charakteristiken $(m < n)$ spannt im R_{n+1} eine m-dimensionale Fläche auf, die als charakteristische Mannigfaltigkeit c_m bezeichnet werden soll. Neben den Charakteristiken selbst als eindimensionalen charakteristischen Mannigfaltigkeiten c_1 interessieren vor allem die $(n-1)$-dimensionalen charakteristischen Mannigfaltigkeiten c_{n-1}. Die Integralflächen sind charakteristische Mannigfaltigkeiten c_n. Die Grundrisse c_m' der c_m im R_n sollen charakteristische Grundmannigfaltigkeiten heißen.

Eine m-dimensionale Fläche k_m ist dann und nur dann eine charakteristische Mannigfaltigkeit c_m, wenn sie in jedem ihrer Punkte den MONGEschen Vektor $\mathfrak{p}$ als Tangente hat.

Beweis: Daß in einer c_m in jedem Punkt der Vektor $\mathfrak{p}$ tangential ist, folgt aus der Tatsache, daß durch jeden Punkt der c_m eine der c_m angehörende Charakteristik geht. Daß umgekehrt jede k_m, welche die Vektoren $\mathfrak{p}$ als Tangenten hat, eine c_m sein muß, ergibt sich folgendermaßen:

Die k_m sei gegeben durch $x_i = x_i(t_1, \ldots, t_m)$ mit $i = 1, 2, \ldots, n$ und $f = f(t_1, \ldots, t_m)$; die Funktionen x_i und f sind stetig differenzierbar vorausgesetzt. Wenn der Vektor $\mathfrak{p}$ tangential sein soll, gilt

$$a_i = \sum_{\mu=1}^{m} \varrho_\mu \frac{\partial x_i}{\partial t_\mu} \quad \text{mit} \quad i = 1, 2, \ldots, n \quad \text{und} \quad h = \sum_{\mu=1}^{m} \varrho_\mu \frac{\partial f}{\partial t_\mu};$$

die Koeffizienten ϱ_μ sind stetig differenzierbare Funktionen der $t_1, \ldots, t_m$. Durch die m Differentialgleichungen

$$\frac{d t_1}{d s} = \varrho_1(t_1, \ldots, t_m), \quad \ldots, \quad \frac{d t_m}{d s} = \varrho_m(t_1, \ldots, t_m)$$

wird eine die k_m aufspannende $(m-1)$-dimensionale Menge von Kurven definiert. Für diese bestehen die Beziehungen

$$\frac{d x_i}{d s} = \sum_{\mu=1}^{m} \frac{\partial x_i}{\partial t_\mu} \frac{d t_\mu}{d s} = \sum_{\mu=1}^{m} \varrho_\mu \frac{\partial x_i}{\partial t_\mu} = a_i \quad \text{mit} \quad i = 1, 2, \ldots, n,$$

$$\frac{df}{d s} = \sum_{\mu=1}^{m} \frac{\partial f}{\partial t_\mu} \frac{d t_\mu}{d s} = \sum_{\mu=1}^{m} \varrho_\mu \frac{\partial f}{\partial t_\mu} = h,$$

die Kurven sind also Charakteristiken und die k_m ist daher eine c_m.

3. Anfangswertproblem

Die zu § 7 analoge Aufangswertaufgabe lautet folgendermaßen: Gegeben ist im R_{n+1} eine $(n-1)$-dimensionale Fläche k_{n-1} durch $x_i(t_1, \ldots, t_{n-1})$, $f(t_1, \ldots, t_{n-1})$ oder, was dasselbe ist, ihr Grundriß k'_{n-1} durch $x_i(t_1, \ldots, t_{n-1})$ samt Wertebelegung $f(t_1, \ldots, t_{n-1})$. Diese Funktionen x_i und f sollen stetige erste Ableitungen haben und der Rang der Matrix $(\partial x_i / \partial t_k)$ soll gleich $(n-1)$ sein. Außerdem wird der Grundriß k'_{n-1} als doppelpunktfrei vorausgesetzt, d. h. verschiedenen Wertesystemen $t_1, \ldots, t_{n-1}$ sollen verschiedene Punkte von k'_{n-1} zugeordnet sein. Gesucht ist in einer Umgebung von k_{n-1} eine Integralfläche (n-dimensionale Hyperfläche) $f = f(x_1, \ldots, x_n)$ mit stetigen ersten Ableitungen, welche die vorgegebene Fläche k_{n-1} enthält.

Wie in § 7 ergibt sich folgende Alternative:

a) Wenn k'_{n-1} nicht mit einer charakteristischen Grundmannigfaltigkeit c'_{n-1} zusammenfällt und von keiner solchen berührt wird, gilt für die Anfangsdaten

$$D = \begin{vmatrix} a_1 & \cdots & a_n \\ \dfrac{\partial x_1}{\partial t_1} & \cdots & \dfrac{\partial x_n}{\partial t_1} \\ \cdots\cdots\cdots \\ \dfrac{\partial x_1}{\partial t_{n-1}} & \cdots & \dfrac{\partial x_n}{\partial t_{n-1}} \end{vmatrix} \neq 0. \tag{11.3}$$

Die von den Punkten der gegebenen Fläche k_{n-1} ausgehenden Charakteristiken spannen dann eine Integralfläche auf und diese ist die einzige k_{n-1} enthaltende Integralfläche.

b) Wenn k_{n-1} eine charakteristische Mannigfaltigkeit c_{n-1} ist, lassen sich durch sie unendlich viele Integralflächen legen. Jede k^*_{n-1}, welche die Voraussetzungen von a) erfüllt und mit der Fläche $k_{n-1} = c_{n-1}$ eine k_{n-2} gemeinsam hat, liefert gemäß a) eine durch k_{n-1} gehende Integralfläche.

c) Wenn k_{n-1} keine charakteristische Mannigfaltigkeit, ihr Grundriß k'_{n-1} jedoch eine charakteristische Grundmannigfaltigkeit c'_{n-1} ist, gibt es keine durch k_{n-1} gehende Integralfläche $f = f(x_1, \ldots, x_n)$ mit stetigen Ableitungen.

In den beiden Fällen b) und c) verschwindet die Determinante D für die Anfangsdaten $x_i(t_1, \ldots, t_{n-1}), f(t_1, \ldots, t_{n-1})$.

§ 12. Allgemeine Differentialgleichung bei mehr als zwei unabhängigen Veränderlichen

1. Charakteristische Streifen und Äquivalenzsatz

In Verallgemeinerung von § 8 betrachten wir die nicht quasilineare Differentialgleichung

$$\Phi(x_1, \ldots, x_n, f, p_1, \ldots, p_n) = 0, \tag{12.1}$$

wobei $f_{x_i} = p_i$ gesetzt ist und im übrigen entsprechende Differenzierbarkeitsannahmen wie in § 8 gemacht werden. An jeder Stelle des in Frage stehenden Bereichs soll

$$\Phi_{p_1}^2 + \cdots + \Phi_{p_n}^2 \neq 0 \tag{12.2}$$

gelten. Man kommt dann wieder zu den Charakteristikengleichungen

$$\frac{d x_i}{d s} = \Phi_{p_i}; \quad \frac{d f}{d s} = \sum_{k=1}^{n} p_k \, \Phi_{p_i}, \quad \frac{d p_i}{d s} = -\Phi_{x_i} - p_i \Phi_f \tag{12.3}$$

$$(i = 1, 2, \ldots, n).$$

Ihre Lösungen stellen Streifen im R_{n+1} dar und auf jedem dieser Streifen ist $\Phi = $ const. Die durch die Zusatzbedingung $\Phi = 0$ gekennzeichneten charakteristischen Streifen bilden eine $(2n - 1)$-parametrige Menge.

Es gilt wieder folgender Äquivalenzsatz:

a) Jede von einer $(n - 1)$-parametrigen Schar charakteristischer Streifen aufgespannte Fläche (Hyperfläche) des R_{n+1} ist eine Integralfläche.

b) Jede Integralfläche läßt sich von einer $(n - 1)$-parametrigen Schar charakteristischer Streifen aufspannen.

c) Folgerung: Wenn ein charakteristischer Streifen ein Flächenelement mit einer Integralfläche gemeinsam hat, gehört er ihr ganz an.

2. Mehrdimensionale charakteristische Mannigfaltigkeiten

Bei der Besprechung mehrdimensionaler charakteristischer Mannigfaltigkeiten beziehen wir uns auf den $(2n + 1)$-dimensionalen Raum $R_{2n+1}(x_i, f, p_i)$, dessen Punkte die Flächenelemente des R_{n+1} repräsentieren. Einem charakteristischen Streifen entspricht im R_{2n+1} eine

Kurve c_1 und einer von einer $(m-1)$-parametrigen Menge charakteristischer Streifen erzeugten charakteristischen Mannigfaltigkeit eine m-dimensionale Fläche c_m. Es interessieren uns wieder vor allem die charakteristischen Mannigfaltigkeiten c_{n-1}.

Die charakteristischen Mannigfaltigkeiten c_m lassen sich im R_{2n+1} durch das Vektorfeld $\mathfrak{p} = (a_i, h, b_i)$ mit

$$a_i = \Phi_{p_i}, \qquad h = \sum_{k=1}^{n} p_k \Phi_{p_k}, \qquad b_i = -\Phi_{x_i} - p_i \Phi_f$$

$$(i = 1, 2, \ldots, n)$$

definieren als diejenigen Flächen k_m, welche in jedem Punkt den Vektor $\mathfrak{p}$ als Tangente haben und die Bedingung $\Phi(x_i, f, p_i) = 0$ erfüllen.

Die Grundrisse c'_m der c_m im $R_n(x_1, \ldots, x_n)$ sollen wieder charakteristische Grundmannigfaltigkeiten heißen.

3. Anfangswertproblem

Gegeben ist im R_{n+1} eine $(n-1)$-dimensionale Fläche durch $x_i = x_i(t_1, \ldots, t_{n-1})$, $f = f(t_1, \ldots, t_{n-1})$. Sie wird durch Vorgabe von n Funktionen $p_i(t_1, \ldots, t_{n-1})$, welche der Gl. (12.1) $\Phi = 0$ und den Streifenbedingungen

$$\frac{\partial f}{\partial t_k} = \sum_{\mu=1}^{n} p_\mu \frac{\partial x_\mu}{\partial t_k} \quad (k = 1, 2, \ldots, (n-1))$$

genügen, zu einer Streifenmannigfaltigkeit ergänzt. Sie stellt im R_{2n+1} eine $(n-1)$-dimensionale Fläche k_{n-1} dar. Die vorgegebenen Funktionen sollen stetige erste Ableitungen besitzen, der Rang der Matrix $(\partial x_i/\partial t_\mu)$ soll gleich $(n-1)$ und der Grundriß k'_{n-1} der Fläche k_{n-1} im R_n doppelpunktfrei sein.

Es ergibt sich dieselbe Alternative wie in § 11. An Stelle der Determinante D von Gl. (11.3) tritt hier die Determinante

$$D^* = \begin{vmatrix} \Phi_{p_1} & \cdots & \Phi_{p_n} \\ \dfrac{\partial x_1}{\partial t_1} & \cdots & \dfrac{\partial x_n}{\partial t_1} \\ \cdots & \cdots & \cdots \\ \dfrac{\partial x_1}{\partial t_{n-1}} & \cdots & \dfrac{\partial x_n}{\partial t_{n-1}} \end{vmatrix}.$$

4. Quadratische Differentialgleichungen erster Ordnung

Für spätere Anwendungen (§§ 39, 40) ist die in den Ableitungen $p_i = \dfrac{\partial f}{\partial x_i}$ homogene und quadratische Differentialgleichung

$$\Phi = A[p] = \tfrac{1}{2} \sum_{i,k=1}^{n} a_{ik} p_i p_k = 0, \qquad a_{ik} = a_{ki} \tag{12.4}$$

wichtig, deren Koeffizienten a_{ik} Funktionen der unabhängigen Veränderlichen $x_1, \ldots, x_n$, nicht aber von f sind. Die Determinante der a_{ik} soll nicht verschwinden. Die Lösungen $f = f(x_1, \ldots, x_n)$ der Differentialgleichung (12.4) führen mit $f(x_1, \ldots, x_n) = C = \text{const}$, wenn etwa $\dfrac{\partial f}{\partial x_n} \neq 0$ ist, zur Definition von Funktionen $x_n = z(x_1, \ldots, x_{n-1}, C)$ der $n - 1$ unabhängigen Veränderlichen $x_1, \ldots, x_{n-1}$. Dadurch werden die im $R_{n+1}(x_1, \ldots, x_n, f)$ liegenden Integralflächen $f = f(x_1, \ldots, x_n)$ durch die Projektion ihrer Schnitte $f = C$ im $R_n(x_1, \ldots, x_n)$ dargestellt. Mit

$$p_1 : p_2 : \cdots : p_n = \frac{\partial z}{\partial x_1} : \frac{\partial z}{\partial x_2} : \cdots : \frac{\partial z}{\partial x_{n-1}} : (-1)$$

geht hierbei die Differentialgleichung (12.4) für $f(x_1, \ldots, x_n)$ in die äquivalente Differentialgleichung

$$\sum_{i,\,k=1}^{n-1} a_{ik} \frac{\partial z}{\partial x_i} \frac{\partial z}{\partial x_k} - 2 \sum_{i=1}^{n-1} a_{ni} \frac{\partial z}{\partial x_i} + a_{nn} = 0$$

für $z(x_1, \ldots, x_{n-1})$ über.

Die Charakteristikengleichungen (12.3), angewandt auf Gl. (12.4), liefern

$$\left. \begin{aligned} \dot{x}_i &= \frac{d x_i}{d s} = \frac{\partial A}{\partial p_i} = \sum_{k=1}^{n} a_{ik}\, p_k \\[2mm] \dot{p}_i &= \frac{d p_i}{d s} = -\frac{\partial A}{\partial x_i} \end{aligned} \right\} \quad i = 1, 2, \ldots, n \qquad (12.5)$$

sowie

$$\dot{f} = \frac{d f}{d s} = \sum_{i,\,k=1}^{n} a_{ik}\, p_i\, p_k = 2A[p].$$

Im R_{n+1} bilden nach Ziff. 1 die Lösungen $x_i(s)$, $p_i(s)$, $f(s)$ dieses Gleichungssystems eine $2n$-parametrige Menge von Integralkurven $x_i = x_i(s)$, $f = f(s)$; jedem Punkt der Integralkurven ist durch $p_i = p_i(s)$ ein Flächenelement angeheftet. Längs jeder Integralkurve bilden diese Flächenelemente einen Streifen und erfüllen die Gleichung $A[p] = \text{const}$. In Ziff. 1 haben wir ausschließlich die durch $A = 0$ gekennzeichnete $(2n - 1)$-parametrige Teilmenge der Lösungen der Gl. (12.5) betrachtet und sie als charakteristische Streifen der Differentialgleichung (12.4) eingeführt. Jetzt interessieren wir uns auch für die Lösungen mit $A[p] = \text{const} \neq 0$ und führen alle weiteren Untersuchungen im $R_n(x_1, \ldots, x_n)$. Hier bilden die Projektionen $x_i = x_i(s)$ der Integralkurven eine $(2n - 2)$-parametrige Schar; denn sie ergeben sich aus den $2n$ Differentialgleichungen (12.5), welche f nicht enthalten, und diese liefern bei proportionaler Änderung der p_k dieselben Kurven im R_n. Wir bezeichnen die Projektionen $x_i = x_i(s)$ als geodätische Linien des R_n und werden diese Bezeichnung in Ziff. 5 nachträglich motivieren.

Die durch $A[p] = 0$ gekennzeichnete $(2n - 3)$-parametrige Teilmenge, die durch Projektion der Kurven der charakteristischen Streifen entsteht, nennen wir fortan kurz Charakteristiken im R_n.

Mit Benützung der zur Matrix a_{ik} reziproken Matrix A_{ik} ergibt sich aus den Gln. (12.5)

$$p_i = \sum_{k=1}^{n} A_{ik} \dot{x}_k = \frac{\partial H}{\partial \dot{x}_i} \tag{12.6}$$

mit

$$2A[p] = \sum_{i,k=1}^{n} a_{ik} p_i p_k = \sum_{i,k=1}^{n} A_{ik} \dot{x}_i \dot{x}_k = 2H[\dot{x}].$$

Zwischen $A[p]$ und $H[\dot{x}]$ besteht die Beziehung

$$\frac{\partial H}{\partial x_i} = - \frac{\partial A}{\partial x_i} ; \tag{12.7}$$

denn es ist

$$2 \frac{\partial H}{\partial x_j} = \sum_{i,k} \frac{\partial A_{ik}}{\partial x_j} \dot{x}_i \dot{x}_k = \sum_{k,l} \dot{x}_k p_l \sum_i \frac{\partial A_{ik}}{\partial x_j} a_{il} = - \sum_{i,k,l} \dot{x}_k p_l A_{ik} \frac{\partial a_{il}}{\partial x_j}$$

$$= - \sum_{i,l} \frac{\partial a_{il}}{\partial x_j} p_l \sum_k A_{ik} \dot{x}_k = - \sum_{i,l} \frac{\partial a_{il}}{\partial x_j} p_l p_i = - 2 \frac{\partial A}{\partial x_j} .$$

Die von den Charakteristiken im R_n erzeugten MONGESchen Kegel

$$2H[x - b] = \sum_{i,k} A_{ik}(x_i - b_i)(x_k - b_k) = 0 \tag{12.8}$$

sind nicht entartete Kegel zweiter Ordnung. Wir setzen sie als reell voraus und fordern außerdem, daß im Innern der MONGESchen Kegel $H[x - b] > 0$ sei; dies kann nötigenfalls durch Multiplikation der Gl. (12.4) mit (-1) erreicht werden. Im Äußeren der MONGESchen Kegel ist dann $H[x - b] < 0$.

5. Einführung einer Riemannschen Metrik im R_n

Wir definieren durch das Linienelement

$$d\sigma^2 = \tfrac{1}{2} \sum_{i,k} A_{ik} dx_i dx_k = H[dx] \tag{12.9}$$

eine RIEMANNsche Metrik im R_n. Da längs der Charakteristiken im R_n $H = 0$ gilt, sind sie Nullinien dieser Metrik. Für die von einem Punkt b ins Innere des MONGESchen Kegels führenden Richtungen ist nach der in Ziff. 4 getroffenen Vorzeichenfestsetzung $H[dx] > 0$, die Länge $d\sigma$ also reell. Für die ins Kegeläußere führenden Richtungen wird $d\sigma$ imaginär.

Die in Ziff. 4 bereits unter dem Namen geodätische Linien eingeführten Integralkurven des Systems (12.5) sind die geodätischen Linien

der durch Gl. (12.9) festgelegten Metrik. Man sieht dies folgendermaßen ein:

$$l = \int\limits_{(b)}^{(x)} d\sigma = \int\limits_{(b)}^{(x)} \sqrt{H}\, ds$$

ist die Länge einer die Punkte b und x verbindenden Kurve mit $H > 0$;
damit Verbindungskurven mit $H > 0$ existieren, muß der Punkt x im
Innern des charakteristischen Konoids liegen, das von den von b ausgehenden Charakteristiken des R_n erzeugt wird. Die geodätischen
Linien ergeben sich aus dem Variationsproblem $\delta l = 0$ bei festgehaltenen Endpunkten b und x als Lösungen der EULERschen Gleichungen

$$\frac{d}{ds}\frac{\partial\sqrt{H}}{\partial\dot{x}_i} - \frac{\partial\sqrt{H}}{\partial x_i} = 0 \quad\text{oder}\quad \frac{d}{ds}\left(\frac{1}{\sqrt{H}}\frac{\partial H}{\partial\dot{x}_i}\right) - \frac{1}{\sqrt{H}}\frac{\partial H}{\partial x_i} = 0.$$

Aus $H = \text{const}$ folgt mit Rücksicht auf die Gln. (12.6), (12.5) und (12.7)

$$\frac{d}{ds}\left(\frac{1}{\sqrt{H}}\frac{\partial H}{\partial\dot{x}_i}\right) = \frac{1}{\sqrt{H}}\frac{d}{ds}\left(\sum_k A_{ik}\dot{x}_k\right) = \frac{1}{\sqrt{H}}\dot{p}_i,$$

$$\frac{1}{\sqrt{H}}\frac{\partial H}{\partial x_i} = -\frac{1}{\sqrt{H}}\frac{\partial A}{\partial x_i} = \frac{1}{\sqrt{H}}\dot{p}_i.$$

Die $(2n-2)$-parametrige Menge der Integralkurven der Gln. (12.5)
erfüllt also wegen $H = \text{const}$ die Bedingung der geodätischen Linien
der durch Gl. (12.9) definierten RIEMANNschen Metrik und ist, wie
man leicht sieht, identisch mit der $(2n-2)$-parametrigen Menge dieser
geodätischen Linien.

Die von b ausgehenden geodätischen Linien überdecken eine gewisse Umgebung von b im Innern des charakteristischen Konoids
schlicht, d. h. jeder Punkt x dieser Umgebung wird mit dem Punkt b
durch genau eine geodätische Linie verbunden. Wir bezeichnen mit
$\varrho(x, b)$ die geodätische Entfernung der Punkte x und b und zählen
auf allen von b ausgehenden geodätischen Linien den Parameter s
vom Punkt b an. Dann ist

$$\varrho(x, b) = \int\limits_0^s \sqrt{H}\, ds = s\,\sqrt{H[\dot{x}]} = s\,\sqrt{A[p]}; \tag{12.10}$$

wegen der Konstanz von $H = A$ können H und A entweder im Punkt b
oder im Punkt x gebildet werden. Bei Festhaltung des Anfangspunktes b
ergibt sich

$$\frac{\partial\varrho(x, b)}{\partial x_i} = \frac{p_i}{2\sqrt{H}} = \frac{\partial}{\partial\dot{x}_i}\sqrt{H} = \frac{1}{2\sqrt{H}}\sum_k A_{ik}\dot{x}_k. \tag{12.11}$$

Beweis: Die Variation der Endpunktkoordinaten x_i um δx_i liefert

$$\delta\varrho = \sqrt{H}\,\delta s + \int\limits_0^s \delta\sqrt{H}\,ds = \sqrt{H}\,\delta s + \int\limits_0^s \sum_i \left(\frac{\partial\sqrt{H}}{\partial\dot{x}_i}\,\delta\dot{x}_i + \frac{\partial\sqrt{H}}{\partial x_i}\,\delta x_i\right)ds$$

$$= \sqrt{H}\,\delta s + \int\limits_0^s \frac{1}{2\sqrt{H}}\sum_i (p_i\,\delta\dot{x}_i + \dot{p}_i\,\delta x_i)\,ds$$

$$= \sqrt{H}\,\delta s + \left[\frac{1}{2\sqrt{H}}\sum_i p_i\,\delta x_i\right]_{s=\text{const}}.$$

Die eckige Klammer ist im Endpunkt x zu berechnen, $[\delta x_i]_{s=\text{const}}$ bezieht sich auf den Punkt der variierten geodätischen Linie, der zu demselben Parameterwert s gehört wie der ursprüngliche Endpunkt x. Mit Rücksicht auf

$$[\delta x_i]_{s=\text{const}} = \delta x_i - \frac{d x_i}{d s}\,\delta s = \delta x_i - \dot{x}_i\,\delta s$$

kommt

$$\delta\varrho = \sqrt{H}\,\delta s + \frac{1}{2\sqrt{H}}\sum_i p_i\,\delta x_i - \frac{1}{2\sqrt{H}}\sum_i p_i\,\dot{x}_i\,\delta s$$

$$= \sqrt{H}\,\delta s + \frac{1}{2\sqrt{H}}\sum_i p_i\,\delta x_i - \sqrt{H}\,\delta s = \frac{1}{2\sqrt{H}}\sum_i p_i\,\delta x_i,$$

womit die erste Gl. (12.11) bewiesen ist. Die übrigen Beziehungen ergeben sich unmittelbar aus den Gln. (12.6).

Löst man die Gln. (12.11) nach den $\dot{x}_k$ auf, so erhält man

$$\dot{x}_k = 2\sqrt{H}\sum_i a_{ik}\frac{\partial\varrho}{\partial x_i}. \tag{12.12}$$

Durch Einsetzen dieser Ausdrücke in

$$2 = \frac{1}{H}\sum_{l,m} A_{lm}\,\dot{x}_l\,\dot{x}_m$$

folgt die Differentialgleichung

$$\sum_{i,k} a_{ik}\frac{\partial\varrho}{\partial x_i}\frac{\partial\varrho}{\partial x_k} = \frac{1}{2}. \tag{12.13}$$

Für das Quadrat der geodätischen Entfernung $\Gamma(x,b) = \varrho^2(x,b)$ ergibt sich aus den Gln. (12.10), (12.11) und (12.13)

$$\Gamma(x,b) = s^2 H = s^2 A, \qquad \frac{\partial\Gamma}{\partial x_i} = 2\varrho\frac{\partial\varrho}{\partial x_i} = s\,p_i \tag{12.14}$$

und

$$\sum_{i,k} a_{ik}\frac{\partial\Gamma}{\partial x_i}\frac{\partial\Gamma}{\partial x_k} = 2\Gamma. \tag{12.15}$$

$\Gamma(x, b) = 0$ kann als Gleichung des charakteristischen Konoids mit der Spitze b betrachtet werden. Nähert sich der Innenpunkt x dem Konoid, so geht $\Gamma \to 0$, und zwar, wie die erste Gl. (12.14) zeigt, in der Ordnung s^2, falls x gegen die Konoidspitze b läuft. Falls dagegen die Bahn des Punktes x das Konoid in einem von b verschiedenen Punkt c nicht berührend schneidet, geht Γ mit den Differenzen $x_i - c_i$ in erster Ordnung gegen Null, da nach der zweiten Gl. (12.14) nicht alle $\partial \Gamma / \partial x_i$ verschwinden können.

§ 13. Vollständige Integrale; Hamilton-Jacobische Differentialgleichung

1. Vollständige Integrale

Eine n-parametrige Schar von Lösungen $f = f(x_1, \ldots, x_n, a_1, \ldots, a_n)$ der Differentialgleichung (12.1) mit stetigen zweiten Ableitungen $\dfrac{\partial^2 f}{\partial x_i \partial x_k}$, $\dfrac{\partial^2 f}{\partial x_i \partial a_k}$ heißt vollständiges Integral, wenn in dem in Frage stehenden Bereich des $R_{n+1}(x_1, \ldots, x_n, f)$ jedes der Gl. (12.1) genügende Flächenelement (x_i, f, p_i) einer und nur einer Fläche der Schar angehört. Wir fügen die zu Gl. (9.3) analoge Voraussetzung

$$\text{Det.} \left| \frac{\partial^2 f}{\partial x_i \, \partial a_k} \right| \neq 0 \tag{13.1}$$

hinzu.

Wie in § 9 ergeben sich aus den Integralflächen des vollständigen Integrals die übrigen Integralflächen durch Enveloppenbildung. Die Berührstreifen bei dieser Enveloppenbildung sind die charakteristischen Streifen. Die Enveloppenbildung verläuft hier folgendermaßen:

Durch $a_i = \alpha_i(t_1, \ldots, t_{n-1})$ mit $i = 1, 2, \ldots, n$ wird eine $(n-1)$-parametrige Teilschar von Flächen des vollständigen Integrals ausgewählt. Wenn die Teilschar eine Hüllfläche besitzt, ist diese durch die n Gleichungen

$$f - f(x_1, \ldots, x_n, \alpha_1, \ldots, \alpha_n) = 0, \tag{13.2}$$

$$\frac{\partial f}{\partial t_\mu} = \sum_{i=1}^{n} \frac{\partial f}{\partial a_i} \frac{\partial \alpha_i}{\partial t_\mu} = 0 \quad (\mu = 1, 2, \ldots, n-1)$$

bestimmt.

Die charakteristischen Streifen ergeben sich aus den Gln. (13.2) jeweils für ein bestimmtes Wertesystem der t_i, $\alpha_k = a_k$ und $\partial \alpha_i / \partial t_\mu = c_{i\mu}$. Aus den $(n-1)$ letzten Gln. (13.2) erhält man hierbei für die Ableitungen $\partial f / \partial a_i$ bis auf einen gemeinsamen Proportionalitätsfaktor s konstante Werte, also

$$\frac{\partial f}{\partial a_i} = b_i s \quad (i = 1, 2, \ldots, n). \tag{13.3}$$

Der Faktor s kann so normiert werden, daß eine der n Konstanten b_i, etwa b_n, gleich 1 wird. Durch Auflösung der Gln. (13.3) folgt dann

$$x_i = x_i(a_1, \ldots, a_n, b_1, \ldots, b_{n-1}, s)$$

und hierauf durch Einsetzen in die erste Gl. (13.2) und Differentiation dieser Gleichung nach den x_i außerdem $f = f(a_1, \ldots, a_n, b_1, \ldots, b_{n-1}, s)$ und $p_i = p_i(a_1, \ldots, a_n, b_1, \ldots, b_{n-1}, s)$. Damit ist die $(2n - 1)$-parametrige Menge der charakteristischen Streifen gefunden, also die Lösung des Systems der gewöhnlichen Differentialgleichungen (12.3) aus einer vollständigen Lösung der partiellen Differentialgleichung (12.1) gewonnen.

2. Anwendung auf die Hamilton-Jacobische Differentialgleichung der Mechanik

Wenn die Differentialgleichung (12.1) die gesuchte Funktion f nicht explizit enthält, kann sie (bei passender Bezifferung der x_i), nach p aufgelöst, in der Form

$$p_n + H(x_1, \ldots x_n, \ p_1, \ldots, p_{n-1}) = 0 \qquad (13.4)$$

geschrieben werden. Aus den Charakteristikengleichungen (12.3) folgt dann

$$\frac{d\,x_n}{d\,s} = 1,$$

so daß wir fortan $x_n = s$ setzen können und lediglich noch die $2n$ Funktionen $x_1(x_n), \ldots, x_{n-1}(x_n), p_1(x_n), \ldots, p_n(x_n), f(x_n)$ zu bestimmen haben. Für diese liefern die Charakteristikenbedingungen sofort die Gleichungen

$$\frac{d\,x_1}{d\,x_n} = H_{p_1}, \qquad \ldots, \qquad \frac{d\,x_{n-1}}{d\,x_n} = H_{p_{n-1}};$$

$$\frac{d\,p_1}{d\,x_n} = -H_{x_1}, \qquad \ldots, \qquad \frac{d\,p_{n-1}}{d\,x_n} = -H_{x_{n-1}} \qquad (13.5)$$

sowie die weiteren Gleichungen

$$\frac{d f}{d\,x_n} = \sum_{i=1}^{n-1} p_i\,H_{p_i} + p_n = \sum_{i=1}^{n-1} p_i\,H_{p_i} - H, \qquad \frac{d\,p_n}{d\,x_n} = -H_{x_n}. \qquad (13.6)$$

Die $2(n-1)$ Gln. (13.5) bilden bereits für sich ein System gewöhnlicher Differentialgleichungen für die $2(n-1)$ Funktionen $x_1(x_n), \ldots, x_{n-1}(x_n)$ und $p_1(x_n), \ldots, p_{n-1}(x_n)$.

Ersetzt man n durch $(n+1)$ und schreibt man $q_1, \ldots q_n$ statt der $x_1, \ldots, x_{n-1}$ und t statt x_n, so stellen die Gln. (13.5) die HAMILTONschen kanonischen Differentialgleichungen der Mechanik[1] dar:

$$\frac{d q_i}{d\,t} = \frac{\partial H}{\partial p_i}, \qquad \frac{d p_i}{d\,t} = -\frac{\partial H}{\partial q_i} \qquad (i = 1, 2, \ldots, n) \qquad (13.7)$$

---

[1] Vgl. E. T. WHITTAKER: Analytische Dynamik der Punkte und starren Körper (= diese Sammlung Bd. XVII). Berlin: Springer 1924.

mit der HAMILTONschen Funktion $H(q_1, \ldots, q_n, t, p_1, \ldots, p_n)$. Die partielle Differentialgleichung (13.4) selbst geht mit $f = W$ in die HAMILTON-JACOBISche Differentialgleichung über:

$$\frac{\partial W}{\partial t} + H\left(q_1, \ldots, q_n, t, \frac{\partial W}{\partial q_1}, \ldots, \frac{\partial W}{\partial q_n}\right) = 0. \qquad (13.8)$$

Nach Ziff. 1 kann man die Lösung der kanonischen Gln. (13.7) aus einer vollständigen Lösung der partiellen Differentialgleichung (13.8) herleiten. JACOBI hat diesen wichtigen Zusammenhang in seiner Bedeutung für die analytische Mechanik erkannt.

Wir führen als vollständiges Integral eine Lösung

$$W = W^*(q_1, \ldots, q_n, t, a_1, \ldots, a_n) + a_{n+1} \qquad (13.9)$$

der partiellen Differentialgleichung (13.8) ein, in der die Konstante a_{n+1} additiv auftritt. Da W in Gl. (13.8) nicht explizit vorkommt, ist dies zulässig. Die Lösung (13.9) genügt wegen $\dfrac{\partial W}{\partial a_{n+1}} = 1 = \text{const}$ nicht der Ungleichung (13.1), soll aber die Bedingung

$$\text{Det.} \left| \frac{\partial^2 W}{\partial q_i\, \partial a_k} \right| \neq 0 \qquad (i, k = 1, 2, \ldots, n) \qquad (13.10)$$

erfüllen. Dann kann man aus den n Gleichungen

$$\frac{\partial W}{\partial a_1} = b_1, \quad \ldots, \quad \frac{\partial W}{\partial a_n} = b_n \qquad (13.11)$$

mit den $2n$ beliebigen Konstanten a_i und b_i die n Veränderlichen $q_1, \ldots, q_n$ als Funktionen von t und den $2n$ Konstanten a_i, b_i berechnen. Durch Differentiation bildet man hierauf

$$p_1 = \frac{\partial W}{\partial q_1}, \quad \ldots, \quad p_n = \frac{\partial W}{\partial q_n}. \qquad (13.12)$$

Die so ermittelten Funktionen $q_i(t)$, $p_i(t)$ mit den $2n$ Parametern $a_1, \ldots, a_n, b_1, \ldots, b_n$ sind Lösungen der Charakteristikengleichungen (13.7), wie man folgendermaßen einsieht:

Durch Differentiation der Gln. (13.11) nach t einerseits und durch Differentiation der Gl. (13.8) nach den a_i andererseits kommt $(i = 1, 2, \ldots, n)$

$$\frac{\partial^2 W}{\partial a_i\, \partial t} + \sum_{\nu=1}^{n} \frac{\partial^2 W}{\partial a_i\, \partial q_\nu} \frac{d q_\nu}{d t} = 0,$$

$$\frac{\partial^2 W}{\partial a_i\, \partial t} + \sum_{\nu=1}^{n} \frac{\partial^2 W}{\partial a_i\, \partial q_\nu} \frac{\partial H}{\partial p_\nu} = 0,$$

woraus wegen Gl. (13.10) sofort die ersten n Gleichungen (13.7) folgen.

Durch Differentiation der Gln. (13.12) nach t einerseits und durch Differentiation der Gl. (13.8) nach den q_i andererseits ergibt sich $(i = 1, 2, \ldots, n)$

$$\frac{d p_i}{d t} = \frac{\partial^2 W}{\partial q_i \, \partial t} + \sum_{\nu=1}^{n} \frac{\partial^2 W}{\partial q_i \, \partial q_\nu} \frac{d q_\nu}{d t} = \frac{\partial^2 W}{\partial q_i \, \partial t} + \sum_{\nu=1}^{n} \frac{\partial^2 W}{\partial q_i \, \partial q_\nu} \frac{\partial H}{\partial p_\nu},$$

$$0 = \frac{\partial^2 W}{\partial q_i \, \partial t} + \frac{\partial H}{\partial q_i} + \sum_{\nu=1}^{n} \frac{\partial H}{\partial p_\nu} \frac{\partial^2 W}{\partial q_i \, \partial q_\nu},$$

worauf man durch Subtraktion dieser Beziehungen die letzten n Gleichungen (13.7) erhält.

Drittes Kapitel

Systeme quasilinearer Differentialgleichungen erster Ordnung und die allgemeine Differentialgleichung zweiter Ordnung bei zwei unabhängigen Veränderlichen

Das folgende Kapitel III hat Systeme von Differentialgleichungen erster Ordnung sowie die Differentialgleichung zweiter Ordnung bei zwei unabhängigen Veränderlichen x, y zum Gegenstand. Entsprechende Probleme bei mehr als zwei unabhängigen Veränderlichen werden wir im Kapitel IV behandeln.

Im Mittelpunkt der Untersuchung stehen die quasilinearen Differentialgleichungen, welche bezüglich der Ableitungen der gesuchten Funktionen, nicht notwendig aber bezüglich der gesuchten Funktionen selbst linear sind. Alle Differentialgleichungen und Differentialgleichungssysteme lassen sich auf solche quasilineare Differentialgleichungen zurückführen.

Neben der Darlegung der Theorie (Reduktion auf charakteristische Systeme, Existenz- und Eindeutigkeitssätze, Differenzen- und Iterationsverfahren, RIEMANNsche Integrationsmethode) werden ausführlich numerische und graphische Verfahren erörtert, wie sie insbesondere in der Gasdynamik zur zahlenmäßigen Berechnung von Näherungslösungen praktisch viel benützt werden. An verschiedenen Anwendungen in der Physik und der Differentialgeometrie werden die mathematischen Entwicklungen erläutert und veranschaulicht.

§ 14. Charakteristiken eines Systems
quasilinearer Differentialgleichungen erster Ordnung

1. Zweigliedrige Systeme

Wir betrachten zunächst das zweigliedrige quasilineare System

$$a_{11} u_x + a_{12} v_x + b_{11} u_y + b_{12} v_y = h_1,$$
$$a_{21} u_x + a_{22} v_x + b_{21} u_y + b_{22} v_y = h_2 \tag{14.1}$$

für die beiden gesuchten Funktionen $u(x, y)$, $v(x, y)$. Die Koeffizienten a_{ik}, b_{ik}, h_i ($i, k = 1, 2$) sind vorgegebene Funktionen von x, y und u, v. Vorläufig setzen wir u, v und die Koeffizienten als stetig differenzierbare Funktionen ihrer Argumente voraus. Weitere Differenzierbarkeitsforderungen werden wir später hinzufügen.

Wir nennen die quasilinearen Gln. (14.1) entsprechend § 7, Ziff. 6, halblinear, wenn die a_{ik}, b_{ik} nur von x, y und nicht von u, v abhängen, und schlechthin linear, wenn auch die rechten Seiten h_1, h_2 Funktionen nur von x, y sind.

Die Lösungen $u(x, y)$, $v(x, y)$ des Systems (14.1) lassen sich geometrisch entweder als Flächen $u = u(x, y)$, $v = v(x, y)$ über der x, y-Ebene oder als Abbildung der x, y-Ebene auf eine u, v-Ebene deuten. Bei nichtverschwindender Funktionaldeterminante $u_x v_y - u_y v_x \neq 0$ ist diese Abbildung umkehrbar eindeutig, es wird also ein 2-dimensionaler x, y-Bereich punktweise eindeutig auf einen 2-dimensionalen u, v-Bereich abgebildet.

Bei homogenen Systemen (14.1), d. h. bei $h_1 \equiv 0$, $h_2 \equiv 0$, werden uns folgende Spezialfälle besonders beschäftigen:

a) Die Koeffizienten a_{ik} und b_{ik} hängen nur von den unabhängigen Veränderlichen x, y ab, das homogene System ist also linear.

b) Die Koeffizienten a_{ik} und b_{ik} hängen nur von den gesuchten Funktionen u, v ab. Dieser Fall läßt sich bei $u_x v_y - u_y v_x \neq 0$ auf den ersten Fall zurückführen, indem man u, v als unabhängige Veränderliche und x, y als Funktionen $x(u, v)$, $y(u, v)$ von u und v betrachtet, also die Rollen der abhängigen und der unabhängigen Veränderlichen vertauscht. Es ist dann

$$u_x : u_y : v_x : v_y = y_v : (-x_v) : (-y_u) : x_u,$$

wodurch die homogenen Gln. (14.1) in das lineare System

$$b_{12} x_u - b_{11} x_v - a_{12} y_u + a_{11} y_v = 0,$$
$$b_{22} x_u - b_{21} x_v - a_{22} y_u + a_{21} y_v = 0$$

übergehen. Vgl. hierzu die LEGENDRE-Transformation in § 19, Ziff. 4.

2. Deutung der Differentialgleichungen (14.1)
längs einer vorgegebenen Kurve k

Eine glatte Kurve k der x, y-Ebene sei durch ihre Gleichung $y = k(x)$ mit stetiger Ableitung $k'(x)$ gegeben. Ihre Tangenten sind zur y-Achse nicht parallel. Bezüglich dieser Kurve k ist

$$\frac{\delta f}{\delta x} = f_x + k' f_y \qquad \left(k' = \frac{dk}{dx}\right) \tag{14.2}$$

eine innere Ableitung der Funktion $f(x, y)$ im Sinne von § 8, Ziff. 5, d. h. eine Ableitung in Richtung der Tangenten der gegebenen Kurve k, und f_y eine äußere Ableitung. Das System (14.1) läßt sich auf diese inneren und äußeren Ableitungen umformen, nämlich

$$\begin{aligned}
(-k' a_{11} + b_{11}) u_y + (-k' a_{12} + b_{12}) v_y &= h_1 - a_{11} \frac{\delta u}{\delta x} - a_{12} \frac{\delta v}{\delta x}, \\
(-k' a_{21} + b_{21}) u_y + (-k' a_{22} + b_{22}) v_y &= h_2 - a_{21} \frac{\delta u}{\delta x} - a_{22} \frac{\delta v}{\delta x}.
\end{aligned} \tag{14.3}$$

Wenn längs der Kurve k die Werte u, v und damit auch die inneren Ableitungen $\delta u/\delta x$, $\delta v/\delta x$ vorgegeben sind, stellt das System (14.3) zwei lineare Bestimmungsgleichungen für die äußeren Ableitungen u_y, v_y längs k dar. Wir führen die Abkürzungen ein

$$R = \begin{vmatrix} k' a_{11} - b_{11} & k' a_{12} - b_{12} \\ k' a_{21} - b_{21} & k' a_{22} - b_{22} \end{vmatrix},$$

$$V_1 = \begin{vmatrix} k' a_{11} - b_{11} & h_1 - a_{11} \dfrac{\delta u}{\delta x} - a_{12} \dfrac{\delta v}{\delta x} \\ k' a_{21} - b_{21} & h_2 - a_{21} \dfrac{\delta u}{\delta x} - a_{22} \dfrac{\delta v}{\delta x} \end{vmatrix},$$

$$V_2 = \begin{vmatrix} k' a_{12} - b_{12} & h_1 - a_{11} \dfrac{\delta u}{\delta x} - a_{12} \dfrac{\delta v}{\delta x} \\ k' a_{22} - b_{22} & h_2 - a_{21} \dfrac{\delta u}{\delta x} - a_{22} \dfrac{\delta v}{\delta x} \end{vmatrix},$$

und haben dann folgende Alternative:

a) Bei nichtverschwindender „Richtungsdeterminante" $R \neq 0$ lassen sich die äußeren Ableitungen u_y, v_y aus den Gln. (14.3) berechnen und es sind daher alle ersten Ableitungen u_x, u_y, v_x, v_y längs der Kurve k als stetige Funktionen etwa von x eindeutig durch die auf k vorgegebenen Werte u, v bestimmt. Wenn man dieselbe Betrachtung für die aus dem System (14.1) durch Differentiationen nach x und y entstehenden Gleichungen durchführt, ergibt sich ebenso, daß auch alle höheren Ableitungen, soweit sie existieren, eindeutig festgelegt sind.

b) Bei verschwindender Richtungsdeterminante $R = 0$ und gleichzeitig verschwindenden „Verträglichkeitsdeterminanten" $V_1 = V_2 = 0$, wenn also der Rang der Matrix

$$\begin{pmatrix} k'\,a_{11} - b_{11} & k'\,a_{12} - b_{12} & h_1 - a_{11}\dfrac{\delta u}{\delta x} - a_{12}\dfrac{\delta v}{\delta x} \\[2ex] k'\,a_{21} - b_{21} & k'\,a_{22} - b_{22} & h_2 - a_{21}\dfrac{\delta u}{\delta x} - a_{22}\dfrac{\delta v}{\delta x} \end{pmatrix}$$

kleiner als 2 ist, sind die beiden Gln. (14.3) linear abhängig, lassen also unendlich viele Lösungen u_y, v_y zu. Da die Gleichungen $R = V_1 = 0$ die Gleichung $V_2 = 0$ oder die Gleichungen $R = V_2 = 0$ die Gleichung $V_1 = 0$ als Folgerung nach sich ziehen, liegen nur zwei unabhängige Bedingungen vor.

c) Bei $R = 0$ und $V_1 \neq 0$ oder $V_2 \neq 0$ besitzen die Gln. (14.3) keine Lösung u_y, v_y. Es gibt also in diesem Falle keine Lösung $u(x, y)$, $v(x, y)$ des Systems (14.1), welche auf der Kurve k die vorgegebenen Werte u, v annimmt und dort stetige erste Ableitungen besitzt. Somit stellt $V_1 = 0$ (und $V_2 = 0$) eine jedenfalls notwendige „Verträglichkeitsbedingung" dar, der im Falle der „Richtungsbedingung" $R = 0$ die Funktionswerte u, v stetig differenzierbarer Lösungen $u(x, y)$, $v(x, y)$ der Differentialgleichungen (14.1) auf der Kurve k genügen müssen. Vgl. hierzu § 26, Ziff. 2.

3. Erläuterung an Differenzengleichungen

Wie in § 7, Ziff. 5, erläutern wir die Beziehungen an den zum System (14.1) analogen Differenzengleichungen (vgl. Abb. 16)

$$a_{11}\frac{u_3 - u_1}{\Delta x} + a_{12}\frac{v_3 - v_1}{\Delta x} + b_{11}\frac{u_2 - u_3}{\Delta y} + b_{12}\frac{v_2 - v_3}{\Delta y} = h_1,$$

$$a_{21}\frac{u_3 - u_1}{\Delta x} + a_{22}\frac{v_3 - v_1}{\Delta x} + b_{21}\frac{u_2 - u_3}{\Delta y} + b_{22}\frac{v_2 - v_3}{\Delta y} = h_2,$$

wobei die Koeffizienten a_{ik}, b_{ik} und h_i im Punkt 1 (x_1, y_1, u_1, v_1) zu nehmen sind. Betrachtet man die Funktionswerte u, v in den Gitterpunkten 1, 2 als vorgegeben, so ergeben sich für die Werte u_3, v_3 im Gitterpunkt 3 die beiden linearen Gleichungen

$$(a_{11}\Delta y - b_{11}\Delta x)\,u_3 + (a_{12}\Delta y - b_{12}\Delta x)\,v_3$$
$$= h_1\Delta x\,\Delta y - a_{11}(u_2 - u_1)\Delta y - a_{12}(v_2 - v_1)\Delta y +$$
$$+ u_2(a_{11}\Delta y - b_{11}\Delta x) + v_2(a_{12}\Delta y - b_{12}\Delta x),$$

$$(a_{21}\Delta y - b_{21}\Delta x)\,u_3 + (a_{22}\Delta y - b_{22}\Delta x)\,v_3$$
$$= h_2\Delta x\,\Delta y - a_{21}(u_2 - u_1)\Delta y - a_{22}(v_2 - v_1)\Delta y +$$
$$+ u_2(a_{21}\Delta y - b_{21}\Delta x) + v_2(a_{22}\Delta y - b_{22}\Delta x).$$

Mit den drei zweireihigen Determinanten R, V_1 und V_2 der Matrix

$$\begin{pmatrix} a_{11}\Delta y-b_{11}\Delta x, & a_{12}\Delta y-b_{12}\Delta x, & h_1\Delta x\,\Delta y-a_{11}(u_2-u_1)\Delta y-a_{12}(v_2-v_1)\Delta y \\ a_{21}\Delta y-b_{21}\Delta x, & a_{22}\Delta y-b_{22}\Delta x, & h_2\Delta x\,\Delta y-a_{21}(u_2-u_1)\Delta y-a_{22}(v_2-v_1)\Delta y \end{pmatrix}$$

ergibt sich die entsprechende Alternative wie in Ziff. 2:

a) Bei $R \neq 0$ sind u_3, v_3 eindeutig bestimmt.

b) Bei $R = V_1 = V_2 = 0$ gibt es unendlich viele Lösungen u_3, v_3.

c) Bei $R = 0$ und $V_1 \neq 0$ (oder $V_2 \neq 0$) gibt es keine Lösung u_3, v_3.

4. Charakteristiken eines hyperbolischen Systems

In einem Bereich der x, y-Ebene sei eine Lösung $u(x, y)$, $v(x, y)$ der Differentialgleichungen (14.1) vorgegeben. Die Richtungsbedingung

$$\begin{vmatrix} a_{11}dy - b_{11}dx & a_{12}dy - b_{12}dx \\ a_{21}dy - b_{21}dx & a_{22}dy - b_{22}dx \end{vmatrix} = 0 \qquad (14.4)$$

definiert dann ein Richtungsfeld in dem in Frage stehenden x, y-Bereich. Wir setzen dabei voraus, daß Gl. (14.4) nicht identisch erfüllt wird, sondern in jedem Punkt zwei verschiedene reelle Richtungen liefert[1], und nennen diese Richtungen die charakteristischen Richtungen und das Differentialgleichungssystem für die betreffenden Werte x, y, u, v hyperbolisch.

Die Integralkurven des durch Gl. (14.4) bestimmten Richtungsfeldes bezeichnet man als die Charakteristiken des Systems (14.1); sie bilden zwei Kurvenscharen derart, daß in jedem Punkt des betrachteten x, y-Bereichs eine Kurve der einen Schar eine Kurve der anderen Schar unter einem von 0 und π verschiedenen Winkel schneidet. Nach Ziff. 2 muß die (als stetig differenzierbar vorausgesetzte) Lösung $u(x, y)$, $v(x, y)$ längs jeder Charakteristik auch noch die Verträglichkeitsbedingung

$$V_1 = \begin{vmatrix} a_{11}dy - b_{11}dx & h_1dx - a_{11}du - a_{12}dv \\ a_{21}dy - b_{21}dx & h_2dx - a_{21}du - a_{22}dv \end{vmatrix} = 0 \qquad (14.5)$$

(oder $V_2 = 0$) für die inneren Ableitungen erfüllen.

Das Richtungsfeld (14.4) wird von der Lösung $u(x, y)$, $v(x, y)$ unabhängig, wenn die Koeffizienten a_{ik}, b_{ik} Funktionen von x und y allein sind [vgl. Spezialfall (a) in Ziff. 1]. Gl. (14.4) legt dann als gewöhnliche Differentialgleichung das Charakteristikennetz ein für allemal, d. h. gemeinsam für alle Lösungen $u(x, y)$, $v(x, y)$, fest.

---

[1] Über den Ausnahmefall, in dem die linke Seite der Gl. (14.4) identisch verschwindet, vgl. F. Rellich: Math. Ann. **119** (1934).

Die Verträglichkeitsbedingung (14.5) wird von den Veränderlichen x, y unabhängig, wenn $h_1 = h_2 \equiv 0$ ist und die Koeffizienten a_{ik}, b_{ik} Funktionen von u und v allein sind [vgl. Spezialfall (b) in Ziff. 1]. Dann sind nach Gl. (14.4) auch die Richtungen $\dfrac{dy}{dx}$ Funktionen von u, v allein, Gl. (14.5) legt also als gewöhnliche Differentialgleichung die Bildkurven der Charakteristiken in der u, v-Ebene ein für allemal fest, während das Charakteristikennetz in der x, y-Ebene noch von der Lösung $u(x, y)$, $v(x, y)$ abhängt.

5. n-gliedrige Systeme

Die Untersuchungen lassen sich sinngemäß auf n-gliedrige quasilineare Systeme für n Funktionen $f^1, \ldots, f^n$ von x, y übertragen. So ergibt sich für das n-gliedrige System

$$L_1[f] \equiv \sum_{i=1}^{n} a_{1i} \frac{\partial f^i}{\partial x} + \sum_{i=1}^{n} b_{1i} \frac{\partial f^i}{\partial y} - h_1 = 0,$$

$$\cdots\cdots\cdots\cdots\cdots\cdots\cdots\cdots\cdots\cdots\cdots\cdots \qquad (14.6)$$

$$L_n[f] \equiv \sum_{i=1}^{n} a_{ni} \frac{\partial f^i}{\partial x} + \sum_{i=1}^{n} b_{ni} \frac{\partial f^i}{\partial y} - h_n = 0$$

die Richtungsbedingung

$$\mathrm{Det.} \, | \, a_{ik}\, dy - b_{ik}\, dx \, | = 0. \qquad (14.7)$$

Die Koeffizienten a_{ik}, b_{ik} und h_i sind Funktionen der $n + 2$ Variablen x, y, $f^1, \ldots, f^n$. Wir setzen wieder voraus, daß die linke Seite der Richtungsbedingung (14.7) nicht identisch verschwindet, und definieren den hyperbolischen Fall durch die Forderung, daß Gl. (14.7) genau n verschiedene reelle Richtungen liefert. Der in Frage stehende x, y-Bereich wird dann für die betrachtete Lösung $f^1, \ldots, f^n$ von n Scharen von Charakteristiken überdeckt. Längs jeder Charakteristik gilt eine zu Gl. (14.5) analoge Verträglichkeitsbedingung.

Wir wollen nun zunächst lediglich den Fall der zweigliedrigen Systeme (14.1) weiter erörtern. Auf den allgemeinen Fall der n-gliedrigen Systeme (14.6) werden wir in § 26 zurückkommen.

§ 15. Anfangswertproblem zweigliedriger Systeme (14. 1)

1. Formulierung des Anfangswertproblems

Gegeben sei in der x, y-Ebene eine mit Werten u, v belegte glatte Kurve k ohne Doppelpunkt durch die Parameterdarstellung $x(t)$, $y(t)$, $u(t)$, $v(t)$. Die vier Funktionen sollen stetig differenzierbar sein und es soll $\dot{x}^2 + \dot{y}^2 \neq 0$ gelten. Weitere Differenzierbarkeitsforderungen werden wir später hinzufügen (vgl. §§ 16, 17). Für die vorgegebenen

Werte x, y, u, v soll das Differentialgleichungssystem (14.1) hyperbolisch sein, und es soll in keinem Punkt der Kurve k die Tangentenrichtung mit einer der beiden charakteristischen Richtungen zusammenfallen; d. h. die gegebene Kurve k mit den Belegungen u, v erfüllt an keiner Stelle die Richtungsbedingung (14.4).

Gesucht wird für eine gewisse Umgebung der Kurve k eine stetig differenzierbare Lösung $u(x, y)$, $v(x, y)$ der Differentialgleichungen (14.1), welche auf k die vorgegebenen Werte annimmt.

Im folgenden werden wir zeigen, daß das gestellte Anfangswertproblem bei Hinzufügung gewisser weiterer Differenzierbarkeitsforderungen genau eine Lösung zuläßt. Dabei wird das Problem in ähnlicher Weise wie bei der einzelnen partiellen Differentialgleichung erster Ordnung (§§ 7, 8) auf die Integration eines äquivalenten „charakteristischen Systems" zurückgeführt. Dieses besteht jetzt allerdings nicht mehr aus gewöhnlichen, sondern selbst wieder aus partiellen Differentialgleichungen.

2. Zurückführung auf ein charakteristisches System

Wir nehmen an, die vorliegende Anfangswertaufgabe habe eine Lösung $u(x, y)$, $v(x, y)$. In einer gewissen Umgebung der Kurve k existieren dann zwei sich schneidende Scharen von Charakteristiken $\lambda =$ const, $\mu =$ const, die wir als Parameterlinien eines Koordinatensystems benützen können. Wir setzen also $\lambda = \lambda(x, y)$, $\mu = \mu(x, y)$ und erhalten wegen $\lambda_x \mu_y - \lambda_y \mu_x \neq 0$ die Auflösung $x = x(\lambda, \mu)$, $y = y(\lambda, \mu)$. In dem betrachteten Bereich soll die y-Achse zu keiner Tangente der Kurven $\lambda =$ const, $\mu =$ const parallel sein, also $x_\lambda \neq 0$ und $x_\mu \neq 0$ gelten.

Die Richtungsbedingung (14.4) liefert für die Tangentenrichtung der Charakteristiken $\lambda =$ const (1. Schar) und $\mu =$ const (2. Schar)

$$\left(\frac{dy}{dx}\right)_1 = \sigma(x, y, u, v), \qquad \left(\frac{dy}{dx}\right)_2 = \varrho(x, y, u, v), \qquad \sigma \neq \varrho,$$

also für $x(\lambda, \mu)$, $y(\lambda, \mu)$ die beiden partiellen Differentialgleichungen

$$x_\mu \sigma - y_\mu = 0, \qquad x_\lambda \varrho - y_\lambda = 0. \tag{15.1}$$

Durch Einsetzen einer jeden dieser beiden Gleichungen in die Verträglichkeitsbedingung (14.5) erhält man zwei weitere partielle Differentialgleichungen, nämlich etwa

$$\left.\begin{array}{l} \begin{vmatrix} \varrho\, a_{11} - b_{11} & h_1\, x_\lambda - a_{11}\, u_\lambda - a_{12}\, v_\lambda \\ \varrho\, a_{21} - b_{21} & h_2\, x_\lambda - a_{21}\, u_\lambda - a_{22}\, v_\lambda \end{vmatrix} = 0, \\[12pt] \begin{vmatrix} \sigma\, a_{11} - b_{11} & h_1\, x_\mu - a_{11}\, u_\mu - a_{12}\, v_\mu \\ \sigma\, a_{21} - b_{21} & h_2\, x_\mu - a_{21}\, u_\mu - a_{22}\, v_\mu \end{vmatrix} = 0. \end{array}\right\} \tag{15.2}$$

Die vier partiellen Differentialgleichungen (15.1), (15.2) bezeichnen wir als das charakteristische System für die vier gesuchten Funktionen $x(\lambda, \mu)$, $y(\lambda, \mu)$, $u(\lambda, \mu)$, $v(\lambda, \mu)$. Es hat die Form

$$\left.\begin{array}{l} \alpha_{11} x_\lambda + \alpha_{12} y_\lambda + \alpha_{13} u_\lambda + \alpha_{14} v_\lambda = 0, \\[4pt] \alpha_{21} x_\lambda + \alpha_{22} y_\lambda + \alpha_{23} u_\lambda + \alpha_{24} v_\lambda = 0, \\[4pt] \alpha_{31} x_\mu + \alpha_{32} y_\mu + \alpha_{33} u_\mu + \alpha_{34} v_\mu = 0, \\[4pt] \alpha_{41} x_\mu + \alpha_{42} y_\mu + \alpha_{43} u_\mu + \alpha_{44} v_\mu = 0, \end{array}\right\} \qquad (15.3)$$

ist also selbst ein quasilineares System im Sinne von § 14, jedoch ein spezielles, da jede seiner Gleichungen jeweils nur Ableitungen nach einer der beiden unabhängigen Veränderlichen λ bzw. μ enthält. Außerdem ist das charakteristische System homogen und die Koeffizienten α_{ik} hängen nur von den vier gesuchten Funktionen x, y, u, v, nicht aber von den beiden unabhängigen Veränderlichen λ, μ ab.

Die Determinante $|\alpha_{ik}|$ des charakteristischen Systems (15.1), (15.2) ist

$$\text{Det.}\ |\alpha_{ik}| = (\varrho - \sigma)^2 \begin{vmatrix} a_{11} & a_{12} \\ a_{21} & a_{22} \end{vmatrix} \cdot \begin{vmatrix} a_{11} & b_{11} \\ a_{21} & b_{21} \end{vmatrix}. \qquad (15.4)$$

Der erste Faktor verschwindet nicht ($\varrho \neq \sigma$), da das System (14.1) hyperbolisch sein soll. Der zweite Faktor ist ebenfalls von Null verschieden, weil die Richtungsbedingung (14.4) sonst entgegen der Voraussetzung eine zur y-Achse parallele Richtung liefern würde. Wenn der dritte Faktor verschwindet, ersetzt man die Verträglichkeitsbedingung (14.5) durch diejenige Verträglichkeitsbedingung, die mit der zweiten statt mit der ersten Spalte der Determinante der Gl. (14.4) gebildet ist. In Gl. (15.4) tritt dann als dritter Faktor die Determinante

$$\begin{vmatrix} a_{12} & b_{12} \\ a_{22} & b_{22} \end{vmatrix} \quad \text{an Stelle von} \quad \begin{vmatrix} a_{11} & b_{11} \\ a_{21} & b_{21} \end{vmatrix} \qquad (15.5)$$

auf. Wenn diese beiden Determinanten verschwinden, ist

$$\begin{aligned} \varrho\, a_{11} - b_{11} &= \varrho\, a_{21} - b_{21} = 0, \\ \sigma\, a_{12} - b_{12} &= \sigma\, a_{22} - b_{22} = 0, \\ \sigma\, a_{11} - b_{11} &\neq 0 \quad \text{oder} \quad \sigma\, a_{21} - b_{21} \neq 0, \\ \varrho\, a_{12} - b_{12} &\neq 0 \quad \text{oder} \quad \varrho\, a_{22} - b_{22} \neq 0. \end{aligned}$$

Man bildet dann das charakteristische System (15.3) mit den beiden Verträglichkeitsbedingungen

$$\begin{vmatrix} \sigma\, a_{11} - b_{11} & h_1 x_\mu - a_{11} u_\mu - a_{12} v_\mu \\ \sigma\, a_{21} - b_{21} & h_2 x_\mu - a_{21} u_\mu - a_{22} v_\mu \end{vmatrix} = 0,$$

$$\begin{vmatrix} \varrho\, a_{12} - b_{12} & h_1 x_\lambda - a_{11} u_\lambda - a_{12} v_\lambda \\ \varrho\, a_{22} - b_{22} & h_2 x_\lambda - a_{21} u_\lambda - a_{22} v_\lambda \end{vmatrix} = 0,$$

welche sich sofort auf

$$v_\mu \cdot \begin{vmatrix} \sigma\, a_{11} - b_{11} & a_{12} \\ \sigma\, a_{21} - b_{21} & a_{22} \end{vmatrix} + x_\mu \{\cdots\} = 0\,,$$

$$u_\lambda \cdot \begin{vmatrix} \varrho\, a_{12} - b_{12} & a_{11} \\ \varrho\, a_{22} - b_{22} & a_{21} \end{vmatrix} + x_\lambda \{\cdots\} = 0$$

reduzieren. An Stelle von Gl. (15.4) ergibt sich als Determinante des charakteristischen Systems

$$\text{Det.}\,|\alpha_{ik}| = (\varrho - \sigma) \begin{vmatrix} \sigma\, a_{11} - b_{11} & a_{12} \\ \sigma\, a_{21} - b_{21} & a_{22} \end{vmatrix} \cdot \begin{vmatrix} \varrho\, a_{12} - b_{12} & a_{11} \\ \varrho\, a_{22} - b_{22} & a_{21} \end{vmatrix}; \quad (15.6)$$

jede der beiden letzten Determinanten ist von Null verschieden, da sonst bei gleichzeitigem Verschwinden der Determinanten (15.5) die linke Seite der Gl. (14.4) entgegen der Voraussetzung des hyperbolischen Falls identisch Null würde. In jedem Falle kann man also die beiden Verträglichkeitsbedingungen so wählen, daß die Determinante des charakteristischen Systems (15.3) nicht verschwindet.

Die in dem charakteristischen System (15.3) enthaltenen Verträglichkeitsbedingungen sind Linearkombinationen der gegebenen quasilinearen Differentialgleichungen (14.1). Während aber in den Gln. (14.1) jeweils verschiedene Richtungsdifferentiationen für u und v auftreten, nämlich Differentiationen von u in Richtung der Vektoren $\mathfrak{s}_i = (a_{i1},\, b_{i1})$ und Differentiationen von v in Richtung der Vektoren $\mathfrak{t}_i = (a_{i2},\, b_{i2})$, enthalten die Verträglichkeitsbedingungen jeweils nur Differentiationen nach einer einzigen Richtung, nämlich nach einer der beiden charakteristischen Richtungen. Man kann dementsprechend die Charakteristikentheorie auch dadurch einführen, daß man nach Linearkombinationen der Gln. (14.1) fragt, für welche die Richtungen, nach denen u und v differenziert werden, zusammenfallen. Diese zusammenfallenden Richtungen werden dann als charakteristische Richtungen definiert. Wir werden in § 26 hiervon Gebrauch machen.

3. Äquivalenzsatz

Es soll jetzt das charakteristische System (15.1), (15.2) unabhängig von seiner Herleitung aus dem Differentialgleichungssystem (14.1) betrachtet und dem in Ziff. 1 formulierten Anfangswertproblem der Differentialgleichungen (14.1) (Anfangswertproblem I) folgendes Anfangswertproblem für das System (15.1), (15.2) (Anfangswertproblem II) gegenübergestellt werden:

Gegeben sei in der $\lambda,\, \mu$-Ebene eine mit Werten $x,\, y,\, u,\, v$ belegte Kurve γ. Gesucht wird in einer gewissen Umgebung von γ eine Lösung $x(\lambda,\, \mu),\, y(\lambda,\, \mu),\, u(\lambda,\, \mu),\, v(\lambda,\, \mu)$ des Systems (15.1), (15.2), welche auf γ

die vorgegebenen Werte x, y, u, v annimmt und gewisse später zu präzisierende Stetigkeits- und Differenzierbarkeitseigenschaften hat.

Die Anfangskurven k und γ samt ihren Wertebelegungen sollen bei den beiden Anfangswertproblemen I und II einander entsprechend vorgegeben werden. Außerdem können wir die Parameter λ, μ so normieren, daß längs der Kurve k die Beziehung $\lambda + \mu = 0$ gilt; die entsprechende Kurve γ in der λ, μ-Ebene ist dann eine unter 45° gegen die Koordinatenachsen geneigte Strecke.

Die beiden Probleme I und II sind in folgendem Sinne äquivalent:

a) Jede Lösung des Anfangswertproblems I liefert eine Lösung des Anfangswertproblems II.

b) Jede Lösung des Anfangswertproblems II liefert eine Lösung des Anfangswertproblems I.

Die Behauptung a) folgt unmittelbar aus Ziff. 2. Der Beweis der Behauptung b) ergibt sich folgendermaßen:

Es sei $x(\lambda, \mu)$, $y(\lambda, \mu)$, $u(\lambda, \mu)$, $v(\lambda, \mu)$ eine Lösung des Anfangswertproblems II. Aus den Gln. (15.1) folgt

$$x_\lambda y_\mu - x_\mu y_\lambda = (\sigma - \varrho) x_\lambda x_\mu \neq 0$$

unter Berücksichtigung von $\varrho \neq \sigma$, $x_\lambda \neq 0$, $x_\mu \neq 0$ (vgl. Ziff. 2). Infolgedessen lassen sich die Gleichungen $x = x(\lambda, \mu)$, $y = y(\lambda, \mu)$ nach λ und μ auflösen, und durch Einsetzen von $\lambda(x, y)$, $\mu(x, y)$ in die Lösungen u und v erhält man zwei Funktionen $u(x, y)$, $v(x, y)$. Diese Funktionen nehmen längs der Kurve k der x, y-Ebene die beim Anfangswertproblem I vorgeschriebenen Werte an. Es bleibt also lediglich noch zu zeigen, daß sie den Differentialgleichungen (14.1) genügen. Zu diesem Zweck betrachten wir (unter Beschränkung auf den Fall $a_{11} b_{21} - a_{21} b_{11} \neq 0$) die erste Gl. (15.2), nämlich

$$\begin{vmatrix} \varrho\, a_{11} - b_{11} & h_1 - a_{11}(u_x + u_y \varrho) - a_{12}(v_x + v_y \varrho) \\ \varrho\, a_{21} - b_{21} & h_2 - a_{21}(u_x + u_y \varrho) - a_{22}(v_x + v_y \varrho) \end{vmatrix} = 0$$

oder umgeformt

$$\begin{vmatrix} \varrho\, a_{11} - b_{11}, & h_1 - a_{11} u_x - b_{11} u_y - a_{12} v_x - b_{12} v_y - u_y(\varrho\, a_{11} - b_{11}) - v_y(\varrho\, a_{12} - b_{12}) \\ \varrho\, a_{21} - b_{21}, & h_2 - a_{21} u_x - b_{21} u_y - a_{22} v_x - b_{22} v_y - u_y(\varrho\, a_{21} - b_{21}) - v_y(\varrho\, a_{22} - b_{22}) \end{vmatrix} = 0.$$

Mit Rücksicht auf die Richtungsbedingung (14.4) hat man

$$c_1(\varrho\, a_{12} - b_{12}) + c_2(\varrho\, a_{11} - b_{11}) = 0, \quad c_1(\varrho\, a_{22} - b_{22}) + c_2(\varrho\, a_{21} - b_{21}) = 0$$

mit nicht gleichzeitig verschwindenden Faktoren c_1, c_2. Die vorhergehende Gleichung liefert also

$$\begin{vmatrix} \varrho\, a_{11} - b_{11} & h_1 - a_{11} u_x - b_{11} u_y - a_{12} v_x - b_{12} v_y \\ \varrho\, a_{21} - b_{21} & h_2 - a_{21} u_x - b_{21} u_y - a_{22} v_x - b_{22} v_y \end{vmatrix} = 0.$$

Ebenso ergibt sich aus der zweiten Gl. (15.2)

$$\begin{vmatrix} \sigma\,a_{11} - b_{11} & h_1 - a_{11}\,u_x - b_{11}\,u_y - a_{12}\,v_x - b_{12}\,v_y \\ \sigma\,a_{21} - b_{21} & h_2 - a_{21}\,u_x - b_{21}\,u_y - a_{22}\,v_x - b_{22}\,v_y \end{vmatrix} = 0.$$

Die beiden letzten Beziehungen sind lineare Gleichungen

$$(\varrho\,a_{11} - b_{11})\,H_2 - (\varrho\,a_{21} - b_{21})\,H_1 = 0,$$
$$(\sigma\,a_{11} - b_{11})\,H_2 - (\sigma\,a_{21} - b_{21})\,H_1 = 0$$

für die beiden Größen $H_i = h_i - a_{i1}\,u_x - b_{i1}\,u_y - a_{i2}\,v_x - b_{i2}\,v_y\,(i = 1, 2)$. Da die Koeffizientendeterminante

$$\begin{vmatrix} \varrho\,a_{11} - b_{11} & \varrho\,a_{21} - b_{21} \\ \sigma\,a_{11} - b_{11} & \sigma\,a_{21} - b_{21} \end{vmatrix} = (\sigma - \varrho) \cdot \begin{vmatrix} a_{11} & b_{11} \\ a_{21} & b_{21} \end{vmatrix}$$

nicht verschwindet, folgt $H_1 = H_2 = 0$. Das ist das Gleichungssystem (14.1).

4. Bestimmtheits-, Abhängigkeits- und Einflußbereiche

In den §§ 16, 17 wird gezeigt werden, daß das Anfangswertproblem II (vgl. Ziff. 3) des charakteristischen Systems (15.1), (15.2) in der Umgebung der Kurve γ der λ, μ-Ebene genau eine Lösung hat und daß die Geraden $\lambda = \mathrm{const}, \mu = \mathrm{const}$ ebenso wie bei der Wellengleichung (§ 2) Bestimmtheits-, Abhängigkeits- und Einflußbereiche in der λ, μ-Ebene begrenzen. Durch den Äquivalenzsatz übertragen sich diese Ergebnisse folgendermaßen auf das Anfangswertproblem I des Differentialgleichungssystems (14.1):

Die Anfangswertaufgabe (vgl. Ziff. 1) hat·in der Umgebung der Kurve k genau eine Lösung in dem von Charakteristiken $\lambda(x, y) = \mathrm{const}, \mu(x, y) = \mathrm{const}$ begrenzten Bestimmtheitsbereich $ACBD$ in der x, y-Ebene (Abb. 19). Auch Abhängigkeits- und Einflußbereiche lassen sich wie in § 2 definieren und werden von Charakteristiken begrenzt. Die Charakteristiken erweisen sich hierdurch wieder als Ausbreitungslinien von Unstetigkeiten.

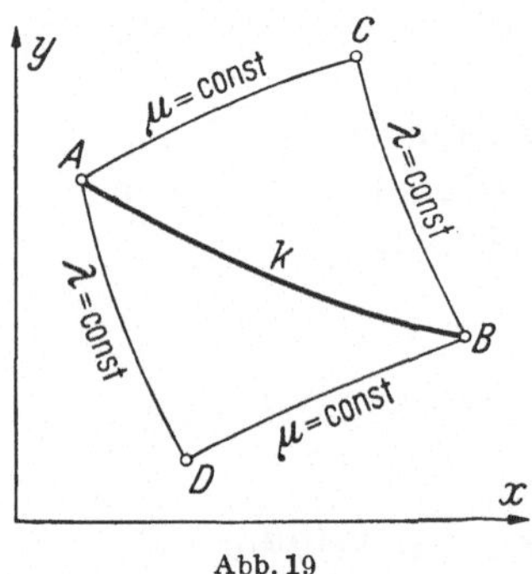

Abb. 19

Ähnlich wie in § 2, Ziff. 4, kann man der hier behandelten Anfangswertaufgabe der Differentialgleichungen (14.1) wieder charakteristische Anfangswertaufgaben gegenüberstellen. Es werden dann etwa die Funktionswerte u, v statt auf einer die Charakteristiken schneidenden Kurve k auf einer aus zwei Bögen einer Charakteristik $\lambda = \mathrm{const}$ und einer Charakteristik $\mu = \text{const}$ zusammengesetzten Anfangskurve ADB (Abb. 20) vorgegeben. Dabei müssen die Werte u, v natürlich so gewählt sein, daß sie neben der Richtungsbedingung (14.4) auch die Verträglichkeitsbedingung (14.5) $V_1 = 0$ (oder $V_2 = 0$) erfüllen. Als Bestimmtheitsbereich ergibt sich das durch die beiden vorgegebenen Seiten AD und DB festgelegte Charakteristikenviereck, sofern man in einer hinreichend kleinen Umgebung des Wertesystems x, y, u, v des Punktes D bleibt.

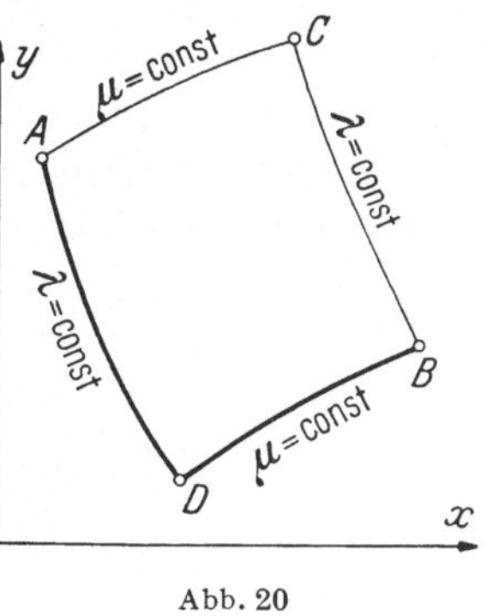

Abb. 20

§ 16. Integration zweigliedriger Systeme (14.1) mittels Differenzenverfahren

1. Präzisierung der Aufgabe

Wir wenden uns jetzt zur Lösung des Anfangswertproblems des charakteristischen Systems (15.3), von dem wir gezeigt haben, daß es mit dem Anfangswertproblem der quasilinearen Differentialgleichungen (14.1) äquivalent ist. Dabei betrachten wir statt der Gln. (15.3) das allgemeinere n-gliedrige charakteristische System

$$\left.\begin{array}{l} \alpha_{11} f_\lambda^1 \ \ \ + \cdots + \alpha_{1n} f_\lambda^n \ \ \ = 0, \\ \cdots\cdots\cdots\cdots\cdots\cdots\cdots\cdots\cdots \\ \alpha_{m1} f_\lambda^1 \ \ \ + \cdots + \alpha_{mn} f_\lambda^n \ \ \ = 0, \\ \alpha_{m+1,\,1} f_\mu^1 + \cdots + \alpha_{m+1,\,n} f_\mu^n = 0, \\ \cdots\cdots\cdots\cdots\cdots\cdots\cdots\cdots\cdots \\ \alpha_{n1} f_\mu^1 \ \ \ + \cdots + \alpha_{nn} f_\mu^n \ \ \ = 0, \end{array}\right\} \ \text{Det.}\,|\alpha_{ik}| \neq 0,\, 0 < m < n, \quad (16.1)$$

da uns solche allgemeinere Systeme in § 25 beim Studium der allgemeinen Differentialgleichung zweiter Ordnung begegnen werden. Die n gesuchten Funktionen $f^1(\lambda, \mu), \ldots, f^n(\lambda, \mu)$ kommen in m Gleichungen nur in Ableitungen nach λ und in den restlichen $n-m$ Gleichungen nur in Ableitungen nach μ vor. Die Koeffizienten α_{ik} sind Funktionen der gesuchten Größen $f^1, \ldots, f^n$, nicht aber der unabhängigen Veränderlichen λ, μ.

Wir lösen das charakteristische System (16.1) in diesem Paragraphen nach FRIEDRICHS und LEWY[1] mit einem Differenzenverfahren und anschließend in § 17 mit dem PICARDschen Iterationsverfahren. In § 18

---

[1] FRIEDRICHS, K., u. H. LEWY: Math. Ann. **99**, 200—221 (1928).

werden numerische und graphische Näherungslösungen erörtert, die sich unmittelbar aus dem Differenzenverfahren ergeben und insbesondere in der Gasdynamik viel verwendet werden.

Bei dem Differenzenverfahren stellen wir folgende Stetigkeits- und Differenzierbarkeitsforderungen: In dem in Frage stehenden $f^1, \ldots, f^n$-

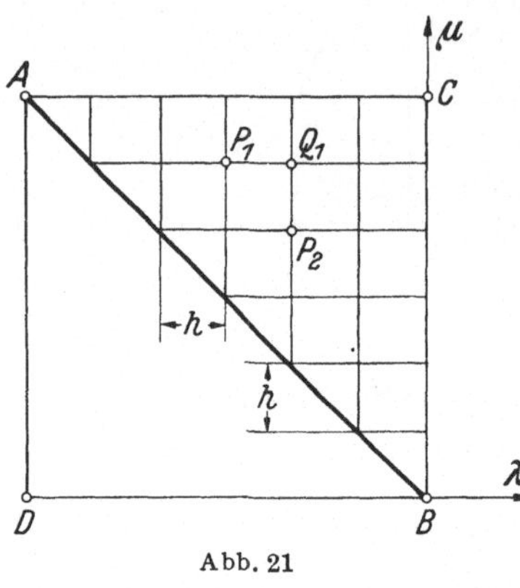

Abb. 21

Gebiet ($\mathfrak{G}$) sollen die α_{ik} mit ihren ersten bis dritten Ableitungen absolut beschränkt bleiben und der Betrag der Determinante der α_{ik} soll eine untere Schranke $\delta > 0$ haben. Die dem Gebiet ($\mathfrak{G}$) entnommenen Anfangswerte der $f^1, \ldots, f^n$ sollen Funktionen der Bogenlänge s der Anfangskurve sein mit ebenfalls beschränkten Ableitungsbeträgen bis zur dritten Ordnung. Als Anfangskurve kann wie in § 15 ohne Beschränkung der Allgemeinheit eine Strecke AB der Geraden $\lambda + \mu = 0$ genommen werden (Abb. 21). Unter diesen Voraussetzungen wird gezeigt werden, daß die Anfangswertaufgabe eindeutig bestimmte, zweimal stetig differenzierbare Funktionen $f^1(\lambda, \mu), \ldots, f^n(\lambda, \mu)$ als Lösung hat.

2. Existenzbeweis

Wir beschränken uns auf den Fall $n = 2$, d. h. auf die charakteristischen Systeme

$$\alpha_{11} f_\lambda + \alpha_{12} g_\lambda = 0, \qquad \alpha_{11} \alpha_{22} - \alpha_{12} \alpha_{21} \neq 0, \qquad (16.2)$$
$$\alpha_{21} f_\mu + \alpha_{22} g_\mu = 0,$$

und schreiben hierbei f, g an Stelle von f^1, f^2. Die Übertragung der Untersuchung von $n = 2$ auf beliebiges n bietet keine grundsätzlichen Schwierigkeiten.

Ähnlich wie in § 5 gehen wir von dem Differentialgleichungsproblem zu einem entsprechenden Differenzengleichungsproblem über und versuchen dann, durch einen Grenzübergang von der Lösung des Differenzengleichungsproblems zur Lösung des Differentialgleichungsproblems zu gelangen. Die Differentialgleichungen (16.2) werden ersetzt durch die Differenzengleichungen

$$\alpha_{11}(P_1)\,[f(Q_1) - f(P_1)] + \alpha_{12}(P_1)\,[g(Q_1) - g(P_1)] = 0,$$
$$\alpha_{21}(P_1)\,[f(Q_1) - f(P_2)] + \alpha_{22}(P_1)\,[g(Q_1) - g(P_2)] = 0. \qquad (16.3)$$

Sie beziehen sich auf die Eckpunkte eines Quadratgitters mit der Maschenweite h in dem Quadrat $ACBD$ über der vorgegebenen Diagonale AB (Abb. 21). Wir werden fortan immer nur von der einen Hälfte des Quadrats, d. h. dem Dreieck ABC, sprechen. Die Gln. (16.3) legen wegen Det. $|\alpha_{ik}| \neq 0$ bei bekannten Funktionswerten $f(P_1)$, $f(P_2)$, $g(P_1)$, $g(P_2)$ die Funktionswerte $f(Q_1)$, $g(Q_1)$ eindeutig fest. Wenn daher die Funktionswerte f, g in den Gitterpunkten der Diagonale AB vorgegeben sind, lassen sich der Reihe nach die Funktionswerte in allen Gitterpunkten des Dreiecks ABC eindeutig berechnen. Die Begriffe Bestimmtheits-, Abhängigkeits- und Einflußbereich von § 5, Ziff. 3, übertragen sich unmittelbar (vgl. Ziff. 5).

Ähnlich wie in § 5 sollen nun die Anfangswerte f, g in den Gitterpunkten auf AB den Funktionen f, g entnommen werden, die beim Differentialgleichungsproblem als Anfangsdaten auf AB vorgegeben sind. Da diese Anfangsdaten als dreimal beschränkt differenzierbare Funktionen der Bogenlänge vorausgesetzt werden, sind bei unserem Differenzenproblem die Anfangswerte f, g in den Gitterpunkten auf AB samt den ersten, zweiten und dritten Differenzenquotienten beschränkt, und zwar sind ihre Schranken unabhängig von der Maschenweite h.

In Ziff. 3 wird gezeigt werden, daß die Gitterfunktionen f, g mit ihren ersten, zweiten und dritten Differenzenquotienten nicht nur auf AB selbst sondern in einer gewissen Umgebung von AB endliche, von der Maschenweite h unabhängige Schranken besitzen. Man bleibt also in einer gewissen, von der Maschenweite h unabhängigen Umgebung von AB in dem zugelassenen f, g-Gebiet ($\mathfrak{G}$) und kann ähnlich wie in § 5, Ziff. 6, folgendermaßen weiter schließen:

Wir bezeichnen für ein bestimmtes h die Gitterfunktionen mit f_h und g_h und gehen mit $h \to 0$ zur Grenze über. Wegen der Beschränktheit der dritten Differenzenquotienten in ABC sind die zweiten Differenzenquotienten „gleichartig stetig" bezüglich h (vgl. § 5, Ziff. 6). Nach dem Häufungsstellenprinzip kann man daher aus den Funktionsfolgen f_h, g_h Teilfolgen so auswählen, daß die zweiten Differenzenquotienten für $h \to 0$ gegen stetige Grenzfunktionen konvergieren. Die mit h multiplizierten Summen der zweiten bzw. der ersten Differenzenquotienten, welche die ersten Differenzenquotienten bzw. die Funktionswerte f_h, g_h selbst liefern, konvergieren gleichmäßig gegen Integrale. Die stetigen Grenzfunktionen der ersten bzw. zweiten Differenzenquotienten von f_h, g_h sind daher die Differentialquotienten der Grenzfunktionen von f_h und g_h. Diese Grenzfunktionen genügen also den Differentialgleichungen (16.3), w. z. b. w.

3. Schranken der Gitterfunktionen und ihrer Differenzenquotienten

Es ist jetzt noch der Beweis für die in Ziff. 2 benützte Beschränktheit der Gitterfunktionen und ihrer ersten, zweiten und dritten Differenzenquotienten nachzutragen. Er läßt sich in folgende Schritte zerlegen:

a) Wenn die Gitterfunktionswerte f_h, g_h in den Gitterpunkten P_i, Q_i zweier benachbarter Diagonalen (Abb. 22) innerhalb des eben genannten Gebiets ($\mathfrak{G}$) liegen und für die Differenzenquotienten der P-Diagonale

$$\left|\frac{f(P_2) - f(P_1)}{h}\right|, \quad \left|\frac{f(P_3) - f(P_2)}{h}\right|, \quad \cdots < N$$

gilt, dann gilt für die Differenzenquotienten zwischen den beiden Diagonalen

$$\left|\frac{f(Q_1) - f(P_1)}{h}\right|, \quad \left|\frac{f(Q_1) - f(P_2)}{h}\right|, \quad \cdots < p\,N,$$

wobei p ebenso wie N von der Maschenweite h unabhängige positive Zahlen bedeuten.

B e w e i s : Wir formen die Gln. (16.3) um in

$$\alpha_{11}(P_1)\,(f(Q_1) - f(P_1)) + \alpha_{12}(P_1)\,(g(Q_1) - g(P_1)) = 0,$$
$$\alpha_{21}(P_1)\,(f(Q_1) - f(P_1)) + \alpha_{22}(P_1)\,(g(Q_1) - g(P_1))$$
$$= \alpha_{21}(P_1)\,(f(P_2) - f(P_1)) + \alpha_{22}(P_1)\,(g(P_2) - g(P_1)).$$

Daraus kann man die Differenzen $f(Q_1) - f(P_1)$, $g(Q_1) - g(P_1)$ als Funktionen der $\alpha_{ik}(P_1)$ und der Differenzen $f(P_2) - f(P_1)$, $g(P_2) - g(P_1)$ berechnen, woraus sofort die Behauptung folgt, da der Betrag der Determinante der α_{ik} größer ist als eine von h unabhängige positive Zahl δ.

b) Wenn die Linearkombinationen

$$\alpha_{11}(Q_1)\,\frac{f(R_1) - f(R_2)}{h} + \alpha_{12}(Q_1)\,\frac{g(R_1) - g(R_2)}{h},$$
$$\alpha_{21}(Q_1)\,\frac{f(R_1) - f(R_2)}{h} + \alpha_{22}(Q_1)\,\frac{g(R_1) - g(R_2)}{h}$$

absolut unter einer von h unabhängigen Schranke M liegen, so liegen die einzelnen Differenzenquotienten

$$\frac{f(R_1) - f(R_2)}{h} \quad \text{und} \quad \frac{g(R_1) - g(R_2)}{h}$$

absolut ebenfalls unter einer von h unabhängigen Schranke $q\,M$.

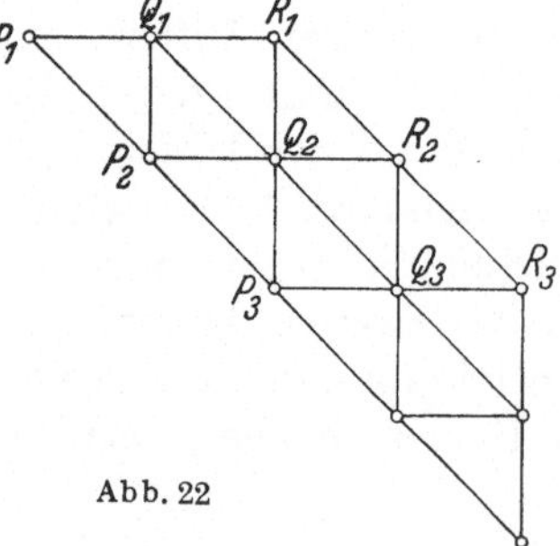

Abb. 22

B e w e i s : Man berechnet die Werte der beiden Differenzenquotienten aus den Werten der Linearkombinationen und kommt dadurch sofort zu der Behauptung.

c) Die Beschränktheit der in Absatz b) angegebenen Linearkombinationen läßt sich schrittweise nachweisen, indem man, beginnend mit der Diagonale AB, jeweils zu benachbarten parallelen Diagonalen fortschreitet:

Wir bilden die erste Gl. (16.3) für die beiden Punkte R_1 und R_2, d.h.

$$\alpha_{11}(Q_1)\,(f(R_1) - f(Q_1)) + \alpha_{12}(Q_1)\,(g(R_1) - g(Q_1)) = 0,$$
$$\alpha_{11}(Q_2)\,(f(R_2) - f(Q_2)) + \alpha_{12}(Q_2)\,(g(R_2) - g(Q_2)) = 0$$

und erhalten durch Subtraktion

$$\begin{aligned}
&\alpha_{11}(Q_1)\,[f(R_1) - f(Q_1) - f(R_2) + f(Q_2)] + \\
&+ (\alpha_{11}(Q_1) - \alpha_{11}(Q_2))\,[f(R_2) - f(Q_2)] + \\
&+ \alpha_{12}(Q_1)\,[g(R_1) - g(Q_1) - g(R_2) + g(Q_2)] + \\
&+ (\alpha_{12}(Q_1) - \alpha_{12}(Q_2))\,[g(R_2) - g(Q_2)] = 0
\end{aligned} \qquad (16.4)$$

oder umgeformt

$$\alpha_{11}(Q_1)\,\frac{f(R_1) - f(R_2)}{h} - \alpha_{11}(P_1)\,\frac{f(Q_1) - f(Q_2)}{h} - \qquad (16.5)$$

$$- h\left\{ \frac{\alpha_{11}(Q_1) - \alpha_{11}(P_1)}{h} \cdot \frac{f(Q_1) - f(Q_2)}{h} + \frac{\alpha_{11}(Q_1) - \alpha_{11}(Q_2)}{h} \cdot \frac{f(R_2) - f(Q_2)}{h} \right\}$$

$$+ \alpha_{12}(Q_1)\,\frac{g(R_1) - g(R_2)}{h} - \alpha_{12}(P_1)\,\frac{g(Q_1) - g(Q_2)}{h} -$$

$$- h\left\{ \frac{\alpha_{12}(Q_1) - \alpha_{12}(P_1)}{h} \cdot \frac{g(Q_1) - g(Q_2)}{h} + \frac{\alpha_{12}(Q_1) - \alpha_{12}(Q_2)}{h} \cdot \frac{g(R_2) - g(Q_2)}{h} \right\} = 0.$$

Aus Gl. (16.5) und einer analogen zweiten Gleichung, die sich aus der zweiten Gl. (16.3) ergibt, lassen sich die in Absatz b) eingeführten Linearkombinationen der Differenzenquotienten zwischen R_1 und R_2 berechnen. Wie man sieht, sind sie gleich den entstehenden Linearkombinationen der Differenzenquotienten zwischen Q_1 und Q_2 bis auf Glieder „höherer Ordnung", welche h als Faktor enthalten.

Sei nun M_Q Schranke für die Linearkombinationen der Q-Reihe, so ist $q M_Q$ Schranke für die Differenzenquotienten

$$\left| \frac{f(Q_1) - f(Q_2)}{h} \right|, \qquad \left| \frac{g(Q_1) - g(Q_2)}{h} \right|$$

nach Absatz b) und $p q M_Q$ Schranke für die Differenzenquotienten

$$\left| \frac{f(R_2) - f(Q_2)}{h} \right|, \qquad \left| \frac{g(R_2) - g(Q_2)}{h} \right|$$

nach Absatz a). Außerdem ist nach dem Mittelwertsatz der Differentialrechnung

$$\left| \frac{\alpha_{11}(Q_1) - \alpha_{11}(P_1)}{h} \right|$$

$$= \left| \left(\frac{\partial \alpha_{11}}{\partial f} \right) \frac{f(Q_1) - f(P_1)}{h} + \left(\frac{\partial \alpha_{11}}{\partial g} \right) \frac{g(Q_1) - g(P_1)}{h} \right| < k M_Q,$$

wobei die Ableitungen von α_{11} für $f = f(P_1) + \vartheta\,(f(Q_1) - f(P_1))$, $g = g(P_1) + \vartheta\,(g(Q_1) - g(P_1))$ mit $0 < \vartheta < 1$ zu nehmen sind. Gl. (16.5) liefert somit als Schranke für die Linearkombinationen der R-Reihe

$$M_R = M_Q + h\,c\,M_Q^2 \qquad (16.6)$$

mit einer von h unabhängigen Konstanten c. Wegen der Beschränktheit der ersten Differenzenquotienten der Anfangswerte auf AB bleiben die in Absatz b) eingeführten Linearkombinationen auf der AB benachbarten Diagonale ebenfalls beschränkt. Die Lösungen der als Differenzengleichung

$$\frac{M_R - M_Q}{h} = c\,M_Q^2$$

umgeschriebenen Gl. (16.6) werden für jede Maschenweite h majorisiert durch die Lösung der Differentialgleichung

$$\frac{dM}{dt} = c\,M^2\,.$$

Aus der Beschränktheit der Linearkombinationen auf der ersten auf AB folgenden Diagonale folgt daher die Beschränktheit der Linearkombinationen in dem ganzen Gitter, solange die Werte der Gitterfunktionen in dem eingangs genannten Gebiet ($\mathfrak{G}$) bleiben. Nach Absatz b) sind dann aber zugleich mit den Linearkombinationen auch die Differenzenquotienten und die Gitterfunktionen selbst beschränkt.

d) Im vorangehenden war für eine Umgebung von AB die Beschränktheit der ersten Differenzenquotienten aus deren Beschränktheit auf AB hergeleitet worden. In ähnlicher Weise kann man die Beschränktheit auch der zweiten und dritten Differenzenquotienten der Gitterfunktionen nachweisen. Dabei geht man etwa so vor, daß man auf die Gl. (16.5) dasselbe Verfahren anwendet, das wir benützt hatten, um Gl. (16.5) aus der ersten Gl. (16.3) zu erhalten.

4. Eindeutigkeitsbeweis

In Ziff. 2 und 3 wurde bewiesen, daß das in Ziff. 1 formulierte Anfangswertproblem der Differentialgleichungen (16.2) in einer gewissen Umgebung von AB in dem Dreieck ABC zweimal stetig differenzierbare Funktionen $f(\lambda, \mu)$, $g(\lambda, \mu)$ als Lösung besitzt. Jetzt zeigen wir weiter, daß diese Lösung in der betreffenden Umgebung von AB die einzige zweimal stetig differenzierbare Lösung ist. In Ziff. 2 konvergieren daher nicht nur Teilfolgen, sondern die Folgen f_h, g_h selbst gegen eindeutig bestimmte Grenzfunktionen. Wir führen den Beweis in folgenden Schritten:

a) Wir differenzieren die Differentialgleichungen (16.2) nach der zu AB parallelen Richtung, d. h. wir bilden $\dfrac{\partial}{\partial \lambda}\,(\cdots) - \dfrac{\partial}{\partial \mu}\,(\cdots)$ und ersetzen die Differentialquotienten wieder durch Differenzenquotienten. Für f, g setzen wir irgendeine zweimal stetig differenzierbare Lösung des Anfangswertproblems der Differentialgleichungen (16.2) ein. Der

Fehler ε_h, der durch den Ersatz der Differentialquotienten durch Differenzenquotienten entsteht, konvergiert in dem Gebiet ($\mathfrak{G}$) gleichmäßig mit h gegen Null.

b) Die in a) hergestellten Differenzengleichungen für die vorgegebene Lösung f, g der Differentialgleichungen (16.2) werden subtrahiert von der aus der ersten Gl. (16.3) abgeleiteten Gl. (16.4) für die Lösung $\bar{f}$, $\bar{g}$ der Differenzengleichungen (16.3) bzw. von der aus der zweiten Gl. (16.3) abgeleiteten analogen Gleichung. Die durch diese Subtraktion entstandenen Gleichungen werden dann analog umgeformt, wie wir früher Gl. (16.4) in Gl. (16.5) umgeformt hatten. Dadurch ergeben sich für die Differenzen $f - \bar{f}$, $g - \bar{g}$ Gleichungen von ähnlichem Typus wie Gl. (16.5).

c) Für die in Ziff. 3, Abs. b), eingeführten Linearkombinationen, jetzt aber nicht mit f, g, sondern mit den Differenzen $f - \bar{f}$, $g - \bar{g}$ gebildet, ergibt sich analog zu Gl. (16.6) die Beziehung

$$M_R = M_Q + p\,h\,M_Q + q\,h^2 + r\,h\,\varepsilon_h, \qquad (16.7)$$

wobei die Konstanten p, q, r wieder von h unabhängig sind und $\varepsilon_h \to 0$ geht für $h \to 0$.

Die Lösungen der als Differenzengleichung

$$\frac{M_R - M_Q}{h} = p\,M_Q + q\,h + r\,\varepsilon_h$$

umgeschriebenen Gl. (16.7) werden majorisiert durch die Lösung der Differentialgleichung

$$\frac{dM}{dt} = p\,M + q\,h + r\,\varepsilon_h.$$

Da nun f, g und $\bar{f}$, $\bar{g}$ auf AB dieselben Anfangswerte haben, verschwinden die Linearkombinationen am Anfang und es bleibt daher M im ganzen Bereich von der Größenordnung h. Für $h \to 0$ gehen also die Gitterfunktionen $\bar{f}$, $\bar{g}$ in die vorgegebene Lösung über, womit die Eindeutigkeit der Lösung bewiesen ist.

5. Bestimmtheits-, Abhängigkeits- und Einflußbereiche

Durch die vorangehenden Untersuchungen hat sich ergeben, daß die Charakteristiken $\lambda = $ const, $\mu = $ const ebenso wie die Charakteristiken der Wellengleichung (vgl. § 5, Ziff. 3) die Bestimmtheits-, Abhängigkeits- und Einflußbereiche begrenzen. Die in Ziff. 2 (Abb. 21) benützte Gitterkonstruktion liefert, da sie von vornherein im Kurvennetz der Charakteristiken verläuft, stets die richtigen Bestimmtheits-, Abhängigkeits- und Einflußbereiche, und das Ergebnis der Gitterkonstruktion konvergiert mit $h \to 0$ gegen die Lösung der Differentialgleichungen.

Ganz anders verhält es sich mit der in § 14, Ziff. 3, erwähnten Gitterkonstruktion. Dort traten an Stelle der Charakteristiken die beiden Geradenscharen $x = $ const, $y = $ const und es ergaben sich daher nicht die richtigen Bestimmtheits-, Abhängigkeits- und Einflußbereiche. Wenn die Abhängigkeitsbereiche der Gitterkonstruktion kleiner sind als die richtigen Abhängigkeitsbereiche, können die Ergebnisse der Gitterkonstruktion offenbar nicht gegen die Lösung der Differentialgleichungen konvergieren. In § 5, Ziff. 5, hatten wir diese Zusammenhänge am Beispiel der Wellengleichung ausführlich erörtert.

§ 17. Integration zweigliedriger Systeme (14.1) durch Iteration

1. Zurückführung des charakteristischen Systems auf ein System von Differentialgleichungen zweiter Ordnung

In § 16 hatten wir das Anfangswertproblem der charakteristischen Systeme (16.1) durch ein Differenzenverfahren gelöst. Wir behandeln jetzt die Lösung desselben Problems, wiederum nach R. Courant, mit Hilfe des Picardschen Iterationsverfahrens und kommen dabei mit folgenden schwächeren Differenzierbarkeitsvoraussetzungen aus: Die Koeffizienten α_{ik} brauchen lediglich stetige zweite Ableitungen zu besitzen und die Anfangswerte der gesuchten Lösung f^i auf der Strecke AB der Geraden $\lambda + \mu = 0$ werden als stetig differenzierbare Funktionen der Bogenlänge vorgegeben. Von den Funktionen $f^i(\lambda, \mu)$ der Lösung wird sich dann herausstellen, daß sie stetige erste und stetige gemischte zweite Ableitungen haben. Die Anfangsbedingungen sind demnach „fortsetzbar"[1], d. h. die Stetigkeits- und Differenzierbarkeitsvoraussetzungen gelten nicht nur auf AB sondern auch auf den zu AB parallelen Geraden $\lambda + \mu = $ const. Die in § 16 gestellten stärkeren Bedingungen waren nicht fortsetzbar.

Ehe wir eine Iterationsvorschrift formulieren, formen wir das charakteristische System (16.1) folgendermaßen um: Wir differenzieren die ersten m Gleichungen, welche Ableitungen nach λ enthalten, nach μ und die restlichen $n - m$ Gleichungen, welche Ableitungen nach μ enthalten, nach λ. Da die Determinante $|\alpha_{ik}|$ nicht verschwindet, lassen sich die neu gewonnenen n Gleichungen nach den zweiten Ableitungen auflösen und man erhält ein n-gliedriges System zweiter Ordnung

$$f^i_{\lambda\mu} = h_i(f^1, \ldots, f^n, f^1_\lambda, \ldots, f^n_\lambda, f^1_\mu, \ldots, f^n_\mu) \qquad (17.1)$$

mit $i = 1, 2, \ldots, n$. Die rechten Seiten h_i sind stetig differenzierbare Funktionen der $f^1, \ldots, f^n$ und ihrer ersten Ableitungen.

---

[1] Über fortsetzbare Anfangsbedingungen vgl. Friedrichs, K., u. H. Lewy: Nachr. Ges. Wiss. Göttingen, Math.-phys. Klasse Nr. 26, 135—143 (1932).

Auf der Strecke AB sind die Anfangswerte der f^i als stetig differenzierbare Funktionen der Bogenlänge $s = \pm \lambda \sqrt{2} = \mp \mu \sqrt{2}$ vorgegeben. Da auf AB die Beziehungen

$$\frac{df^i}{ds} = \frac{1}{\sqrt{2}} (f^i_\lambda - f^i_\mu), \quad \text{also} \quad f^i_\mu = f^i_\lambda - \sqrt{2}\, \frac{df^i}{ds}$$

gelten, kann man aus den Gln. (16.1) auch die Ableitungen f^i_λ und ebenso f^i_μ berechnen; sie ergeben sich als stetig differenzierbare Funktionen der Bogenlänge. Jede Lösung des Anfangswertproblems des Systems (16.1), bei dem auf AB die f^i als stetig differenzierbare Funktionen der Bogenlänge vorgegeben sind, ist demnach auch eine Lösung des Anfangswertproblems des Systems (17.1), bei dem auf AB die Anfangswerte f^i und die Ableitungen f^i_λ, f^i_μ als stetig differenzierbare Funktionen der Bogenlänge vorgegeben sind. Auch umgekehrt ist jede Lösung des eben genannten Anfangswertproblems des Systems (17.1) eine Lösung des Anfangswertproblems des Systems (16.1). Dies sieht man folgendermaßen ein: Auf AB erfüllen die Anfangsdaten f^i_λ, f^i_μ die Gln. (16.1), die wir für einen Augenblick mit $L_i = 0$ ($i = 1, 2, \ldots, n$) bezeichnen wollen. Das System (17.1) ist in der Umgebung von AB äquivalent mit

$$\frac{\partial L_1}{\partial \mu} = \cdots = \frac{\partial L_m}{\partial \mu} = \frac{\partial L_{m+1}}{\partial \lambda} = \cdots = \frac{\partial L_n}{\partial \lambda} = 0,$$

also ist in der betrachteten Umgebung $L_i = 0$, d. h. das System (16.1) ist erfüllt.

Nachdem die Äquivalenz der Anfangswertprobleme der Systeme (16.1) und (17.1) erkannt ist, beschäftigen wir uns weiterhin nur noch mit dem System (17.1).

2. Iterationsverfahren für eine Differentialgleichung zweiter Ordnung

Zunächst betrachten wir ein eingliedriges System (17.1), nämlich eine einzelne Differentialgleichung zweiter Ordnung

$$f_{\lambda\mu} = h(\lambda, \ \mu, \ f, \ f_\lambda, \ f_\mu). \tag{17.2}$$

Wir haben hierbei das Problem etwas verallgemeinert, indem wir die rechte Seite h auch von λ, μ abhängen lassen; die Funktion h soll bezüglich ihrer sämtlichen Argumente stetige erste Ableitungen besitzen. Auf der Anfangskurve (Strecke AB der Kurve $\lambda + \mu = 0$) geben wir die Anfangsdaten $f = \bar{f}(\lambda)$, $f_\lambda = p = \bar{p}(\lambda)$, $f_\mu = q = q(\lambda)$ als stetig differenzierbare Funktionen von λ vor. Sie müssen die Streifenrelation $\bar{f}'(\lambda) = \bar{p}(\lambda) - \bar{q}(\lambda)$ erfüllen.

Dieses Anfangswertproblem kann ohne Beschränkung der Allgemeinheit auf das spezielle Anfangswertproblem mit verschwindenden Anfangsdaten $\bar{f}(\lambda) = \bar{p}(\lambda) = \bar{q}(\lambda) = 0$ reduziert werden, so daß wir uns weiterhin nur mit diesem speziellen Problem zu befassen brauchen. Die Reduktion geschieht folgendermaßen:

Wir definieren mittels

$$g(\lambda, \mu) = \bar{f}(\lambda) + (\lambda + \mu)\,\bar{q}(\lambda)$$

eine Funktion mit stetigen Ableitungen $g_\lambda, g_\mu, g_{\lambda\mu}$; auf der Anfangskurve $\lambda + \mu = 0$ stimmen g, g_λ, g_μ mit den Funktionen $\bar{f}, \bar{p}, \bar{q}$ überein. Die Funktion $f^* = f - g$ genügt sodann der Differentialgleichung

$$f^*_{\lambda\mu} = f_{\lambda\mu} - g_{\lambda\mu} = h(\lambda, \mu, f^* + g, f^*_\lambda + g_\lambda, f^*_\mu + g_\mu) - g_{\lambda\mu}$$
$$= h^*(\lambda, \mu, f^*, f^*_\lambda, f^*_\mu)$$

mit den Anfangsbedingungen $f^* = f^*_\lambda = f^*_\mu = 0$ des speziellen Anfangswertproblems.

Wenn die rechte Seite h der Differentialgleichung (17.2) nur von λ, μ abhängt, läßt sich die Lösung des (speziellen) Anfangswertproblems sofort angeben (Abb. 23): Es sei $P(\lambda', \mu')$ ein Punkt der λ, μ-Ebene, für den die beiden Charakteristiken $\mu = \mu'$ und $\lambda = \lambda'$ aus der Ausgangskurve $\lambda + \mu = 0$ die Strecke AB ausschneiden.

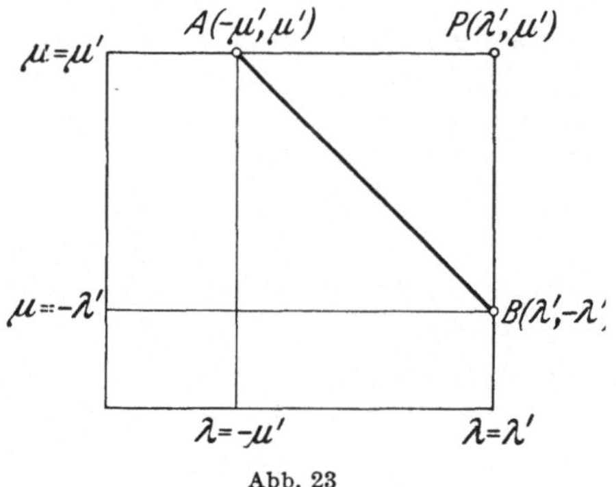

Abb. 23

Dann ist

$$f(\lambda', \mu') = \int\!\!\int_\triangleleft h(\lambda, \mu)\, d\lambda\, d\mu = \int_{-\mu'}^{\lambda'} d\lambda \int_{-\lambda}^{\mu'} h(\lambda, \mu)\, d\mu$$
$$= \int_{-\lambda'}^{\mu'} d\mu \int_{-\mu}^{\lambda'} h(\lambda, \mu)\, d\lambda \tag{17.3}$$

Lösung des Anfangswertproblems. Das Doppelintegral ist über das Dreieck ABP erstreckt. In der Tat ergibt sich aus Gl. (17.3)

$$f_{\lambda'} = \int_{-\lambda'}^{\mu'} h(\lambda', \mu)\, d\mu, \quad f_{\mu'} = \int_{-\mu'}^{\lambda'} h(\lambda, \mu')\, d\lambda, \quad f_{\lambda'\mu'} = h(\lambda', \mu')$$

und $f = f_{\lambda'} = f_{\mu'} = 0$, wenn der Punkt P auf der Ausgangskurve liegt, wenn also $\lambda' + \mu' = 0$ wird.

Wenn die rechte Seite h der Differentialgleichung (17.2) auch von f, f_λ, f_μ abhängt, bilden wir die PICARDsche Iterationsfolge:

$$
\left.
\begin{aligned}
f_1 &\equiv 0, \qquad p_1 \equiv 0, \qquad q_1 \equiv 0, \\[2mm]
f_2(\lambda', \mu') &= \iint h(\lambda, \mu, f_1, p_1, q_1)\, d\lambda\, d\mu, \\[2mm]
p_2(\lambda', \mu') &= \int_{-\lambda'}^{\mu'} h(\lambda', \mu, f_1, p_1, q_1)\, d\mu, \\[2mm]
q_2(\lambda', \mu') &= \int_{-\mu'}^{\lambda'} h(\lambda, \mu', f_1, p_1, q_1)\, d\lambda, \\[2mm]
&\cdots\cdots\cdots\cdots\cdots\cdots\cdots\cdots\cdots \\[2mm]
f_{n+1}(\lambda', \mu') &= \iint h(\lambda, u, f_n, p_n, q_n)\, d\lambda\, d\mu, \\[2mm]
p_{n+1}(\lambda', \mu') &= \int_{-\lambda'}^{\mu'} h(\lambda', \mu, f_n, p_n, q_n)\, d\mu, \\[2mm]
q_{n+1}(\lambda', \mu') &= \int_{-\mu'}^{\lambda'} h(\lambda, \mu', f_n, p_n, q_n)\, d\lambda.
\end{aligned}
\right\} \qquad (17.4)
$$

Ebenso wie in Gl. (17.3) genügen alle Funktionen der Folge den Beziehungen $\dfrac{\partial f_n}{\partial \lambda'} = p_n$, $\dfrac{\partial f_n}{\partial \mu'} = q_n$ und verschwinden, wenn P auf der Ausgangskurve liegt.

Weiter kann man zeigen, daß die Funktionen f_n, p_n, q_n mit $n \to \infty$ gegen stetige Grenzfunktionen $f(\lambda', \mu')$, $p(\lambda', \mu')$, $q(\lambda', \mu')$ konvergieren, daß die Grenzfunktion $f(\lambda', \mu')$ stetige Ableitungen $f_{\lambda'} = p$, $f_{\mu'} = q$, $f_{\lambda'\mu'} = h$ besitzt und die einzige Lösung des Anfangswertproblems ist. Die Beweise verlaufen im wesentlichen ebenso wie bei den gewöhnlichen Differentialgleichungen. Wir verzichten darauf, sie im einzelnen zu wiederholen.

Die Lösung des Anfangswertproblems durch die Iterationsfolge (17.4) führt von neuem zu den aus § 16, Ziff. 4, bekannten Aussagen über Bestimmtheits-, Abhängigkeits- und Einflußbereiche.

3. Iterationsverfahren für das n-gliedrige System zweiter Ordnung (17.1)

Das in Ziff. 2 auseinandergesetzte Iterationsverfahren für eine einzelne Differentialgleichung zweiter Ordnung läßt sich unmittelbar auf die n-gliedrigen Systeme zweiter Ordnung (17.1) übertragen sowie auf die allgemeineren Systeme, bei denen die rechten Seiten h_i auch die

λ, μ explizit enthalten. Längs der Anfangskurve sind jetzt alle n Funktionen f^i ($i = 1, 2, \ldots, n$) samt ihren ersten Ableitungen f^i_λ und f^i_μ als stetige Funktionen von λ, μ vorgegeben, wobei die Streifenbedingungen erfüllt werden müssen. Man erhält dann wieder eindeutig bestimmte Grenzfunktionen f^i der Iterationsfolge, welche stetige Ableitungen f^i_λ, f^i_μ, $f^i_{\lambda\mu}$ besitzen und die Differentialgleichungen (17.1) und die Anfangsbedingungen erfüllen.

Das Iterationsverfahren läßt sich sinngemäß auch bei dem charakteristischen Anfangswertproblem anwenden, bei dem die Anfangskurve aus einer Strecke $\lambda = $ const und einer Strecke $\mu = $ const zusammengesetzt ist (vgl. Abb. 20).

§ 18. Massausche Gitterkonstruktion

1. Beschreibung der Gitterkonstruktion

Die in §16, Ziff. 2, zum Existenzbeweis benützte Gitterkonstruktion ist auch für die praktische Rechnung zur graphisch-numerischen Ermittlung von Lösungen von Systemen quasilinearer Differentialgleichungen geeignet und wird hierfür insbesondere in der Gasdynamik (vgl. §§ 22, 23) viel verwandt[1]. Auf die praktische Bedeutung dieser Gitterkonstruktionen hat wohl erstmals J. MASSAU[2] hingewiesen, weshalb wir sie hier nach ihm benennen wollen. Da die Gitterkonstruktion nach § 16, Ziff. 2, mit $h \to 0$ gegen die Lösung der Differentialgleichungen konvergiert, ist von vornherein gesichert, daß sie bei hinreichend kleinem h Näherungen dieser Lösungen liefert, was bei anderen Gitterkonstruktionen (vgl. § 16, Ziff. 5) keineswegs feststeht.

Wir erläutern nun die praktische Durchführung der MASSAUschen Gitterkonstruktion an den beiden Differentialgleichungen (14.1):

Die Richtungsbedingungen und Verträglichkeitsbedingungen längs der zu ermittelnden Charakteristiken $\lambda = $ const (Index 1) und $\mu = $ const (Index 2) lauten

$$\left(\frac{dy}{dx}\right)_1 = \sigma, \qquad \left(\frac{dy}{dx}\right)_2 = \varrho,$$

$$A_1\left(\frac{du}{dx}\right)_1 + B_1\left(\frac{dv}{dx}\right)_1 = C_1, \qquad A_2\left(\frac{du}{dx}\right)_2 + B_2\left(\frac{dv}{dx}\right)_2 = C_2, \tag{18.1}$$

wobei σ, ϱ und die A_i, B_i, C_i Funktionen von x, y, u, v sind. Das System (18.1) unterscheidet sich von dem charakteristischen System

---

[1] Vgl. hierzu die Diss. von AUFSCHLÄGER, R.: Sitzungsber. der Bayer. Akad. der Wiss., math.-naturw. Klasse, S. 87—112 (1956), sowie die Diss. von BAUHUBER, F.: ebenda, S. 23—43 (1955).

[2] MASSAU, J.: Mém. sur l'intégration graphique des équations aux dérivées partielles. Gent 1899. — Vgl. auch Enzyklop. der math. Wiss. II 3, 1, S. 162.

(15.3) nur dadurch, daß sowohl längs der Kurven $\lambda = \mathrm{const}$ als auch längs der Kurven $\mu = \mathrm{const}$ die Koordinate x (an Stelle von μ bzw. λ) als unabhängige Veränderliche benützt wird. Das x, y-Koordinatensystem ist so gedreht, daß in dem in Frage stehenden Bereich keine zur y-Achse parallelen charakteristischen Richtungen auftreten.

Die Gitterkonstruktion wird wie in § 16 punktweise durchgeführt, jedoch gehen wir nicht wie in Abb. 21 von der λ, μ-Ebene aus, sondern wenden uns sogleich zum Gitter in der x, y-Ebene (Abb. 24). Statt also zu den in Abb. 21 von vornherein vorgegebenen Gitterpunkten der λ, μ-Ebene jeweils vier Funktionswerte x, y, u, v zu ermitteln, haben wir hier in der x, y-Ebene einerseits die Gitterpunkte (Koordinaten x, y) und andererseits die Funktionswerte u, v in diesen Gitterpunkten zu bestimmen. Als Anfangsdaten sind dementsprechend die Gitterpunkte eines Streckenzugs AB samt den u, v-Werten vorgegeben. Wenn die Konstruktion, ausgehend von diesen Anfangsdaten, bis zur Reihe $P_1, P_2, \ldots$ von Gitterpunkten fortgeschritten ist, erhält man aus den x, y, u, v der Punkte P_i zunächst die Lage der Punkte Q_i der nächsten Reihe aus den Differenzengleichungen der Richtungsbedingungen

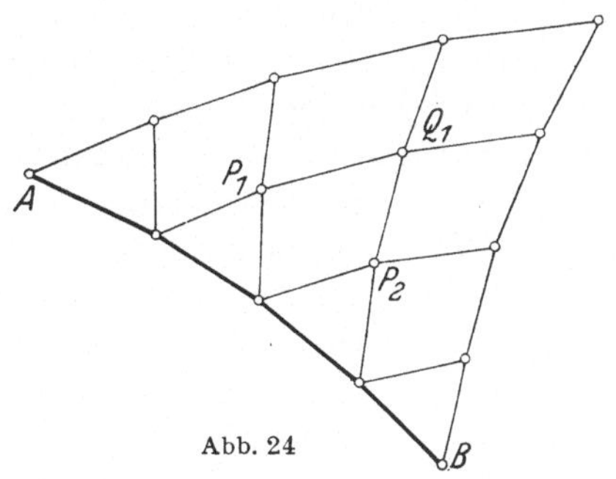

$$\frac{y(Q_1) - y(P_1)}{x(Q_1) - x(P_1)} = \sigma(P_1), \qquad \frac{y(Q_1) - y(P_2)}{x(Q_1) - x(P_2)} = \varrho(P_1) \qquad (18.2)$$

und hierauf die Funktionswerte u, v der Punkte Q_i aus den Differenzengleichungen der Verträglichkeitsbedingungen

$$A_1(P_1) \frac{u(Q_1) - u(P_1)}{x(Q_1) - x(P_1)} + B_1(P_1) \frac{v(Q_1) - v(P_1)}{x(Q_1) - x(P_1)} = C_1(P_1),$$

$$A_2(P_1) \frac{u(Q_1) - u(P_2)}{x(Q_1) - x(P_2)} + B_2(P_1) \frac{v(Q_1) - v(P_2)}{x(Q_1) - x(P_2)} = C_2(P_1). \qquad (18.3)$$

Die Durchführung kann rechnerisch oder zeichnerisch erfolgen.

2. Verfeinerung der Gitterkonstruktion

Gegenüber der in § 16 zugrunde gelegten Gitterkonstruktion kann man zunächst eine Verbesserung dadurch herbeiführen, daß man die Funktionswerte ϱ, A_2, B_2 und C_2 für den Punkt P_2 statt P_1 bildet. Eine weitere erhebliche Verbesserung der Approximation ist zu erwarten, wenn man die Koeffizienten ϱ, σ usw. jeweils für die Mittelwerte

$$\frac{x(P_1) + x(Q_1)}{2} \quad , \ldots, \quad \frac{v(P_1) + v(Q_1)}{2}$$

bzw.

$$\frac{x(P_2) + x(Q_1)}{2} \quad , \ldots, \quad \frac{v(P_2) + v(Q_1)}{2}$$

bildet. Die Differenzengleichungen stellen dann allerdings im allgemeinen ein sehr kompliziertes, nicht explizit auflösbares Gleichungssystem für die vier Unbekannten $x(Q_1)$, $y(Q_1)$, $u(Q_1)$, $v(Q_1)$ dar. Man kann sie aber iterativ folgendermaßen lösen: Nach einem ersten Rechenschritt nach Ziff. 1 wiederholt man die Rechnung in einem zweiten Rechenschritt, bei dem die aus dem ersten Rechenschritt entnommenen Mittelwerte $\frac{1}{2}[x(P_1) + x(Q_1)]$ usw. für die Berechnung der Koeffizienten benützt werden. Hierauf folgen analoge weitere Rechenschritte, bis die aufeinanderfolgenden Näherungen innerhalb der gewünschten Genauigkeit sich nicht mehr unterscheiden.

3. Spezialfälle (vgl. § 14, Ziff. 1).

a) Halblineare Systeme (14.1). Die Koeffizienten a_{ik} und b_{ik} des Systems (14.1) sollen Funktionen von x und y allein sein, während die h_i Funktionen auch von u und v sein dürfen. Dann hängen auch die Funktionen σ, ϱ in den Richtungsbedingungen (18.1) nur von x, y ab, d. h. die Richtungsbedingungen sind gewöhnliche Differentialgleichungen

$$\left(\frac{dy}{dx}\right)_1 = \sigma(x, y), \quad \left(\frac{dy}{dx}\right)_2 = \varrho(x, y). \tag{18.4}$$

Die Charakteristiken ergeben sich durch Integration dieser Differentialgleichungen oder durch die in Ziff. 1 und 2 beschriebene Gitterkonstruktion. Diese ist jetzt aber erheblich einfacher, da nur die Richtungsbedingungen (18.2), nicht aber die Verträglichkeitsgleichungen benützt werden. In dem so festgelegten Charakteristikengitter werden dann die Funktionswerte u, v aus den Verträglichkeitsbedingungen (18.3) allein berechnet. Hierbei kann die Approximation sofort durch Mittelbildung verbessert werden, insoweit die Koeffizienten nur von der Lage der Gitterpunkte abhängen, ihre Werte also von vornherein für die Mittelpunkte der Gitterseiten sich berechnen lassen. Kurz gesagt vereinfacht sich die allgemeine Gitterkonstruktion bei den halblinearen Systemen dadurch, daß die Konstruktion der Gitterpunkte und die Ermittlung der Funktionswerte u, v in den Gitterpunkten nicht miteinander verkoppelt sind, sondern nacheinander durchgeführt werden können.

b) Homogene Systeme (14.1), deren Koeffizienten von x, y unabhängig sind. Dieser Spezialfall ist für viele Anwendungen wichtig. Bei ihm sind die Verträglichkeitsbedingungen

$$\left(\frac{dv}{du}\right)_1 = C_1(u, v), \qquad \left(\frac{dv}{du}\right)_2 = C_2(u, v) \tag{18.5}$$

gewöhnliche Differentialgleichungen. Ihre Lösungen $\lambda(u, v) = \text{const}$, $\mu(u, v) = \text{const}$ stellen in der u, v-Ebene zwei Kurvenscharen dar, die wir als u, v-Charakteristiken bezeichnen. Sie sollen einen zweidimensionalen Bereich der u, v-Ebene derart überdecken, daß in jedem Punkt dieses Bereichs sich eine Kurve $\lambda = \text{const}$ und eine Kurve $\mu = \text{const}$ schneiden. Die Kurven $\lambda = \text{const}$, $\mu = \text{const}$ können durch Integration der gewöhnlichen Differentialgleichungen (18.5) oder durch die Gitterkonstruktion ermittelt werden. Diese vereinfacht sich jetzt dadurch, daß man nur die Verträglichkeitsgleichungen (18.3), nicht aber die Richtungsgleichungen zu benützen hat. Das Charakteristikengitter in der x, y-Ebene ergibt sich hierauf folgendermaßen:

Wir zeichnen im Anschluß an den Ausgangsstreckenzug $A\,B$ (vgl. Abb. 24) zunächst eine schematische Gitterfigur. In den Anfangspunkten auf $A\,B$ sind u, v, also auch λ, μ bekannt. Da aber $\lambda(u, v) = \text{const}$ und $\mu(u, v) = \text{const}$ Integrale der Verträglichkeitsbedingungen sind, bleibt λ längs der Gitterpolygone der einen Schar und μ längs der Gitterpolygone der anderen Schar konstant. Infolgedessen können wir die Werte λ, μ sowie die hierdurch bestimmten Werte u, v in allen Eckpunkten der schematischen Gitterfigur angeben. Mit diesen Werten u, v bzw. ihren Mittelwerten berechnen wir hierauf aus den Richtungsgleichungen (18.2) die Richtungen der Gitterseiten und können dann, ausgehend vom Anfangsstreckenzug $A\,B$, das ganze Gitter von Punkt zu Punkt konstruieren.

§ 19. Quasilineare Differentialgleichungen zweiter Ordnung

1. Reduktion auf ein quasilineares System erster Ordnung

Als quasilinear bezeichnen wir hier die in den zweiten Ableitungen lineare Differentialgleichung zweiter Ordnung

$$a\,f_{xx} + 2b\,f_{xy} + c\,f_{yy} = h. \tag{19.1}$$

Die Koeffizienten sollen Funktionen von x, y und den ersten Ableitungen

$$u = f_x, \qquad v = f_y$$

der gesuchten Funktion $f(x, y)$ sein, jedoch nicht Funktionen von f selbst. Dann kann man die Differentialgleichung zweiter Ordnung (19.1) ersetzen durch das zweigliedrige System von Differentialgleichungen erster Ordnung

$$a\,u_x + b(u_y + v_x) + c\,v_y = h\,, \tag{19.2}$$

$$u_y - v_x = 0\,.$$

Dieses ist ein Spezialfall des Systems (14.1); wir setzen dabei voraus, daß die Koeffizienten die in § 17 präzisierten Differenzierbarkeitseigenschaften haben.

Aus der Richtungsbedingung (14.4) erhält man

$$a\,dy^2 - 2b\,dy\,dx + c\,dx^2 = 0\,; \tag{19.3}$$

für $ac - b^2 < 0$ ergeben sich jeweils zwei verschiedene reelle Richtungen dy/dx, d. h. $ac - b^2 < 0$ ist wie bei den halblinearen Differentialgleichungen (3.3) die Bedingung für den hyperbolischen Typus des Problems. Wenn wir das Koordinatensystem so legen, daß keine zur y-Achse parallelen charakteristischen Richtungen auftreten ($a \neq 0$), so erhält man durch Auflösung der Richtungsbedingung

$$\left(\frac{dy}{dx}\right)_{1,\,2} = \frac{1}{a}\left(b \pm \sqrt{b^2 - a\,c}\right)\,. \tag{19.4}$$

Die Verträglichkeitsbedingung (14.5) liefert hierauf

$$a(dy\,dv - dx\,du) - 2b\,dx\,dv + h\,dx^2 = 0\,,$$

woraus nach Einsetzen von Gl. (19.4) folgt

$$\left[a\left(\frac{du}{dx}\right)_{1,\,2} - h\right] + \left(b \mp \sqrt{b^2 - a\,c}\right)\left(\frac{dv}{dx}\right)_{1,\,2} = 0\,. \tag{19.5}$$

In den Gln. (19.4) und (19.5) beziehen sich die Indizes 1, 2 wieder auf die beiden Charakteristikenscharen $\lambda = \text{const}$, $\mu = \text{const}$. Sie sollen jeweils dem oberen bzw. unteren Vorzeichen der Quadratwurzel entsprechen. Die Charakteristiken des Systems (19.2) bezeichnen wir fortan auch als Charakteristiken der Differentialgleichung zweiter Ordnung (19.1).

2. Anfangswertproblem

Beim Anfangswertproblem des Systems (19.2) nach § 15 sind die Funktionswerte u, v in der x, y-Ebene längs einer Kurve k vorgegeben, welche nirgends die Richtungsbedingung der Charakteristiken erfüllt. Dieses Anfangswertproblem ist äquivalent mit folgendem Anfangswertproblem der Differentialgleichung zweiter Ordnung (19.1): Längs einer Kurve k, die von keiner Charakteristik berührt wird, sind die Werte der Funktion f und ihrer ersten Ableitungen f_x, f_y unter Beachtung der Streifenbedingung $\dot{f} = f_x\,\dot{x} + f_y\,\dot{y}$ vorgegeben. Jede Lösung $f(x, y)$ dieses Anfangswertproblems liefert mit $u = f_x$, $v = f_y$ offenbar eine

Lösung des erstgenannten Anfangswertproblems, und umgekehrt ergibt sich aus jeder Lösung $u(x, y)$, $v(x, y)$ des ersten Anfangswertproblems durch Integration des vollständigen Differentials

$$d f(x, y) = u(x, y)\, dx + v(x, y)\, dy$$

eine Lösung des zweiten Anfangswertproblems; dabei hat man die Integrationskonstante so zu wählen, daß f in einem Punkt A und daher in allen Punkten der Anfangskurve k die vorgegebenen Anfangswerte annimmt.

Wie in § 15, Ziff. 4, fügen wir auch hier ein „charakteristisches Anfangswertproblem" hinzu, bei dem die Ausgangskurve aus einem Bogen einer Charakteristik $\lambda = \mathrm{const}$ und einem Bogen einer Charakteristik $\mu = \mathrm{const}$ zusammengesetzt ist. Längs der Ausgangskurve sind die Funktionswerte f vorgegeben, nicht aber die Ableitungen f_x, f_y. Wir werden in § 28, Ziff. 5, auf das charakteristische Anfangswertproblem zurückkommen.

3. Homogene Differentialgleichung

Aus Gl. (19.1) ergibt sich mit $h \equiv 0$ die homogene Differentialgleichung

$$a f_{xx} + 2 b f_{xy} + c f_{yy} = 0. \tag{19.6}$$

Bei dieser ist die Beziehung zwischen der x, y-Ebene und der u, v-Ebene besonders einfach. Aus den Gln. (19.4) und (19.5) erhält man nämlich

$$\left(\frac{du}{dv}\right)_{1,2} = -\frac{1}{a}\left(b \mp \sqrt{b^2 - ac}\right) = -\left(\frac{dy}{dx}\right)_{2,1}. \tag{19.7}$$

Wir setzen voraus, daß der in Frage stehende Bereich der x, y-Ebene durch die Lösung $u = u(x, y)$, $v = v(x, y)$ umkehrbar eindeutig auf

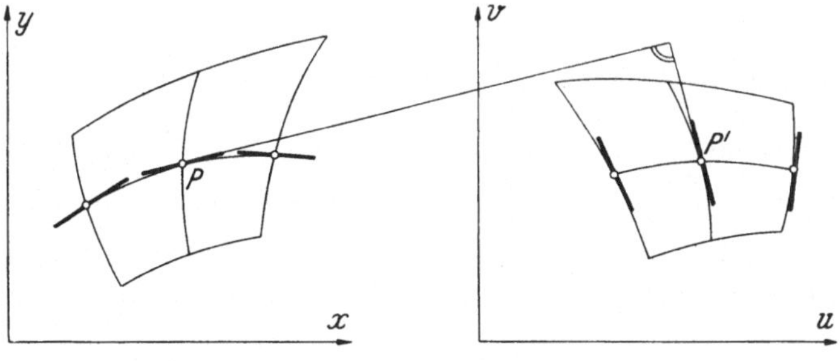

Abb. 25

einen Bereich der u, v-Ebene abgebildet wird ($u_x v_y - u_y v_x \neq 0$). Dann folgt aus Gl. (19.7), daß sich die Charakteristikennetze der x, y-Ebene und ihre Bildnetze in der u, v-Ebene „orthogonal-reziprok" entsprechen (Abb. 25). Das heißt: Die „Längstangenten" einer Kurve des einen der beiden Netze stehen senkrecht auf den „Quertangenten" der entsprechenden Kurve des anderen Netzes.

4. Legendre-Transformation

Die homogenen Differentialgleichungen (19.6) gehen durch die in § 10, Ziff. 3, eingeführte LEGENDRE-Transformation

$$u = f_x, \quad v = f_y, \quad \varphi(u,v) = xu + yv - f, \quad x = \varphi_u, \quad y = \varphi_v \quad (19.8)$$

in eine Differentialgleichung derselben Art über. Wir setzen hierbei wieder eine umkehrbar eindeutige Abbildung zwischen der x, y-Ebene und u, v-Ebene, also

$$u_x v_y - u_y v_x = N \neq 0$$

voraus und erhalten dann aus

$$du = f_{xx} dx + f_{xy} dy = f_{xx}(\varphi_{uu} du + \varphi_{uv} dv) + f_{xy}(\varphi_{uv} du + \varphi_{vv} dv),$$
$$dv = f_{xy} dx + f_{yy} dy = f_{xy}(\varphi_{uu} du + \varphi_{uv} dv) + f_{yy}(\varphi_{uv} du + \varphi_{vv} dv)$$

die Bedingungen

$$f_{xx} \varphi_{uu} + f_{xy} \varphi_{uv} = 1, \quad f_{xy} \varphi_{uu} + f_{yy} \varphi_{uv} = 0,$$
$$f_{xx} \varphi_{uv} + f_{xy} \varphi_{vv} = 0, \quad f_{xy} \varphi_{uv} + f_{yy} \varphi_{vv} = 1.$$

Durch Auflösung nach den zweiten Ableitungen kommt

$$f_{xx} = N \varphi_{vv}, \quad f_{xy} = - N \varphi_{uv}, \quad f_{yy} = N \varphi_{uu}, \qquad (19.9)$$

so daß in der Tat Gl. (19.6)

$$a(x, y, f_x, f_y) f_{xx} + 2b(x, y, f_x, f_y) f_{xy} + c(x, y, f_x, f_y) f_{yy} = 0$$

in eine Differentialgleichung derselben Art übergeht, nämlich

$$a(\varphi_u, \varphi_v, u, v) \varphi_{vv} - 2b(\varphi_u, \varphi_v, u, v) \varphi_{uv} + c(\varphi_u, \varphi_v, u, v) \varphi_{uu} = 0. \quad (19.10)$$

Die Bildkurven der Charakteristiken der Differentialgleichung (19.6) für eine Lösung $f(x, y)$ sind identisch mit den Charakteristiken der Differentialgleichung (19.10) für die durch die LEGENDRE-Transformation entsprechende Lösung $\varphi(u, v)$.

Im allgemeinen sind sowohl die Charakteristiken in der x, y-Ebene als auch die Charakteristiken in der u, v-Ebene von der Lösung $f(x, y)$ bzw. $\varphi(u, v)$ abhängig, ändern sich also beim Übergang zu anderen Lösungen. Wenn jedoch eine der beiden durch LEGENDRE-Transformation sich entsprechenden homogenen Differentialgleichungen, etwa Gl. (19.6), linear ist, wenn also a, b, c Funktionen nur von x, y sind, ist das x,y-Charakteristikennetz für alle Lösungen dasselbe [vgl. Spezialfall (a) in § 18, Ziff. 3]. Die zugeordnete Differentialgleichung (19.10) hat dann Koeffizienten, die nur von den Ableitungen φ_u, φ_v, nicht aber von den unabhängigen Veränderlichen u, v selbst abhängen, stellt also den Spezialfall (b) von § 18, Ziff. 3, dar.

5. Anwendung der Massauschen Gitterkonstruktion

Die MASSAUsche Gitterkonstruktion (vgl. § 18) läßt sich auf die quasilineare Differentialgleichung zweiter Ordnung (19.1) nach deren Reduktion auf das zweigliedrige System (19.2) unmittelbar anwenden.

Bemerkenswert ist hier der am Schluß von Ziff. 4 erwähnte Sonderfall, in dem Gl. (19.6) linear ist, also nur von x, y abhängige Koeffizienten besitzt. Das x,y-Charakteristikennetz ist dann von vornherein vorgegeben; das u,v-Netz muß zum x,y-Netz orthogonal-reziprok sein und den Anfangsbedingungen genügen. Die Gitterkonstruktion wird besonders einfach, wenn man sie folgendermaßen modifiziert:

Das x,y-Gitter ist vorgegeben und hat Sehnen von x,y-Charakteristiken als Maschenseiten. Das zu konstruierende u, v-Gitter soll auf das x,y-Gitter nicht wie in § 18 punktweise bezogen werden, sondern es soll jedem x,y-Gitterpunkt eine u,v-Masche entsprechen. Dann entsprechen nach Abb. 26 den Maschenseiten des x,y-Gitters (als Ver-

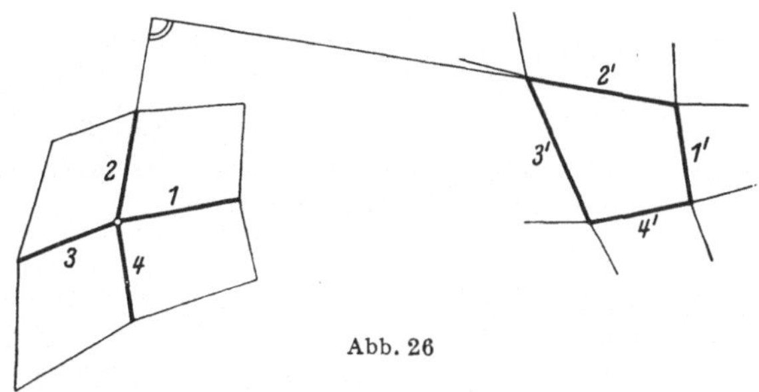

Abb. 26

bindungslinien von Gitterpunkten) wieder Maschenseiten des u,v-Gitters (als gemeinsame Seiten benachbarter Maschen) und den Maschen des x,y-Gitters (erzeugt durch vier Gitterpunkte) Punkte des u,v-Gitters (als gemeinsame Punkte von vier Nachbarmaschen).

Wenn wir dann weiter die Verträglichkeitsbedingungen durch die Forderung ersetzen, daß entsprechende Maschenseiten beider Gitter zueinander senkrecht sein sollen, sind die beiden Gitter orthogonal-reziprok, und das u,v-Gitter kann im Anschluß an die Anfangsdaten leicht konstruiert werden. Analoge parallel-reziproke Gitter treten bekanntlich in der graphischen Statik als Lage- und Kraftpläne auf.

§ 20. Lineare homogene Differentialgleichungen zweiter Ordnung mit geradlinigen Charakteristiken

1. Aufgabenstellung

Wir betrachten die lineare homogene Differentialgleichung

$$a(x, y)\, f_{xx} + 2b(x, y)\, f_{xy} + c(x, y)\, f_{yy} = 0 \qquad (20.1)$$

und die durch LEGENDRE-Transformation zugeordnete Gleichung

$$a(\varphi_u, \varphi_v)\, \varphi_{vv} - 2b(\varphi_u, \varphi_v)\, \varphi_{uv} + c(\varphi_u, \varphi_v)\, \varphi_{uu} = 0, \qquad (20.2)$$

also den in § 19, Ziff. 4 und 5, bereits erwähnten Sonderfall. Wir spezialisieren nun weiter, indem wir verlangen, daß entweder a) die x, y-Charakteristiken oder b) die u, v-Charakteristiken geradlinig sein sollen. Unter der Voraussetzung umkehrbar eindeutiger Zuordnung der x, y-Ebene und der u, v-Ebene folgt dann aus der orthogonal-reziproken Beziehung (vgl. Abb. 25) sofort, daß im Fall a) die u, v-Charakteristiken und im Fall b) die x, y-Charakteristiken ein Rückungsnetz bilden (Abb. 27). Ein Rückungsnetz ist dadurch gekennzeichnet, daß längs jeder Netzkurve die Quertangenten parallel sind; es wird daher von zwei Scharen kongruenter

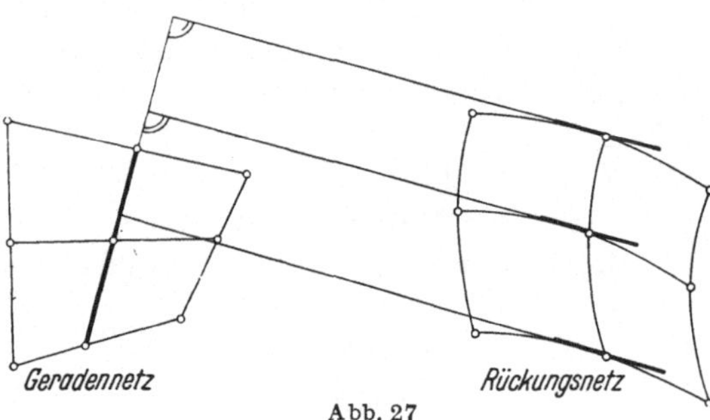

Abb. 27

und paralleler Kurven erzeugt, und jede Netzmasche ist ein (im allgemeinen krummliniges) Parallelogramm mit parallelen, kongruenten Kurvenbögen als Gegenseiten.

Aus der analytischen Darstellung orthogonal-reziprok bezogener Geradennetze und Rückungsnetze kann man die Lösungen der Differentialgleichungen (20.1) und (20.2) mit zwei willkürlichen Funktionen von je einer Veränderlichen leicht herleiten, wie sich in Ziff. 2 und 3 zeigen wird.

2. Geradliniges Charakteristikennetz in der x, y-Ebene

Wenn das x, y-Charakteristikennetz geradlinig ist, wird es dargestellt durch Gleichungen

$$\begin{aligned}
x\, \xi_1(\lambda) + y\, \eta_1(\lambda) + \zeta_1(\lambda) &= 0, \\
x\, \xi_2(\mu) + y\, \eta_2(\mu) + \zeta_2(\mu) &= 0.
\end{aligned} \qquad (20.3)$$

Die Funktionen ξ_i, η_i, ζ_i sind (bis auf Parametertransformationen und je einen willkürlichen Proportionalitätsfaktor τ_i) bestimmt und ergeben sich durch Integration der gewöhnlichen Differentialgleichungen (19.4). Die orthogonal-reziproken Kurvennetze der u,v-Ebene lassen sich hierzu mit den willkürlichen Funktionen $L(\lambda)$, $M(\mu)$ darstellen durch die Gleichungen

$$u = \int [L(\lambda)\,\xi_1(\lambda)\,d\lambda + M(\mu)\,\xi_2(\mu)\,d\mu],$$
$$v = \int [L(\lambda)\,\eta_1(\lambda)\,d\lambda + M(\mu)\,\eta_2(\mu)\,d\mu], \qquad (20.4)$$

welche die Bedingungen

$$\left(\frac{du}{dv}\right)_{\mu=\text{const}} = \frac{\xi_1}{\eta_1} = -\left(\frac{dy}{dx}\right)_{\lambda=\text{const}},$$
$$\left(\frac{du}{dv}\right)_{\lambda=\text{const}} = \frac{\xi_2}{\eta_2} = -\left(\frac{dy}{dx}\right)_{\mu=\text{const}}$$

der orthogonal-reziproken Zuordnung erfüllen. Wegen

$$d\varphi = x\,du + y\,dv = L \cdot (x\,\xi_1 + y\,\eta_1)\,d\lambda + M \cdot (x\,\xi_2 + y\,\eta_2)\,d\mu$$
$$= -(L\,\zeta_1\,d\lambda + M\,\zeta_2\,d\mu)$$

hat man außerdem

$$\varphi = -\int [L(\lambda)\,\zeta_1(\lambda)\,d\lambda + M(\mu)\,\zeta_2(\mu)\,d\mu]. \qquad (20.5)$$

Durch die Gln. (20.4), (20.5) ist die allgemeine Lösung der Differentialgleichung (20.2) mittels

$$u = u(\lambda,\mu), \qquad v = v(\lambda,\mu), \qquad \varphi = \varphi(\lambda,\mu)$$

gegeben. Aus den Gln. (20.3) und der Beziehung $f = xu + yv - \varphi$ erhält man dann mit

$$x = x(\lambda,\mu), \qquad y = y(\lambda,\mu), \qquad f = f(\lambda,\mu)$$

die allgemeine Lösung der Differentialgleichung (20.1).

3. Geradlinige Charakteristikennetze in der u,v-Ebene

Wenn die u,v-Charakteristikennetze geradlinig sind, ist das x,y-Charakteristikennetz ein Rückungsnetz. Ähnlich wie in Ziff. 2 ergibt sich für das x,y-Netz

$$x = \int [l_1(\lambda)\,d\lambda + m_1(\mu)\,d\mu],$$
$$y = \int [l_2(\lambda)\,d\lambda + m_2(\mu)\,d\mu], \qquad (20.6)$$

ferner für die u,v-Netze

$$u \cdot l_1(\lambda) + v \cdot l_2(\lambda) + L(\lambda) = 0,$$
$$u \cdot m_1(\mu) + v \cdot m_2(\mu) + M(\mu) = 0 \qquad (20.7)$$

und für die Lösung $f(x,y)$

$$f = -\int [L(\lambda)\,d\lambda + M(\mu)\,d\mu]. \qquad (20.8)$$

Hierbei sind $L(\lambda)$, $M(\mu)$ wieder willkürliche Funktionen. Dagegen sind die Funktionen $l_i(\lambda)$, $m_i(\mu)$ bis auf Parametertransformationen bestimmt und ergeben sich durch Integration der gewöhnlichen Differentialgleichungen (19.4).

4. Übertragung auf elliptische Differentialgleichungen

Wir setzen voraus, daß sowohl die Koeffizienten als auch die Lösungen der Differentialgleichungen (20.1), (20.2) analytische Funktionen sind. Dann kann man die in Ziff. 2 und 3 gefundenen expliziten Darstellungen für die Lösungen durch Einführung komplexer Größen auf den elliptischen Typus $(ac - b^2 > 0)$ übertragen.

a) Wenn das x, y-Charakteristikennetz geradlinig ist, setzen wir in Gl. (20.3)

$$\xi_1(\lambda) = \cos\lambda, \qquad \eta_1(\lambda) = \sin\lambda,$$
$$\xi_2(\mu) = \cos\mu, \qquad \eta_2(\mu) = \sin\mu;$$

dieser Ansatz bedeutet offenbar keine Beschränkung der Allgemeinheit, sondern läßt sich stets durch Parametertransformationen $\lambda = \lambda(\lambda')$, $\mu = \mu(\mu')$ erreichen. Hierauf setzen wir weiter

$$\mu = \hat{\lambda}, \qquad e^{i\lambda} = \tau, \qquad e^{-i\mu} = \hat{\tau}, \qquad \zeta_2 = \hat{\zeta}_1,$$
$$M = \hat{L}, \qquad \int L\, d\lambda = \mathsf{T}(\tau), \tag{20.9}$$

wobei der Zirkumflex den konjugiert komplexen Ausdruck bedeutet. Die Gln. (20.4) und (20.5) gehen dann über in

$$u + iv = \int\left(\tau\, d\mathsf{T} + \frac{1}{\hat{\tau}}\, d\hat{\mathsf{T}}\right), \qquad \varphi = -\int\left(\zeta_1\, d\mathsf{T} + \hat{\zeta}_1\, d\hat{\mathsf{T}}\right). \tag{20.10}$$

Die Gln. (20.10) stellen die allgemeine Lösung der elliptischen Differentialgleichung (20.2) dar mit der bestimmten analytischen Funktion $\zeta_1(\tau)$ und der willkürlichen analytischen Funktion $\mathsf{T}(\tau)$ der komplexen Veränderlichen τ.

b) Wenn das x, y-Charakteristikennetz ein Rückungsnetz ist, setzen wir in Gl. (20.6) und (20.7)

$$l_1(\lambda) = l(\lambda)\cos\lambda, \qquad l_2(\lambda) = l(\lambda)\sin\lambda,$$
$$m_1(\mu) = m(\mu)\cos\mu, \qquad m_2(\mu) = m(\mu)\sin\mu$$

und ersetzen außerdem die Gln. (20.7) durch

$$u\cos\lambda + v\sin\lambda + L(\lambda) = 0,$$
$$u\cos\mu + v\sin\mu + M(\mu) = 0.$$

Dann erhält man mit

$$\mu = \hat{\lambda}, \qquad e^{i\lambda} = \tau, \qquad e^{-i\mu} = \hat{\tau}, \qquad m = \hat{l}, \qquad \int l\, d\lambda = t(\tau)$$

aus den Gln. (20.6) und (20.8)

$$x + i\,y = \int \left(\tau\,dt + \tfrac{1}{\hat{\tau}}\,d\hat{t}\right), \qquad t = -\int \left(L\,dt + \hat{L}\,d\hat{t}\right). \qquad (20.11)$$

Die Gln. (20.11) stellen die allgemeine Lösung der elliptischen Differentialgleichung (20.1) dar mit der bestimmten analytischen Funktion $t(\tau)$ und der willkürlichen analytischen Funktion L der komplexen Veränderlichen τ.

5. Normalform der Differentialgleichung (20.1) mit geradlinigem Charakteristikennetz in der x, y-Ebene

Wir kehren nun wieder zum hyperbolischen Typus zurück und ermitteln die Normalform der Differentialgleichungen (20.1) mit geradlinigen x, y-Charakteristiken, bei der als unabhängige Veränderliche an Stelle von x, y charakteristische Parameter λ, μ eingeführt sind. Die entsprechende Normalform für die Differentialgleichungen (20.1) mit geradlinigen u, v-Charakteristiken ist $f_{\lambda\mu} = 0$, wie unmittelbar aus der Lösung (20.8) folgt. Um die Normalform für die Differentialgleichungen (20.1) mit geradlinigen x, y-Charakteristiken zu erhalten, drehen wir das x, y-Koordinatensystem so, daß keine Charakteristik zur y-Achse parallel ist. Dann können wir die Charakteristikengleichungen (20.3) in der speziellen Form

$$x\,\lambda + y + l(\lambda) = 0, \qquad x\,\mu - y + m(\mu) = 0 \qquad (20.12)$$

ansetzen und bekommen für die Differentialgleichung (20.1) die Normalform

$$f_{\lambda\mu} + A\,f_\lambda + B\,f_\mu = 0 \qquad (20.13)$$

mit

$$A = \frac{1}{\lambda + \mu}\,\frac{(\lambda + \mu)\,m' - (l + m)}{(\lambda + \mu)\,l' - (l + m)},$$
$$B = \frac{1}{\lambda + \mu}\,\frac{(\lambda + \mu)\,l' - (l + m)}{(\lambda + \mu)\,m' - (l + m)}; \qquad (20.14)$$

die Striche bedeuten Ableitungen der Funktionen $l(\lambda), m(\mu)$ nach λ bzw. μ.

Um die Ausdrücke A und B herzuleiten, transformieren wir Gl. (20.13) vermöge

$$f_\lambda = f_x\,x_\lambda + f_y\,y_\lambda, \qquad f_\mu = f_x\,x_\mu + f_y\,y_\mu,$$
$$f_{\lambda\mu} = f_{xx}\,x_\lambda x_\mu + f_{xy}(x_\lambda y_\mu + x_\mu y_\lambda) + f_{yy}\,y_\lambda y_\mu + f_x\,x_{\lambda\mu} + f_y\,y_{\lambda\mu}$$

in die Gleichung

$$f_{xx}\,x_\lambda x_\mu + f_{xy}(x_\lambda y_\mu + x_\mu y_\lambda) + f_{yy}\,y_\lambda y_\mu +$$
$$+ f_x(x_{\lambda\mu} + A\,x_\lambda + B\,x_\mu) + f_y(y_{\lambda\mu} + A\,y_\lambda + B\,y_\mu) = 0.$$

Da diese Gleichung von der Form (20.1), d. h. in den zweiten Ableitungen homogen sein soll, müssen wir

$$x_{\lambda\mu} + A\,x_\lambda + B\,x_\mu = 0, \qquad y_{\lambda\mu} + A\,y_\lambda + B\,y_\mu = 0 \qquad (20.15)$$

fordern. Berechnet man nun die Ableitungen x_λ, x_μ, y_λ, y_μ, $x_{\lambda\mu}$, $y_{\lambda\mu}$ aus den Beziehungen (20.12) und setzt das Ergebnis in die Gln. (20.15) ein, so liefert die Auflösung dieser Gleichungen nach A und B die Behauptung (20.14).

Bemerkenswerte Spezialfälle sind in folgender Tabelle zusammengestellt:

x, y-Charakteristiken	Normalform
$\left.\begin{array}{l} x\lambda + y = 1 \\ x\mu - y = 1 \end{array}\right\}$ 2 Geradenbüschel	$f_{\lambda\mu} + \dfrac{1}{\lambda + \mu}(f_\lambda + f_\mu) = 0$
$\left.\begin{array}{l} x\lambda + y = \lambda^2 \\ x\mu - y = -\mu^2 \end{array}\right\}$ Parabeltangenten	$f_{\lambda\mu} - \dfrac{1}{\lambda + \mu}(f_\lambda + f_\mu) = 0$
$\left.\begin{array}{l} x\cos\lambda + y\sin\lambda = 1 \\ x\cos\mu - y\sin\mu = 1 \end{array}\right\}$ Kreistangenten	$f_{\lambda\mu} - \dfrac{1}{\sin(\lambda + \mu)}(f_\lambda + f_\mu) = 0$
$\left.\begin{array}{l} x\,\mathfrak{Cof}\,\lambda + y\,\mathfrak{Sin}\,\lambda = 1 \\ x\,\mathfrak{Cof}\,\mu - y\,\mathfrak{Sin}\,\mu = 1 \end{array}\right\}$ Hyperpeltangenten	$f_{\lambda\mu} - \dfrac{1}{\mathfrak{Sin}(\lambda + \mu)}(f_\lambda + f_\mu) = 0$

Die beiden ersten Normalgleichungen dieser Tabelle sind vom Typus der Darboux-Gleichung, die uns in § 37 begegnen wird.

6. Transformationssatz für lineare homogene Differentialgleichungen (20.1)

Zum Schluß wollen wir noch einen Transformationssatz besprechen, der für die allgemeine lineare, in den zweiten Ableitungen homogene Differentialgleichung (20.1) mit einem beliebigen Kurvennetz als Charakteristikennetz gilt.

Wir bezeichnen Differentialgleichungen (20.1) als projektiv verknüpft, wenn ihre x, y-Charakteristikennetze zueinander projektiv sind. Es seien

$$\xi_1(\lambda, \mu)\,x + \eta_1(\lambda, \mu)\,y + \zeta_1(\lambda, \mu) = 0,$$
$$\xi_2(\lambda, \mu)\,x + \eta_2(\lambda, \mu)\,y + \zeta_2(\lambda, \mu) = 0$$

die Gleichungen der Charakteristikentangenten der ersten Schar ($\lambda = \text{const}$) und der zweiten Schar ($\mu = \text{const}$) in einem Punkt λ, μ. Wegen der orthogonal-reziproken Beziehung nach § 19, Ziff. 3, gilt dann für das durch eine Lösung $f(x, y)$ bestimmte entsprechende Kurvennetz der u, v-Ebene

$$du = \tau_1\,\xi_1\,d\lambda + \tau_2\,\xi_2\,d\mu, \qquad dv = \tau_1\,\eta_1\,d\lambda + \tau_2\,\eta_2\,d\mu,$$
$$d\varphi = -(\tau_1\,\zeta_1\,d\lambda + \tau_2\,\zeta_2\,d\mu), \qquad\qquad (20.16)$$

wobei die explizite Kenntnis der Proportionalitätsfaktoren $\tau_1(\lambda, \mu)$, $\tau_2(\lambda, \mu)$ für das Folgende nicht erforderlich ist. Offenbar sind ebenso wie im Spezialfall geradliniger Charakteristiken (Ziff. 2) die Bedingungen

$$\left(\frac{d\,u}{d\,v}\right)_{\mu=\text{const}} = -\left(\frac{d\,y}{d\,x}\right)_{\lambda=\text{const}}, \qquad \left(\frac{d\,u}{d\,v}\right)_{\lambda=\text{const}} = -\left(\frac{d\,y}{d\,x}\right)_{\mu=\text{const}}$$

der orthogonal-reziproken Zuordnung beider Netze erfüllt. Wir gehen jetzt zu einer projektiv verknüpften Differentialgleichung über und stellen die projektive Transformation der x, y-Ebene in homogenen rechtwinkligen Linienkoordinaten dar durch

$$\xi' = \beta_{11}\xi + \beta_{12}\eta + \beta_{13}\zeta, \quad \eta' = \beta_{21}\xi + \beta_{22}\eta + \beta_{23}\zeta,$$
$$\zeta' = \beta_{31}\xi + \beta_{32}\eta + \beta_{33}\zeta, \tag{20.17}$$

Det. $|\beta_{ik}| \neq 0$. Wenn wir dann dieselbe Lineartransformation (20.17) mit denselben konstanten Koeffizienten β_{ik} auf u, v, $(-\varphi)$ anwenden, also

$$u' = \beta_{11}u + \beta_{12}v - \beta_{13}\varphi, \quad v' = \beta_{21}u + \beta_{22}v - \beta_{23}\varphi,$$
$$-\varphi' = \beta_{31}u + \beta_{32}v - \beta_{33}\varphi, \tag{20.18}$$

bleiben die Beziehungen (20.16) erhalten, d. h. u', v', φ' liefert eine Lösung für die projektiv verknüpfte Differentialgleichung.

Hiermit ist folgender Satz bewiesen: Die Lösungen $f = xu + yv - \varphi$ einer linearen homogenen Differentialgleichung (20.1) werden durch die Lineartransformationen (20.17), (20.18) in die Lösungen der projektiv verknüpften Differentialgleichungen übergeführt.

Durch Anwendung dieses Satzes auf die in Ziff. 2 behandelten Differentialgleichungen mit geradlinigen x, y-Charakteristiken erhält man nichts Neues. Durch Anwendung auf die in Ziff. 3 behandelten Differentialgleichungen, bei denen die x, y-Charakteristiken ein Rückungsnetz bilden, ergeben sich dagegen die Lösungen allgemeinerer Differentialgleichungen (20.1), nämlich solcher, deren Charakteristiken ein projektiv verzerrtes Rückungsnetz bilden.

§ 21. Anwendungen auf die Flächentheorie

1. Infinitesimale Flächenverbiegung

Die Theorie der quasilinearen homogenen Differentialgleichung (19.6) und der linearen Differentialgleichung (20.1) hat zahlreiche Anwendungen in der Differentialgeometrie und in der Strömungslehre. Wir erörtern zunächst Anwendungen in der Differentialgeometrie und müssen dabei an einige bekannte Beziehungen in der Theorie der infinitesimalen Flächenverbiegung erinnern:

Die einer vorgegebenen Fläche $\mathfrak{x} = \mathfrak{x}(\alpha, \beta)$ (α, β Parameter) durch „infinitesimale Verbiegung" entsprechenden Flächen

$$\mathfrak{x}^\varepsilon = \mathfrak{x}(\alpha, \beta) + \varepsilon\,\overline{\mathfrak{x}}(\alpha, \beta)$$

mit einer kleinen positiven Konstanten ε sind dadurch gekennzeichnet, daß die Linienelemente $(d\mathfrak{x})^2$ und $(d\mathfrak{x}^\varepsilon)^2$ sich erst in der Größenordnung ε^2 unterscheiden. Die notwendige und hinreichende Bedingung hierfür ist

$$d\mathfrak{x}\,d\overline{\mathfrak{x}} = 0. \tag{21.1}$$

Hieraus folgt die Existenz eines Vektors $\mathfrak{x}^*(\alpha, \beta)$, der durch

$$d\overline{\mathfrak{x}} = \mathfrak{x}^* \times d\mathfrak{x} \tag{21.2}$$

definiert wird; jedes Flächenelement der Fläche $(\mathfrak{x})$ erfährt beim Übergang zu dem entsprechenden Flächenelement der Fläche $(\mathfrak{x}^\varepsilon)$ eine „infinitesimale Drehung" mit dem Drehvektor $\varepsilon\mathfrak{x}^*$.

Wir setzen voraus, daß auch durch $\overline{\mathfrak{x}}(\alpha, \beta)$ und $\mathfrak{x}^*(\alpha, \beta)$ Flächen gegeben sind, und bezeichnen die Komponenten von $\mathfrak{x}$, $\overline{\mathfrak{x}}$ und $\mathfrak{x}^*$ mit x, y, z bzw. $\overline{x}, \overline{y}, \overline{z}$ und x^*, y^*, z^*.

Aus der Integrierbarkeitsbedingung $\overline{\mathfrak{x}}_{\alpha\beta} = \overline{\mathfrak{x}}_{\beta\alpha}$ von Gl. (21.2) folgt

$$\mathfrak{x}^*_\alpha \times \mathfrak{x}_\beta = \mathfrak{x}^*_\beta \times \mathfrak{x}_\alpha,$$

also

$$\mathfrak{x}^*_\alpha = \sigma\,\mathfrak{x}_\alpha + \tau\,\mathfrak{x}_\beta, \quad \mathfrak{x}^*_\beta = -\varrho\,\mathfrak{x}_\alpha - \sigma\,\mathfrak{x}_\beta \quad \text{mit} \quad \sigma^2 - \varrho\,\tau \neq 0. \tag{21.3}$$

Wenn wir dann die speziellen Parameter $\alpha = x$, $\beta = y$ einführen, liefern die Gln. (21.3)

$$x^*_x = \sigma, \qquad y^*_x = \tau, \qquad z^*_x = \sigma z_x + \tau z_y;$$
$$x^*_y = -\varrho, \quad y^*_y = -\sigma, \quad z^*_y = -\varrho z_x - \sigma z_y.$$

Aus Gl. (21.2) folgt dann weiter

$$\overline{z}_x = -y^*, \qquad \overline{z}_y = x^*,$$

also

$$\varrho = -\overline{z}_{yy}, \qquad \sigma = \overline{z}_{xy}, \qquad \tau = -\overline{z}_{xx}. \tag{21.4}$$

Hiernach ist für eine vorgegebene Fläche $z = z(x, y)$ durch die „Verbiegungsfunktion" $\overline{z}(x, y)$ eine Biegungsfläche $\mathfrak{x}(x, y) + \varepsilon\overline{\mathfrak{x}}(x, y)$ festgelegt und durch Quadraturen bestimmbar: Zunächst ist $\mathfrak{x}^*$ gegeben durch

$$x^* = \overline{z}_y, \quad y^* = -\overline{z}_x, \quad z^*_x = \overline{z}_{xy} z_x - \overline{z}_{xx} z_y, \quad z^*_y = \overline{z}_{yy} z_x - \overline{z}_{xy} z_y$$

und hierauf $\overline{x}(x, y)$, $\overline{y}(x, y)$ nach Gl. (21.2) durch

$$\overline{x}_x = y^* z_x, \quad \overline{x}_y = y^* z_y - z^*, \quad \overline{y}_x = z^* - x^* z_x, \quad \overline{y}_y = -x^* z_y.$$

Die Aufgabe, die Biegungsflächen einer vorgegebenen Fläche zu ermitteln, ist also zurückgeführt auf die Bestimmung der Biegungsfunktion $\overline{z}(x, y)$.

Für diese ergibt sich eine Differentialgleichung, indem man die Integrierbarkeitsbedingung der Gln. (21.3), nämlich

$$0 = \mathfrak{x}^{*}_{\alpha\beta} - \mathfrak{x}^{*}_{\beta\alpha} = \varrho\,\mathfrak{x}_{\alpha\alpha} + 2\sigma\mathfrak{x}_{\alpha\beta} + \tau\,\mathfrak{x}_{\beta\beta} + (\sigma_{\beta} + \varrho_{\alpha})\,\mathfrak{x}_{\alpha} + (\sigma_{\alpha} + \tau_{\beta})\,\mathfrak{x}_{\beta}\,,$$

mit $\mathfrak{x}_{\alpha} \times \mathfrak{x}_{\beta}$ multipliziert. Man erhält

$$\varrho\,(\mathfrak{x}_{\alpha}\,\mathfrak{x}_{\beta}\,\mathfrak{x}_{\alpha\alpha}) + 2\sigma(\mathfrak{x}_{\alpha}\,\mathfrak{x}_{\beta}\,\mathfrak{x}_{\alpha\beta}) + \tau\,(\mathfrak{x}_{\alpha}\,\mathfrak{x}_{\beta}\,\mathfrak{x}_{\beta\beta}) = 0$$

und nach Übergang zu den speziellen Parametern $\alpha = x$, $\beta = y$ und mit Berücksichtigung der Gln. (21.4)

$$z_{yy}\,\bar{z}_{xx} - 2z_{xy}\,\bar{z}_{xy} + z_{xx}\,\bar{z}_{yy} = 0\,. \tag{21.5}$$

Gl. (21.5) ist eine lineare homogene Differentialgleichung vom Typus (20.1) für die Funktion $\bar{z}\,(x,y)$. Die durch

$$z_{xx}\,dx^2 + 2z_{xy}\,dx\,dy + z_{yy}\,dy^2 = 0$$

gegebenen Charakteristiken sind die Grundrisse der Asymptotenlinien der gegebenen Fläche. Das Problem ist also für die Flächen negativen Krümmungsmaßes vom hyperbolischen Typus.

2. Bestimmtheits- und Einflußbereiche bei der Flächenverbiegung

Die allgemeinen Sätze von § 15, Ziff. 4, über Bestimmtheits- und Einflußbereiche führen sofort zu folgenden Aussagen über die infinitesimalen Verbiegungen einer vorgegebenen Fläche $(\mathfrak{x})$ negativen Krümmungsmaßes:

Es sei k eine auf der Fläche $(\mathfrak{x})$ liegende Kurve, die von keiner Asymptotenlinie berührt wird (Abb. 28). Von zwei Punkten A, B der Kurve k laufen nach außen die Asymptotenlinien a, b und nach innen die Asymptotenlinien a', b'. Bei einer infinitesimalen Verbiegung der Fläche $(\mathfrak{x})$, bei der der Kurvenbogen AB deformiert wird, die außerhalb AB liegenden Teile der Kurve k jedoch ungeändert bleiben, wird die

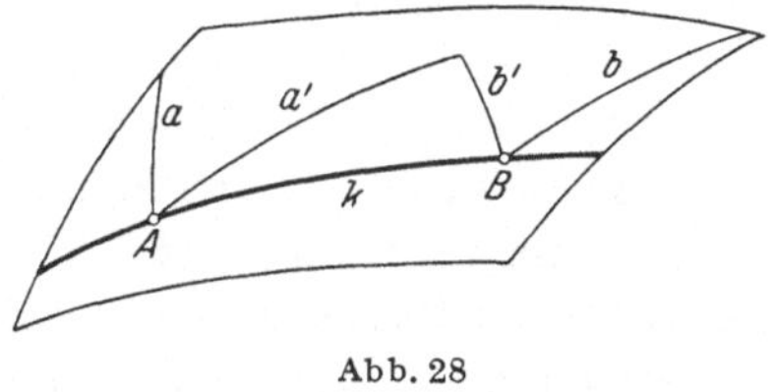

Abb. 28

Fläche $(\mathfrak{x})$ (auf der einen Seite von k) nur in dem von a und b begrenzten Einflußbereich deformiert. Wenn andererseits der Kurvenbogen AB fest bleibt und die außerhalb von AB liegenden Teile der Kurve k deformiert werden, bleibt der von a' und b' begrenzte Bestimmtheitsbereich ungeändert.

Dieselben Sätze gelten offenbar auch für endliche Verbiegungen, welche die Ausgangsfläche durch einen stetigen Verbiegungsprozeß in eine andere Fläche überführen.

3. Infinitesimale Verbiegung zueinander projektiver Flächen

Die Anwendung des Transformationssatzes von § 20, Ziff. 6, führt zu einem bemerkenswerten Satz über die infinitesimale Flächenverbiegung. Wir gehen von zwei zueinander projektiven Flächen $(\mathfrak{x})$ und $(\mathfrak{x}')$ aus und drehen die Koordinatensysteme so, daß die uneigentlichen Punkte der z-Achse und z'-Achse bei der projektiven Zuordnung einander entsprechen. Dann sind auch die Grundrisse der beiden Flächen in der x, y-Ebene und in der x', y'-Ebene projektiv aufeinander bezogen und die Differentialgleichungen (21.5) für die Verbiegungen beider Flächen im Sinne von § 20, Ziff. 6, projektiv verknüpft. Aus dem Transformationssatz folgt daher:

Aus jeder Lösung $\bar{z}(x, y)$ der Differentialgleichung (21.5) für die Verbiegungen der vorgegebenen Fläche $(\mathfrak{x})$ läßt sich durch eine Lineartransformation eine Lösung $\bar{z}'(x, y)$ der projektiv verknüpften Differentialgleichung für die Verbiegungen der projektiven Fläche $(\mathfrak{x}')$ herleiten. Kennt man also die infinitesimalen Verbiegungen einer Fläche $(\mathfrak{x})$, so ergeben sich die infinitesimalen Verbiegungen der projektiven Flächen $(\mathfrak{x}')$ durch Quadraturen.

4. Infinitesimale Verbiegungen der Flächen zweiter Ordnung und der Flächen, bei denen der Grundriß der Asymptotenlinien ein Rückungsnetz bildet

Die infinitesimalen Verbiegungen einer Fläche lassen sich nach § 20, Ziff. 2 und 3, explizit angeben, wenn die Charakteristiken der Verbiegungsgleichung (21.5), d. h. die Grundrisse der Asymptotenlinien, entweder a) geradlinig sind oder b) ein Rückungsnetz erzeugen.

Im Fall a) liegen die Asymptotenlinien der Fläche in Lotebenen zur x, y-Ebene und müssen, da die Tangentialebenen der Fläche Schmiegebenen der Asymptotenlinien sind, geradlinig sein. Die in Frage stehenden Flächen sind also Flächen zweiter Ordnung[1].

Bezüglich Fall b) kann man zeigen[2], daß zu jedem in der x, y-Ebene vorgegebenen Rückungsnetz Flächen existieren, deren Asymptotenlinien das gegebene Rückungsnetz als Grundriß haben.

Mit Hilfe von § 20, Ziff. 4, lassen sich die Untersuchungen auf Flächen positiven Krümmungsmaßes mit nichtreellen Asymptotenlinien übertragen.

5. Minimalflächen

Eine weitere Anwendung in der Flächentheorie bieten die Minimalflächen. Die Minimalflächen $\varphi = \varphi(u, v)$ im u, v, φ-Raum mit den

---

[1] Darboux, G.: Théorie des surfaces, **IV**, 11—12. Paris 1896.

[2] Sauer, R.: Sitzungsber. der Bayer. Akad. der Wiss., math.-naturw. Klasse, S. 1—12 (1949).

rechtwinkligen cartesischen Koordinaten u, v, φ genügen der quasilinearen Differentialgleichung

$$(1 + \varphi_u^2)\, \varphi_{vv} - 2\varphi_u\, \varphi_v\, \varphi_{uv} + (1 + \varphi_v^2)\, \varphi_{uu} = 0\,.$$

Die durch die Legendre-Transformation (19.8) und (19.9) zugeordnete lineare Differentialgleichung

$$(1 + x^2)\, f_{xx} + 2x\, y\, f_{xy} + (1 + y^2)\, f_{yy} = 0$$

hat als Charakteristiken in der x, y-Ebene gerade Linien, nämlich die Tangenten des nullteiligen Kreises $x^2 + y^2 + 1 = 0$.

Demnach lassen sich die Beziehungen von § 20, Ziff. 4, anwenden. Gl. (20.10) liefert mit $\zeta_1 = i$ die komplexe Darstellung der Minimalflächen

$$u + i\,v = \int \left(\tau\, d\mathsf{T} + \frac{1}{\tau}\, d\hat{\mathsf{T}} \right), \qquad \varphi = i(\hat{\mathsf{T}} - \mathsf{T}) \tag{21.6}$$

mit der willkürlichen analytischen Funktion $\mathsf{T}(\tau)$. Diese Darstellung läßt sich leicht in die bekannte Weierstrasssche Darstellung überführen.

§ 22. Anwendungen auf die stationäre Gasströmung

1. Zweidimensionale Überschallströmung

Die zweidimensionale stationäre Gasströmung mit Überschallgeschwindigkeit (vgl. § 6) genügt der Differentialgleichung

$$\text{mit} \qquad \begin{aligned} \varphi_{xx}(a^2 - \varphi_x^2) - 2\varphi_{xy}\, \varphi_x\, \varphi_y + \varphi_{yy}(a^2 - \varphi_y^2) &= 0 \\ a &= a(\varphi_x^2 + \varphi_y^2) \end{aligned} \tag{6.9}$$

für das Geschwindigkeitspotential $\varphi(x, y)$. Gl. (6.9) ist eine quasilineare, für $a^2 < \varphi_x^2 + \varphi_y^2$ hyperbolische Differentialgleichung vom Typus (20.2). Die Legendre-Transformation (19.8)

$$u = \varphi_x, \qquad v = \varphi_y, \qquad f(u, v) = x\,u + y\,v - \varphi, \qquad x = f_u, \qquad y = f_v$$

bedeutet hier den Übergang von der x, y-Strömungsebene zur u, v-Hodographenebene. Sie führt Gl. (6.9) über in die lineare Differentialgleichung

$$(a^2 - v^2)\, f_{uu} + 2u\,v\, f_{uv} + (a^2 - u^2)\, f_{vv} = 0\,. \tag{22.1}$$

Die durch die gewöhnliche Differentialgleichung

$$(a^2 - v^2)\, dv^2 - 2u\,v\, du\, dv + (a^2 - u^2)\, du^2 = 0 \tag{22.2}$$

bestimmten u, v-Charakteristiken bilden ein drehsymmetrisches Kurvennetz. Die Gestalt der Kurven hängt von der Wahl der Funktion $a(u^2 + v^2)$ ab, die nach § 6, Ziff. 1, ihrerseits durch die zugrunde gelegte Druck-Dichte-Beziehung $p = p(\varrho)$ festgelegt ist.

Die x, y-Charakteristiken werden als MACHsche Linien (vgl. § 6, Ziff. 4) bezeichnet. Sie schließen mit den Stromlinien den MACHschen Winkel α ein (vgl. Ziff. 3). Die x, y-Charakteristikennetze sind nach § 19, Ziff. 3, zu dem festen u, v-Charakteristikennetz orthogonalreziprok und können durch die in § 19, Ziff. 5, angegebene MASSAUsche Gitterkonstruktion ermittelt werden. Diese Konstruktion wurde in die Gasdynamik von PRANDTL und BUSEMANN eingeführt.

2. Spezielle Adiabatengleichungen

Die allgemeine Lösung der Differentialgleichungen (6.9) und (22.1) läßt sich nach § 20, Ziff. 2 und 3, explizit angeben, wenn die u, v-Charakteristiken entweder a) geradlinig sind oder b) ein Rückungsnetz bilden.

Fall a) tritt ein für die KÁRMÁNsche Adiabatengleichung[1]

$$p = A + \frac{B}{\varrho}, \qquad (22.3)$$

aus der man nach § 6, Ziff. 1, bei Überschallströmungen für die Schallgeschwindigkeit die Beziehung

$$a^2 = u^2 + v^2 - 1$$

erhält. Die u, v-Charakteristiken sind die Tangenten des Kreises

$$u^2 + v^2 = 1,$$

die x, y-Charakteristiken (MACH-Linien) bilden Rückungsnetze. Vgl. hierzu die formal analogen Beziehungen bei der kegelsymmetrischen Überschallströmung in § 38, Ziff. 3.

Fall b) tritt ein für die PÉRÈS-MUNKsche Adiabatengleichung[2]

$$p = A + B \left(\operatorname{arc} \operatorname{tg} \varrho - \frac{\varrho}{1 + \varrho^2} \right), \qquad (22.4)$$

aus der die Beziehung

$$a^2 = (u^2 + v^2)\,[1 - (u^2 + v^2)]$$

für Überschallströmungen folgt. Die u, v-Charakteristiken sind kongruente Kreise durch den Nullpunkt $u = v = 0$ und bilden ein Rückungsnetz, die MACH-Linien in der x, y-Ebene sind geradlinig.

Nach § 20, Ziff. 4, ergeben sich im Fall a) analoge Unterschallströmungen mit imaginären u, v-Charakteristiken.

---

[1] Vgl. z. B. [11], S. 110—114.

[2] MUNK, M.: On supersonic flow problems. J. appl. Phys., April 1949, S. 302—305.

3. Drehsymmetrische dreidimensionale Überschallströmung

Bei der dreidimensionalen drehsymmetrischen Strömung ist die Differentialgleichung

$$\varphi_{xx}(a^2 - \varphi_x^2) - 2\varphi_{xr}\,\varphi_x\,\varphi_r + \varphi_{rr}(a^2 - \varphi_r^2) = -\frac{a^2}{r}\,\varphi_r \qquad (6.10)$$

eine nichthomogene quasilineare Differentialgleichung vom Typus (19.1), kann also nicht durch eine LEGENDRE-Transformation in eine lineare Differentialgleichung übergeführt werden.

Die Richtungsbedingung (19.4) liefert ebenso wie bei der zweidimensionalen Strömung

$$\frac{dr}{dx} = \frac{-u\,v \pm a\,\sqrt{u^2 + v^2 - a^2}}{a^2 - u^2} = \operatorname{tg}(\Theta \mp \alpha); \qquad (22.5)$$

dabei ist $\Theta = \operatorname{arctg}(v/u)$ der Winkel der Stromlinien gegen die x-Achse und der MACH-Winkel $\alpha = \arcsin \dfrac{a}{\sqrt{u^2 + v^2}}$. Die Charakteristiken (MACH-Linien) schneiden also die Stromlinien unter dem Winkel $\pm\,\alpha$ (vgl. Ziff. 1). Die Verträglichkeitsbedingung (19.5)

$$(a^2 - u^2)\,du - \left(u\,v \pm a\,\sqrt{u^2 + v^2 - a^2}\right)dv + \frac{a^2 v}{r}\,dx = 0$$

nimmt in den Polarkoordinaten Θ und $V = \sqrt{u^2 + v^2}$ des Geschwindigkeitsvektors die einfachere Gestalt an

$$\operatorname{cotg}\alpha\,\frac{dV}{V} \pm d\Theta = \frac{\sin\alpha\,\sin\Theta}{\cos(\Theta \mp \alpha)}\,\frac{dx}{r}\,.$$

Sie vereinfacht sich weiter zu

$$\left.\begin{aligned} d\lambda \\ d\mu \end{aligned}\right\} = \frac{\sin\alpha\,\sin\Theta}{2\cos(\Theta \mp \alpha)}\,\frac{dx}{r} \qquad (22.6)$$

beim Übergang zu den krummlinigen Koordinaten in der Hodographenebene

$$\left.\begin{aligned} 2\lambda \\ 2\mu \end{aligned}\right\} = \pm\,\Theta + W(V) \quad \text{mit} \quad W = \int \operatorname{cotg}\alpha\,\frac{dV}{V}\,. \qquad (22.7)$$

Die Koordinatenlinien $\lambda = \text{const}$, $\mu = \text{const}$ sind bei der zweidimensionalen Strömung u,v-Charakteristiken, bei der drehsymmetrischen dreidimensionalen Strömung sind sie es natürlich nicht.

Die MACH-Netze lassen sich durch die in § 18, Ziff. 1 und 2, behandelte MAUSSAUsche Gitterkonstruktion ermitteln.

4. Nichtisentropische Überschallströmung

In § 6 hatten wir uns auf isentropische Gasströmungen beschränkt. Bei nichtisentropischen Gasströmungen existiert kein Geschwindigkeitspotential. Wenn wir voraussetzen, daß die Staupunkttemperatur für alle Stromlinien dieselbe ist, und wenn wir uns außerdem auf dreidimensionale drehsymmetrische Strömungen und auf ideale Gase beschränken, genügt die Strömung den drei quasilinearen Differentialgleichungen

$$v(u_r - v_x) - \frac{a^2}{\varkappa(\varkappa - 1)}\, s_x = 0,$$

$$u(u_r - v_x) + \frac{a^2}{\varkappa(\varkappa - 1)}\, s_r = 0, \tag{22.8}$$

$$(a^2 - u^2)\, u_x - u\,v(u_r + v_x) + (a^2 - v^2)\, v_r = -a^2\,\frac{v}{r}$$

für die drei gesuchten Funktionen $u(x, r)$, $v(x, r)$, $s(x, r)$; $u, v =$ Geschwindigkeitskomponenten parallel und senkrecht zur Drehachse, $s =$ Entropie, $a^2 = a_0^2 - \dfrac{\varkappa - 1}{2}\,(u^2 + v^2)$. Die Entropie ist durch Division mit der spezifischen Wärme bei konstantem Volumen dimensionslos gemacht.

Nach § 14, Ziff. 5, erhält man aus der Richtungsbedingung drei Charakteristikenscharen, nämlich die Stromlinien und die beiden Scharen der MACH-Linien, welche die Stromlinien unter dem MACH-Winkel α schneiden. Die Verträglichkeitsbedingung liefert

$$ds = 0, \quad \text{d. h.} \quad s = \text{const} \tag{22.9}$$

längs der Stromlinien und

$$\left.\begin{matrix} 2\,d\,\lambda \\ 2\,d\,\mu \end{matrix}\right\} = \frac{\sin\alpha \sin\Theta}{\cos(\Theta \mp \alpha)}\,\frac{d\,x}{r} - \frac{\sin\alpha \cos\alpha}{\varkappa(\varkappa - 1)}\,d\,s \tag{22.10}$$

längs der MACH-Linien. Zur Integration des dreigliedrigen Systems (22.8) vgl. die Ausführungen in § 26, Ziff. 6.

Bei der zweidimensionalen Strömung ändern sich die vorangehenden Beziehungen nur dadurch, daß die Glieder mit $1/r$ durch Null zu ersetzen sind und y an Stelle von r zu schreiben ist.

§ 23. Anwendungen auf die nichtstationäre Gasströmung

1. Eindimensionale Strömung

Die eindimensionale nichtstationäre Gasströmung genügt der Differentialgleichung

$$\varphi_{xx}(a^2 - \varphi_x^2) - 2\,\varphi_{xt}\,\varphi_x - \varphi_{tt} = 0 \quad \text{mit} \quad a = a(\varphi_t + \tfrac{1}{2}\varphi_x^2) \tag{6.11}$$

für das Geschwindigkeitspotential $\varphi(x, t)$. Sie ist eine hyperbolische Differentialgleichung vom Typus (20.2). Die LEGENDRE-Transformation (19.8)

$$u = \varphi_x, \qquad q = \varphi_t = -\frac{u^2}{2} - \int\limits_{p_0}^{p}\frac{dp}{\varrho}, \qquad f(u, q) = u\,x + q\,t - \varphi.$$

$$x = f_u, \qquad t = f_q,$$

bei der φ_t aus Gl. (6.5) eingeführt ist, liefert den Übergang von der x, t-Weg-Zeit-Ebene zur u, q-Zustandsebene und führt Gl. (6.11) über in die lineare Differentialgleichung

$$f_{qq}(a^2 - u^2) + 2u f_{uq} - f_{uu} = 0.$$ (23.1)

Die durch die gewöhnliche Differentialgleichung

$$d u^2 (a^2 - u^2) - 2 u\, d u\, d q - d q^2 = 0$$ (23.2)

bestimmten u, q-Charakteristiken sind kongruente, zueinander parallele Kurven. Ihre Gestalt hängt von der durch die Druck-Dichte-Beziehung $p = p(\varrho)$ festgelegten Funktion $a\left(\dfrac{u^2}{2} + q\right)$ ab.

Die x, t-Charakteristiken, die man auch hier als MACHsche Linien zu bezeichnen pflegt, und die festen u, q-Charakteristiken bilden orthogonal-reziproke Netze, so daß wieder die MASSAUsche Gitterkonstruktion von § 19, Ziff. 5, angewendet werden kann. Die MACH-Linien sind die Weg-Zeit-Linien kleiner Störungen, die sich mit der Geschwindigkeit $u \pm a$ ausbreiten (vgl. Ziff. 3).

2. Spezielle Adiabatengleichungen

Explizite Lösungen der Differentialgleichungen (6.11), (23.1) ergeben sich wieder, wenn die u, q-Charakteristiken entweder a) geradlinig sind oder b) ein Rückungsnetz bilden.

Fall a) tritt ein für die KÁRMÁNsche Adiabatengleichung[1]

$$p = A + \frac{B}{\varrho}$$ (22.3)

und der daraus folgenden Beziehung

$$a^2 = u^2 + 2q + 1.$$

Die u, q-Charakteristiken sind die Tangenten der Parabel

$$u^2 + 2q + 1 = 0.$$

Fall b) tritt ein für die BECHERTsche Adiabatengleichung[1]

$$p = A + B \varrho^3$$ (23.3)

und die daraus folgende Beziehung

$$a^2 = 1 - (u^2 + 2q).$$

Die u, q-Charakteristiken sind parallele, ein Rückungsnetz erzeugende Parabeln.

---

[1] Vgl. z. B. [12], S. 151—153.

3. Dreidimensionale zylindersymmetrische
und kugelsymmetrische Strömungen

Bei zylindersymmetrischen ($\sigma = 1$) und kugelsymmetrischen ($\sigma = 2$) Strömungen ist die Differentialgleichung des Geschwindigkeitspotentials

$$\varphi_{rr}(a^2 - \varphi_r^2) - 2\,\varphi_{rt}\,\varphi_r - \varphi_{tt} = -\,\sigma\,a^2\,\frac{\varphi_r}{r} \qquad (6.12)$$

nicht homogen. Die Richtungsbedingung (19.4) liefert mit $u = \varphi_r$ ebenso wie bei der eindimensionalen Strömung ($\sigma = 0$)

$$\frac{dr}{dt} = u \pm a; \qquad (23.4)$$

diese die MACH-Linien in der r, t-Weg-Zeit-Ebene kennzeichnende Geschwindigkeit dr/dt ist gleich der absoluten Ausbreitungsgeschwindigkeit einer nach rechts oder nach links laufenden kleinen Störung. Die Verträglichkeitsbedingung (19.5)

$$(a^2 - u^2)\,du - (u \pm a)\,dq + \sigma\,a^2\,\frac{u}{r}\,dr = 0$$

läßt sich mittels Gl. (6.5) umformen in

$$\pm\,du + \frac{dp}{a\,\varrho} + \sigma\,\frac{a\,u}{u \pm a}\,\frac{dr}{r} = 0.$$

Sie vereinfacht sich zu

$$\left.\begin{matrix} 2\,d\lambda \\ 2\,d\mu \end{matrix}\right\} = -\,\frac{\sigma}{2}\,\frac{a\,u}{u \pm a}\,\frac{dr}{r} = -\,\frac{\sigma}{2}\,a\,u\,\frac{dt}{r} \qquad (23.5)$$

bei Einführung der neuen Veränderlichen

$$\left.\begin{matrix} 2\,\lambda \\ 2\,\mu \end{matrix}\right\} = \pm\,u + A\left(\frac{u^2}{2} + q\right) \quad \text{mit} \quad A = \int \frac{dp}{a\,\varrho}$$

in der u, q-Zustandsebene. Die Koordinatenlinien $\lambda = \text{const}$, $\mu = \text{const}$ sind u, q-Charakteristiken bei der eindimensionalen Strömung ($\sigma = 0$), nicht aber bei der zylindersymmetrischen und der kugelsymmetrischen Strömung ($\sigma = 1$ bzw. 2). Die Konstruktion der MACH-Netze kann wieder mit Hilfe des MASSAUschen Verfahrens von § 18, Ziff. 1 und 2, erfolgen.

4. Nichtisentropische Strömung

Die nichtisentropische Gasströmung ($\sigma = 0, 1, 2$ wie in Ziff. 3) genügt bei Beschränkung auf ideale Gase den drei quasilinearen Differentialgleichungen

$$u\,u_r + u_t + \frac{2}{\varkappa - 1}\,a\,a_r - \frac{a^2}{\varkappa(\varkappa - 1)}\,s_r = 0,$$

$$a\,u_r + \frac{2}{\varkappa - 1}\,(u\,a_r + a_t) = -\,\sigma\,\frac{a\,u}{r}, \qquad (23.6)$$

$$u\,s_r + s_t = 0$$

für die drei gesuchten Funktionen $u(r, t)$, $a(r, t)$, $s(r, t)$; dabei bedeutet s wieder die Entropie.

Nach § 14, Ziff. 5, erhält man aus der Richtungsbedingung drei Charakteristikenscharen, nämlich die Bahnlinien $(dr/dt = u)$ und die beiden Scharen der MACH-Linien $(dr/dt = u \pm a)$. Die Verträglichkeitsbedingung liefert

$$ds = 0, \quad \text{d. h.} \quad s = \text{const} \tag{23.7}$$

längs der Bahnlinien und

$$\left.\begin{array}{c}2\,d\lambda\\2\,d\mu\end{array}\right\} = -\frac{\sigma}{2}\,a u\,\frac{dt}{r} + \frac{a}{\varkappa(\varkappa-1)}\,ds \tag{23.8}$$

längs der MACH-Linien. Zur Integration des dreigliedrigen Systems (23.6) vgl. man wieder § 26, Ziff. 6.

5. Druckwellen in zylindrischem Rohr

Als Anwendungsbeispiel für die in Ziff. 1 behandelten eindimensionalen Strömungen ist in Abb. 29 die Strömung in einem zylindrischen Rohr dargestellt, welche von zwei Kolben, die sich nach einem vorgegebenen Gesetz bewegen, hervorgerufen wird. Die Abbildung zeigt

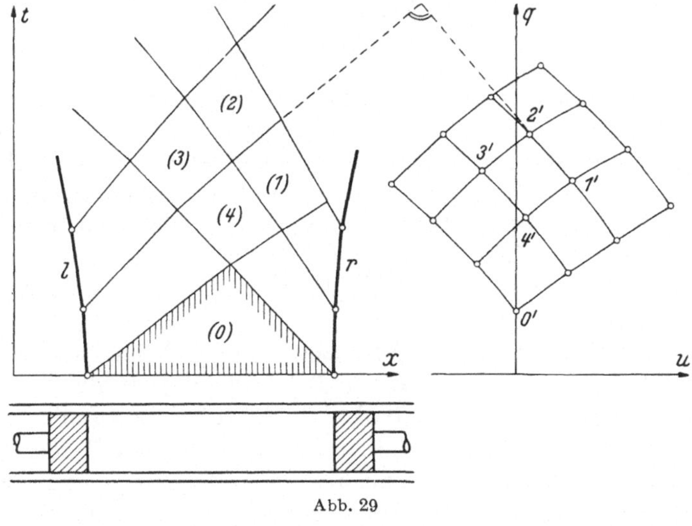

Abb. 29

die Ermittlung der Strömung durch die MASSAUsche Gitterkonstruktion von § 19, Ziff. 5. Als Anfangs- und Randbedingungen sind der bei Beginn der Bewegung herrschende Ruhezustand des Gases (Punkt 0' in der u, q-Zustandsebene) und der Bewegungsverlauf der beiden Kolben (Kurven l, r in der x, t-Ebene) gegeben. Der schraffierte Bereich (0) der x, t-Ebene bleibt ungestört. Von l gehen rechtslaufende, von r

linkslaufende MACH-Linien aus, die sich in dem Bereich (1), (2), (3), (4) durchsetzen und dabei abgelenkt werden. Statt der graphischen Konstruktion von § 19, Ziff. 5, wird man in der Praxis besser die sehr einfache numerische Ermittlung des MACH-Liniengitters nach § 18, Ziff. 3, Schlußabsatz, verwenden.

In derselben Weise läßt sich der Druckausgleich in einem unendlich langen zylindrischen Rohr (Abb. 30) behandeln:

Zur Zeit $t = 0$ sei das Gas im linken Rohrteil $x < x_1$ und im rechten Rohrteil $x > x_2$ im gleichen Ruhezustand, im Zwischenteil $x_1 < x < x_2$ dagegen irgendwie gestört, jedoch so, daß die Entropie erhalten bleibt.

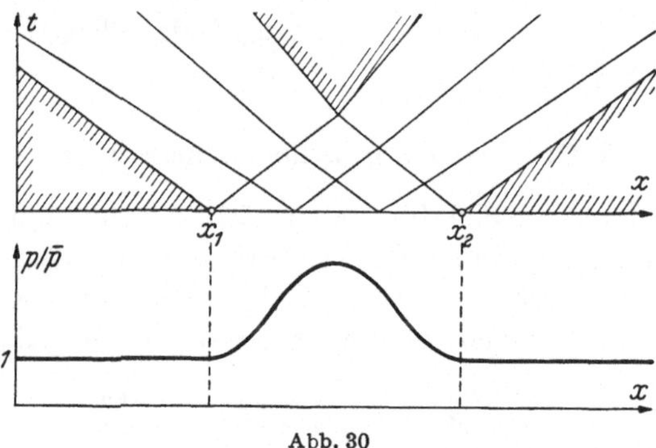

Abb. 30

Der Druckausgleich ist in der x, t-Ebene dargestellt. Von der Strecke $x_1 \leq x \leq x_2$ der x-Achse gehen nach links und rechts MACH-Linien aus, die sich in einem dreieckigen Bereich durchsetzen und dann nach links bzw. rechts weiterlaufen. Die schraffierten Bereiche bleiben ungestört. Die Aufgabe wurde erstmals von RIEMANN behandelt und bildete den Ausgangspunkt für die klassische, nach ihm benannte Integrationsmethode der linearen Differentialgleichung zweiter Ordnung (vgl. §§ 28, 29).

Die beiden hier erörterten Aufgaben lassen sich im Falle der speziellen Druck-Dichte-Beziehungen (22.3) und (23.3) [Fälle a) und b) von Ziff. 2] explizit lösen. Im Fall a) bilden die MACH-Linien in den Übergangsbereichen Rückungsnetze und sind außerhalb der Überlagerungsbereiche parallel; im Fall b) werden die MACH-Linien bei der Überlagerung nicht abgelenkt, sondern sind durchlaufende Gerade.

6. Vergleich mit der Akustik

Wenn man nach § 6, Ziff. 4, sich auf kleine Störungen des Grundzustands $\bar{u}$, $\bar{a}$ beschränkt, geht die nichtlineare Differentialgleichung (6.11) in die lineare Differentialgleichung

$$\varphi_{xx}(\bar{a}^2 - \bar{u}^2) - 2\varphi_{xt}\bar{u} - \varphi_{tt} = 0$$

mit konstanten Koeffizienten über und die „nichtlinearen Druckwellen" von Ziff. 1 spezialisieren sich zu den „linearen Druckwellen" der gewöhnlichen eindimensionalen Akustik. Dabei ergeben sich folgende Vereinfachungen:

1. Die Richtung der MACH-Linien $(d\,x/d\,t = \overline{u} \pm \overline{a})$ ist konstant und durch den Grundzustand festgelegt. Die MACH-Linien sind also parallele Gerade. Bei der Gitterkonstruktion nach § 18, Ziff. 3, Schlußabsatz, kann an Stelle eines schematischen Gitters von vornherein das richtige MACH-Liniengitter gezeichnet werden. Die Anordnung der λ, μ in den Gittermaschen bleibt dieselbe wie im nichtlinearen Fall.

2. Da die MACH-Linien parallel sind, bleibt bei einer rechts- oder linkslaufenden Störung außerhalb etwaiger Überlagerungsbereiche die „Wellenform", d. h. die Verteilung der Zustandswerte $a\,(x)$, $u\,(x)$, $p\,(x)$ usw., für alle t gleich. Störungen pflanzen sich also in Streifen zwischen parallelen Geraden der x, t-Ebene unverzerrt fort; bei den nichtlinearen Druckwellen von Ziff. 1 dagegen werden die Wellenformen

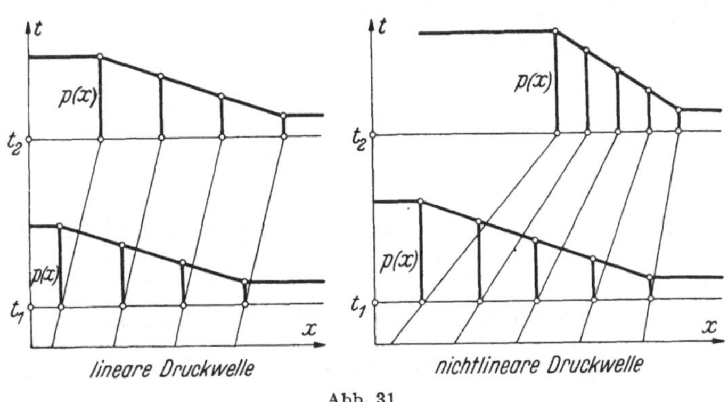

Abb. 31

entsprechend der Divergenz oder Konvergenz der MACH-Linien verzerrt (Abb. 31). Dies ergibt sich daraus, daß bei einer etwa rechtslaufenden Welle längs jeder rechtslaufenden MACH-Linie $\lambda = \text{const}$ und im ganzen x, t-Bereich dieser Welle außerdem $\mu = \text{const}$ ist; längs jeder rechtslaufenden MACH-Linie ist also sowohl λ als auch μ und infolgedessen auch jede andere Zustandsgröße (als Funktion von λ und μ) konstant.

Wie Abb. 31 zeigt, werden die Wellenformen nichtlinearer Druckwellen mit zunehmender Zeit flacher oder steiler, je nachdem die MACH-Linien auseinander- oder zusammenlaufen. Im ersten Fall spricht man von einer Verdünnungswelle, im zweiten Fall von einer Verdichtungswelle, da man zeigen kann, daß längs der Bahnkurven die Dichte im ersten Fall ab- und im zweiten Fall zunimmt.

8*

§ 24. Anwendungen auf Oberflächenwellen und auf plastische Spannungsfelder

1. Theorie der Oberflächenwellen in seichtem Wasser

Ein weiteres Anwendungsgebiet ist die Theorie der Oberflächenwellen in einer begrenzten oder unendlich ausgedehnten Wasserströmung; der feste Grund des Wassers sei durch $z = h(x, y)$, die zeitlich veränderliche Oberfläche des Wassers durch $z = \zeta(x, y, t)$ gegeben; die z-Achse verläuft in vertikaler Richtung. Um das Problem zu vereinfachen, wird vorausgesetzt, daß die Tiefe $\zeta - h$ des Wassers klein sei gegen die Krümmungsradien der Vertikalschnitte der Wasseroberfläche (shallow-water-Theorie[1]). Bei Vernachlässigung zweiter und höherer Potenzen der Wassertiefe ergeben sich Näherungsgleichungen für die Wasserströmung, bei der die Geschwindigkeitskomponenten u, v nicht mehr von der Höhe z, sondern nur noch von den Koordinaten x, y abhängen. Die Aufgabe besteht dann darin, die drei die Strömung kennzeichnenden Größen ζ, u und v als Funktionen von x, y zu ermitteln. Sie genügen den Differentialgleichungen

$$\zeta_t + [u(\zeta - h)]_x + [v(\zeta - h)]_y = 0,$$
$$u_t + u\,u_x + v\,u_y = -g\,\zeta_x, \qquad (24.1)$$
$$v_t + u\,v_x + v\,v_y = -g\,\zeta_y,$$

wobei g die als konstant vorausgesetzte Schwerebeschleunigung bedeutet.

2. Anwendung der Charakteristikentheorie

Der Spezialfall eines ebenen horizontalen Bodens ($h \equiv 0$) läßt sich auf die Theorie der Gasströmungen zurückführen. Die Gln. (24.1) gehen nämlich, falls $h = 0$ ist, in die Gleichungen der zweidimensionalen Gasströmung

$$\tilde{\varrho}_t + (u\,\tilde{\varrho})_x + (v\,\tilde{\varrho})_y = 0,$$
$$u_t + u\,u_x + v\,u_y = -\frac{1}{\tilde{\varrho}}\tilde{p}_x, \qquad v_t + u\,v_x + v\,v_y = -\frac{1}{\tilde{\varrho}}\tilde{p}_y$$

über durch die Zuordnung

$$\tilde{\varrho} = \varrho\,\zeta, \qquad \tilde{p} = \frac{g\,\varrho}{2}\,\zeta^2, \qquad \text{also} \qquad \tilde{p} = \frac{g}{2\,\varrho}\,\tilde{\varrho}^2. \qquad (24.2)$$

Hierbei ist ϱ die konstante Dichte (Masse der Volumeneinheit) des Wassers, $\tilde{p}$ der Druck und $\tilde{\varrho}$ die Dichte (Masse der Flächeneinheit) in der zugeordneten zweidimensionalen Gasströmung. Wie die letzte

---

[1] Friedrichs, K.: Comm. Appl. Math. 1, 1, 81—85 (1948). — J. J. Stoker: Comm. Appl. Math. 1, 1, 1—80 (1948).

Gl. (24.2) zeigt, genügen $\tilde{p}$ und $\tilde{\varrho}$ der Adiabatengleichung eines idealen Gases mit $\varkappa = 2$. Diese erstmals von JOUGUET bemerkte ,,Wasseranalogie'' wird vielfach zur Untersuchung von Gasströmungen mittels der Oberflächenwellen in einem Wassertrog benützt[1]. Der Schallgeschwindigkeit $\tilde{a} = \sqrt{\dfrac{d\tilde{p}}{d\tilde{\varrho}}}$ entspricht nach den Gln. (24.2) die Ausbreitungsgeschwindigkeit $a = \sqrt{g\zeta}$ der Oberflächenwellen.

Auf Grund der Wasseranalogie ist die stationäre Wasserströmung äquivalent der zweidimensionalen stationären Gasströmung (§ 22, Ziff. 1) und die eindimensionale nichtstationäre Wasserströmung der eindimensionalen nichtstationären Gasströmung (§ 23, Ziff. 1). In beiden Fällen kann also die MASSAUsche Gitterkonstruktion von § 19, Ziff. 5, angewandt werden.

3. Theorie der ebenen plastischen Spannungsfelder

Schließlich soll noch die Anwendung der Charakteristikentheorie auf plastische ebene Spannungsfelder[2] kurz erörtert werden. Die Normalspannungen σ^x, σ^y und die Schubspannung τ in einem rechtwinkligen cartesischen Koordinatensystem genügen den Gleichgewichtsbedingungen

$$\sigma^x_x + \tau_y = 0, \qquad \tau_x + \sigma^y_y = 0 \tag{24.3}$$

und einem vorgegebenen Fließgesetz

$$\sigma^y = g(\sigma^x, \tau) \quad \text{mit} \quad \frac{\partial g}{\partial \sigma^x} > 0. \tag{24.4}$$

Auf Grund der ersten Gl. (24.3) kann man durch

$$\sigma^x = \varphi_y, \qquad \tau = -\varphi_x \tag{24.5}$$

ein Spannungspotential $\varphi(x, y)$ einführen und erhält für dieses nach der zweiten Gl. (24.3) unter Berücksichtigung von Gl. (24.4) die Potentialgleichung

$$\varphi_{xx} + \frac{\partial g}{\partial \tau}\, \varphi_{xy} - \frac{\partial g}{\partial \sigma^x}\, \varphi_{yy} = 0. \tag{24.6}$$

Dies ist eine homogene Differentialgleichung vom Typus (20.2). Sie geht durch die LEGENDRE-Transformation (19.8)

$$-\tau = \varphi_x, \qquad \sigma^x = \varphi_y, \qquad f(\sigma^x, \tau) = -x\tau + y\sigma^x - \varphi,$$
$$x = -f_\tau, \qquad y = f_{\sigma^x}$$

---

[1] Vgl. z. B. TH. v. KÁRMÁN: Z. angew. Math. Mech. **18**, 49—56 (1938). — E. PREISWERK: Diss. Eidgen. Techn. Hochsch. Zürich 1938.

[2] Vgl. insbesondere R. v. MISES: Three remarks on the theory of the ideal plastic body. Reissner Anniversary Volume: Contributions to Applied Mechanics, 415—429 (1949). — R. SAUER: Z. angew. Math. Mech. **29**, 274—279 (1949).

in die lineare Differentialgleichung

$$f_{\sigma^x \sigma^x} + \frac{\partial g}{\partial \tau} f_{\sigma^x \tau} - \frac{\partial g}{\partial \sigma^x} f_{\tau\tau} = 0 \tag{24.7}$$

über.

4. Anwendung der Charakteristikentheorie

Die Differentialgleichung (24.6) ist wegen $\dfrac{\partial g}{\partial \sigma^x} > 0$ hyperbolisch. Nach § 19, Ziff. 3, ist das Charakteristikennetz in der σ^x, $(-\tau)$-Ebene orthogonal-reziprok zu den Netzen der x, y-Charakteristiken, die man in der Mechanik als Gleitkurven bezeichnet. Die Ermittlung der Gleitkurven kann wieder durch die MASSAUsche Gitterkonstruktion von § 19, Ziff. 5, erfolgen.

Wegen der Linearität der Gl. (24.7) ergeben sich aus irgend zwei Spannungsfunktionen $f_1(\sigma^x, \tau)$ und $f_2(\sigma^x, \tau)$ durch Linearverbindungen mit konstanten Koeffizienten neue Lösungen $f_3 = c_1 f_1 + c_2 f_2$. Mit Rücksicht auf $x = -f_\tau$, $y = f_{\sigma^x}$ folgt dann $x_3 = c_1 x_1 + c_2 x_2$, $y_3 = c_1 y_1 + c_2 y_2$. Hiernach kann man aus zwei vorgegebenen Spannungsfeldern ein neues Spannungsfeld dadurch herleiten, daß man die Verbindungsstrecken entsprechender Punkte x_1, y_1 und x_2, y_2 in einem festen Verhältnis innen oder außen teilt und dem Teilpunkt x_3, y_3 jeweils denselben Spannungszustand σ^x, σ^y, τ zuweist wie den Punkten x_1, y_1 und x_2, y_2. Dieses von R. v. MISES[1] angegebene Superpositionsgesetz wird in analoger Weise auch bei zweidimensionalen stationären Gasströmungen[2] benützt.

Zwei Spezialfälle des Fließgesetzes[3] sind bemerkenswert:

1. Beim Fließgesetz mit konstanter maximaler Schubspannung $(\tau_{\max} = k)$

$$\sigma^y = \sigma^x + 2\sqrt{k^2 - \tau^2}$$

erhält man für die σ^x, τ-Charakteristiken

$$\left.\begin{matrix}\lambda\\\mu\end{matrix}\right\} = \sigma^x + \sqrt{k^2 - \tau^2} \pm k \arccos\left(\frac{\tau}{k}\right) = \text{const.}$$

Die Charakteristiken durchsetzen sich senkrecht und verlaufen in einem Parallelstreifen $k \geqq \tau \geqq -k$.

2. Bei dem von PRANDTL benützten Fließgesetz

$$\sigma^x \sigma^y - \tau^2 + A \cdot (\sigma^x + \sigma^y) + B = 0 \quad (A, B = \text{const})$$

sind die σ^x, τ-Charakteristiken geradlinig und umhüllen eine Ellipse. Infolgedessen können nach § 20, Ziff. 2, die zugehörigen Spannungsverteilungen explizit angegeben werden und die Gleitkurvennetze in der x, y-Ebene sind Rückungsnetze.

---

[1] v. MISES, R.: Z. angew. Math. Mech. **5**, 147—149 (1925).

[2] SAUER, R.: Z. angew. Math. Mech. **21**, 313—315 (1941).

[3] Vgl. A. NADAI: Plastizität und Erddruck. Handbuch Physik, VI, S. 472 ff.

§ 25. Allgemeine Differentialgleichung zweiter Ordnung

1. Zurückführung auf ein charakteristisches System

In § 19 hatten wir die Integration der quasilinearen Differentialgleichungen zweiter Ordnung auf die Integration eines viergliedrigen charakteristischen Systems (15.3) zurückgeführt. Eine analoge Reduktion auf ein zwölfgliedriges charakteristisches System (16.1) läßt sich bei allgemeinen Differentialgleichungen zweiter Ordnung

$$\Phi(x, y, f, p, q, r, s, t) = 0 \qquad (25.1)$$

vornehmen. p, q, r, s, t sind die ersten und zweiten Ableitungen der gesuchten Funktion $f(x, y)$, die als dreimal stetig differenzierbar vorausgesetzt wird. Die Funktion Φ soll stetige dritte Ableitungen bezüglich aller Argumente besitzen.

Wir gehen aus von einer vorgegebenen Integralfläche $f = f(x, y)$ der Differentialgleichung (25.1) und einer auf ihr liegenden Kurve

$$x = x(\tau), \quad y = y(\tau), \quad f = f(\tau) \quad \text{mit} \quad \dot{x}^2 + \dot{y}^2 \neq 0 \qquad (25.2)$$

sowie den zugehörigen ersten und zweiten Ableitungen

$$p = p(\tau), \quad q = q(\tau), \quad r = r(\tau), \quad s = s(\tau), \quad t = t(\tau) \qquad (25.3)$$

der vorgegebenen Lösung $f(x, y)$. Hierdurch sind längs der betrachteten Flächenkurve die Tangentenebenen und die Krümmungseigenschaften der Integralfläche festgelegt oder, wie man kurz sagt, die Gln. (25.2), (25.3) stellen einen „Krümmungsstreifen" der Integralfläche dar. Die acht Funktionen sind nicht unabhängig voneinander, sondern genügen den „Streifenrelationen"

$$\dot{f} = p\dot{x} + q\dot{y}, \quad \dot{p} = r\dot{x} + s\dot{y}, \quad \dot{q} = s\dot{x} + t\dot{y}. \qquad (25.4)$$

Sie sind stetig differenzierbar vorausgesetzt.

Ähnlich wie in § 14 kommen wir nun zum Begriff charakteristischer Elemente durch den Versuch, längs eines vorgegebenen Krümmungsstreifens die dritten Ableitungen der gesuchten Funktion $r_x, s_x = r_y$, $t_x = s_y, t_y$ zu ermitteln:

Setzt man die Lösung $f(x, y)$ in die Differentialgleichung (25.1) ein, so wird sie zur Identität und man erhält durch partielle Differentiation nach x bzw. y

$$\Phi_r r_x + \Phi_s s_x + \Phi_t t_x = -(\Phi_x + p\,\Phi_f + r\,\Phi_p + s\,\Phi_q) = -X,$$

$$\Phi_r r_y + \Phi_s s_y + \Phi_t t_y = -(\Phi_y + q\,\Phi_f + s\,\Phi_p + t\,\Phi_q) = -Y.$$

Infolgedessen bestehen für die dritten Ableitungen r_x, s_x, t_x und r_y, s_y, t_y je drei lineare Gleichungen

$$\begin{aligned}
\Phi_r\, r_x + \Phi_s\, s_x + \Phi_t\, t_x &= -X, & \Phi_r\, r_y + \Phi_s\, s_y + \Phi_t\, t_y &= -Y, \\
\dot{x}\, r_x + \dot{y}\, s_x &= \dot{r}, & \dot{x}\, r_y + \dot{y}\, s_y &= \dot{s} \quad (25.5) \\
\dot{x}\, s_x + \dot{y}\, t_x &= \dot{s}, & \dot{x}\, s_y + \dot{y}\, t_y &= \dot{t},
\end{aligned}$$

wobei von den Beziehungen $r_y = s_x$, $s_y = t_x$ Gebrauch gemacht wurde.

Die Gl. (25.5) führen zu einer analogen Alternative wie die Gln. (14.3). Insbesondere bezeichnen wir den Krümmungsstreifen als charakteristisch, wenn die dritten Ableitungen nicht eindeutig festgelegt sind, wenn also der Rang der Koeffizientenmatrizen

$$\begin{pmatrix} \Phi_r & \Phi_s & \Phi_t & -X \\ \dot{x} & \dot{y} & 0 & \dot{r} \\ 0 & \dot{x} & \dot{y} & \dot{s} \end{pmatrix}, \qquad \begin{pmatrix} \Phi_r & \Phi_s & \Phi_t & -Y \\ \dot{x} & \dot{y} & 0 & \dot{s} \\ 0 & \dot{x} & \dot{y} & \dot{t} \end{pmatrix}$$

kleiner als 3 ist. Daraus ergibt sich die Richtungsbedingung

$$\Phi_r\, \dot{y}^2 - \Phi_s\, \dot{x}\, \dot{y} + \Phi_t\, \dot{x}^2 = 0, \tag{25.6}$$

welche in dem wieder vorausgesetzten hyperbolischen Fall

$$4\,\Phi_r\, \Phi_t - \Phi_s^2 < 0 \tag{25.7}$$

zwei verschiedene reelle Richtungen $\dot{x}/\dot{y} = \sigma$ bzw. ϱ festlegt.

Wie in § 14 betrachten wir auf der vorgegebenen Integralfläche die beiden Scharen der durch dieses Richtungsfeld definierten Kurven $\lambda = \text{const}$ und $\mu = \text{const}$ und nennen sie wieder Charakteristiken. Nach Einführung der unabhängigen Veränderlichen λ und μ hat man, wenn die y-Achse zu keiner charakteristischen Richtung parallel ist, analog zu Gl. (15.1) die Richtungsbedingungen

$$x_\mu \sigma - y_\mu = 0, \quad x_\lambda \varrho - y_\lambda = 0 \quad \text{mit} \quad \varrho \neq \sigma. \tag{25.8}$$

Durch das Nullsetzen der übrigen dreireihigen Determinanten der Koeffizientenmatrizen erhält man für jede der Charakteristikenscharen noch zwei Verträglichkeitsbedingungen, zusammen also vier Gleichungen

$$\begin{aligned}
A_1 r_\mu + A_2 s_\mu + A_3 x_\mu &= 0, & A_4 s_\mu + A_5 t_\mu + A_6 x_\mu &= 0, \\
B_1 r_\lambda + B_2 s_\lambda + B_3 x_\lambda &= 0, & B_4 s_\lambda + B_5 t_\lambda + B_6 x_\lambda &= 0.
\end{aligned} \tag{25.9}$$

Die sechs Streifenrelationen

$$\begin{aligned}
f_\mu - p\, x_\mu - q\, y_\mu = 0, \quad p_\mu - r\, x_\mu - s\, y_\mu = 0, \quad q_\mu - s\, x_\mu - t\, y_\mu = 0, \\
f_\lambda - p\, x_\lambda - q\, y_\lambda = 0, \quad p_\lambda - r\, x_\lambda - s\, y_\lambda = 0, \quad q_\lambda - s\, x_\lambda - t\, y_\lambda = 0
\end{aligned} \tag{25.10}$$

hinzugenommen, hat man also insgesamt zwölf lineare homogene Differentialgleichungen (25.8), (25.9), (25.10) für die acht Funktionen x, y, f,

p, q, r, s, t von λ und μ. Wie in § 15 wird nun dieses „charakteristische System" losgelöst von seiner Herleitung für sich betrachtet und die Integration der Differentialgleichung zweiter Ordnung (25.1) auf die Integration des charakteristischen Systems zurückgeführt.

Die Untersuchung verläuft in folgenden Schritten: Zunächst wählt man acht der zwölf Gleichungen aus und wendet auf dieses achtgliedrige System den Existenz- und Eindeutigkeitssatz des Anfangswertproblems der n-gliedrigen Systeme (16.1) an. Hierauf ist noch zu zeigen, daß die Lösungen auch die weggelassenen vier Gleichungen des ursprünglich zwölfgliedrigen Systems sowie die vorgegebene Differentialgleichung (25.1) $\Phi = 0$ erfüllen und daß außerdem die Beziehungen

$$p = f_x, \qquad q = f_y, \qquad r = f_{xx}, \qquad s = f_{xy}, \qquad t = f_{yy}$$

bestehen.

Wir beschränken uns darauf, dieses Programm an einem Spezialfall in Ziff. 2 durchzuführen.

2. Pseudolineare Differentialgleichung zweiter Ordnung

Als Spezialfall nehmen wir die „pseudolineare" Differentialgleichung

$$A r + 2 B s + C t = H , \tag{25.11}$$

bei der die Koeffizienten Funktionen von x, y, p, q und f mit stetigen zweiten Ableitungen sind. Wenn die Koeffizienten nur von x, y, p, q und nicht von f abhängigen, spezialisiert sich die pseudolineare Differentialgleichung (25.11) zur quasilinearen Differentialgleichung (19.1).

Bei der pseudolinearen Differentialgleichung (25.11) bekommt man statt für die dritten Ableitungen r_x, s_x, t_x, r_y, s_y, t_y schon für die zweiten Ableitungen r, s, t ein lineares Gleichungssystem

$$\begin{aligned} A r + 2 B s + C t &= H, \\ \dot{x} r + \dot{y} s &= \dot{p}, \\ \dot{x} s + \dot{y} t &= \dot{q}. \end{aligned} \tag{25.12}$$

Das bedeutet geometrisch, daß man hier statt von Krümmungsstreifen von gewöhnlichen Streifen $x(\tau)$, $y(\tau)$, $f(\tau)$, $p(\tau)$, $q(\tau)$ ausgehen kann, und analytisch, daß man ein charakteristisches System nur für die fünf Funktionen x, y, f, p, q von λ und μ zu bilden hat.

Aus den Gln. (25.12) erhält man in der üblichen Weise die Richtungsbedingung

$$A \dot{y}^2 - 2 B \dot{x} \dot{y} + C \dot{x}^2 = 0 \tag{25.13}$$

mit $A C - B^2 < 0$ für den hyperbolischen Fall und sonach wieder die Gleichungen

$$x_\mu \sigma - y_\mu = 0, \qquad x_\lambda \varrho - y_\lambda = 0 \quad \text{mit} \quad \varrho \neq \sigma . \tag{25.8}$$

Die x-Achse und die y-Achse sollen zu keiner charakteristischen Richtung parallel sein ($A \neq 0$, $C \neq 0$, $\varrho \neq 0$, $\sigma \neq 0$). Ferner ergeben sich aus den Gln. (25.12) die Verträglichkeitsbedingungen

$$A\,\sigma\,p_\mu + C\,q_\mu - H\,\sigma\,x_\mu = 0, \qquad A\,\varrho\,p_\lambda + C q_\lambda - H\,\varrho\,x_\lambda = 0, \qquad (25.14)$$

so daß schließlich die Gln. (25.8) und (25.14) zusammen mit den Streifenrelationen

$$f_\mu - p\,x_\mu - q\,y_\mu = 0, \qquad f_\lambda - p\,x_\lambda - q\,y_\lambda = 0 \qquad (25.15)$$

ein sechsgliedriges charakteristisches System für die fünf gesuchten Funktionen x, y, f, p, q von λ und μ bilden.

Nach dem Programm von Ziff. 1, Schlußabsatz, verfahren wir nun folgendermaßen: Wir lassen die zweite der Streifenbedingungen (25.15) weg und haben dann ein fünfgliedriges System für die fünf gesuchten Funktionen, auf das wir den Äquivalenz- und Eindeutigkeitssatz von § 15 anwenden können; wie in § 15 sind die Anfangsdaten auf einer Strecke der Geraden $\lambda + \mu = 0$ vorgegeben. Die Lösung $x = x(\lambda, \mu)$, $y = y(\lambda, \mu)$ liefert wegen $x_\lambda y_\mu - x_\mu y_\lambda \neq 0$ durch Auflösung nach λ und μ die Funktionen $\lambda(x, y)$, $\mu(x, y)$. Durch Einsetzen in die Lösung $f(\lambda, \mu)$, $p(\lambda, \mu)$, $q(\lambda, \mu)$ folgt dann $f = f(x, y)$, $p = p(x, y)$, $q = q(x, y)$. Es ist jetzt zu zeigen:

a) Die weggelassene zweite Gl. (25.15) wird von der Lösung des fünfgliedrigen charakteristischen Systems erfüllt.

Beweis: Durch Differentiation der ersten Gl. (25.15), nämlich $f_\mu - p\,x_\mu - q\,y_\mu = U(\lambda, \mu) \equiv 0$, nach λ kommt $U_\lambda \equiv 0$ und durch Differentiation der Funktion $f_\lambda - p\,x_\lambda - q\,y_\lambda = V(\lambda, \mu)$ nach μ folgt hierauf wegen der Stetigkeit der gemischten zweiten Ableitungen (vgl. § 17, Ziff. 1)

$$V_\mu = V_\mu - U_\lambda = p_\lambda x_\mu - p_\mu x_\lambda + q_\lambda y_\mu - q_\mu y_\lambda.$$

Wegen

$$0 = y_\mu(A\,\varrho\,p_\lambda + C\,q_\lambda - H\,\varrho\,x_\lambda) - y_\lambda(A\,\sigma\,p_\mu + C\,q_\mu - H\,\sigma\,x_\mu)$$
$$= A(\varrho\,y_\mu\,p_\lambda - \sigma\,y_\lambda\,p_\mu) + C(y_\mu\,q_\lambda - y_\lambda\,q_\mu)$$

und $C = A\,\varrho\,\sigma$ ist weiter

$$0 = A[(\varrho\,y_\mu\,p_\lambda - \sigma\,y_\lambda\,p_\mu) + \varrho\,\sigma(y_\mu\,q_\lambda - y_\lambda\,q_\mu)]$$
$$= A\,\varrho\,\sigma(x_\mu\,p_\lambda - x_\lambda\,p_\mu + y_\mu\,q_\lambda - y_\lambda\,q_\mu) = A\,\varrho\,\sigma\,V_\mu,$$

also $V_\mu = 0$ wegen A, ϱ, $\sigma \neq 0$. Da nun die Anfangsdaten auf $\lambda + \mu = 0$ die Streifenrelation

$$\dot{f} - p\,\dot{x} - q\,\dot{y} = 0,$$

also

$$f_\lambda - p\,x_\lambda - q\,y_\lambda - (f_\mu - p\,x_\mu - q\,y_\mu) = V - U = 0$$

erfüllen, folgt aus $U(\lambda, \mu) = 0$ für die Anfangsdaten auch $V = 0$, und wegen $V_\mu = 0$ ergibt sich schließlich $V(\lambda, \mu) \equiv 0$, w. z. b. w.

b) Die Funktionen $p(x, y)$, $q(x, y)$ sind die ersten Ableitungen der Funktion $f(x, y)$.

Beweis: Durch Vergleich der Streifenrelationen

$$f_\lambda = p\, x_\lambda + q\, y_\lambda, \qquad f_\mu = p\, x_\mu + q\, y_\mu$$

mit den Gleichungen

$$f_\lambda = f_x\, x_\lambda + f_y\, y_\lambda, \qquad f_\mu = f_x\, x_\mu + f_y\, y_\mu$$

ergibt sich wegen $x_\lambda y_\mu - x_\mu y_\lambda \neq 0$ sofort $p = f_x$, $q = f_y$.

c) Die Lösung des charakteristischen Systems erfüllt die Differentialgleichung (25.11).

Beweis: Aus den Gleichungen des charakteristischen Systems folgt

$$0 = A\varrho p_\lambda + C q_\lambda - H\varrho x_\lambda = A\varrho(r x_\lambda + s y_\lambda) + C(s x_\lambda + t y_\lambda) - H\varrho x_\lambda$$

$$= \varrho x_\lambda\left[A r + C t - H + s\left(A\varrho + \frac{C}{\varrho}\right)\right] = \varrho x_\lambda(A r + 2B s + C t - H),$$

womit wegen $x_\lambda \neq 0$ und $\varrho \neq 0$ die Behauptung bewiesen ist.

Wenn sich die pseudolineare Differentialgleichung (25.11) zu einer quasilinearen spezialisiert, wenn also die Funktion f in den Koeffizienten nicht explizit auftritt, bilden bereits die Gln. (25.8) und (25.14) für sich ein viergliedriges charakteristisches System für die vier gesuchten Funktionen x, y, p, q von λ und μ. Dieser Spezialfall wurde schon in § 19 erledigt.

3. Monge-Ampèresche Differentialgleichung

Bei der allgemeinen Differentialgleichung zweiter Ordnung hatten wir ein achtgliedriges, bei der pseudolinearen ein nur fünfgliedriges charakteristisches System erhalten. Ebenfalls ein nur fünfgliedriges System ergibt sich in einem etwas allgemeineren Spezialfall, nämlich der MONGE-AMPÈRESchen Differentialgleichung

$$A r + 2B s + C t + D(r t - s^2) = H, \qquad (25.16)$$

wobei die Koeffizienten wieder Funktionen von x, y, f, p, q sind. Die LEGENDRE-Transformation (19.8), (19.9) führt die MONGE-AMPÈREsche Gleichung (25.16) im Fall $H \neq 0$ wieder in eine MONGE-AMPÈREsche Gleichung und im Falle $H = 0$ in eine pseudolineare Differentialgleichung zweiter Ordnung über.

Nach Ziff. 1 ist Gl. (25.16) vom hyperbolischen Typus für

$$0 > \Phi_r \Phi_t - \tfrac{1}{4}\Phi_s^2 = (A + D t)(C + D r) - (B - D s)^2$$

$$= A C - B^2 + D(A r + C t + D r t + 2B s - D s^2)$$

also mit Rücksicht auf Gl. (25.16) für

$$A C - B^2 + D H < 0. \qquad (25.17)$$

Zur Aufstellung des charakteristischen Systems benützen wir die Streifenrelationen

$$\dot{p} = r\,\dot{x} + s\,\dot{y}, \qquad \dot{q} = s\,\dot{x} + t\,\dot{y} \tag{25.18}$$

und die sich aus ihnen ergebende Beziehung

$$(r\,t - s^2)\,\dot{y} = r\,\dot{q} - s\,\dot{p},$$

aus der nach Multiplikation mit D unter Berücksichtigung von Gl. (25.16)

$$(A\,\dot{y} + D\,\dot{q})\,r + (2B\,\dot{y} - D\,\dot{p})\,s + C\,\dot{y}\,t - H\,\dot{y} = 0 \tag{25.19}$$

folgt. Die Gln. (25.18), (25.19) sind drei in r, s, t lineare (nichthomogene) Gleichungen mit der Koeffizientenmatrix

$$\begin{pmatrix} A\,\dot{y} + D\,\dot{q} & 2B\,\dot{y} - D\,\dot{p} & C\,\dot{y} & H\,\dot{y} \\ \dot{x} & \dot{y} & 0 & \dot{p} \\ 0 & \dot{x} & \dot{y} & \dot{q} \end{pmatrix}.$$

Aus ihr ergibt sich analog zu Ziff. 2 durch Nullsetzen der dreireihigen Determinanten (d. h. durch Nullsetzen von Linearkombinationen der drei Zeilen mit den zunächst unbekannten, hinterher als Funktionen der Koeffizienten der Gl. (25.16) zu bestimmenden Proportionalitätsfaktoren $\bar{\varrho}$ und $\bar{\sigma}$) sowie durch Hinzunahme von Streifenbedingungen ein zunächst achtgliedriges System

$$A\,y_\lambda + D\,q_\lambda - \bar{\varrho}\,x_\lambda = 0, \qquad A\,y_\mu + D\,q_\mu - \bar{\sigma}\,x_\mu = 0,$$

$$2B\,y_\lambda - D\,p_\lambda - \bar{\varrho}\,y_\lambda - C\,x_\lambda = 0,$$

$$[2B\,y_\mu - D\,p_\mu - \bar{\sigma}\,y_\mu - C\,x_\mu = 0], \tag{25.20}$$

$$[-H\,y_\lambda + \bar{\varrho}\,p_\lambda + C\,q_\lambda = 0], \qquad -H\,y_\mu + \bar{\sigma}\,p_\mu + C\,q_\mu = 0,$$

$$f_\lambda - p\,x_\lambda - q\,y_\lambda = 0, \qquad [f_\mu - p\,x_\mu - q\,y_\mu = 0].$$

Nach Weglassen von geeigneten drei Gleichungen, etwa der drei eingeklammerten, hat man dann wie in Ziff. 2 ein fünfgliedriges charakteristisches System für die fünf Funktionen x, y, f, p, q von λ und μ. Wenn f in den Koeffizienten nicht explizit auftritt, reduziert sich das fünfgliedrige auf ein viergliedriges System ebenfalls wie in Ziff. 2.

Es sind jetzt noch die Proportionalitätsfaktoren $\bar{\varrho}$, $\bar{\sigma}$ zu ermitteln. Die drei linearen Gln. (25.18), (25.19) liefern die Richtungsbedingung

$$(A + D\,t)\,\dot{y}^2 - 2(B - D\,s)\,\dot{x}\,\dot{y} + (C + D\,r)\,\dot{x}^2 = 0,$$

woraus durch Auflösung sofort

$$\left(\frac{dy}{dx}\right)_{1,2} = \frac{1}{A + D\,t}\left(B - D\,s \pm \sqrt{B^2 - A\,C - D\,H}\right) = -\frac{D\,s - \varrho_{1,2}}{A + D\,t}$$

mit

$$\varrho_{1,2} = B \pm \sqrt{B^2 - A\,C - D\,H}$$

folgt. Man hat also

$$y_\mu(A + D\,t) + x_\mu(D\,s - \varrho_1) = 0\,, \qquad y_\lambda(A + D\,t) + x_\lambda(D\,s - \varrho_2) = 0$$

und mit Berücksichtigung der Streifenbedingungen (25.18)

$$A\,y_\lambda + D\,q_\lambda - \varrho_2\,x_\lambda = 0\,, \quad A\,y_\mu + D\,q_\mu - \varrho_1\,x_\mu = 0\,.$$

DerVergleich dieser beiden Gleichungen mit den beiden oberenGln.(25.20) liefert

$$\left.\begin{array}{c}\overline{\varrho}\\ \overline{\sigma}\end{array}\right\} = \varrho_{2,1} = B \mp \sqrt{B^2 - A\,C - D\,H}\,. \tag{25.21}$$

§ 26. Anfangswertproblem und Integration n-gliedriger Systeme quasilinearer Differentialgleichungen erster Ordnung

1. Zurückführung allgemeiner Differentialgleichungen auf Systeme quasilinearer Differentialgleichungen

Nachdem wir bisher nur Systeme quasilinearer Differentialgleichungen mit zwei Charakteristikenscharen behandelt haben, wenden wir uns jetzt zu den allgemeinen n-gliedrigen quasilinearen Systemen (14.6), nämlich

$$\left.\begin{array}{l}L_1[f] \equiv \sum\limits_{i=1}^{n} a_{1i}\,f_x^i + \sum\limits_{i=1}^{n} b_{1i}\,f_y^i - h_1 = 0,\\[4pt] \cdot\;\cdot\;\cdot\;\cdot\;\cdot\;\cdot\;\cdot\;\cdot\;\cdot\;\cdot\;\cdot\;\cdot\;\cdot\;\cdot\;\cdot\;\cdot\;\cdot\;\cdot\\[4pt] L_n[f] \equiv \sum\limits_{i=1}^{n} a_{ni}\,f_x^i + \sum\limits_{i=1}^{n} b_{ni}\,f_y^i - h_n = 0,\end{array}\right\} \tag{26.1}$$

für n gesuchte Funktionen $f^i(x, y)$. Die Koeffizienten a_{ki}, b_{ki} und h_k sind Funktionen der $n + 2$ Variablen $x, y, f^1, \ldots, f^n$. Sie sollen in dem in Frage stehenden Gebiet $(\mathfrak{G})$ der $n + 2$ Variablen stetige zweite Ableitungen besitzen und diese Ableitungen sollen bezüglich aller $n + 2$ Variablen eine LIPSCHITZ-Bedingung erfüllen. Wenn die a_{ki}, b_{ki} nur von x, y abhängen, nennen wir das System wieder halblinear, wenn auch die h_k nur von x, y abhängen, nennen wir es schlechthin linear.

Die Bedeutung der quasilinearen Systeme (26.1) liegt darin, daß die Anfangswertprobleme von Differentialgleichungen und Differentialgleichungssystemen beliebiger Ordnung auf Anfangswertprobleme quasilinearer Systeme (26.1) zurückgeführt werden können. Wir erläutern diese Reduktion am Beispiel einer einzelnen Differentialgleichung erster Ordnung sowie einer solchen von der zweiten Ordnung, wobei wir als Anfangskurve eine Strecke der x-Achse nehmen:

Das Anfangswertproblem der Differentialgleichung erster Ordnung

$$f_y = \Phi(x, y, f, f_x) \tag{26.2}$$

für die Funktion $f(x, y)$ und die Anfangsdaten $f(x, 0) = \bar{f}(x)$ ist äquivalent mit dem Anfangswertproblem der drei quasilinearen Gleichungen

$$f_y = q, \quad p_y = q_x, \quad q_y = \Phi_y + \Phi_f q + \Phi_p q_x \quad (\Phi = \Phi(x, y, f, p)) \tag{26.3}$$

für die drei Funktionen f, p, q von x und y und die Anfangsdaten

$$f(x, 0) = \bar{f}(x), \quad p(x, 0) = \bar{f}'(x), \quad q(x, 0) = \Phi(x, 0, \bar{f}(x), \bar{f}'(x)).$$

Hierbei ist lediglich nachzuweisen, daß die Lösung der Anfangswertaufgabe der Gln. (26.3) auch Gl. (26.2) befriedigt. In der Tat folgt aus den Gln. (26.3) bei stetigen zweiten Ableitungen

$$f_{xy} = p_y, \quad \text{also} \quad f_x(x, y) = p(x, y) + \omega(x);$$

wegen $f_x(x, 0) = \bar{f}'(x) = p(x, 0)$ ist $\omega(x) \equiv 0$, also $f_x(x, y) = p(x, y)$. Weiter ist dann

$$f_{yy} = q_y = \Phi_y + \Phi_f f_y + \Phi_p p_y = \frac{d}{dy} \Phi(x, y, f, p),$$

also

$$f_y = \Phi(x, y, f, p) + \chi(x);$$

wegen

$$f_y(x, 0) = q(x, 0) = \Phi(x, 0, \bar{f}(x), \bar{f}'(x)) \quad \text{ist} \quad \chi(x) \equiv 0,$$

also $f_y(x, y) = \Phi(x, y, f, f_x)$, d. h. Gl. (26.2) wird erfüllt.

Ebenso zeigt man die Äquivalenz des Anfangswertproblems der Differentialgleichung zweiter Ordnung

$$f_{yy} = \Phi(x, y, f, f_x, f_y, f_{xx}, f_{xy}) \tag{26.4}$$

für die Funktion $f(x, y)$ und die Anfangsdaten

$$f(x, 0) = \bar{f}(x), \quad f_y(x, 0) = \bar{q}(x)$$

mit dem Anfangswertproblem der sechs quasilinearen Gleichungen

$$f_y = q, \quad p_y = q_x, \quad q_y = t, \quad r_y = s_x, \quad s_y = t_x,$$
$$t_y = \Phi_y + \Phi_f q + \Phi_p q_x + \Phi_q t + \Phi_r s_x + \Phi_s t_x \tag{26.5}$$
$$(\Phi = \Phi(x, y, f, p, q, r, s))$$

für die sechs Funktionen f, p, q, r, s, t von x und y und die Anfangsdaten

$$f(x, 0) = \bar{f}(x), \quad p(x, 0) = \bar{f}'(x) \quad q(x, 0) = \bar{q}(x), \quad r(x, 0) = \bar{f}''(x),$$
$$s(x, 0) = \bar{q}'(x), \quad t(x, 0) = \Phi(x, 0, \bar{f}(x), \bar{f}'(x), \bar{q}(x), \bar{f}''(x), \bar{q}'(x)).$$

In § 8 und § 25 haben wir die allgemeine Differentialgleichung erster bzw. zweiter Ordnung nicht durch diese Reduktionen behandelt, sondern sie statt dessen auf gewisse „charakteristische" (gewöhnliche bzw. partielle) Differentialgleichungssysteme zurückgeführt.

2. Charakteristische Form halblinearer Gleichungssysteme (26.1)

Bei den allgemeinen n-gliedrigen Systemen (26.1) gelangt man nicht zu charakteristischen Systemen von der Art der Gln. (16.1). Wir wollen daher nach R. COURANT[1] das System (26.1) in anderer Weise auf eine charakteristische Form bringen, wobei gleichzeitig der Begriff des hyperbolischen Falls verallgemeinert wird.

Ähnlich wie in der Schlußbemerkung von § 15, Ziff. 2, suchen wir Linearkombinationen der Differentialgleichungen zu finden, in denen jeweils alle n Funktionen f^i nach derselben Richtung $dy/dx = \varrho$ differenziert werden, also

$$\sum_{v=1}^{n} \tau_v\, L_v[f] = L^*[f] = \sum_{i=1}^{n} A_i(f^i_x + \varrho\, f^i_y) - D = 0\,.$$

Dies liefert für die Koeffizienten τ_v der Linearkombinationen und die Richtungskoeffizienten ϱ die n Gleichungen

$$\left.\begin{aligned} &\sum_{v=1}^{n} \tau_v(\varrho\, a_{v1} - b_{v1}) = 0,\\ &\quad\cdot \;\cdot\;\cdot\;\cdot\;\cdot\;\cdot\;\cdot\;\cdot\;\cdot\;\cdot\\ &\sum_{v=1}^{n} \tau_v(\varrho\, a_{vn} - b_{vn}) = 0. \end{aligned}\right\} \tag{26.6}$$

Die Bedingung für die Existenz nichttrivialer Lösungen $t = (\tau_1, \ldots, \tau_n)$ dieser Gleichungen, nämlich

$$\mathrm{Det.}\,|\varrho\, a_{ik} - b_{ik}| = 0,$$

ist offenbar identisch mit der Richtungsgleichung (14.7) der Charakteristiken nach § 14. Dort hatten wir den hyperbolischen Fall dadurch gekennzeichnet, daß die Richtungsgleichung (14.7) n verschiedene reelle Wurzeln ϱ besitzt. Jetzt wollen wir den hyperbolischen Fall durch die Forderung kennzeichnen, daß die Richtungsgleichung n reelle, jedoch nicht notwendig verschiedene Wurzeln ϱ_i besitzt und daß n linear unabhängige (natürlich reelle) Lösungen t^μ der Gln. (26.6) existieren. Es dürfen jetzt also auch mehrfach zählende charakteristische Richtungen auftreten, aber die Matrix $(\varrho\, a_{ik} - b_{ik})$ muß lauter einfache Elementarteiler besitzen.

Ferner wird vorausgesetzt, daß die τ^μ_i und die Wurzeln ϱ_k der Richtungsgleichung stetige zweite Ableitungen nach x, y und den f^i haben und daß diese Ableitungen eine LIPSCHITZ-Bedingung erfüllen. Dann

---

[1] COURANT, R., u. P. LAX: On nonlinear partial differential equations with two independent variables. Comm. Pure and Appl. Math., **2**, 255—273 (1949).

lassen sich die ursprünglichen Differentialgleichungen (26.1) ersetzen durch die n mit den τ_i^μ gebildeten Linearkombinationen

$$\left.\begin{aligned}
L_1^*[f] &= \sum_{i=1}^n A_{1i}(f_x^i + \varrho_1 f_y^i) - D_1 = 0, \\
&\cdots\cdots\cdots\cdots\cdots\cdots\cdots\cdots \\
L_n^*[f] &= \sum_{i=1}^n A_{ni}(f_x^i + \varrho_n f_y^i) - D_n = 0,
\end{aligned}\right\} \qquad (26.7)$$

deren Koeffizienten

$$A_{\nu i} = \sum_{k=1}^n \tau_k^\nu a_{ki}, \qquad \varrho_\nu A_{\nu i} = \sum_{k=1}^n \tau_k^\nu b_{ki}, \qquad D_\nu = \sum_{k=1}^n \tau_k^\nu h_k$$

in dem in Frage stehenden Bereich dieselben Differenzierbarkeitseigenschaften besitzen wie die a_{ki}, b_{ki}, h_k und ϱ_k und deren Determinante $|A_{ik}|$ von Null verschieden ist. Die Gln. (26.7) sind natürlich nichts anderes als die in § 14 eingeführten Verträglichkeitsbedingungen.

Da die ϱ_k als stetige Funktionen vorausgesetzt sind, können die charakteristischen Richtungen nirgends parallel zur y-Achse sein. Durch Drehung des Koordinatensystems kann und soll fortan außerdem erreicht werden, daß die charakteristischen Richtungen auch nicht zur x-Achse parallel sind. Die Wurzeln ϱ_k sind infolgedessen durchwegs ungleich Null.

Wir beschränken uns zunächst auf den Fall der halblinearen Differentialgleichungen. Da in diesem Fall die Koeffizienten A_{ik} und ϱ_k der Verträglichkeitsbedingungen (26.7) ebenso wie die Koeffizienten a_{ik} und b_{ik} der Gln. (26.1) nur von x, y abhängen, können wir statt der f^i neue Funktionen

$$F^k = \sum_{i=1}^n A_{ki} f^i \qquad (26.8)$$

einführen. Dadurch nehmen die Gln. (26.7) die „charakteristische Form" an

$$\left.\begin{aligned}
\Lambda_1[F] &= F_x^1 + \varrho_1(x, y) F_y^1 - H_1(x, y, F^1, \ldots, F^n) = 0, \\
&\cdots\cdots\cdots\cdots\cdots\cdots\cdots\cdots\cdots\cdots\cdots\cdots \\
\Lambda_n[F] &= F_x^n + \varrho_n(x, y) F_y^n - H_n(x, y, F^1, \ldots, F^n) = 0.
\end{aligned}\right\} \qquad (26.9)$$

Jede der Gleichungen enthält Differentialquotienten von einer der gesuchten Funktionen F^i und zwar liefern diese Differentialquotienten jeweils die Ableitung nach einer der charakteristischen Richtungen. Die Funktionen

$$H_k = D_k + \sum_{i=1}^n \left(\frac{\partial A_{ki}}{\partial x} + \varrho_k \frac{\partial A_{ki}}{\partial y}\right) f^i, \qquad k = 1, 2, \ldots, n,$$

sind bekannte Ausdrücke und hängen von x, y und den gesuchten Funktionen $F^1, \ldots, F^n$ ab.

3. Charakteristische Form
allgemeiner quasilinearer Gleichungssysteme (26.1)

Bei nicht halblinearen Systemen, bei denen die A_{ik} auch von den Funktionen f^i abhängen, kann man nicht wie in Gl. (26.8) neue Funktionen F^k einführen. Außerdem sind, da auch die ϱ_k von den Funktionen f^i abhängen, die charakteristischen Richtungen nicht von vornherein bekannt. Man kann, wie R. COURANT und P. LAX in der auf S. 127 zitierten Arbeit gezeigt haben, diese Schwierigkeiten durch Einführung zusätzlicher Veränderlicher überwinden und dabei zu einem charakteristischen System von der Form

$$\left.\begin{aligned}
\Lambda_1[F] &= F_x^1 + \varrho_1(x,y,F^1,\ldots,F^N)F_y^1 - H_1(x,y,F^1,\ldots,F^N) = 0, \\
&\cdots\cdots\cdots\cdots\cdots\cdots\cdots\cdots\cdots\cdots\cdots\cdots\cdots\cdots\cdots \\
\Lambda_N[F] &= F_x^N + \varrho_N(x,y,F^1,\ldots,F^N)F_y^N - H_N(x,y,F^1,\ldots,F^N) = 0
\end{aligned}\right\} \quad (26.10)$$

gelangen. Es unterscheidet sich von dem System (26.9) dadurch, daß die Koeffizienten ϱ_k auch von den F^i abhängen und daß die Anzahl N der gesuchten Funktionen F^i und der Differentialgleichungen (26.10) größer ist als n.

4. Lösung des Anfangswertproblems der charakteristischen Systeme

Für die Systeme in der charakteristischen Form (26.10), auf die nach Ziff. 3 jedes quasilineare Differentialgleichungssystem (26.1) unter den Voraussetzungen des hyperbolischen Falls gebracht werden kann, betrachten wir nun das Anfangswertproblem. Die Anfangsdaten $F^k(0, y) = \bar{F}^k(y)$ auf der Ausgangskurve, die ohne Beschränkung der Allgemeinheit als Strecke auf der y-Achse $x = 0$ zugrunde gelegt wird, sollen stetige erste Ableitungen besitzen, welche außerdem eine LIPSCHITZ-Bedingung erfüllen. Dasselbe wird für die Koeffizienten H^k der Differentialgleichungen bezüglich aller $N + 2$ Variablen x, y, F^1, $\ldots$, F^N verlangt. Für die Lösung dieses Anfangswertproblems gilt folgender Satz:

In einer hinreichend kleinen Umgebung der Ausgangskurve (etwa in der rechten Halbebene) existiert eine und nur eine Lösung mit den vorgeschriebenen Anfangswerten und mit stetigen ersten Ableitungen, welche außerdem eine LIPSCHITZ-Bedingung erfüllen. Wenn die Anfangswerte stetig oder differenzierbar von einem Parameter abhängen, hängt auch die Lösung stetig oder differenzierbar von dem Parameter ab. Die Anfangsdaten sind also „fortsetzbar", d. h. die Lösung hat auf jeder Kurve $x = const$ in der Umgebung der y-Achse dieselben Stetigkeits- und Differenzierbarkeitseigenschaften (vgl. § 17, Ziff. 1).

Dieser Satz wird in der genannten Arbeit von COURANT durch ein Iterationsverfahren bewiesen. Wir beschränken uns darauf, den beim

Beweis verwendeten Iterationsprozeß im folgenden anzugeben und verweisen bezüglich der Konvergenzbeweise auf die Originalarbeit von COURANT sowie auf die Habilitationsschrift von R. ALBRECHT[1]. Von den zahlreichen früheren Arbeiten, in denen die Existenz und Eindeutigkeit sowie Stetigkeits- und Differenzierbarkeitseigenschaften der Lösungen des Anfangswertproblems der quasilinearen Differentialgleichungssysteme (26.1) auf andere Weise bewiesen wurden, seien vor allem die Untersuchungen von K. FRIEDRICHS[2], CH. DEPRIMA[3] und M. CINQUINI-CIBRARIO[4] genannt.

a) Iterationsprozeß für das halblineare System (26.9). Bei halblinearen Systemen sind die Charakteristiken c_k von vornherein bestimmte Kurven. Wir betrachten einen Punkt $P(\xi, \eta)$ in einer hinreichend kleinen Umgebung der Ausgangskurve, in der die im vorangehenden formulierten Voraussetzungen erfüllt sein sollen, und verbinden den Punkt P durch die von ihm ausgehenden Charakteristiken c_k mit Punkten A_k der Ausgangskurve $x = 0$ (Abb. 32). Dann erhält man aus den Gln. (26.9) durch Integration längs der Charakteristiken

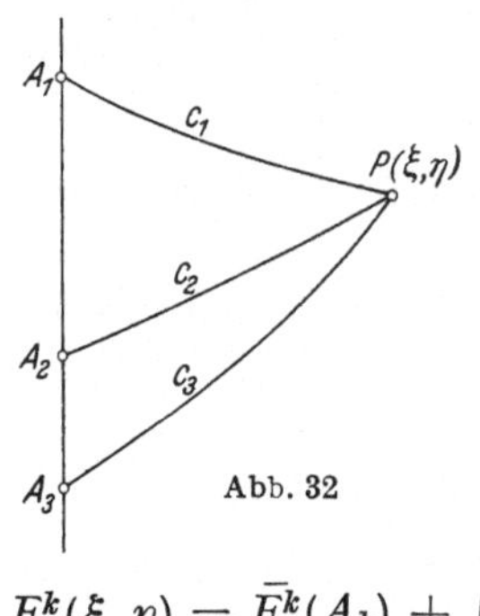

Abb. 32

$$F^k(\xi,\eta) = \bar{F}^k(A_k) + \int_0^\xi H_k\big(x, y, F^i(x,y)\big)\, dx; \quad k = 1, 2, \ldots, n. \quad (26.11)$$

Dabei ist $y = y^k(x; \xi, \eta)$ (=Gleichung der Charakteristik c_k) in die Funktionen H_k und F^i einzusetzen. $H_k(x, y, F^i)$ ist zur Abkürzung gesetzt für $H_k(x, y, F^1, \ldots, F^n)$.

Jede Lösung der Differentialgleichungen (26.9) mit den Anfangswerten $\bar{F}^k(y)$ genügt den Integralgleichungen (26.11) und umgekehrt erfüllt jede Lösung der Integralgleichungen (26.11) mit stetigen ersten Ableitungen die Differentialgleichungen (26.9) und hat die Anfangswerte $\bar{F}^k(y)$.

[1] ALBRECHT, R.: Über Systeme partieller Differentialgleichungen usw. Abh. der Bayr. Akad. der Wiss., math.-naturw. Klasse, München 1958.

[2] FRIEDRICHS, K. O.: Nonlinear hyperbolic differential equations for functions of two independent variables. Amer. J. Math. **70**, 555—589 (1948) Nr. 3. — Vgl. hierzu O. PERRON: Math. Z. **27**, 549—564 (1928). — J. SCHAUDER: Comm. Math. Helvetici **9**, 263—283 (1937).

[3] DEPRIMA, CH. R.: Uniqueness theory for linear hyperbolic partial differential equations. Thesis, New York University 1948.

[4] CINQUINI-CIBRARIO, M.: Ann. di Matematica (4) **24**, 157—175 (1945) — Ann. Matemat. pura appl. Bologna IV **21** 189—229 (1942); **26**, 95—117 (1947) — Rend. Sem. Mat. Univ. Padova **17**, 75—96 (1948) — Atti Accad. naz. Lincei Rend. Cl. Sci. Fis. Mat. Nat. VIII **4**, 682—688 (1948).

Die Lösung der Integralgleichungen (26.11) ergibt sich durch folgende Iterationen:

$$F_0^k(\xi, \eta) = \bar{F}^k(\eta), \qquad\qquad\qquad\qquad (26.12)$$

$$F_1^k(\xi,\eta) = \bar{F}^k(y^k(0;\xi,\eta)) + \int\limits_0^\xi H_k(x,y,F_0^i(x,y))\,dx, \quad k = 1,2,\ldots,n,$$

$$F_2^k(\xi,\eta) = \bar{F}^k(y^k(0;\xi,\eta)) + \int\limits_0^\xi H_k(x,y,F_1^i(x,y))\,dx, \quad \text{usf.}$$

bei denen wie in (Gl. 26.11) unter dem Integral stets $y = y^k(x;\xi,\eta)$ einzusetzen ist.

b) Iterationsprozeß für das quasilineare System (26.10). Hier wird das Verfahren dadurch verwickelter, daß die Charakteristiken c_k nicht von vornherein bekannt sind. Infolgedessen muß beim Iterationsprozeß (26.12) das Kurvensystem der Charakteristiken ebenfalls iteriert werden. Dies geschieht dadurch, daß zu jedem Funktionssystem $F_\nu^k(\xi,\eta)$ der Iterationen (26.12) für den nachfolgenden Iterationsschritt die Kurven $y = y_\nu^k(x;\xi,\eta)$ durch die gewöhnlichen Differentialgleichungen

$$\frac{d\,y_\nu^k}{d\,x} = \varrho_k\big(x, y_\nu^k, F_\nu^i(x, y_\nu^k)\big) \qquad\qquad (26.13)$$

definiert werden. Das Funktionensystem $F_{\nu+1}^k(\xi,\eta)$ des nächsten Iterationsschritts ergibt sich dann wie in den Gln. (26.12) aus den $F_\nu^k(\xi,\eta)$ und den $y = y_\nu^k(x;\xi,\eta)$.

5. Massausche Gitterkonstruktion

Das in Ziff. 4 zum Existenzbeweis verwendete Iterationsverfahren kann auch zur numerischen Berechnung von Näherungslösungen verwendet werden[1]. Hierbei ist es einfacher, die Iterationen unmittelbar an die Verträglichkeitsbedingungen (26.7) statt an das System (26.10) anzuknüpfen. Der Rechengang ist dann der folgende:

Wir betten die Ausgangskurve k in eine Kurvenschar (Parameter t) ein, welche die Umgebung von k schlicht überdeckt, und ergänzen sie durch eine transversale Kurvenschar. Ebenso wie die t-Kurven sollen auch die transversalen Kurven in der Umgebung von k nicht in charakteristischen Richtungen verlaufen.

Als nullte Näherung $f_0^i(x, y)$ nehmen wir wie in Ziff. 4 die Anfangsdaten $\bar{f}^i$ auf k und setzen diese längs der Transversalen in die Umgebung von k fort. Um die nächste Näherung $f_1(x, y)$ in einem Punkt P

---

[1] Vgl. R. Courant u. K. Friedrichs: Supersonic flow and shock waves. Interscience Publ., Inc., S. 74—75. New York: 1948.

zu ermitteln, konstruiert man die von P zur Ausgangskurve laufenden Charakteristiken durch numerische oder graphische Integration der gewöhnlichen Differentialgleichungen

$$\frac{dy}{dx} = \varrho\left(x,\, y,\, f_0^1(x,\, y),\, \ldots,\, f_0^n(x,\, y)\right).$$

Die Integration der n Verträglichkeitsbedingungen (26.7) längs der eben konstruierten Charakteristiken von den Anfangspunkten $K_1,\, \ldots,$ K_n auf k (die nach Ziff. 2 nicht alle verschieden zu sein brauchen) bis zum Punkt P liefert

$$\left.\begin{aligned}
\sum A_{1i}(P)\, f_1^i(P) - \sum A_{1i}(K_1)\, \overline{f_0^i}(K_1) &= \sum \int_{K_1}^{P} f_0^i\, dA_{1i} + \int_{K_1}^{P} D_1\, dx, \\
&\cdots\cdots\cdots\cdots\cdots\cdots\cdots\cdots\cdots\cdots\cdots\cdots \\
\sum A_{ni}(P)\, f_1^i(P) - \sum A_{ni}(K_n)\, \overline{f_0^i}(K_n) &= \sum \int_{K_n}^{P} f_0^i\, dA_{ni} + \int_{K_n}^{P} D_n\, dx.
\end{aligned}\right\} \quad (26.14)$$

In den Koeffizienten A_{ik} und auf den rechten Seiten ist f^i stets durch f_0^i zu ersetzen. Daher stellt (26.14) ein System von n linearen Gleichungen zur Berechnung der n gesuchten Funktionswerte $f_1^i(P)$ dar. Mit der neuen Näherung $f_1^i(x,\, y)$ werden sodann verbesserte Charakteristiken konstruiert, worauf sich die nächste Näherung $f_2^i(x,\, y)$ ergibt usw.

In der praktischen Anwendung wird man das Verfahren dadurch verbessern, daß man die Iterationen in der hier beschriebenen Weise nicht in dem ganzen Bestimmtheitsbereich durchführt, sondern abschnittweise in schmalen Streifen zwischen benachbarten t-Kurven.

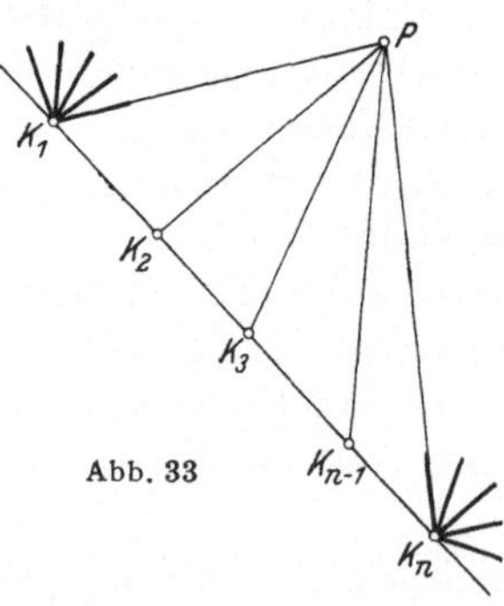

Abb. 33

Man bestimmt also zunächst die Funktionswerte auf einer der Anfangskurve k benachbarten t-Kurve durch hinreichend viele Iterationen innerhalb des ersten Streifens und geht dann mit diesen Werten als Anfangswerten zum nächsten Streifen über. In dieser Fassung werden die Iterationen (26.14) vielfach durch ein Differenzenverfahren (MASSAUsche Gitterkonstruktion) ersetzt (Abb. 33), bei dem im Anschluß an die Anfangsdaten ähnlich wie in § 18 ein „charakteristisches Gitter" samt den Funktionswerten f^i von Gitterpunkt zu Gitterpunkt folgendermaßen ermittelt wird:

Es seien K_1 und K_n zwei samt den Funktionswerten $f^i(K_1)$ und $f^i(K_n)$ bereits vorliegende Gitterpunkte (die miteinander zusammenfallen, wenn nur eine charakteristische Richtung existiert). Der nächste Gitterpunkt P liegt in der von K_1 ausgehenden „rechtslaufenden" charakteristischen Richtung und der von K_n ausgehenden „linkslaufenden" charakteristischen Richtung. Die dazwischenliegenden charakteristischen Richtungen (gemittelt aus den ϱ-Werten in K_1 und K_n) werden auf P übertragen und liefern auf der Strecke $K_1 K_n$ die Schnittpunkte $K_2, \ldots,$ K_{n-1}. Die durch Differenzengleichungen approximierten Verträglichkeitsbedingungen (26.7)

$$\sum A_{1i}[f^i(P) - f^i(K_1)] + D_1[x(P) - x(K_1)] = 0,$$

$$\cdots\cdots\cdots\cdots\cdots\cdots\cdots\cdots\cdots\cdots\cdots\cdots\cdots\cdots$$

$$\sum A_{ni}[f^i(P) - f^i(K_n)] + D_n[x(P) - x(K_n)] = 0$$

stellen dann wieder n lineare Gleichungen für die $f^i(P)$ dar. Die Koeffizienten A_{ik} und D_i mögen hierbei alle etwa im Punkt K_1 gebildet werden. Die Funktionswerte $f^i(K_2), \ldots, f^i(K_{n-1})$ werden aus den $f^i(K_1)$ und $f^i(K_n)$ linear interpoliert. Wie in § 18, Ziff. 2, läßt sich die Gitterkonstruktion dadurch verbessern, daß die A_{ik} und D_i jeweils für die Mittelwerte der $x, y, f^1, \ldots, f^n$ in den Punkten P und K_ν berechnet werden.

6. Anwendung auf nicht isentropische Gasströmungen

Die Näherungskonstruktionen von Ziff. 5, insbesondere die zuletzt behandelte MASSAUsche Gitterkonstruktion, werden in der Gasdynamik für die stationäre, nichtisentropische Überschallströmung[1] (vgl. § 22, Ziff. 4) und für die nichtstationäre, nichtisentropische Strömung[2] (vgl. § 23, Ziff. 4) viel verwendet.

Bei den praktisch vorkommenden Problemen schwankt die Entropie s meist nur wenig um einen mittleren Wert $\bar{s}$. In diesen Fällen kommt man auf einfachere Weise dadurch zu Näherungslösungen, daß man als Ausgangsnäherung $\lambda_0(x, y)$, $\mu_0(x, y)$ die isentropische Strömung mit $s = \bar{s}$ benützt, die nach der MASSAUschen Gitterkonstruktion von § 18 leicht ermittelt werden kann. Man ergänzt dann das so konstruierte MACH-Netz durch Hinzufügung der Stromlinien durch die Gitterpunkte und ordnet jedem Gitterpunkt P den Entropiewert s_0 zu, der auf der Ausgangskurve k in dem Schnittpunkt K_2 mit der nach P laufenden Stromlinie vorgegeben ist. Mit dieser Ausgangsnäherung

---

[1] Vgl. z. B. R. SAUER: [11], § 20.

[2] Vgl. z. B. R. SAUER: [12], Kap. IV.

$\lambda_0(x, y)$, $\mu_0(x, y)$, $s_0(x, y)$ erhält man durch Integration der Verträglichkeitsgleichungen (22.10) längs zweier MACH-Linien $K_1 P$ und $K_3 P$

$$\lambda_1(P) = \lambda_0(K_1) + \frac{1}{2} \int\limits_{K_1}^{P} \left[\frac{\sin\alpha_0 \sin\Theta_0}{\cos(\Theta_0 - \alpha_0)} \cdot \frac{dx}{r_0} - \frac{\sin\alpha_0 \cos\alpha_0}{\varkappa(\varkappa - 1)} ds_0 \right],$$

$$\mu_1(P) = \mu_0(K_3) + \frac{1}{2} \int\limits_{K_3}^{P} \left[\frac{\sin\alpha_0 \sin\Theta_0}{\cos(\Theta_0 + \alpha_0)} \frac{dx}{r_0} - \frac{\sin\alpha_0 \cos\alpha_0}{\varkappa(\varkappa - 1)} ds_0 \right]$$

bzw. die entsprechenden aus den Gln. (23.8) folgenden Beziehungen. Durch die neuen Werte $\lambda_1(x, y)$, $\mu_1(x, y)$ ist mit $\Theta_1 = \lambda_1 - \mu_1$, $\alpha_1 = \alpha(\lambda_1 + \mu_1)$ ein korrigiertes MACH-Gitter festgelegt, in dem dann korrigierte Stromlinien eingezeichnet werden, worauf die Iteration in analoger Weise weiterläuft.

7. Probleme mit gemischten Anfangs- und Randbedingungen

Bei den praktisch vorliegenden Aufgaben handelt es sich vielfach nicht um reine Anfangswertprobleme, sondern es sind Anfangs- und Randbedingungen gemischt vorgegeben. Solche „gemischte Anfangswertprobleme" sind uns bereits bei den Druckwellen in zylindrischen Rohren (§ 23, Ziff. 5) begegnet und werden uns später bei der Überschallströmung um Drehkörper (§ 36) und bei der Überschallströmung um Tragflächen (§ 45) wieder beschäftigen.

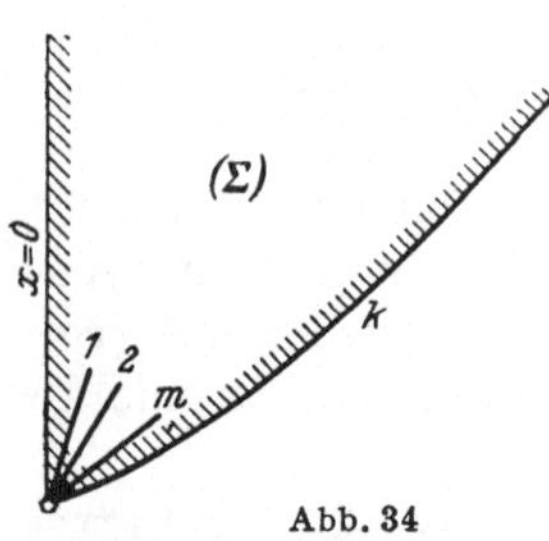

Abb. 34

Das in Ziff. 4 skizzierte COURANTsche Iterationsverfahren kann ohne Schwierigkeit auch auf solche gemischte Anfangswertprobleme ausgedehnt werden. Ein einfaches Beispiel eines gemischten Problems ist das folgende (Abb. 34):

Das quasilineare Differentialgleichungssystem (26.10) soll gelöst werden, wenn auf der y-Achse für $y \geqq 0$ die Anfangswerte $\overline{F}^1(y), \ldots, \overline{F}^N(y)$ gegeben sind und wenn außerdem auf einer vom Nullpunkt in die rechte Halbebene laufenden Kurve k noch m Beziehungen zwischen den $F^1(x, y), \ldots, F^N(x, y)$ erfüllt werden sollen. Die Anzahl m der auf k zu stellenden Bedingungen ist gleich der Anzahl der in ihrer Multiplizität gezählten charakteristischen Richtungen, welche vom Nullpunkt aus in den von der positiven y-Achse und der Kurve k eingeschlossenen Bereich (Σ) laufen.

§ 27. Unstetigkeiten bei Lösungen hyperbolischer Differentialgleichungen

1. Unstetigkeiten längs Charakteristiken

Bereits in § 2, Ziff. 3, haben wir beim Beispiel der Wellengleichung (2.1) erkannt, daß Unstetigkeiten von Ableitungen der Lösung auftreten können und sich längs Charakteristiken fortsetzen. In dem vorliegenden Kapitel haben wir für allgemeinere Anfangswertprobleme festgestellt, daß die Lösung durch die Anfangsdaten nur bei Charakteristiken als Ausgangskurven nicht festgelegt ist, daß also nur bei Charakteristiken die in Frage stehenden äußeren Ableitungen (vgl. § 14, Ziff. 2) unstetig sein können.

Wir wollen nun diese Unstetigkeiten bei der quasilinearen Differentialgleichung zweiter Ordnung (19.1)

$$a\,f_{xx} + 2\,b\,f_{xy} + c\,f_{yy} = h \qquad (27.1)$$

näher untersuchen. Hierzu nehmen wir an: Vorgegeben sind eine Funktion $f = f(x, y)$ und in ihrem Definitionsbereich zwei Gebiete (1), (2) mit $\xi(x, y) \gtrless 0$, die durch eine Kurve k mit der Gleichung $\xi(x, y) = 0$ voneinander getrennt werden (Abb. 35).

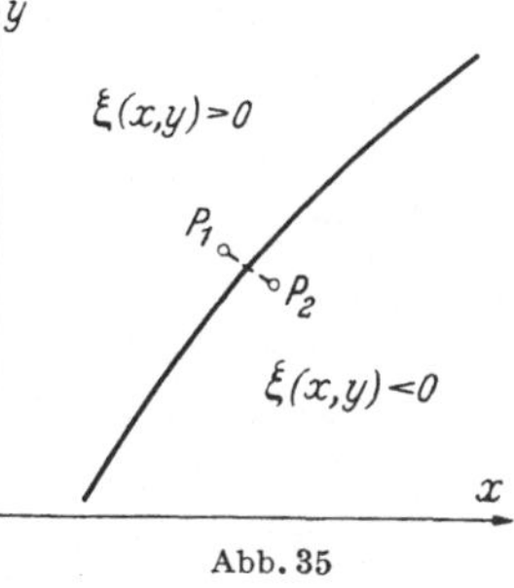

Abb. 35

Wir führen dann durch $\xi = \xi(x, y)$, $\eta = \eta(x, y)$ mit $D = \xi_x \eta_y - \xi_y \eta_x \neq 0$ (ξ, η mit stetigen zweiten Ableitungen) neue unabhängige Veränderliche ein und nehmen an, daß beim Überschreiten der Kurve k die Funktionen f, f_x, f_y stetig sind. Ebenso sollen die inneren zweiten Ableitungen

$$(f_x)_\eta = f_{xx}\,x_\eta + f_{xy}\,y_\eta = -\frac{1}{D}\,(f_{xx}\,\xi_y - f_{xy}\,\xi_x),$$

$$(f_y)_\eta = -\frac{1}{D}\,(f_{xy}\,\xi_y - f_{yy}\,\xi_x)$$

stetig sein, die äußeren zweiten Ableitungen $(f_x)_\xi$, $(f_y)_\xi$ dagegen sprunghafte Unstetigkeiten besitzen. In jedem der beiden Gebiete (1), (2) soll die Funktion $f(x, y)$ der Differentialgleichung (27.1) genügen.

Wenn wir nun mit $\{\omega\}$ den Grenzwert $\lim\limits_{P_1, P_2 \to P} [\omega(P_1) - \omega(P_2)]$ einer Funktion $\omega(x, y)$ für zwei gegen einen Punkt P der Kurve k strebende Punkte P_1, P_2 der beiden Gebiete (1) und (2) bezeichnen, dann ist nach den vorangehenden Annahmen

$$\{f_{xx}\}\,\xi_y - \{f_{xy}\}\,\xi_x = 0, \qquad \{f_{xy}\}\,\xi_y - \{f_{yy}\}\,\xi_x = 0,$$

also

$$\{f_{xx}\} = s\,\xi_x^2, \qquad \{f_{xy}\} = s\,\xi_x\,\xi_y, \qquad \{f_{yy}\} = s\,\xi_y^2 \quad \text{mit} \quad s \neq 0. \qquad (27.2)$$

Für den Proportionalitätsfaktor s, der als ein Maß der Unstetigkeiten der zweiten äußeren Ableitungen betrachtet werden kann, erhält man wegen

$$f_{\xi\xi} = f_{xx}\, x_\xi^2 + 2f_{xy}\, x_\xi\, y_\xi + f_{yy}\, y_\xi^2 + f_x\, x_{\xi\xi} + f_y\, y_{\xi\xi}$$

sofort

$$\{f_{\xi\xi}\} = s(x_\xi^2\, \xi_x^2 + 2x_\xi\, y_\xi\, \xi_x\, \xi_y + y_\xi^2\, \xi_y^2) = s(\xi_x\, x_\xi + \xi_y\, y_\xi)^2 = s\,.$$

Durch Anwendung des Grenzprozesses P_1, $P_2 \to P$ auf die Differentialgleichung (27.1) ergibt sich

$$a\,\{f_{xx}\} + 2b\,\{f_{xy}\} + c\,\{f_{yy}\} = 0$$

und durch Einsetzen der Gln. (27.2)

$$a\,\xi_x^2 + 2b\,\xi_x\,\xi_y + c\,\xi_y^2 = 0\,.$$

Demnach erfüllt die Kurve k mit $\dfrac{dy}{dx} = -\dfrac{\xi_x}{\xi_y}$ die Richtungsbedingung (19.3), k muß also in der Tat charakteristische Kurve sein.

Die Sprünge können längs der charakteristischen Kurve k nicht willkürlich vorgeschrieben werden, sondern der Proportionalitätsfaktor $s(\eta)$ genügt einer gewöhnlichen Differentialgleichung, die wir jetzt herleiten wollen. Dabei beschränken wir uns auf die Annahme, daß die rechte Seite h der Differentialgleichung (27.1) und die Funktion $f(x, y)$ im Gebiet (2) identisch verschwinden. Wir transformieren dann Gl. (27.1) auf ξ, η, wobei sich mit $L[f] = af_{xx} + 2bf_{xy} + cf_{yy}$ nach § 3, Ziff. 1,

$$\alpha f_{\xi\xi} + 2\beta f_{\xi\eta} + \gamma f_{\eta\eta} = h - f_\xi L\,[\xi] - f_\eta L\,[\eta] = \omega \qquad (27.3)$$

mit der wiederum im Gebiet (2) verschwindenden rechten Seite ω ergibt. Weiter setzen wir voraus, daß die Lösung f auch im Gebiet (1), wo sie nicht identisch verschwindet, stetige dritte Ableitungen hat und daß diese, soweit sie innere Ableitungen von f_ξ und f_η sind, beim Überschreiten der Kurve k stetig bleiben, also

$$f_{\xi\eta} = f_{\eta\eta} = f_{\xi\eta\eta} = f_{\eta\eta\eta} = 0 \quad \text{auf} \quad k\,.$$

Durch Differentiation der Differentialgleichung (27.3) nach ξ und den Grenzprozeß $P_1 \to P$ ergibt sich dann auf der Kurve k wegen $\xi = 0$ die Gleichung

$$\alpha f_{\xi\xi\xi} + \alpha_\xi f_{\xi\xi} + 2\beta f_{\xi\xi\eta} = h_\xi - f_{\xi\xi} L\,[\xi]\,.$$

Nun verschwindet aber

$$\alpha = a\,\xi_x^2 + 2b\,\xi_x\,\xi_y + c\,\xi_y^2$$

für $\xi = 0$, da die Kurve k Charakteristik ist. Wegen $f_{\xi\xi} = \{f_{\xi\xi}\} = s$ erhält man daher für $s(\eta)$ auf $\xi = 0$ die gewöhnliche Differentialgleichung

$$2\beta\,\frac{ds}{d\eta} + (\alpha_\xi + L\,[\xi])\,s = h_\xi\,. \qquad (27.4)$$

Sie ist im allgemeinen nicht linear, da die Faktoren von $ds/d\eta$ und s sowie die rechte Seite Funktionen von s sind.

Analoge Betrachtungen lassen sich für Unstetigkeiten höherer Ordnung durchführen; auch diese pflanzen sich längs Charakteristiken fort.

2. Anwendung auf die nichtstationäre Gasströmung

Zur Verdeutlichung der allgemeinen Erörterungen von Ziff. 1 diskutieren wir nun eine in ungestörter ruhender Atmosphäre ($u=0$, $a=1$) sich ausbreitende nichtstationäre Gasströmung und beschränken uns wie in § 23, Ziff. 1 und 3, auf isentropische ebene ($\sigma = 0$), zylindersymmetrische ($\sigma = 1$) und kugelsymmetrische ($\sigma = 2$) Vorgänge. Es handelt sich hier darum, eine Lösung der Differentialgleichung

$$\varphi_{xx}(a^2 - \varphi_x^2) - 2\varphi_{xt}\,\varphi_x - \varphi_{tt} + \sigma \frac{a^2}{x}\,\varphi_x = 0 \qquad (6.12)$$

zu finden, welche etwa für $x - t > 0$ [Gebiet (2), ruhendes Gas] identisch verschwindet, nicht aber für $x - t < 0$ [Gebiet (1), strömendes Gas]. Die Trennungslinie $x - t = 0$ (gerade Linie der x, t-Ebene) ist eine charakteristische Kurve k.

Wir suchen nach Ziff. 1 die Gasströmung im Gebiet (1) an der „Wellenfront“, d. h. längs der Kurve k ($x - t = 0$) zu ermitteln und transformieren auf die neuen rechtwinkligen Koordinaten (Abb. 36) .

$$\xi = x - t, \qquad \eta = x + t.$$

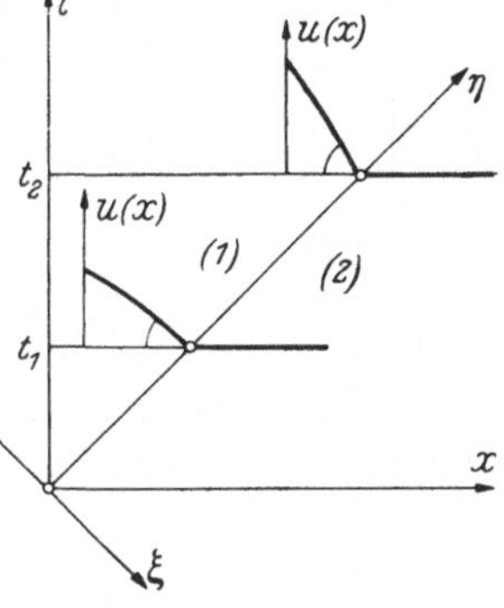

Abb. 36

An der Wellenfront $\xi = 0$ bleiben φ, $\varphi_x = u$ und $\varphi_t = -\dfrac{u^2}{2} - \displaystyle\int_{p_0}^{p} \frac{dp}{\varrho}$

sowie die inneren Ableitungen $\varphi_{x\eta}$, $\varphi_{t\eta}$ usf. stetig, während die äußeren Ableitungen $\varphi_{x\xi}$ usf. sich sprunghaft unstetig ändern. Die äußere Ableitung φ_{xx} gibt die Neigung der Geschwindigkeitskurve $u = u(x)$ an der Wellenfront für einen festen Zeitpunkt t an (Abb. 36). Die Integration der Gl. (27.4) wird uns zeigen, wie diese Neigung sich mit fortschreitender Zeit ändert.

Aus $\xi_x = 1$, $\xi_t = -1$, $\eta_x = 1$, $\eta_t = 1$ und den in § 3, Ziff. 1 angegebenen Transformationsformeln erhält man

$$\alpha = a^2 - \varphi_x^2 + 2\varphi_x - 1, \qquad \beta = a^2 - \varphi_x^2 + 1.$$

Ferner ist

$$L[\xi] = 0, \qquad \varphi_{xx} = s, \qquad \varphi_{xt} = -s, \qquad \varphi_{tt} = s,$$

und bei Voraussetzung idealer Gase mit $a^2 = 1 - \dfrac{\varkappa - 1}{2}(\varphi_x^2 + 2\varphi_t)$ hat man für $\xi = 0$ weiter

$$\alpha_\xi = 2\varphi_{x\xi} - (\varkappa - 1)\varphi_{t\xi} = \varphi_{xx} - \varphi_{xt} - \frac{\varkappa - 1}{2}(\varphi_{xt} - \varphi_{tt}) = (\varkappa + 1)\,s,$$

$$\alpha = 0, \qquad \beta = 2,$$

$$h_\xi = -\frac{\sigma a^2}{\varkappa}\varphi_{x\xi} = -\frac{\sigma a^2}{2\varkappa}(\varphi_{xx} - \varphi_{xt}) = -\frac{\sigma a^2}{\varkappa}s = -\frac{\sigma s}{\varkappa}.$$

Infolgedessen erhält man für Gl. (27.4) schließlich die Bernoullische Gleichung

$$\frac{ds}{d\eta} + \frac{\sigma}{2}\frac{s}{\eta} + (\varkappa + 1)\frac{s^2}{4} = 0.$$

Als Lösung ergibt sich

$$\frac{1}{s} = \begin{cases} \dfrac{\varkappa + 1}{4}\eta - C = \dfrac{\varkappa + 1}{2}t - C & \text{für } \sigma = 0, \\[2ex] \sqrt{\eta}\left(\dfrac{\varkappa + 1}{2}\sqrt{\eta} - C\right) = \sqrt{2t}\left((\varkappa + 1)\sqrt{\dfrac{t}{2}} - C\right) & \text{für } \sigma = 1, \\[2ex] \eta\left(\dfrac{\varkappa + 1}{4}\ln\eta - C\right) = 2t\left(\dfrac{\varkappa + 1}{4}\ln 2t - C\right) & \text{für } \sigma = 2 \end{cases} \tag{27.5}$$

mit der Integrationskonstanten C.

Bei „Verdichtungsfronten" ist $s = \varphi_{xx} = u_x$ negativ, die Tangente der Geschwindigkeitskurve an der Wellenfront steigt gegen links (vgl. Abb. 36). Mit zunehmender Zeit t steilt sich die Tangente mehr und mehr auf und wird lotrecht ($1/s = 0$) zur Zeit

$$t = \begin{cases} \dfrac{2C}{(\varkappa + 1)} & \text{für } \sigma = 0, \\[2ex] \dfrac{2C^2}{(\varkappa + 1)^2} & \text{für } \sigma = 1, \\[2ex] \dfrac{1}{2}\exp\left\{\dfrac{4C}{\varkappa + 1}\right\} & \text{für } \sigma = 2. \end{cases}$$

Dieses Aufsteilen der Wellenfronten haben wir in § 23, Ziff. 6 (Abb. 31), bei den ebenen Wellen ($\sigma = 0$) bereits kennengelernt. Jetzt hat sich gezeigt, daß ein ähnliches Aufsteilen auch in den Fällen $\sigma = 1$ und $\sigma = 2$ eintritt[1].

3. Unstetigkeiten erster und nullter Ordnung

Unstetigkeiten zweiter und höherer Ordnung, d.h. sprunghafte Änderungen zweiter und höherer äußerer Ableitungen (bei Stetigkeit der

---

[1] Hantzsche, W., u. H. Wendt: Jb. dtsch. Akad. Luftfahrtforsch. **1**, 536 (1940). — R. Sauer: Ingenieur-Arch. **18**, 239—241 (1950).

niedrigeren Ableitungen), können nach Ziff. 1 nur längs einer Charakteristik auftreten. Unstetigkeiten erster Ordnung dagegen sind auf beliebigen Kurven möglich; denn man kann längs irgendeiner Kurve verschiedene Lösungen mit gleichem f, aber verschiedenen f_x, f_y bei den in § 19 behandelten Anfangswertproblemen zusammensetzen. Dasselbe gilt für Unstetigkeiten nullter Ordnung mit sprunghafter Änderung der Funktionswerte f selbst.

Diese Unstetigkeiten erster und nullter Ordnung, wie sie in Ziff. 2 durch das Aufsteilen von Wellenfronten zustande kamen, spielen in den physikalischen Anwendungen als „Verdichtungsstöße" eine wichtige Rolle. Sie treten bei Hüllkurven von Charakteristiken auf. An diesen Hüllkurven liegt Fall c) der Alternative von § 14, Ziff. 2, vor, d. h. gewisse Ableitungen der Lösung werden unendlich. Als Beispiel zeigt Abb. 37 die in einem zylindrischen Rohr durch Einwärtsbewegung eines Kolbens hervorgerufene Verdichtungsströmung. Die von der Bahnlinie l des Kolbens in der x,t-Weg-Zeit-Ebene nach rechts laufenden Charakteristiken umhüllen eine Kurve g. Setzt man die Charakteristiken über die Hüllkurvenpunkte hinaus fort, so wird ein Teil der x,t-Ebene doppelt überdeckt, d. h. der Strömungszustand ist nicht mehr eindeutig von x und t abhängig.

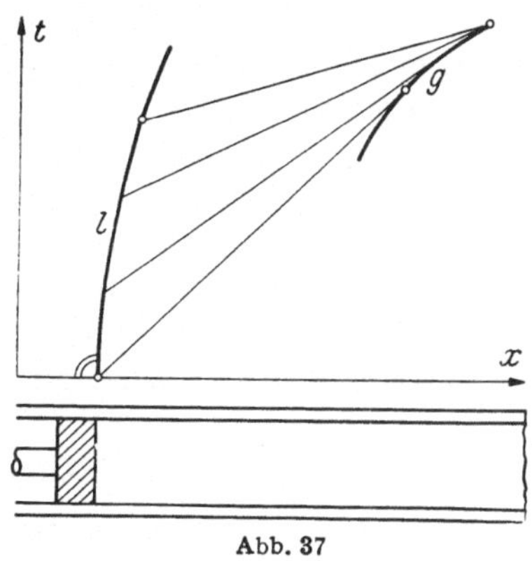

Abb. 37

Um zu eindeutigen Lösungen zu gelangen, muß man vor dem Erreichen einer Hüllkurve eine Unstetigkeitsfront zulassen. Das mathematische Anfangswertproblem wird durch diese Unstetigkeitsfronten sehr kompliziert. Zu den Differentialgleichungen, welche in den von Unstetigkeitsfronten freien Gebieten gelten, sind entsprechende Differenzengleichungen hinzuzunehmen, welchen die sprunghaften Änderungen der in Frage stehenden Funktionen beim Durchgang durch die Unstetigkeitsfront genügen sollen. Der Verlauf der Unstetigkeitsfronten ist nicht von vornherein bekannt, sondern muß so bestimmt werden, daß die Lösung gewisse vorgegebene Anfangs- und Randbedingungen befriedigt.

Bei den linearen Differentialgleichungen der Akustik (vgl. § 23, Ziff. 6) sind die Charakteristiken parallele Geraden $x + (\bar{u} \pm \bar{a})\,t = \text{const.}$ Infolgedessen treten hier keine Hüllkurven und keine Unstetigkeitsfronten wie bei den nichtlinearen Differentialgleichungen auf.

§ 28. Riemannsches Integrationsverfahren

1. Aufgabenstellung

In Gl. (2.4) haben wir für das Anfangswertproblem der Wellengleichung und in Gl. (1.4) für das DIRICHLETsche Randwertproblem der Potentialgleichung die Lösung explizit durch die vorgegebenen Anfangsdaten bzw. Randdaten dargestellt. RIEMANN hat eine solche explizite Darstellung der Lösung für das Anfangswertproblem der allgemeinen linearen Differentialgleichung

$$L\,[f] = a_{11}\,f_{xx} + 2a_{12}\,f_{xy} + a_{22}\,f_{yy} + 2a_{13}\,f_x + 2a_{23}\,f_y + a_{33}\,f = h \quad (28.1)$$

gefunden. Die Koeffizienten $a_{ik} = a_{ki}$ und h sind Funktionen von x, y. Sie sollen ebenso wie die Koeffizienten $\bar{a}_{ik} = \bar{a}_{ki}$ des in Gl. (28.2) definierten Differentialausdrucks $M\,[f]$ stetige erste Ableitungen besitzen und in dem in Frage stehenden Bereich der x, y-Ebene die Bedingung $a_{11}a_{22} - a_{12}^2 < 0$ des hyperbolischen Typus erfüllen.

Zu der RIEMANNschen Lösung gelangt man durch formal analoge Entwicklungen wie zu der durch eine GREENsche Funktion vermittelten Lösung der Randwertprobleme elliptischer Differentialgleichungen. Wir wollen die RIEMANNsche Methode im folgenden unter Hervorhebung dieser Analogie auseinandersetzen.

2. Greensche Formel

Das wesentliche Hilfsmittel des RIEMANNschen Integrationsverfahrens ist die auf dem GAUSSschen Satz, Gl. (1.2), beruhende GREENsche Integralformel:

Wir gehen aus von dem linearen Differentialausdruck $L\,[f]$ der Differentialgleichung (28.1) und dem adjungierten Differentialausdruck

$$\begin{aligned} M\,[f] &= (a_{11}f)_{xx} + 2\,(a_{12}f)_{xy} + (a_{22}f)_{yy} - 2(a_{13}f)_x - 2(a_{23}f)_y + a_{33}f \\ &= \bar{a}_{11}\,f_{xx} + 2\bar{a}_{12}\,f_{xy} + \bar{a}_{22}\,f_{yy} + 2\bar{a}_{13}\,f_x + 2\bar{a}_{23}\,f_y + \bar{a}_{33}\,f. \end{aligned} \quad (28.2)$$

Durch Ausführung der Differentiationen ergeben sich die Beziehungen

$$\bar{a}_{11} = a_{11}, \quad \bar{a}_{12} = a_{12}, \quad \bar{a}_{22} = a_{22},$$

$$\bar{a}_{13} + a_{13} = (a_{11})_x + (a_{12})_y, \quad \bar{a}_{23} + a_{23} = (a_{12})_x + (a_{22})_y,$$

$$\bar{a}_{33} - a_{33} = (\bar{a}_{13} - a_{13})_x + (\bar{a}_{23} - a_{23})_y.$$

Sie zeigen, daß die Adjungiertheit eine wechselseitige Beziehung ist, daß man also wieder auf $L\,[f]$ zurückkommt, wenn man zu $M\,[f]$ den adjungierten Differentialausdruck bildet. Für

$$(a_{11})_x + (a_{12})_y = 2a_{13}, \quad (a_{12})_x + (a_{22})_y = 2a_{23}$$

wird $a_{13} = \bar{a}_{13}$, $a_{23} = \bar{a}_{23}$ und $a_{33} = \bar{a}_{33}$, der Differentialausdruck ist dann selbstadjungiert, d. h. es ist $L\,[f] \equiv M\,[f]$.

Adjungierte Differentialausdrücke haben die wichtige Eigenschaft, daß für irgend zwei (als zweimal stetig differenzierbar vorausgesetzte) Funktionen $u(x, y)$, $v(x, y)$ die Differenz $vL[u] - uM[v]$ stets ein Divergenzausdruck ist, nämlich

$$v L [u] - u M [v] = P_x + Q_y = \operatorname{div} \mathfrak{p} . \tag{28.3}$$

Die Komponenten $P(x, y)$, $Q(x, y)$ des Vektors $\mathfrak{p}(x, y)$ sind gegeben durch

$$P(x,y) = a_{11}(v u_x - u v_x) + a_{12}(v u_y - u v_y) + (2a_{13} - a_{11_x} - a_{12_y}) uv,$$
$$Q(x,y) = a_{12}(v u_x - u v_x) + a_{22}(v u_y - u v_y) + (2a_{23} - a_{12_x} - a_{22_y}) uv. \tag{28.4}$$

Bei selbstadjungierten Differentialausdrücken verschwinden die Koeffizienten von uv.

Durch Anwendung des Gaußschen Satzes (1.2) auf das Vektorfeld $\mathfrak{p}(x, y)$ ergibt sich mit Rücksicht auf Gl. (28.3) die Greensche Integralformel

$$\iint\limits_{(B)} \{v L [u] - u M [v]\}\, d\sigma = - \int\limits_{k} \mathfrak{p}\, \mathfrak{n}\, ds = - \int\limits_{k} (P\, v_1 + Q\, v_2)\, ds . \tag{28.5}$$

k ist die (etwa stückweise glatte) Randkurve eines einfach (Abb. 1 in § 1) oder mehrfach (Abb. 38) zusammenhängenden Bereichs (B); v_1, v_2 sind die Komponenten des nach innen gerichteten Normaleneinheitsvektors $\mathfrak{n}$ der Randkurve.

3. Randwertproblem der elliptischen Differentialgleichung (28.1) und Greensche Funktion

Zunächst wenden wir die Greensche Formel (28.5) auf eine elliptische Differentialgleichung (28.1) an. Ihre Koeffizienten a, b, c in der Normalform (28.10) sollen stetige zweite Ableitungen besitzen. In der Theorie der elliptischen Differentialgleichungen wird die Existenz einer sog. Greenschen Funktion $G(x, y; \xi, \eta)$ der Differentialgleichung $M[G] = 0$ mit folgenden Eigenschaften nachgewiesen:

a) G ist in einem einfach zusammenhängenden und beschränkten Bereich (B) mit der etwa analytischen Randkurve k eine Funktion von x, y und den Koordinaten ξ, η eines Innenpunkts von (B). Sie läßt sich darstellen in der Form

$$G(x, y; \xi, \eta) = R(x, y; \xi, \eta) \ln r + S(x, y; \xi, \eta); \tag{28.6}$$

dabei haben R und S im Innern von (B) stetige zweite Ableitungen und $r = \sqrt{(x - \xi)^2 + (y - \eta)^2}$ ist der Abstand des festen Aufpunkts ξ, η und des veränderlichen Punkts x, y. Die Funktion G hat also im

Punkt ξ, η eine logarithmische Singularität. Zur Normierung von G wird für $x = \xi$, $y = \eta$ gefordert

$$R(\xi, \eta; \xi, \eta) = - \frac{1}{2\pi}. \qquad (28.7)$$

b) G soll bei festem ξ, η als Funktion von x, y der (zu $L = 0$ adjungierten) homogenen Differentialgleichung

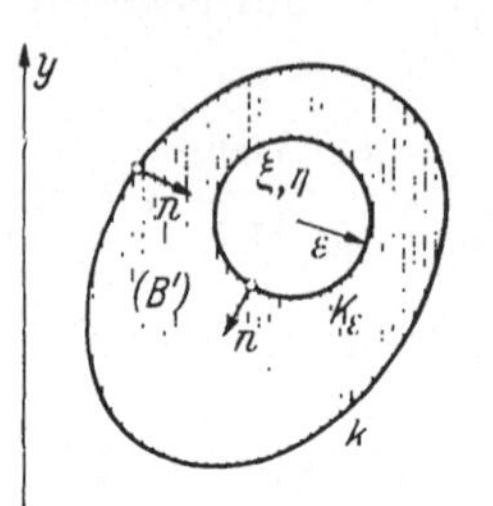

Abb. 38

$$M\,[G(x, y; \xi, \eta)] = 0 \qquad (28.8)$$

in dem Bereich (B) nach Ausschluß des Aufpunkts ξ, η genügen (Abb. 38).

c) Auf der Randkurve k soll G verschwinden:

$$G(x_k, y_k; \xi, \eta) = 0. \qquad (28.9)$$

In § 1 haben wir eine solche GREENsche Funktion für die Potentialgleichung (1.1)

$$f_{xx} + f_{yy} = 0$$

bestimmt und mit ihrer Hilfe die Lösung der ersten Randwertaufgabe durch Gl. (1.4) explizit dargestellt. Um im Falle der allgemeinen linearen elliptischen Differentialgleichung (28.1) zu einer analogen Darstellung zu kommen, denken wir uns Gl. (28.1) nach § 3 auf die Normalform

$$L[f] = f_{xx} + f_{yy} + a f_x + b f_y + c f = h \qquad (28.10)$$

gebracht und setzen in der GREENschen Formel (28.5)

$$u = f(x, y), \qquad v = G(x, y; \xi, \eta);$$

als Integrationsbereich nehmen wir den zweifach zusammenhängenden Bereich (B'), begrenzt von der Randkurve k des wie in § 1 vorgegebenen Bereichs (B) und dem Kreis K_ε um den Aufpunkt ξ, η mit dem kleinen Radius ε. Mit Rücksicht auf die Gln. (28.8), (28.9) und

$$P = v u_x - u v_x + a u v, \qquad Q = v u_y - u v_y + b u v \qquad (28.11)$$

erhält man dann

$$\iint\limits_{(B')} G(x, y; \xi, \eta)\, h(x, y)\, dx\, dy = \int\limits_{k} f(G_x v_1 + G_y v_2)\, ds +$$

$$+ \int\limits_{K_\varepsilon} [(-G f_x + f G_x - a f G)\, v_1 + (-G f_y + f G_y - b f G)\, v_2]\, ds. \qquad (28.12)$$

Das Integral über K_ε strebt wegen

$$G_x = R_x \ln r + S_x + R\,\frac{x - \xi}{r^2}, \qquad G_y = R_y \ln r + S_y + R\,\frac{y - \eta}{r^2}$$

und $x - \xi = \varepsilon \nu_1$, $y - \eta = \varepsilon \nu_2$ mit Rücksicht auf Gl. (28.7) für $\varepsilon \to 0$ gegen $-f(\xi, \eta)$, so daß Gl. (28.12) übergeht in

$$f(\xi, \eta) = \int\limits_{k} \bar{f}(s)\, \frac{\partial G}{\partial n}\, ds - \int\limits_{(B)}\int G(x, y; \xi, \eta)\, h(x, y)\, dx\, dy. \quad (28.13)$$

Hierdurch wird die Lösung $f(\xi, \eta)$ wie im Spezialfall der Potentialgleichung (§ 1) durch die Randwerte $\bar{f}(s)$ dargestellt. Die Darstellungsformel zeigt, daß die Randwerte $\bar{f}(s)$ eine vorgegebene Lösung der Differentialgleichung (28.10) eindeutig bestimmen und daß der Wert $f(\xi, \eta)$ der Lösung in irgendeinem Innenpunkt ξ, η stets von allen Randwerten abhängt.

Die Greensche Funktion hat folgende Symmetrieeigenschaft: Ist $\mathsf{X}(x, y; \xi, \eta)$ Greensche Funktion des zu M adjungierten Differentialausdrucks L, d. h. tritt an Stelle von Gl. (28.8) die Forderung $L[\mathsf{X}(x, y; \xi, \eta)] = 0$, so ist

$$G(x, y; \xi, \eta) = \mathsf{X}(\xi, \eta; x, y). \quad (28.14)$$

Bei einem selbstadjungierten Differentialausdruck $L \equiv M$ ist $G \equiv \mathsf{X}$, so daß dann $G(x, y; \xi, \eta) = G(\xi, \eta; x, y)$ gilt.

4. Anfangswertproblem der hyperbolischen Differentialgleichung (28.1) und Riemannsche Funktion

Die in Ziff. 3 für elliptische Differentialgleichungen vorgenommenen Entwicklungen sollen jetzt sinngemäß auf hyperbolische Differentialgleichungen übertragen werden[1]. Wir denken uns wieder zur Vereinfachung der Darstellung die Differentialgleichung (28.1) nach § 3 auf die Normalform

$$L[f] = f_{xy} + a f_x + b f_y + c f = h \quad (28.15)$$

gebracht und behandeln das folgende Anfangswertproblem (vgl. § 19, Ziff. 2): Auf einer glatten Kurve k (Abb. 39), die von keiner Charakteristik, d. h. von keiner zu den Koordinatenachsen parallelen Geraden, berührt wird, sind die Anfangsdaten f, $p = f_x$ und $q = f_y$ als stetige Funktionen $\bar{f}(s), \bar{p}(s), \bar{q}(s)$ der Bogenlänge s gegeben. Dabei muß die Streifenbedingung $\bar{f}' = \bar{p}\, x' + \bar{q}\, y'$ erfüllt sein.

---

[1] Über eine analoge Behandlung parabolischer Differentialgleichungen vgl. John W. Miles: A note on Riemanns method applied to the diffusion equation. Quart. appl. Math. 8, 95—101 (1950). — Vgl. außerdem Rob. Conti: Sul problema di Cauchy per le equazioni di tipo misto $y^k z_{xx} - x^k z_{yy} = 0$. Ann. Scuola nuova sup. Pisa, Sci. fis. mat. III. Ser. 2 (1950) S. 105—130. In dieser Arbeit wird die Anfangswertaufgabe für den hyperbolischen Bereich gelöst unter der Annahme, daß die Anfangsdaten auf der parabolischen Kurve vorgegeben sind.

Um zu einer zu Gl.(28.13) analogen Darstellungsformel für die Lösung dieses Anfangswertproblems durch die Anfangsdaten $\bar{f}(s)$, $\bar{p}(s)$, $\bar{q}(s)$ zu kommen, nehmen wir an, daß eine Funktion $R(x, y; \xi, \eta)$ mit folgenden Eigenschaften existiert:

a) R ist eine Funktion von x, y in dem dreieckigen Bereich ABP (Abb. 39), der von den beiden durch einen Punkt $P(\xi, \eta)$ gehenden Charakteristiken $x = \xi$, $y = \eta$ und dem von ihnen aus der Ausgangskurve k ausgeschnittenen Bogen AB begrenzt wird. R ist auch eine Funktion von ξ, η, also $R = R(x, y; \xi, \eta)$, und soll der Normierungsvorschrift

$$R(\xi, \eta; \xi, \eta) = 1 \qquad (28.16)$$

genügen.

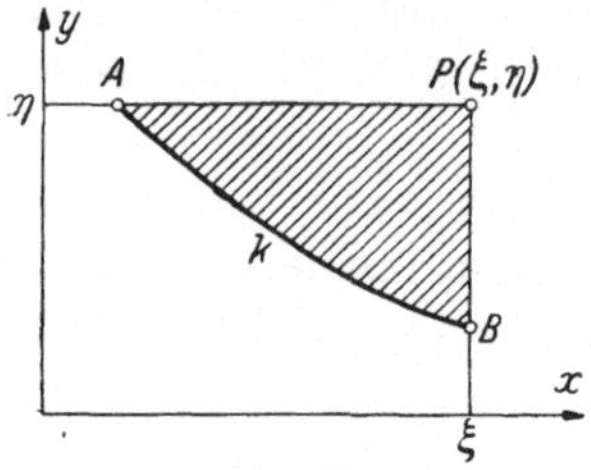

b) R soll bei festem ξ, η als Funktion von x, y der adjungierten homogenen Differentialgleichung

$$M[R(x, y; \xi, \eta)] = 0 \qquad (28.17)$$

Abb. 39

genügen, und zwar in dem ganzen Bereich ABP.

c) Auf den Charakteristiken AP und BP sollen die Funktionswerte R die Beziehungen befriedigen

$$\begin{aligned}
a R - R_y = 0 \quad &\text{für} \quad x = \xi, \quad \text{also längs } BP, \\
b R - R_x = 0 \quad &\text{für} \quad y = \eta, \quad \text{also längs } AP.
\end{aligned} \qquad (28.18)$$

Diese Beziehungen sind gewöhnliche Differentialgleichungen für die Randwerte der Funktion R auf BP bzw. AP und legen zusammen mit der Normierungsvorschrift (28.16) die Randwerte auf AP, BP fest. Mithin liegt für die Funktion R, die wir fortan als RIEMANNsche Funktion bezeichnen wollen, ein charakteristisches Anfangswertproblem im Sinne von § 15, Ziff. 4, oder § 19, Ziff. 2 (vgl. Abb. 20), vor.

Dem Gedankengang von Ziff. 3 folgend, setzen wir nun in der GREENschen Formel (28.5), angewandt auf den Bereich ABP,

$$u = f(x, y), \qquad v = R(x, y; \xi, \eta).$$

Mit Rücksicht auf Gl. (28.17) und

$$P = \tfrac{1}{2}(v u_y - u v_y) + a u v, \qquad Q = \tfrac{1}{2}(v u_x - u v_x) + b u v$$

erhält man

$$2 \iint R(x, y; \xi, \eta)\, h(x, y)\, dx\, dy \qquad (28.19)$$

$$= \int_{ABPA} [(R_y f - f_y R - 2 a R f)\, v_1 + (R_x f - f_x R - 2 b R f)\, v_2]\, ds,$$

wobei die Randkurve $ABPA$ aus den drei Teilstücken AB, AP und BP besteht. Die Randintegrale über die beiden letzten Teilbögen

AP, BP formen wir durch Produktintegration und mit Hilfe der Gln. (28.18) und (28.16) folgendermaßen um:

Auf BP ist $v_1 = -1$, $v_2 = 0$, also

$$\int\limits_{BP} [(R_y f - f_y R - 2a\,R f)\,v_1 + (R_x f - f_x R - 2b\,R f)\,v_2]\,ds$$

$$= -\int\limits_{BP} (R_y f - f_y R - 2a\,R f)\,dy$$

$$= -\int\limits_{BP} (R_y f - 2a\,R f)\,dy - \int\limits_{BP} R_y f\,dy + (f R)_B^P$$

$$= -2\int\limits_{BP} f(R_y - aR)\,dy - \bar{f}(B)\,R\,(B) + f(P)\,R(P) = f(P) - \bar{f}(B)\,R(B)\,\textbf{.}$$

Auf AP mit $v_1 = 0$, $v_2 = -1$ kommt analog

$$\int\limits_{AP} [(R_y f - f_y R - 2a\,R f)v_1 + (R_x f - f_x R - 2b\,R f)v_2]\,ds = f(P) - \bar{f}(A)\,R(A).$$

Durch Einsetzen dieser Ausdrücke in Gl. (28.19) ergibt sich die Darstellungsformel

$$f(\xi, \eta) = \iint\limits_{\triangleleft} R(x, y;\, \xi, \eta)\,h(x, y)\,dx\,dy + \tfrac{1}{2}\,[\bar{f}(A)\,R(A) + \bar{f}(B)\,R(B)]$$

$$\text{(28.20)}$$

$$+ \tfrac{1}{2} \int\limits_{AB} [(\bar{q}\,R - R_y \bar{f} + 2a\,R\bar{f})\,v_1 + (\bar{p}\,R - R_x \bar{f} + 2b\,R\bar{f})\,v_2]\,ds.$$

Die Darstellungsformel zeigt, daß die Anfangsdaten $f = \bar{f}(s)$, $f_x = \bar{p}(s)$, $f_y = \bar{q}(s)$ nur eine einzige Lösung des Anfangswertproblems zulassen und daß der Abhängigkeitsbereich für einen Punkt $P(\xi, \eta)$ nicht die ganze Anfangskurve k, sondern nur den von den Charakteristiken $x = \xi$ und $y = \eta$ ausgeschnittenen Teilbogen AB umfaßt. Die Existenz der Lösung, daß also Gl. (28.20) tatsächlich die Differentialgleichung (28.15) und die Anfangsbedingungen erfüllt, muß durch Verifikation nachgewiesen werden. Wir gehen auf diese Verifikation nicht ein, da die Existenz der Lösung, wenigstens für die dort zugrunde gelegten stärkeren Integrierbarkeitsannahmen, durch die früheren Untersuchungen [vgl. z. B. Gl. (17.2) in § 17] gesichert ist.

Der wesentliche Kern des Riemannschen Verfahrens ist der Ersatz des von einer Ausgangskurve k abhängigen Anfangswertproblems der linearen Differentialgleichung zweiter Ordnung (28.15) durch ein charakteristisches, von k unabhängiges Anfangswertproblem für R. Dieses Verfahren ist nach verschiedenen Richtungen verallgemeinert worden.

F. RELLICH[1], T. W. CHAUNDY[2] und W. HAACK[3] haben es auf Differentialgleichungen n-ter Ordnung bzw. auf Systeme von Differentialgleichungen erster Ordnung übertragen. Die wichtigste Verallgemeinerung, nämlich die auf Differentialgleichungen mit mehr als zwei Veränderlichen, wird uns in § 39 als HADAMARDsche Theorie beschäftigen.

In manchen Fällen kann man die Lösungen der Differentialgleichung (28.15) ohne Verwendung einer RIEMANNschen Funktion explizit angeben, wie z.B. bei den in § 20 behandelten Differentialgleichungen mit geradlinigen Charakteristiken oder der DARBOUXschen Gl. (37.6) mit ganzzahligem $n \geqq 0$, die uns in § 37 begegnen wird. Die Lösungen der Differentialgleichung (28.15) lassen sich auf Quadraturen zurückführen, wenn eine der beiden Bedingungen besteht

$$a_x + a\,b - c = 0 \quad \text{oder} \quad b_y + a\,b - c = 0.$$

Dann hat man nämlich z. B. im ersten Fall

$$(f_y + a\,f)_x + b(f_y + a\,f) = h, \quad \text{also} \quad g_x + b\,g = h, \quad f_y + a\,f = g,$$

woraus durch Quadraturen zuerst g und dann f ermittelt werden kann[4].

5. Charakteristisches Anfangswertproblem und Symmetrieeigenschaft der Riemannschen Funktion

Die RIEMANNsche Funktion $R(x, y; \xi, \eta)$ liefert eine explizite Darstellungsformel auch für das charakteristische Anfangswertproblem der Differentialgleichung (28.15), bei dem auf den Charakteristikenstücken $A\,C\,(x = \alpha)$ und $B\,C\,(y = \beta)$ die Funktionswerte f vorgegeben sind (Abb. 40). Ebenso wie in Ziff. 4 erhält man zunächst

$$f(\xi, \eta) = \iint\limits_{\square} R(x, y; \xi, \eta)\,h(x, y)\,dx\,dy + \tfrac{1}{2}\,[f(A)\,R(A) + f(B)\,R(B)]$$

$$+ \tfrac{1}{2} \int\limits_{C\,A} (f_y\,R - f\,R_y + 2\,a\,R\,f)\,dy + \tfrac{1}{2} \int\limits_{C\,B} (f_x\,R - f\,R_x + 2\,b\,R\,f)\,dx$$

und hierauf durch nochmalige Produktintegration die angekündigte Darstellungsformel

$$f(\xi, \eta) = \iint\limits_{\square} R(x, y; \xi, \eta)\,h(x, y)\,dx\,dy + f(\alpha, \beta)\,R(\alpha, \beta; \xi, \eta) +$$

$$+ \int\limits_{C\,A} R(f_y + a\,f)\,dy + \int\limits_{C\,B} R(f_x + b\,f)\,dx. \tag{28.21}$$

[1] RELLICH, F.: Math. Ann. **103**, 249—278 (1930); vgl. auch **112**, 490—492 (1936).
[2] CHAUNDY, T. W.: Proc. Lond. math. Soc. II, Ser. **43**, 280—288 (1937).
[3] HAACK, W., u. G. HELLWIG: Math. Z. **53**, 244—266 u. 340—356 (1950).
[4] Vgl. G. DARBOUX: Théorie des surfaces II, 23. Paris 1915.

Aus dieser Darstellungsformel ergibt sich eine zur Gl. (28.14) der
Greenschen Funktion analoge Symmetriebeziehung für die Riemannsche Funktion durch folgende Spezialisie-
rung des vorliegenden charakteristischen
Anfangswertproblems:

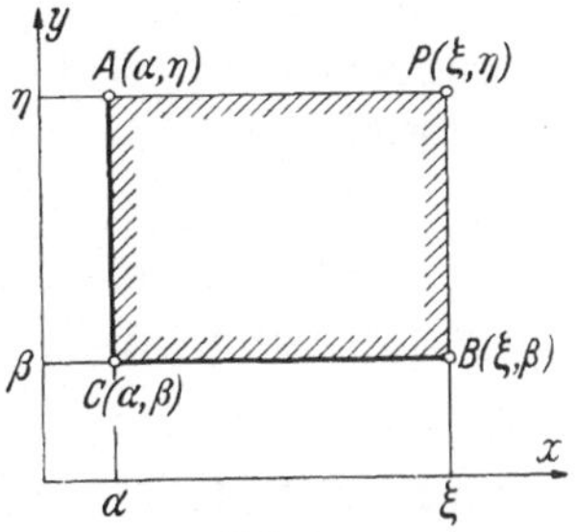

Die Differentialgleichung (28.15) sei
homogen $(h \equiv 0)$, d. h. f sei Lösung der
Differentialgleichung

$$L\,[f] = 0\,. \qquad (28.22)$$

Die Anfangswerte von f seien vorgegeben
durch

Abb. 40

$$f(\alpha, \beta) = 1, \quad f_y + af = 0 \quad \text{auf} \quad C\,A \quad (x = \alpha),$$
$$f_x + bf = 0 \quad \text{auf} \quad C\,B \quad (y = \beta). \qquad (28.23)$$

Dann ist f offenbar identisch mit der Riemannschen Funktion P für
den zu M adjungierten Differentialausdruck $L[f]$ und Gl. (28.21) liefert
mit $f(\xi, \eta) = \mathsf{P}(\xi, \eta; \alpha, \beta)$ die Symmetriebeziehung

$$\mathsf{P}(\xi, \eta; \alpha, \beta) = R(\alpha, \beta; \xi, \eta)\,. \qquad (28.24)$$

Das charakteristische Anfangswertproblem wurde von Ingersoll[1]
dahingehend verallgemeinert, daß auf den Charakteristikenstücken AC
und BC statt $f(\alpha, y)$ und $f(x, \beta)$ Ableitungen $\dfrac{\partial^k f(x, y)}{\partial x^k}$ für $x = \alpha$ und
$\dfrac{\partial^l f(x, y)}{\partial y^l}$ für $y = \beta$ vorgeschrieben werden.

6. Gegenüberstellung der Greenschen Funktion und der Riemannschen Funktion

Die Riemannsche Funktion ist in den Entwicklungen von Ziff. 3
und 4 nicht das Analogon der Greenschen Funktion. Der Beziehung
(28.6), nach der die Greensche Funktion im Punkt $x = \xi$, $y = \eta$ eine
logarithmische Singularität aufweist, entspricht keine analoge Eigenschaft der Riemannschen Funktion; vielmehr ist diese im ganzen Bereich ABP stetig.

Das Analogon der Greenschen Funktion für die hyperbolische Differentialgleichung (28.10) sind die folgendermaßen definierten „Grundlösungen" $G(x, y; \xi, \eta)$ der Differentialgleichung $M[G] = 0$:

a) G ist in dem Bereich ABP eine Funktion von x, y und der Koordinaten ξ, η des Randpunkts P. Sie läßt sich darstellen in der Form

$$G(x, y; \xi, \eta) = R(x, y; \xi, \eta)\ln\varrho + \Phi(x, y; \xi, \eta) \qquad (28.25)$$

---

[1] Ingersoll, B. M.: An initial value problem for hyperbolic differential
equations. Bull. Amer. math. Soc. **54**, 1117—1124 (1948).

10*

mit $\varrho = \sqrt{(x - \xi)(y - \eta)}$ und den im ganzen Bereich ABP regulären, d. h. stetige zweite Ableitungen besitzenden Funktionen R, Φ. Die Funktion G hat also nicht nur im Punkt P sondern auf den ganzen Randstrecken AP, BP eine logarithmische Singularität. Zur Normierung fordern wir

$$R(\xi, \eta; \xi, \eta) = 1. \tag{28.26}$$

b) G soll bei festem ξ, η als Funktion von x, y der adjungierten homogenen Differentialgleichung

$$M[G(x, y; \xi, \eta)] = 0 \tag{28.27}$$

in dem Bereich ABP mit Ausschluß der Randkurvenstücke $AP\,(y = \eta)$ und $BP\,(x = \xi)$ genügen.

Setzt man nun $G(x, y; \xi, \eta)$ aus Gl. (28.25) in Gl. (28.27) ein, so ergibt sich

$$2M[R]\ln\varrho + \frac{1}{x-\xi}(R_y - aR) + \frac{1}{y-\eta}(R_x - bR) = \text{reguläre Funktion}.$$

Infolgedessen muß die als Faktor von $\ln\varrho$ in Gl. (28.25) eingeführte Funktion R den weiteren Bedingungen

$$M[R(x, y; \xi, \eta)] = 0, \qquad R_y - aR = 0 \quad \text{für} \quad x = \xi,$$
$$R_x - bR = 0 \quad \text{für} \quad y = \eta \tag{28.28}$$

genügen.

Die Gln. (28.26) und (28.28) zeigen, daß der Faktor R von $\ln\varrho$ in der Grundlösung G identisch ist mit der in Ziff. 4 eingeführten RIEMANNschen Funktion; die RIEMANNsche Funktion ist also nicht das Analogon der GREENschen Funktion, sondern der in der GREENschen Funktion als Koeffizient des logarithmischen Glieds auftretenden regulären Funktion.

In der HADAMARDschen Integrationstheorie (§ 39) werden wir auf den Begriff der Grundlösungen ausführlich zurückkommen.

7. Anwendung des Riemannschen Integrationsverfahrens auf die Wellengleichung und die Telegraphengleichung

Als erstes Anwendungsbeispiel nehmen wir die (auf die Normalform transformierte) Wellengleichung

$$f_{xy} = h(x, y). \tag{28.29}$$

Die RIEMANNsche Funktion genügt der Differentialgleichung (28.17)

$$R_{xy} = 0,$$

woraus sofort $R = X(x; \xi, \eta) + Y(y; \xi, \eta)$ folgt. Wegen der Symmetrieeigenschaft setzen wir versuchsweise

$$R = X(x; \xi) + Y(y; \eta).$$

Die Randbedingungen (28.18)

$$R(\xi, \eta; \xi, \eta) = 1, \qquad R_y = 0 \quad \text{für} \quad x = \xi, \qquad R_x = 0 \quad \text{für} \quad y = \eta$$

besagen, daß $R = \text{const} = 1$ auf den Strecken $BP (x = \xi)$ und $AP (y = \eta)$ ist, woraus sofort $X = \text{const}$, $Y = \text{const}$ und $R(x, y; \xi, \eta) \equiv 1$ folgt. Hiermit erhält man die Darstellungsformel (28.20)

$$f(\xi, \eta) = \int\!\!\int h(x, y)\, dx\, dy + \tfrac{1}{2}\,[\bar{f}(A) + \bar{f}(B)] + \tfrac{1}{2} \int\limits_{AB} (\bar{q}\, v_1 + \bar{p}\, v_2)\, ds.$$

Sie spezialisiert sich zu Gl. (2.4), wenn $h \equiv 0$ ist und die Anfangskurve AB eine zu den Koordinatenachsen unter $45°$ geneigte Strecke ist. Für die Anfangsdaten $\bar{f} = \bar{p} = \bar{q} = 0$ und nicht identisch verschwindendes h ergibt sich Gl. (17.3) als Spezialfall.

Ein zweites Beispiel sei die verallgemeinerte Wellengleichung

$$f_{xy} + c^2 f = 0, \qquad c = \text{const} \neq 0, \tag{28.30}$$

die in der Physik als „Telegraphengleichung'' auftritt. Sie ist ebenso wie die spezielle Wellengleichung $(c = 0)$ selbstadjungiert und liefert für die Riemannsche Funktion dieselben Randbedingungen $R = \text{const} = 1$ auf AP und BP. Um die Differentialgleichung (28.17) der Riemannschen Funktion

$$R_{xy} + c^2 R = 0$$

zu lösen, setzen wir $R = R(t)$ mit $t = (x - \xi)(y - \eta)$ und erhalten dann die gewöhnliche Differentialgleichung

$$t\,\frac{d^2 R}{d t^2} + \frac{d R}{d t} + c^2 R = 0.$$

Sie geht durch die Substitution $\tau = 2c\sqrt{t} = 2c\sqrt{(x - \xi)(y - \eta)}$ in die Besselsche Differentialgleichung

$$\frac{d^2 R}{d\tau^2} + \frac{1}{\tau}\,\frac{d R}{d\tau} + R = 0$$

über. Die bei $\tau = 0$, d. h. für $x - \xi = 0$ und $y - \eta = 0$, reguläre und den Wert $R = 1$ annehmende Lösung dieser Differentialgleichung, nämlich die Bessel-Funktion[1]

$$R(x, y; \xi, \eta) = J_0\big(2c\sqrt{(x - \xi)(y - \eta)}\big),$$

erfüllt die der Riemannschen Funktion vorgeschriebenen Bedingungen. Für $c = 0$ spezialisiert sie sich zu $R \equiv 1$.

---

[1] Hadamard, J.: Leçons sur la propagation des ondes et les équations de l'hydrodynamique, S. 169—170. Paris 1903.

§ 29. Anwendung auf die eindimensionale nichtstationäre und die zweidimensionale stationäre Gasströmung

1. Normalform der Potentialgleichung

RIEMANN hat das in § 28 auseinandergesetzte Integrationsverfahren entwickelt, um damit das Anfangswertproblem der eindimensionalen nichtstationären Strömung idealer Gase zu behandeln[1]. Wir erörtern diese Aufgabe jetzt als Anwendungsbeispiel, verallgemeinern sie aber zunächst auf isentropische Gasströmungen mit beliebiger Druck-Dichte-Beziehung $p = p(\varrho)$ und untersuchen sowohl die eindimensionalen nichtstationären als auch die zweidimensionalen stationären Strömungen.

Es handelt sich bei der vorliegenden Aufgabe um die linearen Differentialgleichungen (23.1) bzw. (22.1). Um sie auf die Normalform (28.10) zu bringen, transformieren wir Gl. (23.1) auf die in § 23, Ziff. 3, eingeführten charakteristischen Veränderlichen

$$\left.\begin{array}{c} 2\lambda \\ 2\mu \end{array}\right\} = \pm\, u + A\left(\frac{u^2}{2} + q\right) \quad \text{mit} \quad A = \lambda + \mu = \int \frac{dp}{a\,\varrho}$$

und erhalten nach elementarer Rechnung wegen $a\,dA + d\left(\dfrac{u^2}{2} + q\right) = 0$:

$$f_{\lambda\mu} + \frac{1 - a'}{2\,a}\,(f_\lambda + f_\mu) = 0. \tag{29.1}$$

Dabei ist a als Funktion $a(A) = a(\lambda + \mu)$ aufzufassen und $a' = da/dA$. Aus dem Potential $f(\lambda, \mu)$ ergeben sich durch die LEGENDRE-Transformation (19.8) Ort und Zeit

$$x = f_u = \frac{a - u}{2a}\,f_\lambda - \frac{a + u}{2a}\,f_\mu, \quad t = f_q = -\frac{1}{2a}\,(f_\lambda + f_\mu). \tag{29.2}$$

In analoger Weise wird Gl. (22.1) auf die in § 22, Ziff. 3, eingeführten charakteristischen Veränderlichen

$$\left.\begin{array}{c} 2\lambda \\ 2\mu \end{array}\right\} = \pm\, \Theta + W(V) \quad \text{mit} \quad W = \lambda + \mu = \int \operatorname{cotg}\alpha\, \frac{dV}{V}$$

transformiert. Es ergibt sich unter Berücksichtigung von $a^2 = \dfrac{V^2\,V'^2}{V^2 + V'^2}$ die Differentialgleichung

$$f_{\lambda\mu} - \frac{V'' + V}{2\,V'}\,(f_\lambda + f_\mu) = 0, \tag{29.3}$$

wobei V als Funktion $V(W) = V(\lambda + \mu)$ aufzufassen und $V' = dV/dW$

---

[1] RIEMANN, B.: Ges. Werke, S. 145—164. Leipzig 1876. — Vgl. auch E. HÖLDER: Abh. math. Sem. Univ. Hamburg, 14, 338—350 (1940).

ist. Die LEGENDRE-Transformation (19.8) liefert nach einigen Rechnungen

$$x = f_u = \frac{1}{2V'} \cos(\lambda - \mu)(f_\lambda + f_\mu) - \frac{1}{2V} \sin(\lambda - \mu)(f_\lambda - f_\mu),$$

$$y = f_v = \frac{1}{2V'} \sin(\lambda - \mu)(f_\lambda + f_\mu) + \frac{1}{2V} \cos(\lambda - \mu)(f_\lambda - f_\mu).$$

$$(29.4)$$

Beim Anfangswertproblem der Differentialgleichung (23.1) der eindimensionalen nichtstationären Strömung sei für $t = 0$ der Anfangszustand des Gases durch $\lambda = \lambda(x)$, $\mu = \mu(x)$ vorgegeben. Nach Gl.(29.2) sind dann in der λ, μ-Ebene längs einer von keiner Charakteristik berührten Anfangskurve $\lambda = \lambda(x)$, $\mu = \mu(x)$ die Ableitungen der gesuchten Funktion $f_\lambda = -f_\mu = x$ und demnach bis auf eine beliebig wählbare additive unwesentliche Konstante die Funktionswerte f selbst als Anfangsdaten festgelegt.

In analoger Weise wird beim Anfangswertproblem der Differentialgleichung (22.1) der zweidimensionalen stationären Strömung die Strömungsgeschwindigkeit des Gases durch $\lambda = \lambda(x)$, $\mu = \mu(x)$ längs einer keine MACH-Linie berührenden Kurve der x, y-Strömungsebene vorgegeben.

Die Lösung dieser Anfangswertprobleme reduziert sich nach § 28 auf die Ermittlung der RIEMANNschen Funktion der Differentialgleichung (29.1) bzw. (29.3). Für beliebige Druck-Dichte-Beziehungen $p = p(\varrho)$, d. h. für beliebige Funktionen $a(\lambda + \mu)$ bzw. $V(\lambda + \mu)$, wird man nicht erwarten, die RIEMANNsche Funktion explizit angeben zu können. Wir werden im folgenden einige Spezialfälle behandeln, in denen es möglich ist, die RIEMANNsche Funktion auf Kugelfunktionen oder auf BESSEL-Funktionen zurückzuführen.

2. Zurückführung der Riemannschen Funktion auf Kugelfunktionen

Wir betrachten diejenigen speziellen Druck-Dichte-Beziehungen $p = p(\varrho)$, für welche sich die Potentialgleichung (29.1) bzw. (29.3) zu

$$L[f] \equiv f_{\lambda\mu} + \frac{n}{\lambda + \mu}(f_\lambda + f_\mu) = 0 \qquad (29.5)$$

spezialisiert. Dabei ist n eine beliebige reelle Zahl.

Dann ist bei der eindimensionalen nichtstationären Strömung (29.1)

$$\frac{1 - a'}{2a} = \frac{n}{\lambda + \mu},$$

also

$$a = \frac{\lambda + \mu}{1 + 2n} + C_1 \cdot (\lambda + \mu)^{-2n}.$$

Wegen $\lambda + \mu = A$ und

$$dA = \frac{dp}{a\varrho} = \frac{dp}{d\varrho}\frac{d\varrho}{a\varrho} = a\frac{d\varrho}{\varrho}$$

erhält man

$$\frac{d\varrho}{\varrho} = \frac{dA}{a} = \frac{A^{2n}\,dA}{C_1 + \dfrac{1}{1+2n}\,A^{1+2n}},$$

also

$$\varrho = C_2\left(C_1 + \frac{1}{1+2n}\,A^{1+2n}\right) \quad \text{mit} \quad C_2 \neq 0,$$

und

$$dp = a^2\,d\varrho = C_2\left(C_1 A^{-n} + \frac{A^{1+n}}{1+2n}\right)^2 dA.$$

Durch Integration dieser Beziehung und Elimination von A ergibt sich schließlich die zu Gl. (29.5) gehörige Druck-Dichte-Beziehung

$$p = p_0 + C_2\left(\frac{2}{\varkappa-1}\right)^{\varkappa-3}\sum_{\nu=0}^{2}\binom{2}{\nu}\frac{C_1^\nu}{\varkappa-\nu}\left(\frac{\varrho}{C_2} - C_1\right)^{\varkappa-\nu} \qquad (29.6)$$

mit

$$\varkappa = \frac{2n+3}{2n+1} \neq 0, 1, 2, \infty, \quad \text{d. h.} \quad n \neq -\frac{3}{2}, \infty, \frac{1}{2}, -\frac{1}{2} \qquad (29.7)$$

und den drei beliebigen Konstanten p_0, C_1 und $C_2 \neq 0$. Den Fall $\varkappa = 1$ ($n = \infty$) schließen wir hier aus, wir werden in Ziff. 3 auf ihn zurückkommen. In den übrigen in den Ungleichungen (29.7) aufgeführten Ausnahmefällen treten an Stelle von Gl. (29.6) die Druck-Dichte-Beziehungen

$$p = p_0 + C_2\left[\frac{1}{2}\left(\frac{\varrho}{C_2} - C_1\right)^2 + 2C_1\left(\frac{\varrho}{C_2} - C_1\right) + C_1^2\ln\left(\frac{\varrho}{C_2} - C_1\right)\right] \quad\Biggr|$$
$$\text{für} \quad \varkappa = 2, \qquad n = \tfrac{1}{2}$$
$$p = p_0 + C_2\left[\frac{C_1^2}{2}\left(C_1 - \frac{\varrho}{C_2}\right)^{-2} - 2C_1\left(C_1 - \frac{\varrho}{C_2}\right)^{-1} - \ln\left(C_1 - \frac{\varrho}{C_2}\right)\right]\Biggr\} \quad (29.8)$$
$$\text{für} \quad \varkappa = 0, \qquad n = -\tfrac{3}{2}$$
$$p = p_0 + C_1\left[\left(1 - \frac{\varrho}{C_2}\right)^2 + 1\right]e^{\frac{\varrho}{C_2}} \quad \text{für} \quad \varkappa = \infty, \qquad n = -\tfrac{1}{2}$$

Für $C_1 = 0$ spezialisiert sich Gl. (29.6) zur Druck-Dichte-Beziehung der idealen Gase

$$p - p_0 = \text{const} \cdot \varrho^\varkappa, \qquad \left(\varkappa = \frac{c_p}{c_v} > 1, \quad \S 6, \text{Ziff. 2}\right),$$

auf welche RIEMANN die Untersuchung beschränkt hatte. Für ganzzahliges positives n ist dies die Druck-Dichte-Beziehung der n-atomigen Gase.

Bei der zweidimensionalen stationären Strömung (29.3) hat man

$$\frac{V'' + V}{2V'} + \frac{n}{\lambda + \mu} = 0.$$

Von speziellen Werten der Konstanten n abgesehen, kann man die zugehörige Druck-Dichte-Beziehung hier nicht explizit angeben.

Die RIEMANNsche Funktion $R(\lambda, \mu; \lambda', \mu')$ für Gl. (29.5) muß der Differentialgleichung

$$M[R] \equiv R_{\lambda\mu} - n\left(\frac{R}{\lambda+\mu}\right)_{\lambda} - n\left(\frac{R}{\lambda+\mu}\right)_{\mu} = 0 \qquad (29.9)$$

und den Randbedingungen

$$R(\lambda', \mu'; \lambda', \mu') = 1, \qquad R_{\lambda} - \frac{n}{\lambda+\mu} R = 0 \quad \text{für} \quad \mu = \mu',$$

$$R_{\mu} - \frac{n}{\lambda+\mu} R = 0 \quad \text{für} \quad \lambda = \lambda' \qquad (29.10)$$

genügen; an Stelle der Veränderlichen $x, y; \xi, \eta$ von § 28 treten hier $\lambda, \mu; \lambda', \mu'$.

Setzt man

$$R = e^{\varrho}\, \omega,$$

so erhält man aus den beiden letzten Gln. (29.8)

$$\omega_{\lambda} + \left(\varrho_{\lambda} - \frac{n}{\lambda+\mu}\right)\omega = 0 \quad \text{für} \quad \mu = \mu',$$

$$\omega_{\mu} + \left(\varrho_{\mu} - \frac{n}{\lambda+\mu}\right)\omega = 0 \quad \text{für} \quad \lambda = \lambda'.$$

Diese Gleichungen werden befriedigt durch

$$\varrho = n \ln \frac{\lambda+\mu}{\lambda'+\mu'}, \quad \text{also} \quad \varrho_{\lambda} = \varrho_{\mu} = \frac{n}{\lambda+\mu}, \qquad (29.11)$$

und zugleich

$$\omega_{\lambda} = 0 \quad \text{für} \quad \mu = \mu', \qquad \omega_{\mu} = 0 \quad \text{für} \quad \lambda = \lambda', \qquad (29.12)$$

also $\omega = \text{const} = 1$ auf AP und BP (vgl. Abb. 39).

Außerdem ist nun noch die Differentialgleichung (29.9) zu befriedigen. Durch Einsetzen von

$$R = e^{\varrho}\,\omega = \left(\frac{\lambda+\mu}{\lambda'+\mu'}\right)^n \omega$$

liefert sie für ω die Differentialgleichung

$$\omega_{\lambda\mu} + \frac{n(1-n)}{(\lambda+\mu)^2}\, \omega = 0. \qquad (29.13)$$

Wir suchen sie durch den Ansatz $\omega = \omega(t)$ mit

$$t = 1 + 2\frac{(\lambda-\lambda')(\mu-\mu')}{(\lambda+\mu)(\lambda'+\mu')}$$

zu lösen, der sie in eine gewöhnliche, und zwar die LEGENDRESche Differentialgleichung

$$(1-t^2)\frac{d^2\omega}{dt^2} - 2t\frac{d\omega}{dt} + n(n-1)\,\omega = 0 \qquad (29.14)$$

überführt. Infolgedessen ist die Kugelfunktion 1. Art $P_{n-1}(t)$ eine Lösung der Differentialgleichung (29.13). Sie hat bei $t = 1$, d. h. für

$\lambda = \lambda'$ und auch für $\mu = \mu'$ (BP und AP in Abb. 39) den konstanten Wert $\omega = 1$, erfüllt also die Randbedingungen (29.12). Als RIEMANN-sche Funktion haben wir somit[1]

$$R(\lambda, \mu; \lambda', \mu') = \left(\frac{\lambda + \mu}{\lambda' + \mu'}\right)^n P_{n-1}\left[1 + 2\,\frac{(\lambda - \lambda')\,(\mu - \mu')}{(\lambda + \mu)\,(\lambda' + \mu')}\right]. \quad (29.15)$$

In den Fällen $\varkappa = 2\,(n = \tfrac{1}{2})$, $\varkappa = 0\,(n = -\tfrac{3}{2})$ und $\varkappa = \infty\,(n = -\tfrac{1}{2})$, welche die Druck-Dichte-Beziehungen (29.8) liefern, läßt sich die RIEMANNsche Funktion, Gl. (29.15), durch vollständige elliptische Integrale[2] ausdrücken. Setzt man zur Abkürzung

$$\frac{(\lambda - \lambda')\,(\mu - \mu')}{(\lambda + \mu)\,(\lambda' + \mu')} = \mathfrak{Sin}^2\,\frac{\eta}{2}\,,$$

dann erhält man für $\varkappa = 2\,(n = \tfrac{1}{2})$

$$R(\lambda, \mu; \lambda', \mu') = \sqrt{\frac{\lambda + \mu}{\lambda' + \mu'}}\,P_{-1/2}(\mathfrak{Cos}\,\eta) = \frac{2}{\pi}\sqrt{\frac{\lambda + \mu}{\lambda' + \mu'}}\left(\mathfrak{Cos}\,\frac{\eta}{2}\right)^{-1} \mathsf{K}\left(\mathfrak{Tg}\,\frac{\eta}{2}\right).$$

Die bekannte Rekursionsformel

$$(2\nu + 1)\,t\,P_\nu(t) = (\nu + 1)\,P_{\nu+1}(t) + \nu\,P_{\nu-1}(t)$$

und die Beziehung

$$P_{1/2}(\mathfrak{Cos}\,\eta) = \frac{2}{\pi}\,e^{\eta/2}\mathsf{E}\left(\sqrt{1 - e^{-2\eta}}\right)$$

liefern nun für alle Kugelfunktionen P_n mit halbzahligem Index n Darstellungen durch vollständige elliptische Integrale. Dies gilt insbesondere für $n = -\tfrac{3}{2}$ und $n = -\tfrac{1}{2}$, womit die Zurückführung der RIEMANN-schen Funktion auf vollständige elliptische Integrale für die Fälle $\varkappa = 0\,(n = -\tfrac{3}{2})$ und $\varkappa = \infty\,(n = -\tfrac{1}{2})$ nachgewiesen ist.

In der vorn zitierten Originalarbeit von RIEMANN wird die Funktion $R(\lambda, \mu; \lambda', \mu)$ nicht auf Kugelfunktionen, sondern auf hypergeometrische Reihen zurückgeführt. In diesem Zusammenhang sei auf Arbeiten von H. COHN[3] und T. W. CHAUNDY[4] verwiesen, in denen weitere Differentialgleichungen behandelt werden, für welche sich die RIEMANNsche Funktion ebenfalls durch hypergeometrische Reihen darstellen läßt.

---

[1] MÜNCH, J.: Sitzungsber. der Bayer. Akad. der Wiss. (Math.-naturw. Klasse), S. 49—60 (1956).

[2] ERDÉLYI, A.: Higher transcendental functions. **1**, 173. New York 1953.

[3] COHN, H.: Duke math. J. **14**, 297—304 (1947). — Mit Hilfe des Begriffs der „Ableitung beliebiger Ordnung‚‚ hat A. MAMBRIANI [Ann. Scuola norm. super. Pisa. II. Ser. 11, 79—97 (1942)] die Differentialgleichung

$$f_{\lambda\mu} + \frac{1}{\lambda + \mu}\,(\alpha f_\lambda + \beta f_\mu) = 0$$

behandelt.

[4] CHAUNDY, T. W.: Quart. J. Math. Oxford Ser. **9**, 234—240 (1938).

Für ganzzahliges n, also insbesondere beim Problem der nichtstationären eindimensionalen Strömung (29.1) für n-atomige ideale Gase, reduziert sich die RIEMANNsche Funktion auf ein LEGENDRE-Polynom und die Lösung der Differentialgleichung (29.5) läßt sich explizit mit zwei willkürlichen Funktionen angeben (vgl. § 37, Ziff. 5).

3. Zurückführung der Riemannschen Funktion auf eine Bessel-Funktion

Zum Schluß wenden wir uns noch kurz zu denjenigen Druck-Dichte-Beziehungen, für welche sich die Potentialgleichung (29.1) bzw. (29.3) zu

$$L[f] = f_{\lambda\mu} + c(f_\lambda + f_\mu) = 0, \qquad c = \text{const} \tag{29.16}$$

spezialisiert. Man hat dann

$$\frac{1 - a'}{2a} = c \quad \text{bzw.} \quad \frac{V'' + V}{2V'} = -c,$$

woraus sofort

$$a = \frac{1}{2c} + C\, e^{-2c(\lambda+\mu)} \tag{29.17}$$

bzw.

$$V = e^{-c(\lambda+\mu)} \times$$

$$\times \begin{cases} C_1 \cos\sigma(\lambda+\mu) + C_2 \sin\sigma(\lambda+\mu) \\ C_1 \mathfrak{Cof}\,\sigma(\lambda+\mu) + C_2 \mathfrak{Sin}\,\sigma(\lambda+\mu) \end{cases} \quad \text{mit} \quad \begin{cases} c^2 < 1, \ \sigma = \sqrt{1-c^2} \\ c^2 > 1, \ \sigma = \sqrt{c^2-1} \end{cases}$$

$$\tag{29.18}$$

folgt. Gl. (29.17) führt zur Druck-Dichte-Beziehung

$$p = p_0 + \frac{\varrho}{4c^2}\,\frac{\varrho - 2C}{\varrho - C} + \frac{C}{4c^2}\ln\left(\frac{\varrho}{C} - 1\right)^2.$$

Im Sonderfall $C = 0$ ergibt sich hieraus die Druck-Dichte-Beziehung

$$p = p_0 + \frac{\varrho}{4c^2}, \tag{29.19}$$

die einem hypothetischen idealen Gas mit der in Ziff. 2 ausgeschlossenen Konstanten $\varkappa = 1\,(n = \infty)$ entspricht. Dies ist gleichbedeutend mit der Einführung der konstanten Schallgeschwindigkeit $a = 1/2c$ in Gl. (29.1), die sich dadurch zu Gl. (29.16) spezialisiert; aus

$$dp = a^2\, d\varrho = \frac{1}{4c^2}\, d\varrho$$

folgt sofort die Druck-Dichte-Relation (29.19).

Die Differentialgleichung (29.16) geht durch die Substitution

$$f(\lambda,\mu) = e^{-c(\lambda+\mu)}\, g(\lambda,\mu)$$

über in

$$g_{\lambda\mu} - c^2 g = 0$$

mit der BESSEL-Funktion

$$R(\lambda,\mu;\lambda',\mu') = J_0\big(2ic\sqrt{(\lambda-\lambda')(\mu-\mu')}\big) = I_0\big(2c\sqrt{(\lambda-\lambda')(\mu-\mu')}\big)$$

als RIEMANNscher Funktion (vgl. § 28, Ziff. 7).

Viertes Kapitel

Systeme quasilinearer Differentialgleichungen erster Ordnung und die quasilineare Differentialgleichung zweiter Ordnung bei mehr als zwei unabhängigen Veränderlichen

Im Kapitel III wurden Probleme mit zwei unabhängigen Veränderlichen erörtert. Das vorliegende Kapitel IV enthält analoge Untersuchungen mit mehr als zwei unabhängigen Veränderlichen.

Zunächst entwickeln wir ähnlich wie in § 14 und § 19 die Charakteristikentheorie, wobei wir uns im wesentlichen auf drei unabhängige Veränderliche beschränken. Dieser Fall gestattet anschauliche geometrische Deutungen und zeigt bereits viele wesentliche Tatsachen des allgemeinen Falls mit n unabhängigen Veränderlichen. Hierauf besprechen wir spezielle Differentialgleichungen (lineare Differentialgleichungen zweiter Ordnung mit konstanten Koeffizienten), insbesondere die Wellengleichung, und leiten die Lösungen des Anfangswertproblems und des Ausstrahlungsproblems her. Dabei zeigt sich ein grundsätzlich verschiedenes Verhalten, je nachdem die Anzahl n der unabhängigen Veränderlichen gerade oder ungerade ist (HUYGHENSsches Prinzip, HADAMARDsche Absteigmethode).

Hierauf folgt eine Verallgemeinerung der RIEMANNschen Integrationsmethode (§ 28) auf mehr als zwei unabhängige Veränderliche. Diese von HADAMARD entwickelte Theorie wird hier nur in den Grundzügen dargestellt. Im Schlußkapitel V werden wir auf die HADAMARDsche Theorie im Rahmen des Distributionskalküls nochmals zurückkommen.

§ 30. Charakteristikentheorie eines Systems quasilinearer Differentialgleichungen erster Ordnung

1. Deutung der Differentialgleichung auf einer vorgegebenen Fläche $\varkappa$

Wir beschränken uns bis auf weiteres auf drei unabhängige Veränderliche x, y, z und deuten diese als cartesische Koordinaten im dreidimensionalen Raum R_3. Zunächst untersuchen wir in Anlehnung an § 14 das zweigliedrige System der quasilinearen Differentialgleichungen

$$a_{11}u_x + a_{12}v_x + b_{11}u_y + b_{12}v_y + c_{11}u_z + c_{12}v_z = h_1,$$
$$a_{21}u_x + a_{22}v_x + b_{21}u_y + b_{22}v_y + c_{21}u_z + c_{22}v_z = h_2 \tag{30.1}$$

für die beiden gesuchten Funktionen $u(x, y, z)$, $v(x, y, z)$. Die Koeffizienten $a_{ik}, b_{ik}, c_{ik}, h_i$ sind Funktionen von x, y, z und u, v. Vorbehaltlich weiterer Forderungen (vgl. § 39) setzen wir u, v und die Koeffizienten als zweimal stetig differenzierbare Funktionen ihrer Argumente voraus.

Eine Lösung $u(x, y, z)$, $v(x, y, z)$ der Differentialgleichungen (30.1) läßt sich geometrisch durch zwei bezifferte Flächenscharen $u = \text{const}$ und $v = \text{const}$ im R_3 darstellen.

Dem in § 14 eingeführten Begriff der charakteristischen Kurven entspricht bei mehr als zwei Veränderlichen der Begriff der charakteristischen Flächen. Man gelangt zu ihm folgendermaßen:

Eine glatte Fläche $\varkappa$ des R_3 sei durch ihre Gleichung $z = \varkappa(x, y)$ mit stetigen Ableitungen $p = \varkappa_x$, $q = \varkappa_y$ gegeben. Ihre Tangentenebenen sind zur z-Achse nicht parallel. Wir bezeichnen Ableitungen einer Funktion $f(x, y, z)$ in Richtung der Tangenten der Fläche $\varkappa$ als „innere Ableitungen" und Ableitungen nach anderen Richtungen als „äußere Ableitungen" (vgl. § 8, Ziff. 5). Es sind also z. B.

$$\frac{\delta f}{\delta x} = f_x + p f_z, \qquad \frac{\delta f}{\delta y} = f_y + q f_z \qquad (30.2)$$

innere Ableitungen (in Richtung der Tangenten der Schnittkurven $y = \text{const}$ bzw. $x = \text{const}$). f_z ist äußere Ableitung, da die Fläche $\varkappa$ keine zur z-Achse parallelen Tangenten besitzt.

Das System (30.1) läßt sich auf die inneren Ableitungen $\delta/\delta x$, $\delta/\delta y$ und die äußere Ableitung in der z-Richtung umformen, nämlich

$$(a_{11} p + b_{11} q - c_{11}) u_z + (a_{12} p + b_{12} q - c_{12}) v_z$$
$$= a_{11} \frac{\delta u}{\delta x} + b_{11} \frac{\delta u}{\delta y} + a_{12} \frac{\delta v}{\delta x} + b_{12} \frac{\delta v}{\delta y} - h_1,$$
$$(a_{21} p + b_{21} q - c_{21}) u_z + (a_{22} p + b_{22} q - c_{22}) v_z \qquad (30.3)$$
$$= a_{21} \frac{\delta u}{\delta x} + b_{21} \frac{\delta u}{\delta y} + a_{22} \frac{\delta v}{\delta x} + b_{22} \frac{\delta v}{\delta y} - h_2.$$

Wir denken uns nun die Werte u, v einer Lösung von (30.1) bzw. (30.3) auf der Fläche $\varkappa$ vorgegeben. Dann sind natürlich auch die inneren Ableitungen bekannt und es entsteht die Frage, ob die äußeren Ableitungen u_z, v_z durch die Gln. (30.3) festgelegt sind.

Nach Einführung der Abkürzungen

$$R = \begin{vmatrix} a_{11} p + b_{11} q - c_{11} & a_{12} p + b_{12} q - c_{12} \\ a_{21} p + b_{21} q - c_{21} & a_{22} p + b_{22} q - c_{22} \end{vmatrix},$$

$$V_1 = \begin{vmatrix} a_{11} p + b_{11} q - c_{11} & a_{11} \dfrac{\delta u}{\delta x} + b_{11} \dfrac{\delta u}{\delta y} + a_{12} \dfrac{\delta v}{\delta x} + b_{12} \dfrac{\delta v}{\delta y} - h_1 \\[2ex] a_{21} p + b_{21} q - c_{21} & a_{21} \dfrac{\delta u}{\delta x} + b_{21} \dfrac{\delta u}{\delta y} + a_{22} \dfrac{\delta v}{\delta x} + b_{22} \dfrac{\delta v}{\delta y} - h_2 \end{vmatrix},$$

$$V_2 = \begin{vmatrix} a_{12} p + b_{12} q - c_{12} & a_{11} \dfrac{\delta u}{\delta x} + b_{11} \dfrac{\delta u}{\delta y} + a_{12} \dfrac{\delta v}{\delta x} + b_{12} \dfrac{\delta v}{\delta y} - h_1 \\[2ex] a_{22} p + b_{22} q - c_{22} & a_{21} \dfrac{\delta u}{\delta x} + b_{21} \dfrac{\delta u}{\delta y} + a_{22} \dfrac{\delta v}{\delta x} + b_{22} \dfrac{\delta v}{\delta y} - h_2 \end{vmatrix}$$

haben wir ähnlich wie in § 14 folgende Alternative:

a) Bei nichtverschwindender Richtungsdeterminante $R \neq 0$ lassen sich die Gln. (30.3) nach u_z, v_z auflösen, d. h. das System (30.1) legt die äußeren Ableitungen und somit alle ersten Ableitungen in den Punkten der Fläche $\varkappa$ eindeutig fest. Durch dieselbe Betrachtung ergibt sich, daß auch alle höheren Ableitungen, soweit sie existieren, auf der Fläche $\varkappa$ eindeutig bestimmt sind.

b) Bei $R = 0$, $V_1 = 0$, $V_2 = 0$ legen die Gln. (30.3) die äußeren Ableitungen u_z, v_z nicht fest. Wie in § 14 stellen die Gleichungen $R = V_1 = V_2 = 0$ nur zwei unabhängige Bedingungen (etwa $R = V_1 = 0$) dar.

c) Im Fall $R = 0$, $V_1 \neq 0$ (oder $V_2 \neq 0$) existieren keine endlichen äußeren Ableitungen u_z, v_z. Dieser Fall kann also nicht eintreten, wenn die auf der Fläche $\varkappa$ vorgegebenen Werte u, v einer (nach Voraussetzung stetig differenzierbaren) Lösung des Systems (30.1) entnommen sind. Mit anderen Worten: $V_1 = 0$ (und $V_2 = 0$) ist im Falle $R = 0$ eine notwendige ,,Verträglichkeitsbedingung'' dafür, daß die vorgegebenen Werte u, v einer Lösung $u(x, y, z)$, $v(x, y, z)$ angehören können.

2. Charakteristische Flächen

Im Fall b) bezeichnen wir die Fläche $\varkappa$ als charakteristische Fläche des Systems (30.1) bezüglich der in Frage stehenden Lösung $u(x, y, z)$, $v(x, y, z)$. Die charakteristischen Flächen für eine vorgegebene Lösung sind also durch die Richtungsbedingung

$$R(p, q) = 0 \tag{30.4}$$

gekennzeichnet. Dies ist eine partielle Differentialgleichung erster Ordnung für $z = \varkappa(x, y)$ mit den in § 8 geforderten Stetigkeits- und Differenzierbarkeitseigenschaften. Sie gehört zu den in § 12, Ziff. 4, behandelten homogen-quadratischen Differentialgleichungen, wenn man die Flächenscharen $z = \varkappa(x, y, C)$ in der impliziten Form $\xi(x, y, z) = C$ gibt und dementsprechend $p : q : (-1)$ durch $\xi_x : \xi_y : \xi_z = p_1 : p_2 : p_3$ ersetzt. Die charakteristischen Flächen des Systems (30.1) sind also die Integralflächen der Differentialgleichung erster Ordnung (30.4). Das System (30.1) legt auf den charakteristischen Flächen nicht wie auf anderen Flächen die äußeren Ableitungen fest, sondern liefert die Verträglichkeitsbedingung

$$V_1\left(\frac{\delta u}{\delta x}, \frac{\delta u}{\delta y}, \frac{\delta v}{\delta x}, \frac{\delta v}{\delta y}\right) = 0 \quad (\text{und } V_2 = 0) \tag{30.5}$$

als zusätzliche Bedingung für die inneren Ableitungen.

Man kann natürlich an Stelle der speziellen inneren Ableitungen $\delta/\delta x$, $\delta/\delta y$ in den vorangegangenen Untersuchungen irgendwelche zwei anderen inneren Ableitungen nach irgend zwei Richtungen auf der Fläche benützen. Sind δs und δt die Linienelemente in diesen Richtungen, so sind die inneren Ableitungen $\delta f/\delta s$, $\delta f/\delta t$ mit den speziellen inneren Ableitungen $\delta f/\delta x$, $\delta f/\delta y$ verknüpft durch

$$\frac{\delta f}{\delta x} = \frac{\delta f}{\delta s} \cos(s, x) + \frac{\delta f}{\delta t} \cos(t, x),$$

$$\frac{\delta f}{\delta y} = \frac{\delta f}{\delta s} \cos(s, y) + \frac{\delta f}{\delta t} \cos(t, y). \tag{30.6}$$

In dieser allgemeineren Form werden wir die Verträglichkeitsbedingungen in Ziff. 5 zu benützen haben.

3. Charakteristische Kegel und charakteristische Konoide; Unstetigkeiten

Wir gehen aus von einer vorgegebenen Lösung des Differentialgleichungssystems (30.1) und setzen voraus, daß die Richtungsbedingung (30.4) nicht identisch erfüllt wird und daß die Ableitungen $\partial R/\partial p$ und $\partial R/\partial q$ nicht gleichzeitig verschwinden. Sie liefert dann als partielle Differentialgleichung erster Ordnung nach § 8 in jedem Punkt $P(x, y, z)$ einen Kegel zweiter Klasse als MONGEschen Kegel. Die Normalen der Berührebenen

$$(X - x)\,p + (Y - y)\,q - (Z - z) = 0$$

der MONGEschen Kegel erzeugen Kegel zweiter Ordnung, die wir ,,Normalenkegel'' nennen wollen. Verschiebt man das Koordinatensystem so, daß der Nullpunkt in die Kegelspitze fällt, und bezeichnet die Punktkoordinaten mit x_1, x_2, x_3 und die homogenen Koordinaten der Ebenen durch den Nullpunkt mit ω_1, ω_2, ω_3, dann stellt die Richtungsbedingung (30.4) mit

$$p = -\frac{\omega_1}{\omega_3}, \qquad q = -\frac{\omega_2}{\omega_3}$$

die Gleichung der MONGEschen Kegel in Ebenenkoordinaten und mit

$$p = -\frac{x_1}{x_3}, \qquad q = -\frac{x_2}{x_3}$$

die Gleichung der Normalenkegel in Punktkoordinaten dar.

Das Differentialgleichungssystem (30.1) heißt bezüglich der vorliegenden Lösung $u(x, y, z)$, $v(x, y, z)$ in dem in Frage stehenden Bereich des R_3 hyperbolisch, wenn die MONGEschen Kegel und folglich auch die Normalenkegel reelle, nichtentartete Kegel zweiten Grades sind. Alle folgenden Untersuchungen beziehen sich auf den hyperbolischen Fall.

Bei halblinearen Gleichungssystemen (30.1), bei denen die Koeffizienten a_{ik}, b_{ik} nur von x, y, z, nicht aber von u, v abhängen, enthält die Richtungsbedingung (30.4) die Lösungen u, v nicht, die MONGE-schen Kegel und charakteristischen Flächen sind also für alle Lösungen u, v dieselben.

Schreibt man die Flächengleichung $z = \varkappa(x, y)$ in der impliziten Form $\xi(x, y, z) = 0$ (vgl. Ziff. 2), so wird wegen

$$p : q : (-1) = \xi_x : \xi_y : \xi_z$$

die Richtungsbedingung (30.4) eine in den ersten Ableitungen $\xi_1 = \xi_x$, $\xi_2 = \xi_y$, $\xi_3 = \xi_z$ homogene quadratische Gleichung

$$\sum_{i,k=1}^{3} \alpha_{ik}\, \xi_i\, \xi_k = 0, \quad \text{Det.}\, |\alpha_{ik}| \neq 0. \tag{30.7}$$

Der Normalenkegel hat dann in Punktkoordinaten die Gleichung

$$\sum_{i,k} \alpha_{ik}\, x_i\, x_k = 0 \tag{30.8}$$

und der MONGEsche Kegel in Ebenenkoordinaten bzw. Punktkoordinaten die Gleichungen

$$\sum_{i,k} \alpha_{ik}\, \omega_i\, \omega_k = 0, \quad \sum_{i,k} \mathsf{A}_{ik}\, x_i\, x_k = 0; \tag{30.9}$$

dabei bedeutet A_{ik} die zu α_{ik} konjugierte Matrix.

Die zu einem Flächenelement in P bezüglich des MONGEschen Kegels konjugierte Richtung soll schlechthin als „konjugierte Richtung" bezeichnet werden. Ist $\mathfrak{n} = (\nu_1, \nu_2, \nu_3)$ Normalenvektor des Flächenelements, so stellt

$$\mathfrak{t} = (t_1, t_2, t_3) \quad \text{mit} \quad t_i = \sum_k \alpha_{ik}\, \nu_k \tag{30.10}$$

einen Vektor in der konjugierten Richtung dar. Die Flächenelemente der MONGEschen Kegel, die wir kurz charakteristische Flächenelemente

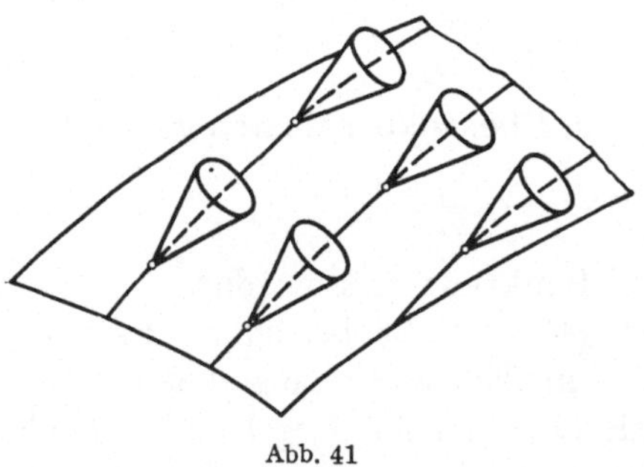

nennen wollen, sind dadurch gekennzeichnet, daß die konjugierte Richtung dem Flächenelement angehört; in der Tat ist die Bedingung

$$0 = \mathfrak{t}\,\mathfrak{n} = \sum_{i,k} \alpha_{ik}\, \nu_i\, \nu_k$$

mit der Gl. (30.8) des Normalenkegels identisch. Die Flächenelemente, die den MONGEschen Kegel, abgesehen vom Kegelscheitel, nicht schneiden, deren konjugierte Vektoren $\mathfrak{t}$ also im Innern des MONGEschen Kegels liegen, heißen raumartige Flächenelemente.

Die in Ziff. 2 eingeführten charakteristischen Flächen werden in jedem Punkt von dem MONGEschen Kegel berührt (Abb. 41). Die Be-

Abb. 41

rührtangenten erzeugen auf den charakteristischen Flächen Richtungsfelder, deren Integralkurven man als Bicharakteristiken zu bezeichnen
pflegt. Die Flächenstreifen längs der Bicharakteristiken sind die charakteristischen Streifen der partiellen Differentialgleichung erster Ordnung (30.4) im Sinne von § 8, Ziff. 2. Unter den Integralflächen der
Differentialgleichungen erster Ordnung befinden sich als Spezialfälle
die Integralkonoide (Abb. 18). Sie treten hier als Spezialfälle der charakteristischen Flächen auf und werden in diesem Zusammenhang als
charakteristische Konoide bezeichnet.

Man unterscheide wohl zwischen den Lösungen $u(x, y, z)$, $v(x, y, z)$
des Differentialgleichungssystems (30.1) mit drei unabhängigen Veränderlichen x, y, z und den charakteristischen Flächen $z = \varkappa(x, y)$,
welche Integralflächen der Differentialgleichung (30.4) mit zwei unabhängigen Veränderlichen x, y sind. Durch die charakteristischen Flächen sind die Lösungen $u(x, y, z)$, $v(x, y, z)$ des Systems (30.1) noch
keineswegs bestimmt. Sie stellen jedoch „Unstetigkeitsflächen" für
diese Lösungen dar in ähnlicher Weise, wie nach § 27 die Charakteristiken Unstetigkeitskurven bei Problemen mit zwei unabhängigen
Veränderlichen waren, und treten als Wellenfronten auf (vgl. § 31,
Ziff. 2 u. 3).

Schließlich sei noch auf folgenden wesentlichen Unterschied zwischen dem zwei- und dem dreidimensionalen Problem hingewiesen:

Beim zweidimensionalen Problem
von § 14 hat man bei vorgegebener
Lösung $u(x, y)$, $v(x, y)$ zwei wohl
bestimmte Scharen charakteristischer
Kurven. Beim dreidimensionalen Problem hängt die Menge der charakteristischen Flächen von willkürlichen
Funktionen ab. Durch eine Kurve einer
raumartigen Fläche lassen sich zwei

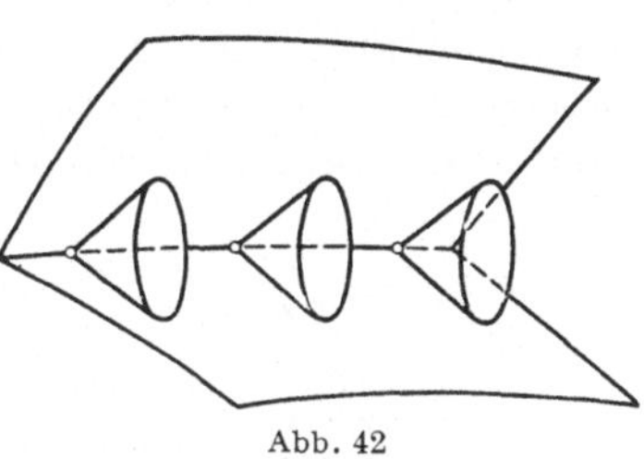

Abb. 42

charakteristische Flächen legen (Abb. 42); sie umhüllen die Schar
der charakteristischen Konoide, die von den Punkten der Kurve ausgehen.

4. Verallgemeinerung auf p-gliedrige Systeme
und auf n unabhängige Veränderliche

An Stelle des zweigliedrigen Systems (30.1) trete nun allgemeiner
ein System von $p \geqq 2$ quasilinearen Differentialgleichungen für die
p Funktionen $u_1, u_2, \ldots, u_p$ und an Stelle der drei unabhängigen
Veränderlichen x, y, z soll es sich um $n \geqq 3$ unabhängige Veränderliche $x_1, x_2, \ldots, x_n$ handeln. Die in Ziff. 2 und 3 entwickelten Begriffe
der charakteristischen Flächen und Kegel lassen sich sinngemäß über

tragen. Die charakteristischen Flächen sind $(n-1)$-dimensionale Hyperflächen $x_n = x(x_1, \ldots, x_{n-1})$ im R_n und ergeben sich als Integralflächen einer Differentialgleichung erster Ordnung $R\left(\dfrac{\partial x}{\partial x_1}, \ldots, \dfrac{\partial x}{\partial x_{n-1}}\right) = 0$ mit nur $n-1$ unabhängigen Veränderlichen $x_1, \ldots, x_{n-1}$.

Auch hier sind die charakteristischen Flächen Unstetigkeitsflächen der Lösungen $u_i(x_1, \ldots, x_n)$. Für die Lösungen selbst läßt sich nicht wie für die charakteristischen Flächen eine für alle Dimensionszahlen n gemeinsame Theorie aufstellen, sondern man erhält, wie sich in den §§ 34 bis 37 zeigen wird, für gerade und für ungerade n verschiedene Ergebnisse.

5. Anfangswertproblem und Massausche Gitterkonstruktion

Bei dem zu § 15, Ziff. 1, analogen Anfangswertproblem des Differentialgleichungssystems (30.1) ist eine Fläche x und auf ihr eine u, v-Werteverteilung gegeben. Für diese Daten soll x eine raumartige Fläche sein, d. h. ihre Tangentenebenen sollen die von den Flächenpunkten ausgehenden MONGEschen Kegel nicht schneiden oder berühren. Wir werden die Lösung eines solchen Anfangswertproblems in § 39 im Rahmen der HADAMARDschen Theorie für die lineare partielle Differentialgleichung zweiter Ordnung behandeln. Dabei wird sich zeigen, daß die Lösung in einem Punkt P nur von den Anfangsdaten auf dem Teil der Fläche x abhängt, der von dem charakteristischen Konoid mit der Spitze P aus der Fläche x ausgeschnitten wird. Diese Konoide begrenzen also auf der Ausgangsfläche x Abhängigkeitsbereiche in analoger Weise, wie in § 15, Ziff. 4, Abhängigkeitsbereiche

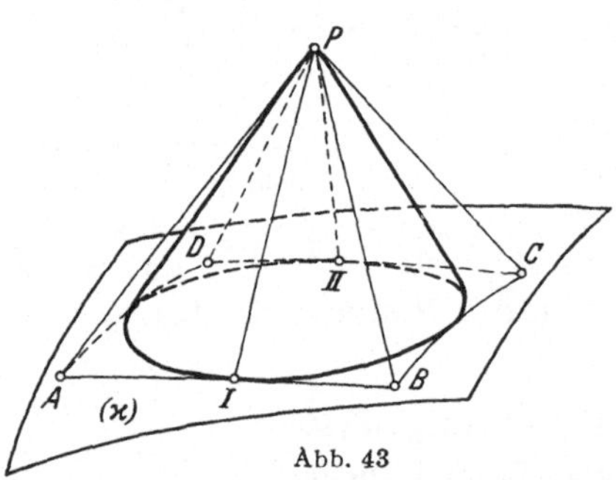

Abb. 43

aus der Ausgangskurve k von Paaren charakteristischer Kurven ausgeschnitten wurden.

Es ist mehrfach versucht worden[1] für diese Anfangswertprobleme mit $n = 3$ (oder $n > 3$) unabhängigen Veränderlichen eine der MASSAUschen Konstruktion (§ 18) analoge Gitterkonstruktion zu verwenden. Bei einem linearen Differentialgleichungssystem (30.1), bei dem die charakteristischen Kegel und Konoide von vornherein festliegen, könnte eine solche Gitterkonstruktion folgendermaßen verlaufen (Abb. 43):

---

[1] FERRARI, C.: Atti della Reale Accad. delle Sci. di Torino **72** (1936). — A. FERRI: Elements of Aerodynamics of Supersonic Flows, S. 282—291. New York: MacMillan Comp. 1949.

Um die Funktionswerte u, v in einem Nachbarpunkt P der Ausgangsfläche $\varkappa$ zu ermitteln, betrachten wir den das charakteristische Konoid approximierenden charakteristischen Kegel des Punkts P samt vier Tangentenebenen dieses Kegels, die aus der Fläche $\varkappa$ das Viereck $ABCD$ ausschneiden. In I und II werden die Viereckseiten AB und CD vom charakteristischen Kegel berührt. Die inneren Ableitungen von u, v in I und II nach den Richtungen AB und CD sind durch die Anfangsdaten auf $\varkappa$ gegeben und sollen durch die Differenzenquotienten der u, v-Werte in den Punkten A, B, C und D approximiert werden. Die im Sinne der Gln. (30.6) verallgemeinerte Verträglichkeitsbedingung (30.5) kann dann (wieder mit Ersatz der Ableitungen durch Differenzenquotienten) zweimal angewandt werden, nämlich einmal im Flächenelement ABP auf die Richtungen AB und IP, und das andere Mal im Flächenelement CDP auf die Richtungen CD und IIP. Dadurch ergeben sich zwei Gleichungen für die zwei gesuchten Funktionswerte u, v in P. Man erhält so eine Werteverteilung u, v für Punkte einer benachbarten Fläche $\varkappa_1$ und kann dann die Konstruktion mit geeigneten Interpolationen der Werteverteilungen analog fortsetzen.

Bei der angegebenen Konstruktion bleibt man offenbar immer in den richtigen, oben gekennzeichneten Abhängigkeitsbereichen. Der Konvergenzbeweis für die Gitterkonstruktion verläuft im Spezialfall der Wellengleichung

$$f_{tt} - f_{xx} - f_{yy} = 0$$

ebenso wie in § 5, Ziff. 5. Er wurde von R. Courant[1] auch für die allgemeine lineare Differentialgleichung zweiter Ordnung geführt. Dabei hat er allerdings nicht charakteristische Gitter verwendet, sondern ähnlich wie in § 5, Ziff. 6, Gitter mit Bestimmtheitsbereichen, die im Innern der Bestimmtheitsbereiche der Differentialgleichung liegen.

§ 31. Charakteristikentheorie
quasilinearer Differentialgleichungen zweiter Ordnung

1. Reduktion auf ein quasilineares System erster Ordnung

Ähnlich wie in § 19 wenden wir uns nun zur quasilinearen Differentialgleichung zweiter Ordnung

$$a_{11}f_{xx} + a_{22}f_{yy} + a_{33}f_{zz} + 2a_{23}f_{yz} + 2a_{31}f_{zx} + 2a_{12}f_{xy} = h, \qquad (31.1)$$

deren Koeffizienten $a_{ik} = a_{ki}$ und h zweimal stetig differenzierbare

---

[1] Courant, R., K. Friedrichs u. H. Lewy: Math. Ann. **100**, 65—72 (1928).

Funktionen der unabhängigen Veränderlichen x, y, z und der ersten Ableitungen

$$u = f_x, \quad v = f_y, \quad w = f_z$$

der gesuchten Funktion $f(x, y, z)$, jedoch nicht Funktionen von f selbst sein sollen. Gl. (31.1) führt auf das dreigliedrige System von Differentialgleichungen erster Ordnung

$$a_{11}u_x + a_{12}u_y + a_{13}u_z + a_{21}v_x + a_{22}v_y + a_{23}v_z + a_{31}w_x + a_{32}w_y + a_{33}w_z = h,$$

$$u_z \qquad\qquad\qquad - w_x \qquad = 0,$$

$$(31.2) \qquad\qquad\qquad v_z \qquad\qquad - w_y \qquad = 0$$

für die drei Funktionen u, v, w von x, y, z. Bei entsprechenden Differenzierbarkeitsvoraussetzungen kann man zeigen: Jede Lösung u, v, w des Systems (31.2), deren Anfangswerte $\bar{u}$, $\bar{v}$, $\bar{w}$ auf einer raumartigen Ausgangsfläche $\varkappa$ (vgl. § 30, Ziff. 5) mit den Ableitungen f_x, f_y, f_z einer Lösung $f(x, y, z)$ der Gl. (31.1) übereinstimmen, ist in einer gewissen Umgebung von $\varkappa$ identisch mit den Ableitungen dieser Lösung f und bestimmt daher diese bis auf eine additive Konstante.

Als Richtungsbedingung (30.4) erhält man

$$R(p, q) = a_{11}p^2 + a_{22}q^2 + 2a_{12}pq - 2a_{13}p - 2a_{23}q + a_{33} = 0 \quad (31.3)$$

und als Verträglichkeitsbedingung (30.5) etwa

$$a_{11}\frac{\delta u}{\delta x} + a_{12}\left(\frac{\delta u}{\delta y} + \frac{\delta v}{\delta x}\right) + a_{22}\frac{\delta v}{\delta y}$$

$$+ (2a_{13} - a_{11}p - a_{12}q)\frac{\delta w}{\delta x} \qquad\qquad (31.4)$$

$$+ (2a_{23} - a_{21}p - a_{22}q)\frac{\delta w}{\delta y} - h = 0.$$

Die letzte Gleichung läßt sich mit Hilfe der aus $\operatorname{rot}(u, v, w) = 0$ und

$$\frac{\delta u}{\delta y} = u_y + u_z q, \qquad \frac{\delta v}{\delta x} = v_x + v_z p,$$

$$\frac{\delta w}{\delta x} = w_x + w_z p; \qquad \frac{\delta w}{\delta y} = w_y + w_z q$$

folgenden Bedingung

$$\frac{\delta u}{\delta y} - \frac{\delta v}{\delta x} = q\frac{\delta w}{\delta x} - p\frac{\delta w}{\delta y}$$

in mannigfacher Weise umformen.

Ebenso wie in § 30 liefert die Richtungsbedingung MONGEsche Kegel zweiter Klasse. Unsere Untersuchungen betreffen wieder ausschließlich den hyperbolischen Fall mit nicht entarteten, reellen Kegeln zweiter Klasse.

2. Charakteristische Flächen als Unstetigkeitsflächen; Wellenfronten

Ähnlich wie in § 27 lassen sich die charakteristischen Flächen als Unstetigkeitsflächen für zweite und höhere äußere Ableitungen definieren: Wir betten die in Frage stehende Fläche $z = \varkappa(x, y)$ in ein Koordinatensystem

$$\xi = \xi(x, y, z), \qquad \eta = \eta(x, y, z) \qquad \zeta = \zeta(x, y, z)$$

als Koordinatenfläche $\xi(x, y, z) = 0$ ein. Wenn die Fläche nicht charakteristisch ist, sind beim Durchgang durch die Fläche neben den als stetig vorausgesetzten inneren Ableitungen auch alle vorhandenen äußeren Ableitungen stetig. Beim Durchgang durch eine charakteristische Fläche dagegen können die äußeren zweiten oder höheren Ableitungen $f_{\xi\xi}$, $f_{\xi\xi\eta}$ usw. Unstetigkeiten haben.

Infolgedessen kann man die charakteristischen Flächen in derselben Weise wie die charakteristischen Kurven in § 27, Ziff. 2, als Wellenfronten deuten: Wir schreiben fortan t an Stelle von z und betrachten x, y als Ortskoordinaten in einer Ebene R_2 und t als Zeit. Die Lösungen $f(x, y, t)$ stellen dann zeitlich veränderliche Funktionen im R_2 dar. Ähnlich wie in Abb. 36 soll in der dreidimensionalen x, y, t-Raum-Zeit-Welt eine charakteristische Fläche $\xi(x, y, t) = 0$ zwei Gebiete (1) und (2) derart trennen, daß in (2) die Lösung $f = f_2 \equiv 0$ ist und in (1) eine nicht identisch verschwindende Lösung $f = f_1(x, y, t)$ vorliegt. Die trennende charakteristische Fläche $\xi = 0$, welche die „Wellenfront" in der Raum-Zeit-Welt darstellt, ist im allgemeinen krummflächig. Sie ist eine Ebene, wenn die a_{ik} konstant sind. In der x, y-Ebene wird die Wellenfront durch die nach t bezifferte Kurvenschar $\varkappa(x, y) = t$, die sog. „Frontlinien", gegeben (Abb. 44).

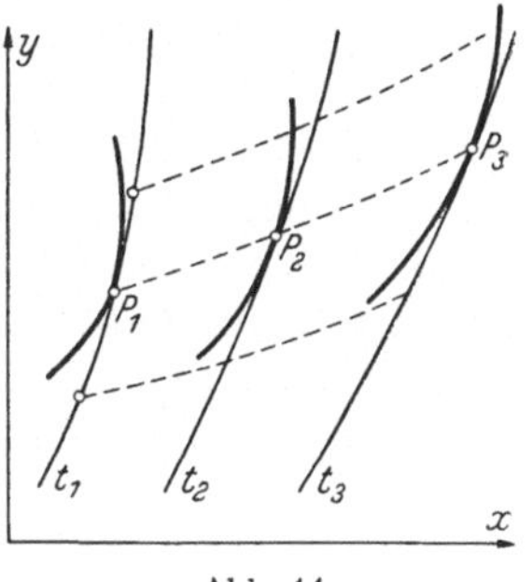

Abb. 44

3. Huygenssche Konstruktion der Frontlinien

Die Wellenfronten sind offenbar identisch mit den Integralflächen der partiellen Differentialgleichung erster Ordnung (31.3), wobei in den Funktionen $a_{ik}(x, y, t, f_x, f_y, f_t)$ die dem ungestörten Gebiet (2) entsprechenden konstanten Werte $f_x = f_y = f_t \equiv 0$ einzusetzen sind. Die Bicharakteristiken (vgl. § 30, Ziff. 3), welche eine Wellenfront aufspannen, bezeichnet man auch als „Wellenstrahlen". Sie projizieren sich in der x, y-Ebene (Abb. 44) als eine die Frontlinien $t = \varkappa(x, y)$ durchsetzende Kurvenschar $x = x(t)$, $y = y(t)$. Die Fortschreitungsgeschwindigkeit längs der Wellenstrahlen, die sog. „Strahlengeschwindigkeit" $\mathfrak{v} = (dx/dt, dy/dt)$, ist wohl zu unterscheiden von der Fortschreitungsgeschwindigkeit senkrecht zu den Frontlinien $t = $ const, der sog. „Wellengeschwindigkeit" $\mathfrak{w}$. Da $\mathfrak{w}$ parallel zum Vektor

$$\operatorname{grad} t = \operatorname{grad} \varkappa(x, y) = (p, q)$$

ist und der Betrag durch

$$|\mathfrak{w}| = \frac{1}{|\operatorname{grad} \varkappa|}$$

gegeben wird, ist

$$\mathfrak{w} = \left(\frac{p}{p^2 + q^2} , \frac{q}{p^2 + q^2} \right). \tag{31.5}$$

Die Charakteristikentheorie der partiellen Differentialgleichungen erster Ordnung (§ 8) liefert die folgenden Aussagen über Frontlinien und Wellenstrahlen:

a) Wenn zwei Frontlinien zweier verschiedener Wellenfronten sich zur Zeit $t = t_1$ in einem Punkt P_1 gleichsinnig, d. h. mit derselben zugeordneten Wellenstrahlrichtung, berühren (Abb. 44), dann berühren sich entsprechende Frontlinien dieser beiden Wellenfronten auch zu jeder anderen Zeit t_2, t_3 usw., und zwar in den Punkten P_2, P_3 usw. eines durch P_1 gehenden, beiden Wellenfronten gemeinsamen Wellenstrahls. Diese Aussage folgt aus dem Satz, daß zwei Integralflächen der Differentialgleichung erster Ordnung (31.3), die sich in einem Punkt berühren, einen durch diesen Punkt gehenden charakteristischen Streifen gemeinsam haben.

b) Die den Integralkonoiden der Differentialgleichung (31.3) entsprechenden Wellenfronten sollen als „Kugelwellen" bezeichnet werden. Sie werden in der x, y-Ebene durch eine Schar ovaler Kurven dargestellt, die sich für $t \to 0$ in einen Punkt zusammenziehen.

c) Aus der Frontlinie $t = 0$ einer Wellenfront (Abb. 45) ergibt sich nach HUYGENS jede weitere Frontlinie $t = t_1$ dieser Wellenfront als Einhüllende der Frontlinien $t = t_1$ der Kugelwellen, welche von den Punkten P der Frontlinie $t = 0$ ausgehen.

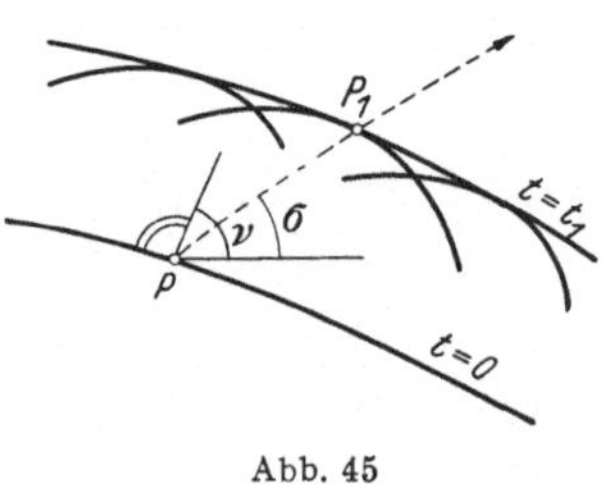

Abb. 45

Die Berührpunkte P_1 der Einhüllenden mit den Frontlinien der Kugelwellen liegen auf den von den Punkten P ausgehenden Wellenstrahlen. Die Aussage folgt aus dem Satz, daß die Integralflächen der Differentialgleichung (31.3) als Hüllflächen von Integralkonoiden erzeugt werden können und daß die Hüllflächen von den Integralkonoiden längs charakteristischer Streifen berührt werden.

§ 32. Anwendung auf stationäre und nichtstationäre Gasströmungen

1. Dreidimensionale stationäre Überschallströmung

Die Potentialgleichung (6.7) der stationären wirbelfreien dreidimensionalen Gasströmung liefert nach Gl. (31.3) für die charakteristischen Flächen $z = \varkappa(x, y)$ die Differentialgleichung erster Ordnung

$$(u^2 - a^2)\, p^2 + (v^2 - a^2)\, q^2 + (w^2 - a^2)$$
$$+ 2\,u\,v\,p\,q - 2\,u\,w\,p - 2\,v\,w\,q = 0. \tag{32.1}$$

Die MONGEschen Kegel dieser Gleichung sind nach Gl. (8.7) gegeben durch

$$\left.\begin{aligned}
\frac{dx}{ds} &= (u^2 - a^2)\, p + u\,v\,q - u\,w, \\[4pt]
\frac{dy}{ds} &= v\,u\,p + (v^2 - a^2)\, q - v\,w, \\[4pt]
\frac{dz}{ds} &= w\,u\,p + w\,v\,q - (w^2 - a^2).
\end{aligned}\right\} \tag{32.2}$$

In einem Koordinatensystem, das P als Nullpunkt und die Stromlinientangente in P als x-Achse hat, erhält man in P wegen $v = w = 0$ aus den Gln. (32.2)

$$\frac{dx}{ds} = (u^2 - a^2)\, p, \qquad \frac{dy}{ds} = - a^2\, q, \qquad \frac{dz}{ds} = a^2$$

und aus Gl. (32.1)

$$(u^2 - a^2)\, p^2 - a^2\, q^2 - a^2 = 0.$$

Für den Winkel α, den die Strömungsrichtung mit den Erzeugenden des MONGEschen Kegels einschließt, folgt dann

$$\cos\alpha = \frac{\dfrac{dx}{ds}}{\sqrt{\left(\dfrac{dx}{ds}\right)^2 + \left(\dfrac{dy}{ds}\right)^2 + \left(\dfrac{dz}{ds}\right)^2}}$$

$$= \frac{(u^2 - a^2)\, p}{\sqrt{(u^2 - a^2)^2\, p^2 + a^4\, q^2 + a^4}} = \frac{\sqrt{u^2 - a^2}}{u}, \qquad \sin\alpha = \frac{a}{u}.$$

Das heißt: Die MONGEschen Kegel sind Drehkegel mit den Stromlinientangenten als Achsen und dem MACH-Winkel α als halbem Öffnungswinkel (Abb. 46). Sie werden in der Strömungslehre MACH-Kegel genannt. Für $u > a$ sind die MONGEschen Kegel reell und nicht entartet, das Problem ist also wieder wie im Zweidimensionalen im Überschallbereich hyperbolisch.

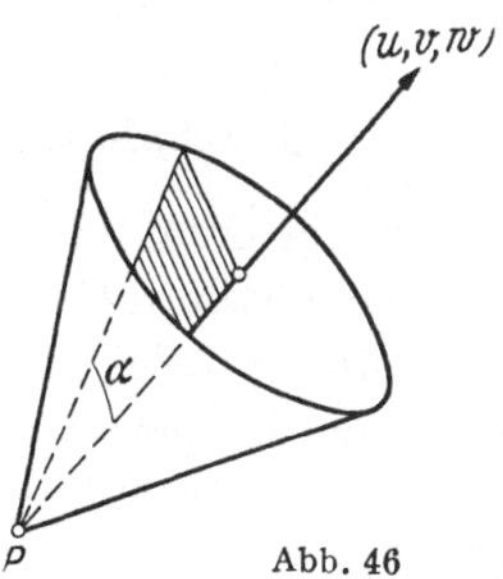

Abb. 46

2. Zweidimensionale nichtstationäre Strömung

Die Potentialgleichung (6.6) spezialisiert sich bei der zweidimensionalen nichtstationären Strömung zu

$$(u^2-a^2)\,\varphi_{xx}+(v^2-a^2)\,\varphi_{yy}+\varphi_{tt}+2\,u\,v\,\varphi_{xy}+2\,u\,\varphi_{xt}+2\,v\,\varphi_{yt}=0 \qquad (32.3)$$

und liefert für die charakteristischen Flächen $t=\varkappa\,(x,\,y)$ in der $x,\,y,\,t$-Raum-Zeit-Welt die Differentialgleichung erster Ordnung

oder
$$(1-u\,p-v\,q)^2-a^2\,(p^2+q^2)=0$$
$$u\,p+v\,q-1\pm a\,\sqrt{p^2+q^2}=0. \qquad (32.4)$$

Die MONGEschen Kegel sind gegeben durch

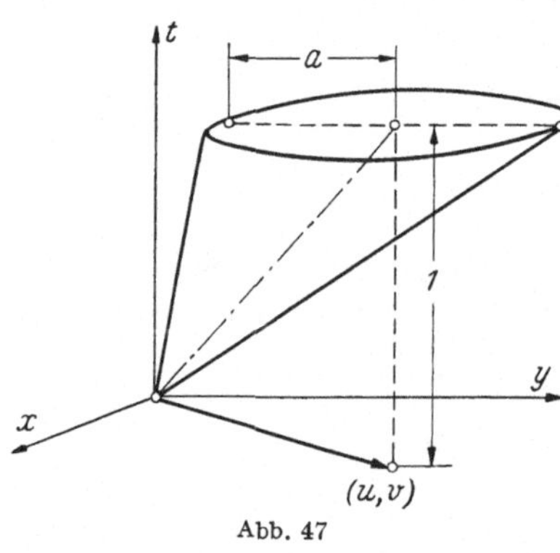

Abb. 47

$$\left.\begin{aligned}
\frac{dx}{ds}&=u\pm\frac{a\,p}{\sqrt{p^2+q^2}}\,,\\[4pt]
\frac{dy}{ds}&=v\pm\frac{a\,q}{\sqrt{p^2+q^2}}\,,\\[4pt]
\frac{dt}{ds}&=1\,,\quad \text{also}\quad t=s\,.
\end{aligned}\right\} \qquad (32.5)$$

Hieraus folgt

$$\left(\frac{dx}{dt}-u\right)^2+\left(\frac{dy}{dt}-v\right)^2=a^2,$$

d. h., die Ausbreitungsgeschwindigkeit $(dx/dt,\,dy/dt)$ einer kleinen Störung relativ zur lokalen Strömungsgeschwindigkeit (u,v) ist gleich der lokalen Schallgeschwindigkeit a. Die MONGEschen Kegel (MACH-Kegel) sind schiefe Kreiskegel, deren Achsen in die Richtung $(u,\,v,\,1)$ der Bahnlinien der Gasteilchen fallen und deren Schnitte $t=$ const Kreise mit dem Radius at sind (Abb. 47). Die MONGEschen Kegel sind stets reell und nicht entartet, das Problem ist also in jedem Falle hyperbolisch.

In Ziff. 1 und 2 sind die charakteristischen Konoide (MACH-Konoide) die Begrenzungsflächen der Einflußbereiche, innerhalb deren sich eine punktförmige Störung ausbreitet.

3. Schallausbreitung in einer stationären Gasströmung

In der zweidimensionalen stationären wirbelfreien Strömung mit dem Geschwindigkeitspotential $\varphi\,(x,\,y)$ und den Geschwindigkeitskomponenten $u=\varphi_x,\,v=\varphi_y$ soll die Schallausbreitung, d. h. die Ausbreitung kleiner Störungen, untersucht werden. Dem vorgegebenen stationären Potential $\varphi\,(x,\,y)$ ist dann ein nichtstationäres Störpotential $\varphi'\,(x,\,y,\,t)$ zu überlagern. Durch Einsetzen von $\varphi+\varphi'$ in Gl. (32.3) und Beschränkung auf die in φ' linearen Glieder ergibt sich die Differentialgleichung der Schallausbreitung

$$(u^2 - a^2)\,\varphi'_{xx} + (v^2 - a^2)\,\varphi'_{yy} + \varphi'_{tt} + 2uv\,\varphi'_{xy} + 2u\,\varphi'_{xt} + 2v\,\varphi'_{yt} = 0. \qquad (32.6)$$

Im Gegensatz zu Gl. (32.3) ist diese Differentialgleichung linear; während in Gl. (32.3) die Koeffizienten auch von den unbekannten Ableitungen φ_x, φ_y abhängen, sind in Gl. (32.6) die Koeffizienten vorgegebene Ortsfunktionen. Infolgedessen sind die charakteristischen Flächen und die MONGEschen Kegel unabhängig von der Störfunktion $\varphi'(x, y, t)$. Sie sind formal durch dieselben Gln. (32.4) und (32.5) wie in Ziff. 2 bestimmt, jedoch sind jetzt u, v und a in diesen Gleichungen als vorgegebene Funktionen von x, y zu betrachten.

Für die nach § 31, Ziff. 2 und 3, definierten Frontlinien und Wellenstrahlen (hier Schallfronten und Schallstrahlen) ergibt sich aus den Gln. (32.5)

$$\frac{dx}{dt} = u \pm a\cos v, \qquad \frac{dy}{dt} = v \pm a\sin v; \qquad (32.7)$$

dabei ist $(dx/dt, dy/dt)$ die Strahlengeschwindigkeit und v der Winkel der Normalen der Schallfronten gegen die x-Achse (Abb. 45). Für den Winkel σ der Schallstrahlen gegen die x-Achse folgt hieraus

$$\mathrm{tg}\,\sigma = \frac{dy}{dx} = \frac{v \pm a\sin v}{u \pm a\cos v}\,.$$

Die Änderung der Tangenten der Schallfronten $t = \text{const}$ längs der Schallstrahlen erhält man aus den beiden letzten Charakteristikengleichungen (8.7) für die Differentialgleichung erster Ordnung (32.4), nämlich

$$\frac{dp}{dt} = -u_x\,p - v_x\,q \mp a_x\,\sqrt{p^2 + q^2}\,,$$

$$\frac{dq}{dt} = -u_y\,p - v_y\,q \mp a_y\,\sqrt{p^2 + q^2}\,;$$

mit $p/q = \mathrm{ctg}\,v$ folgt hieraus nach kurzer Rechnung

$$\frac{dv}{dt} = \sin v\,(\pm a_x + u_x\cos v + v_x\sin v)$$
$$\quad - \cos v\,(\pm a_y + u_y\cos v + v_y\sin v). \qquad (32.8)$$

Die Kugelwellenfront für eine punktförmige Schallquelle P ist in einem ruhenden homogenen Medium ein zur t-Achse paralleler Drehkegel, der sich in der x, y-Ebene durch eine Schar konzentrischer Kreise um P darstellen läßt. In einer homogenen Parallelströmung erhält man statt dessen einen schiefen Kreiskegel (vgl. Abb. 47) bzw. eine Schar exzentrischer Kreise und in einer nichthomogenen Strömung ein krummflächiges Konoid bzw. eine Schar exzentrischer ovaler

Kurven. Im Überschallbereich überdecken diese Kurven nur einen Teilbereich der x, y-Ebene, der von den beiden stromabwärts laufenden MACH-Linien der stationären Grundströmung begrenzt wird.

Die von P ausgehenden Schallstrahlen ergeben sich durch Integration der drei gewöhnlichen Differentialgleichungen (32.7) und (32.8) für die drei Funktionen $x(t), y(t), v(t)$. Die Frontlinien der Kugelwelle erhält man, wenn man in den Funktionen $x(t), y(t)$, welche noch von der Anfangsrichtung in P als Parameter abhängen, $t = \text{const}$ setzt.

§ 33. Allgemeine Eigenschaften linearer Differentialgleichungen

1. Superposition von Lösungen

Von nun an werden wir uns im wesentlichen mit linearen Differentialgleichungen zweiter Ordnung beschäftigen. Die HADAMARDsche Integrationstheorie (§ 39) liefert für diese Differentialgleichungen allgemeine Existenz- und Eindeutigkeitssätze und führt zu einer expliziten Darstellung der Lösungen von Anfangswertproblemen durch die Anfangsdaten. Ehe wir uns mit diesen allgemeinen Problemen befassen, wollen wir in diesem Paragraphen an die elementaren allgemeinen Eigenschaften der linearen Differentialgleichungen erinnern und in den folgenden §§ 34 bis 37 als einfachstes Beispiel die Wellengleichung mit konstanten Koeffizienten näher untersuchen.

Wir gehen aus von der linearen Differentialform

$$L[f] = \sum_{i,k=1}^{n} a_{ik} f_{ik} + 2 \sum_{i=1}^{n} b_i f_i + c f. \tag{33.1}$$

Die Funktionen $a_{ik} = a_{ki}$, b_i und c sind Funktionen der n unabhängigen Veränderlichen $x_1, \ldots, x_n$, die wir auch zusammenfassend kurz mit x bezeichnen. Die Funktion $f(x)$ soll stetige erste und zweite Ableitungen

$$f_i = \frac{\partial f}{\partial x_i}, \quad f_{ik} = \frac{\partial^2 f}{\partial x_i \partial x_k} = f_{ki}$$

besitzen.

Für die Lösungen der homogenen Gleichung

$$L[\varphi] = 0 \tag{33.2}$$

und die Lösungen der inhomogenen Gleichung

$$L[f] = h(x) \tag{33.3}$$

mit der Funktion $h(x_1, \ldots, x_n)$ auf der rechten Seite gelten wegen der Linearität des Operators L folgende Superpositionssätze:

a) Mit $\varphi^{(1)}(x)$ und $\varphi^{(2)}(x)$ ist auch jede Linearkombination $C_1 \varphi^{(1)}(x) + C_2 \varphi^{(2)}(x)$ eine Lösung der homogenen Gl. (33.2).

b) Jede Lösung $f(x)$ der nichthomogenen Gl. (33.3) setzt sich zusammen aus einer beliebigen speziellen Lösung $f^*(x)$ der Gl. (33.3) und einer geeigneten Lösung $\varphi(x)$ der homogenen Gl. (33.2), also $f(x) = f^*(x) + \varphi(x)$.

Wir werden es im folgenden im wesentlichen mit dem Anfangswertproblem von §30, Ziff. 5, zu tun haben, bei dem auf einer „raumartigen" Hyperfläche des R_n die Werte der Funktion $f(x)$ und aller ersten Ableitungen $f_i(x)$ gegeben sind. Wegen der Linearität gelten folgende Beziehungen:

c) Das Anfangswertproblem der Differentialgleichung (33.3) [oder natürlich auch der homogenen Differentialgleichung (33.2)] mit irgendwelchen Anfangsdaten f, f_i läßt sich zurückführen auf das Anfangswertproblem wiederum einer Differentialgleichung (33.3) mit den speziellen, nämlich identisch verschwindenden Anfangsdaten $f^* = f_i^* = 0$ (vgl. §17, Ziff. 2). Ist nämlich $g(x)$ irgendeine zweimal stetig differenzierbare Funktion, deren Werte auf der als Anfangsfläche vorgegebenen Hyperfläche mit den vorgegebenen Anfangsdaten übereinstimmen, dann erfüllt $f^*(x) = f(x) - g(x)$ die Anfangsbedingung $f^* = f_i^* = 0$ und genügt der Differentialgleichung $L[f^*] = h(x) - L[g(x)] = h^*(x)$.

d) Eine Lösung $f(x)$ der nichthomogenen Gl. (33.3) mit irgendwelchen Anfangsdaten f, f_i setzt sich zusammen aus einer Lösung der Gl. (33.3) mit den identisch verschwindenden Anfangsdaten $f = f_i \equiv 0$ und einer Lösung der homogenen Gl. (33.2) mit den vorgegebenen Anfangsdaten.

2. Methode der Variation der Konstanten

Bei gewöhnlichen linearen Differentialgleichungen kann man bekanntlich mittels der Methode der sog. „Variation der Konstanten" aus der „allgemeinen" Lösung der homogenen Gleichung die Lösungen der zugehörigen nichthomogenen Gleichungen durch Quadraturen herleiten. Wir bringen diese Methode in folgende Fassung: Es sei

$$f'' + b(t)f' + c(t)f = h(t) \quad \text{und} \quad \varphi'' + b(t)\varphi' + c(t)\varphi = 0$$

die vorliegende nichthomogene bzw. homogene Differentialgleichung mit der unabhängigen Veränderlichen t. Aus einer Linearkombination $C_1 \varphi^{(1)}(t) + C_2 \varphi^{(2)}(t)$ zweier linear unabhängiger Lösungen der homogenen Gleichung ergibt sich eine Lösung der nichthomogenen Differentialgleichung durch den Ansatz

$$f(t) = C_1(t)\,\varphi^{(1)}(t) + C_2(t)\,\varphi^{(2)}(t) \tag{33.4}$$

aus den Bedingungen

$$C_1'(t)\,\varphi^{(1)}(t) + C_2'(t)\,\varphi^{(2)}(t) = 0,$$
$$C_1'(t)\,\varphi^{(1)\prime}(t) + C_2'(t)\,\varphi^{(2)\prime}(t) = h(t)$$

durch Auflösen nach C_1' und C_2'

$$D(t)\,C_1'(t) = -\,h(t)\,\varphi^{(2)}(t),$$
$$D(t)\,C_2'(t) = \quad h(t)\,\varphi^{(1)}(t);$$

dabei ist $D(t)$ die nichtverschwindende WRONSKI-Determinante

$$D(t) = \varphi^{(1)}(t)\,\varphi^{(2)}{}'(t) - \varphi^{(2)}(t)\,\varphi^{(1)}{}'(t).$$

Durch Einsetzen in Gl. (33.4) folgt schließlich

$$f(t) = \int\limits_0^t \frac{\varphi^{(1)}(\tau)\,\varphi^{(2)}(t) - \varphi^{(2)}(\tau)\,\varphi^{(1)}(t)}{\varphi^{(1)}(\tau)\,\varphi^{(2)}{}'(\tau) - \varphi^{(2)}(\tau)\,\varphi^{(1)}{}'(\tau)}\, h(\tau)\,d\tau \qquad (33.5)$$

$$= \int\limits_0^t \omega(t,\tau)\,d\tau.$$

Der Integrand $\varphi = \omega(t,\tau)$ ist offenbar eine Lösung der homogenen Differentialgleichung und erfüllt die Anfangsbedingungen

$$\varphi(t,\tau) = 0, \qquad \varphi_t(t,\tau) = h(\tau) \quad \text{für} \quad t = \tau.$$

Die durch Gl. (33.5) gegebene Lösung $f(t)$ der nichthomogenen Differentialgleichung genügt den Anfangsbedingungen

$$f(0) = f'(0) = 0;$$

die letzte Bedingung erhält man aus

$$f'(t) = \omega(t,t) + \int\limits_0^t \omega_t(t,\tau)\,d\tau, \quad \text{also} \quad f'(0) = \omega(0,0) = 0.$$

In dieser Fassung läßt sich die Methode der Variation der Konstanten folgendermaßen auf die partiellen Differentialgleichungen (33.3) und (33.2) übertragen: Wir zeichnen eine der n unabhängigen Veränderlichen aus, etwa $x_n = t$, und nehmen an, daß $L[f]$ die zweite Ableitung f_{tt}, aber keine gemischte Ableitung $f_{t x_i}$ $(i = 1, 2, \ldots, n-1)$ enthält, was durch eine Koordinatentransformation erreichbar ist. Dann können wir setzen:

$$L[f] = f_{tt} - \overline{L}[f] \quad \text{mit} \quad \overline{L}[f] = \sum_{i,\,k=1}^{n-1} a_{ik} f_{ik} + 2\sum_{i=1}^{n-1} b_i f_i + 2 b_n f_t + c f,$$

und es gilt ähnlich wie bei den gewöhnlichen Differentialgleichungen folgender Satz:

Es sei $\varphi = \omega(x,t;\tau)$ Lösung der homogenen Gleichung $L[\varphi] = 0$ mit den Anfangsbedingungen

$$\varphi(x,t;\tau) = 0, \qquad \varphi_t(x,t;\tau) = h(x,\tau) \quad \text{für} \quad t = \tau;$$

τ ist ein beliebiger Parameter und $0 \leqq \tau \leqq t$. Dann ist

$$f(x, t) = \int\limits_0^t \omega(x, t; \tau) \, d\tau \qquad (33.6)$$

Lösung der nichthomogenen Gleichung $L[f] = h(x, t)$ mit den Anfangsdaten

$$f(x, 0) = 0, \quad f_t(x, 0) = 0.$$

Das Zeichen x vertritt hier die $n - 1$ Veränderlichen $x_1, x_2, \ldots, x_{n-1}$. Der Beweis ergibt sich leicht durch Bestätigung, nämlich

$$f_t = \omega(x, t; t) + \int\limits_0^t \omega_t(x, t; \tau) \, d\tau = \int\limits_0^t \omega_t(x, t; \tau) \, d\tau, \quad \text{also} \quad f_t(x, 0) = 0,$$

$$f_{tt} = \omega_t(x, t; t) + \int\limits_0^t \omega_{tt}(x, t; \tau) \, d\tau = h(x, t) + \int\limits_0^t \omega_{tt}(x, t; \tau) \, d\tau,$$

$$\overline{L}[f] = \int\limits_0^t \overline{L}[\omega(x, t; \tau)] \, d\tau$$

und schließlich

$$L[f] = f_{tt} - \overline{L}[f] = h(x, t) + \int\limits_0^t \{\omega_{tt} - \overline{L}[\omega]\} \, d\tau = h(x, t),$$

wenn die Integranden als stetig vorausgesetzt werden und daher die Integration und die Operation L vertauschbar sind.

3. Typeneinteilung

Die Typeneinteilung der linearen Differentialgleichungen zweiter Ordnung mit zwei unabhängigen Veränderlichen nach § 3 läßt sich folgendermaßen auf Gleichungen mit $n > 2$ Veränderlichen übertragen:

Bei einer Transformation der Koordinaten $x_1, \ldots, x_n$ transformiert sich der „Hauptteil" $\sum\limits_{i, k=1}^{n} a_{ik} f_{ik}$ der Differentialform $L[f]$ der Gl. (33.1) für jeden festgehaltenen Punkt x wie die algebraische quadratische Form $\sum a_{ik} X_i X_k$ bei einer linearen Transformation. Für den festgehaltenen Punkt x folgt daher aus bekannten Sätzen der Algebra:

a) Der Hauptteil läßt sich durch eine reelle Koordinatentransformation stets in eine Summe

$$\varkappa_1 f_{11} + \cdots + \varkappa_n f_{nn} \qquad (33.7)$$

ohne gemischte Ableitungen überführen, wobei die Koeffizienten $\varkappa_i$ gleich 0 oder ± 1 sind.

b) Der Trägheitsindex, d. h. die Anzahl der negativen $\varkappa_i$, und der Defekt, d.h. die Anzahl der verschwindenden $\varkappa_i$, ist für alle in Frage stehenden Koordinatentransformationen derselbe.

Die Differentialgleichungen (33.2) oder (33.3) heißen in dem betreffenden Punkt x hyperbolisch, wenn alle $\varkappa_i$ von Null verschieden sind (Defekt $= 0$) und mit Ausnahme eines einzigen Koeffizienten gleiches Vorzeichen haben (Trägheitsindex $= 1$ oder $n - 1$). Diese Definition ist im Einklang mit den Definitionen des hyperbolischen Typus quasilinearer Gleichungen für $n = 2$ in § 19 und für $n = 3$ in § 31; sie besagt bei $n = 2$, daß sich in x zwei reelle verschiedene Charakteristiken schneiden, und bei $n = 3$, daß der MONGEsche Kegel zweiter Klasse reell ist und nicht entartet.

Wenn alle $\varkappa_i$ von Null verschieden sind und dasselbe Vorzeichen haben (Defekt $= 0$, Trägheitsindex $= 0$ oder n), heißt die Differentialgleichung elliptisch, wenn verschwindende $\varkappa_i$ vorhanden sind (Defekt > 0), parabolisch. Der letzte noch mögliche Fall (Defekt $= 0$, Trägheitsindex > 1 und $< n - 1$), in dem kein $\varkappa_i$ verschwindet und jedes der beiden Vorzeichen von mindestens zwei Koeffizienten $\varkappa_i$ angenommen wird, wird oft als ultrahyperbolisch bezeichnet. Alle folgenden Untersuchungen beziehen sich nach wie vor auf den hyperbolischen Fall.

Bei $n = 2$ unabhängigen Veränderlichen konnten wir in § 3 den Hauptteil von $L[f]$ durch eine geeignete Koordinatentransformation nicht nur in einem festen Punkt x, y, sondern gleichzeitig in der ganzen x, y-Ebene auf die Normalform (33.7) bringen. Bei $n > 2$ ist dies im allgemeinen nicht mehr möglich, da dann die Anzahl der Bedingungen größer ist als die Anzahl n der zu transformierenden Koordinaten. Bei konstanten Koeffizienten a_{ik} läßt sich eine für den ganzen R_n gemeinsame Normierung natürlich stets, und zwar durch eine Lineartransformation der Koordinaten x, herbeiführen.

4. Lineare Differentialgleichungen mit konstanten Koeffizienten

Der soeben erwähnte Spezialfall, in dem die Koeffizienten a_{ik} konstant sind, soll jetzt noch näher betrachtet werden:

Wie in Ziff. 2 zeichnen wir die Veränderliche $x_n = t$ aus und deuten t als Zeit und die $x_1, \ldots, x_m$ ($m = n - 1$) als Koordinaten in einem R_m. Die hyperbolische Differentialgleichung (33.3) kann dann nach Ziff. 3 transformiert werden in

$$L[f] \equiv \sum_{i=1}^{m} f_{ii} - \frac{1}{a^2} f_{tt} + 2\left(\sum_{i=1}^{m} b_i f_i + b_n f_t\right) + c f = h(x, t). \quad (33.8)$$

Die Richtungsbedingung (31.3)

$$\sum_{i=1}^{m} p_i^2 = \frac{1}{a^2}$$

liefert nach den Gln. (12.3) für die Mantellinien der MONGEschen Kegel

$$\frac{d x_1}{d s} = p_1, \quad \ldots, \quad \frac{d x_m}{d s} = p_m, \quad \frac{d t}{d s} = \frac{1}{a^2},$$

also

$$\sum_{i=1}^{m} \left(\frac{d x_i}{d t} \right)^2 = a^2.$$

Die MONGEschen Kegel sind $(n - 1)$-dimensionale kongruente und parallele Drehhyperkegel

$$(X_1 - x_1)^2 + \cdots + (X_m - x_m)^2 = a^2 (T - t)^2 \tag{33.9}$$

in der $m + 1 = n$-dimensionalen Raum-Zeit-Welt R_n. Die Kegelachsen sind parallel zur t-Achse. Die charakteristischen Flächen sind die Hüllflächen der MONGEschen Kegel, im Fall $m = 2$ also Böschungsflächen, d. h. abwickelbare Flächen, welche gegen die x, y-Ebene unter einem konstanten Winkel geneigt sind. Die charakteristischen Konoide sind mit den MONGEschen Kegeln identisch. Die Fläche $t = 0$ (x-Raum R_m) ist eine raumartige Hyperfläche, denn sie schneidet die von ihr ausgehenden MONGEschen Kegel nur in den Kegelscheiteln. Hierdurch wird die in § 30, Ziff. 3, eingeführte Bezeichnung „raumartig" nachträglich motiviert.

Die Glieder mit den ersten Ableitungen in Gl. (33.8) lassen sich durch die Transformation

$$f(x, t) = \varphi(x, t) \cdot \exp\left\{ a^2 b_n t - \sum_{i=1}^{m} b_i x_i \right\} \tag{33.10}$$

beseitigen. Durch elementare Rechnung ergibt sich in der Tat

$$\sum_{i=1}^{m} \varphi_{ii} - \frac{1}{a^2} \varphi_{tt} + k \varphi = h(x, t) \quad \text{mit} \quad k = c + a^2 b_n^2 - \sum_{i=1}^{m} b_i^2. \tag{33.11}$$

Man bezeichnet die Differentialgleichung (33.11) als „allgemeine Wellengleichung" und den Sonderfall $k = 0$ als spezielle oder schlechthin als Wellengleichung. Die homogene nichtspezielle Wellengleichung mit $n = 2 (m = 1)$ ist uns in § 28, Ziff. 7, als Telegraphengleichung und in § 29, Ziff. 3, als Potentialgleichung gewisser Gasströmungen begegnet.

Die Lösungen der homogenen speziellen ($k = 0$) und nichtspeziellen ($k \neq 0$) Wellengleichungen zeigen in folgender Weise verschiedenes Verhalten:

Bei $k = 0$ existieren unverzerrt fortschreitende „ebene Wellen"

$$\varphi = F(\mathfrak{n}\,\mathfrak{x} \pm a\,t) \tag{33.12}$$

mit der willkürlichen zweimal stetig differenzierbaren Funktion F und dem Argument

$$\xi = \mathfrak{n}\,\mathfrak{x} \pm a\,t = v_1 x_1 + \cdots + v_m x_m \pm a\,t\,;$$

$\mathfrak{n} = (v_1, \ldots, v_n)$ ist ein beliebiger Einheitsvektor. Die „Phasenflächen" $F = \text{const}$ sind die parallelen Ebenen $\mathfrak{n}\,\mathfrak{x} = \text{const}$ des R_m. Die „Wellenform" $F(\xi)$ und die Fortschreitungsrichtung $\mathfrak{n}$ sind beliebig, die Phasengeschwindigkeit a dagegen ist bestimmt.

Bei $k \neq 0$ existieren für jeden Wert $c^2 \neq a^2$ ebenfalls unverzerrt fortschreitende Wellen

$$\varphi = F(\mathfrak{n}\,\mathfrak{x} \pm c\,t) \tag{33.13}$$

mit dem wieder beliebigen Einheitsvektor $\mathfrak{n}$. Die Funktion F ist jetzt aber nicht willkürlich, sondern genügt der Differentialgleichung

$$\left(1 - \frac{c^2}{a^2}\right) F'' + k F = 0,$$

woraus sofort

$$F = \text{const} \cdot \exp\left\{i \sqrt{\frac{k}{1 - (c/a)^2}}\,(\mathfrak{n}\,\mathfrak{x} \pm c\,t)\right\} \tag{33.14}$$

folgt. Wie bei $k = 0$ ist also die Fortschreitungsrichtung wieder beliebig. Jedoch kann jetzt auch die Phasengeschwindigkeit c bis auf die verbotenen Werte $c = \pm a$ beliebig gewählt werden. Die Wellenform ist dann nicht wie bei $k = 0$ beliebig, sondern durch Gl. (33.14) festgelegt. Überlagert man zur gleichen Fortschreitungsrichtung $\mathfrak{n}$ Wellenformen (33.14) mit Phasengeschwindigkeiten verschiedenen Betrages, so verzerrt sich die überlagerte Wellenform mit fortschreitender Zeit wegen der verschiedenen Ausbreitungsgeschwindigkeiten der erzeugenden Teilwellen („Dispersion").

§ 34. Wellengleichung im R_1 und R_3; Prinzip von Huygens

1. Wellengleichung im R_1

In § 33, Ziff. 4, haben wir die hyperbolische lineare Differentialgleichung zweiter Ordnung mit konstanten Koeffizienten auf die Wellengleichung (33.11) zurückgeführt. Unter Beschränkung auf den Spezialfall $k = 0$ (spezielle Wellengleichung)

$$f_{tt} - a^2\,\Delta f = h(x, t),\qquad \Delta = \frac{\partial^2}{\partial x_1^2} + \cdots + \frac{\partial^2}{\partial x_m^2}, \tag{34.1}$$

soll nun das Anfangswertproblem dieser Gleichung mit den stetig differenzierbaren Anfangsdaten

$$f(x, 0) = \bar{f}(x), \qquad f_t(x, 0) = \bar{q}(x) \tag{34.2}$$

auf der raumartigen Hyperfläche $t = 0$ erörtert werden. In diesem Paragraphen behandeln wir die Aufgabe für $m = 1$ und $m = 3$, in § 35 für $m = 2$ und in § 37 für beliebiges m.

Für $m = 1$ wird das Anfangswertproblem (34.2) der homogenen Wellengleichung ($h \equiv 0$) nach Gl. (2.4) mit $y = at$ durch

$$f(x, t) = \frac{1}{2}\left[\bar{f}(x + a\,t) + \bar{f}(x - a\,t)\right] + \frac{1}{2a} \int\limits_{x-at}^{x+at} \bar{q}(\xi)\,d\xi \tag{34.3}$$

gelöst. Bei der nichthomogenen Wellengleichung ($h \not\equiv 0$) können wir uns nach § 33, Ziff. 1, Satz (d), auf die speziellen Anfangsdaten $f(x, 0) = f_t(x, 0) \equiv 0$ beschränken und erhalten als Lösung

$$f(x, t) = \frac{1}{2a} \iint\limits_{\triangle} h(\xi, \tau)\,d\xi\,d\tau; \tag{34.4}$$

das Doppelintegral ist über das in Abb. 48 angegebene Dreieck zu erstrecken. Gl. (34.4) ergibt sich aus Gl. (17.3) durch eine Koordinatentransformation oder nach § 33, Ziff. 2, mittels der Methode der Variation der Konstanten: Nach Gl. (34.3) hat die homogene Gleichung

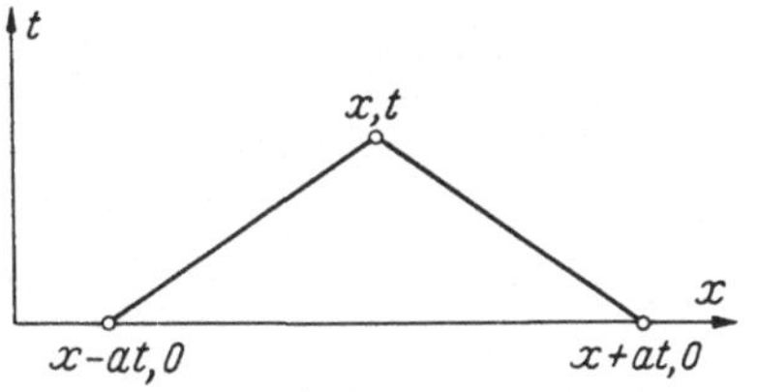

$$\varphi_{tt} - a^2\,\varphi_{xx} = 0$$

bei den Anfangsdaten $\varphi(x, t; \tau) = 0$, $\varphi_t(x, t; \tau) = h(x, \tau)$ für $t = \tau$ die Lösung

$$\varphi = \omega(x, t; \tau) = \frac{1}{2a} \int\limits_{x-a(t-\tau)}^{x+a(t-\tau)} h(\xi, \tau)\,d\xi,$$

woraus nach Gl. (33.6) sofort Gl. (34.4) folgt.

Die Eindeutigkeit der Lösung haben wir für die homogene Wellengleichung bereits in § 2 festgestellt. Für die nichthomogene Wellengleichung ergibt sich die Eindeutigkeit folgendermaßen: Sind f_1 und f_2 Lösungen der nichthomogenen Wellengleichung mit denselben Anfangsdaten, dann ist $\varphi = f_1 - f_2$ Lösung der homogenen Wellengleichung mit identisch verschwindenden Anfangsdaten; nach Gl. (34.3) ist dann $\varphi = 0$, also $f_1 \equiv f_2$.

2. Homogene Wellengleichung im R_3

Die homogene Wellengleichung im R_3 ($m = 3$; x_1, x_2, $x_3 = x$, y, z)

$$f_{tt} - a^2(f_{xx} + f_{yy} + f_{zz}) = 0 \tag{34.5}$$

läßt sich nach LIOUVILLE[1] durch Mittelbildung folgendermaßen auf die Wellengleichung im R_1 zurückführen:

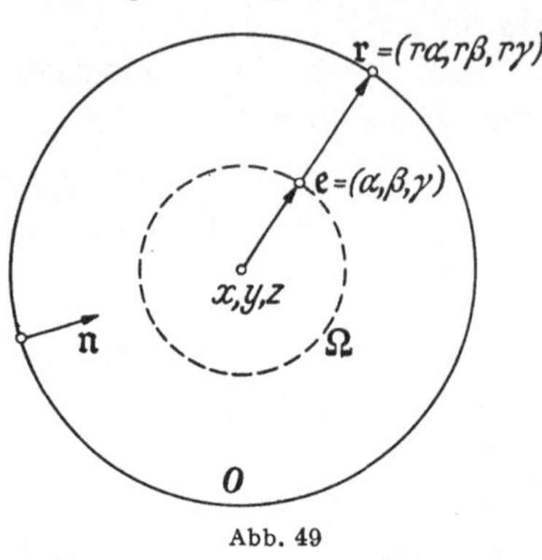

Abb. 49

Wir schlagen um einen Punkt x, y, z des R_3 eine Kugel mit dem Radius r (Abb. 49) und bezeichnen mit O ihre Oberfläche (Flächenelement do) und mit K den eingeschlossenen Raumbereich. Ferner sei $\mathfrak{n}$ die nach innen weisende Flächennormale auf O und Ω die Oberfläche (Flächenelement $d\omega$) der Einheitskugel um x, y, z. Die Radienvektoren dieser Einheitskugel seien mit $e = (\alpha, \beta, \gamma)$ bezeichnet. Der GAUSSsche Integralsatz, angewandt auf K und O, liefert unter Berücksichtigung der Wellengleichung (34.5) für eine Lösung $f(x, y, z, t)$ mit stetigen zweiten Ableitungen

$$\iiint\limits_K f_{tt}\,dx\,dy\,dz = a^2 \iiint\limits_K \Delta f\,dx\,dy\,dz = -a^2 \iint\limits_O \frac{\partial f}{\partial n}\,do$$

$$= a^2 r^2 \iint\limits_\Omega \frac{\partial}{\partial r} f(x + \alpha r, y + \beta r, z + \gamma r, t)\,d\omega$$

$$= a^2 r^2 \frac{\partial}{\partial r} \iint\limits_\Omega f(x + \alpha r, y + \beta r, z + \gamma r, t)\,d\omega$$

oder kurz

$$\iiint\limits_K f_{tt}\,dx\,dy\,dz = 4\pi a^2 r^2 \frac{\partial f_m}{\partial r}, \tag{34.6}$$

wobei

$$f_m(x, y, z; t; r) = \frac{1}{4\pi} \iint\limits_\Omega f(x + \alpha r, y + \beta r, z + \gamma r, t)\,d\omega \tag{34.7}$$

der Mittelwert der Funktionswerte f auf der Kugel um x, y, z mit dem Radius r zur Zeit t ist.

Durch Differentiation von Gl. (34.6) nach r erhält man

$$4\pi a^2 \frac{\partial}{\partial r}\left(r^2 \frac{\partial f_m}{\partial r}\right) = \frac{\partial}{\partial r} \iiint\limits_K f_{tt}\,dx\,dy\,dz = r^2 \iint\limits_\Omega f_{tt}\,d\omega = 4\pi r^2 \frac{\partial^2 f_m}{\partial t^2}$$

[1] LIOUVILLE, J.: J. de Math. Ser. 2, 1, 1—6 (1856).

und hierauf

$$(r f_m)_{tt} - a^2 (r f_m)_{rr} = 0,$$

d. h. $r f_m$ genügt der eindimensionalen homogenen Wellengleichung. Diese hat die allgemeine Lösung

$$r f_m = \psi(a t + r) + \chi(a t - r). \tag{34.8}$$

Für $r = 0$ ist

$$\psi(a t) + \chi(a t) = 0,$$

so daß sich Gl. (34.8) zu

$$r f_m = \psi(a t + r) - \psi(a t - r)$$

spezialisiert. Differentiation nach r liefert

$$f_m + r \frac{\partial f_m}{\partial r} = \psi'(a t + r) + \psi'(a t - r),$$

und für $r = 0$ kommt, da f_m stetig und $\partial f_m / \partial r$ beschränkt ist,

$$f_m(x, y, z, t; 0) = f(x, y, z, t) = 2 \psi'(a t). \tag{34.9}$$

Aus den beiden Gleichungen

$$(r f_m)_r = \psi'(a t + r) + \psi'(a t - r),$$
$$(r f_m)_t = a[\psi'(a t + r) - \psi'(a t - r)]$$

ergibt sich außerdem

$$2 \psi'(a t + r) = (r f_m)_r + \frac{1}{a} (r f_m)_t,$$

mit $t = 0$ also

$$2 \psi'(r) = \frac{\partial}{\partial r} \left[\frac{r}{4\pi} \iint_\Omega \bar{f}(x + \alpha r, y + \beta r, z + \gamma r) \, d\omega \right]$$
$$+ \frac{r}{4\pi a} \iint_\Omega \bar{q}(x + \alpha r, y + \beta r, z + \gamma r) \, d\omega. \tag{34.10}$$

Verfügt man dann schließlich über den bisher unbestimmt gelassenen Kugelradius durch $r = at$, so erhält man durch Einsetzen von Gl. (34.10) in Gl. (34.9) die Poissonsche Lösung des Anfangswertproblems

$$f(x, y, z, t) = \frac{\partial}{\partial t} [t \bar{f}_m(x, y, z; a t)] + t \bar{q}_m(x, y, z; a t); \tag{34.11}$$

dabei sind

$$\bar{f}_m = \frac{1}{4\pi} \iint_\Omega \bar{f}(x + \alpha a t, y + \beta a t, z + \gamma a t) \, d\omega,$$

$$\bar{q}_m = \frac{1}{4\pi} \iint_\Omega \bar{q}(x + \alpha a t, y + \beta a t, z + \gamma a t) \, d\omega \tag{34.12}$$

die Mittelwerte der gegebenen Anfangsdaten $\bar{f}, \bar{q}$ auf der Oberfläche O der Kugel um x, y, z mit dem Radius $r = at$.

Hiermit ist gezeigt: Wenn eine zweimal stetig differenzierbare Lösung $f(x, y, z, t)$ des vorliegenden Anfangswertproblems existiert, dann ist sie nach Gl. (34.11) durch die Anfangsdaten eindeutig festgelegt.

3. Verifikation der Lösung

Es bleibt jetzt noch nachzuweisen, daß Gl. (34.11) tatsächlich sowohl den Anfangsbedingungen (34.2) als auch der Differentialgleichung (34.5) genügt. Wir setzen hierbei voraus, daß alle im folgenden vorkommenden Ableitungen der Anfangsdaten stückweise stetig sind.

a) Erfüllung der Anfangsbedingungen (34.2). Mit $t = 0$ ergibt sich aus Gl. (34.11) sofort $f(x, y, z, 0) = \bar{f}_m(x, y, z; 0) = \bar{f}(x, y, z)$. Da $t\bar{f}_m$ die Differentialgleichung (34.5) erfüllt, wie wir unten zeigen werden, ist

$$f_t = (t\bar{f}_m)_{tt} + t\frac{\partial \bar{q}_m}{\partial t} + \bar{q}_m = \bar{q}_m + t\frac{\partial \bar{q}_m}{\partial t} + a^2 \Delta(t\bar{f}_m)$$

$$= \bar{q}_m + t\left(\frac{\partial \bar{q}_m}{\partial t} + a^2 \Delta\bar{f}_m\right),$$

also

$$f_t(x, y, z, 0) = \bar{q}_m(x, y, z; 0) = \bar{q}(x, y, z).$$

b) Erfüllung der Differentialgleichung (34.5). Es genügt nachzuweisen, daß $f = t\bar{q}_m$ der Differentialgleichung (34.5) genügt; denn mit $t\bar{q}_m$ sind auch $\partial/\partial t(t\bar{q}_m)$ bzw. $\partial/\partial t(t\bar{f}_m)$ Lösungen dieser Differentialgleichung. Offenbar ist

$$f = t\bar{q}_m = \frac{t}{4\pi}\iint\limits_{\Omega} \bar{q}(x + \alpha\,at, y + \beta\,at, z + \gamma\,at)\,d\omega$$

$$= \frac{1}{a^2}\frac{\partial}{\partial t}\int\limits_0^{at} \frac{r\,dr}{4\pi}\iint\limits_{\Omega} \bar{q}(x + \alpha\,r, y + \beta\,r, z + \gamma\,r)\,d\omega$$

oder, anders geschrieben,

$$f = \frac{1}{a^2}\frac{\partial v}{\partial t} \quad \text{mit} \quad v(x, y, z, t) = \frac{1}{4\pi}\iiint\limits_{r\leqq at} \bar{q}(\xi, \eta, \zeta)\frac{1}{r}\,d\xi\,d\eta\,d\zeta,$$

$$r = \sqrt{(x - \xi)^2 + (y - \eta)^2 + (z - \zeta)^2}.$$

Das Raumintegral ist über die Kugel K um x, y, z mit dem Radius at zu erstrecken. Wir werden zeigen, daß $v(x, y, z, t)$ der nichthomogenen Wellengleichung

$$\Delta v - \frac{1}{a^2}v_{tt} = \bar{q}(x, y, z) \tag{34.13}$$

genügt. Durch weitere Differentiationen nach t folgt dann

$$\Delta v_t - \frac{1}{a^2}(v_t)_{tt} = 0, \quad \text{also} \quad \Delta f - \frac{1}{a^2} f_{tt} = 0,$$

was zu beweisen war.

Zur Herleitung von Gl. (34.13) zerlegen wir den Integrationsbereich (Kugel um x, y, z mit Radius at) in eine feste, von x, y, z und t unabhängige Kugel K_0 um einen festen Punkt x_0, y_0, z_0 mit einem festen Radius $\varepsilon > \sqrt{(x-x_0)^2 + (y-y_0)^2 + (z-z_0)^2}$, so daß K_0 ganz im Innern des Integrationsbereichs liegt, und in den Restbereich R (Abb. 50). Dieser Zerlegung entsprechend setzen wir

$$v(x,y,z,t) = v_{K_0}(x,y,z) + v_R(x,y,z,t);$$

bei v_{K_0} ist das dreifache Integral

$$\frac{1}{4\pi} \int\int\int \frac{\bar{q}(\xi,\eta,\zeta)\,d\xi\,d\eta\,d\zeta}{\sqrt{(x-\xi)^2 + (y-\eta)^2 + (z-\zeta)^2}}$$

über den festen Bereich K_0, bei v_R über den mit x, y, z, t veränderlichen Restbereich R zu erstrecken.

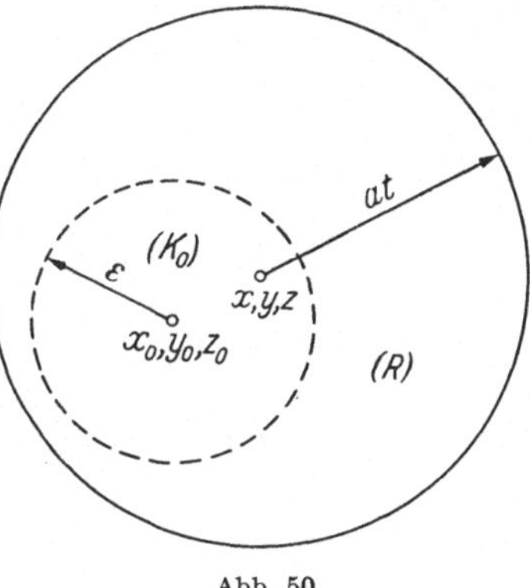

Abb. 50

$v_{K_0}(x, y, z)$ ist das NEWTONsche Potential der mit Masse von der Dichte $\bar{q}$ erfüllten Kugel K_0; es ist ebenso wie der Bereich K_0 von t unabhängig. Infolgedessen hat man

$$\Delta v_{K_0}(x, y, z) = \bar{q}(x, y, z), \quad (v_{K_0})_t = (v_{K_0})_{tt} \equiv 0. \quad (34.14)$$

Um für die Funktion $v_R(x, y, z, t)$ entsprechende Beziehungen zu erhalten, benützen wir folgenden Hilfssatz, dessen Beweis in Ziff. 4 nachgeholt wird: Ist $k(r)$ eine in R zweimal stetig differenzierbare Funktion, so gilt

$$\left(\Delta - \frac{1}{a^2}\frac{\partial^2}{\partial t^2}\right) \int\int\int_R \bar{q}(\xi,\eta,\zeta)\,k(r)\,d\xi\,d\eta\,d\zeta$$
$$= \int\int\int_R \bar{q}(\xi,\eta,\zeta)\,\Delta k\,d\xi\,d\eta\,d\zeta - 2\int\int_{r=at}\left(\frac{dk}{dr} + \frac{k}{at}\right)\bar{q}\,do. \quad (34.15)$$

Setzt man in diesem Hilfssatz speziell $k(r) = 1/r$, dann ist $\Delta k = 0$ im ganzen Bereich R und $dk/dr + k/at = 0$ auf der Kugeloberfläche $r = at$ des Bereichs R. Daher liefert Gl. (34.15)

$$\Delta v_R(x, y, z, t) - \frac{1}{a^2}\frac{\partial^2}{\partial t^2} v_R(x, y, z, t) = 0, \quad (34.16)$$

worauf sich aus den beiden Gln. (34.14) und (34.16) für $v = v_{K_0} + v_R$ die Behauptung (34.13) ergibt.

4. Beweis des Hilfssatzes (34.15).

Wir setzen die Funktion $k(r)$ ins Innere von K_0 so fort, daß sie auch in K_0 zweimal stetig differenzierbar ist. Dann hat man in K_0

$$\left(\varDelta - \frac{1}{a^2}\frac{\partial^2}{\partial t^2}\right)\iiint\limits_{K_0} \bar{q}(\xi,\eta,\zeta)\,k(r)\,d\xi\,d\eta\,d\zeta = \iiint\limits_{K_0} \bar{q}(\xi,\eta,\zeta)\,\varDelta k(r)\,d\xi\,d\eta\,d\zeta\,.$$

Nach Addition dieser Beziehung zu Gl. (34.15) ändert sich diese Gleichung lediglich dadurch, daß die dreifachen Integrale nicht nur über den Restbereich R, sondern über die Vollkugel $K_0 + R$ um den Punkt x, y, z mit dem Radius $at\,(r \leqq at)$ zu erstrecken sind. Der so modifizierte Hilfssatz (34.15) soll jetzt bewiesen werden:

Wir setzen zur Abkürzung

$$F(x,y,z,t) = \iiint\limits_{K_0+R} \bar{q}(\xi,\eta,\zeta)\,k(r)\,d\xi\,d\eta\,d\zeta$$

und differenzieren

$$F_t(x,y,z,t) = a\iint\limits_{r=at} \bar{q}\,k\,do = a^3 t^2 \iint\limits_{\Omega} \bar{q}(x+\alpha at, y+\beta at, z+\gamma at)\,k(at)\,d\omega$$

und weiter

$$\frac{1}{a^2}F_{tt}(x,y,z,t)$$

$$= 2at\iint\limits_{\Omega} \bar{q}\,k\,d\omega + a^2 t^2 \lim_{\delta\to 0}\left\{\frac{1}{\delta}\iint\limits_{\Omega}\left[(\bar{q}+\bar{q}_r\delta)(k+k_r\delta)-\bar{q}k\right]d\omega\right\}$$

$$= \frac{2}{at}\iint\limits_{r=at} \bar{q}\,k\,do + a^2 t^2 \iint\limits_{\Omega}(\bar{q}\,k_r + \bar{q}_r\,k)\,d\omega \qquad (34.17)$$

$$= \iint\limits_{r=at}\left(\bar{q}\,k_r + \bar{q}_r\,k + \frac{2k\bar{q}}{at}\right)do\,.$$

Ferner formen wir den Ausdruck für F um in

$$F(x,y,z,t) = \iiint\limits_{r\leqq at} \bar{q}(x-\xi', y-\eta', z-\zeta')\,k(r)\,d\xi'\,d\eta'\,d\zeta'$$

mit $\xi' = x-\xi$, $\eta' = y-\eta$, $\zeta' = z-\zeta$, $r = \sqrt{\xi'^2+\eta'^2+\zeta'^2}$ und erhalten

$$\varDelta F(x,y,z,t) = \iiint\limits_{r\leqq at} \varDelta\bar{q}\cdot k(r)\,d\xi'\,d\eta'\,d\zeta' = \iiint\limits_{K_0+R} \varDelta\bar{q}\cdot k(r)\,d\xi\,d\eta\,d\zeta\,.$$

Durch Anwendung des GAUSSschen Satzes

$$\iiint\limits_{K_0+R} \operatorname{div}\mathfrak{p}\,d\xi\,d\eta\,d\zeta = -\iint\limits_{O} \mathfrak{n}\,\mathfrak{p}\,do$$

auf den Vektor $\mathfrak{p} = \bar{q}\,\mathrm{grad}\,k - k\,\mathrm{grad}\,\bar{q}$ kommt

$$\iiint\limits_{K_0+R} (k\,\Delta\bar{q} - \bar{q}\,\Delta k)\,d\xi\,d\eta\,d\zeta = \iint\limits_{r=at} \left(\bar{q}\,\frac{dk}{dn} - k\,\frac{d\bar{q}}{dn}\right)do,$$

also

$$\Delta F(x, y, z, t) = \iiint\limits_{K_0+R} \bar{q}\,\Delta k\,d\xi\,d\eta\,d\zeta + \iint\limits_{r=at} (k\,\bar{q}_r - \bar{q}\,k_r)\,do. \qquad (34.18)$$

Durch Subtraktion der Gl. (34.17) von Gl. (34.18) folgt der zu beweisende Hilfssatz (34.15).

5. Nichthomogene Wellengleichung im R_3

Bei der nichthomogenen Wellengleichung können wir uns wieder auf die speziellen Anfangsdaten

$$f(x, y, z, 0) = f_t(x, y, z, 0) \equiv 0$$

beschränken. Die Lösung des Anfangswertproblems ergibt sich dann durch die Methode der Variation der Konstanten (§ 33, Ziff. 2): Nach Gl. (34.11) ist

$$\omega(x, y, z, t; \tau)$$
$$= \frac{1}{4\pi}(t-\tau)\iint\limits_{\Omega} h(x + \alpha\,a(t-\tau),\ y + \beta\,a(t-\tau),\ z + \gamma\,a(t-\tau),\ \tau)\,d\tau$$

die Lösung der homogenen Wellengleichung

$$\varphi_{tt} - a^2\,\Delta\varphi = 0$$
$$\text{für}\quad \left.\begin{cases} \varphi(x, y, z, t; \tau) = 0 \\ \varphi_t(x, y, z, t; \tau) = h(x, y, z, \tau) \end{cases}\right\}\ \text{bei } t = \tau.$$

Infolgedessen ist

$$f(x, y, z, t) = \int\limits_0^t \omega(x, y, z, t; \tau)\,d\tau$$
$$= \frac{1}{4\pi}\int\limits_0^t d\tau\,(t-\tau)\iint\limits_{\Omega} h(x + \alpha a(t-\tau), y + \beta a(t-\tau), z + \gamma a(t-\tau), \tau)\,d\omega$$
$$\qquad\qquad (34.19$$
$$= \frac{1}{4\pi}\int\limits_0^t \tau'\,d\tau'\iint\limits_{\Omega} h(x + \alpha a\tau', y + \beta a\tau', z + \gamma a\tau', t-\tau')\,d\omega$$
$$\text{mit } \tau' = t - \tau$$

die Lösung der Anfangswertaufgabe der nichthomogenen Wellengleichung. Die Eindeutigkeit wird wie in Ziff. 1 bewiesen.

Setzt man in Gl. (34.19)

$$\xi = x + \alpha\,a\,\tau', \qquad \eta = y + \beta\,a\,\tau', \qquad \zeta = z + \gamma\,a\,\tau',$$

$$a\,\tau' = \sqrt{(x - \xi)^2 + (y - \eta)^2 + (z - \zeta)^2} = r$$

und schreibt $d\xi\,d\eta\,d\zeta$ für das Volumenelement $r^2 dr d\omega$ des R_3, so kommt

$$f(x, y, z, t) = \frac{1}{4\pi a^2} \iiint_{r \leq at} h\left(\xi, \eta, \zeta; t - \frac{r}{a}\right) \frac{d\xi\,d\eta\,d\zeta}{r}; \qquad (34.20)$$

das dreifache Integral wird über die Kugel K um den Punkt x, y, z mit dem Radius at erstreckt.

Durch Gl. (34.20) wird die Lösung als „retardiertes Potential" dargestellt. Sie kann nämlich als NEWTONsches Potential einer Massenverteilung mit der örtlich und zeitlich veränderlichen Dichte h gedeutet werden. Dabei muß aber der Wert der Dichte in einem Punkt ξ, η, ζ nicht für die Zeit t, sondern für den zurückliegenden Zeitpunkt $t - r/a$ genommen werden. Der Dichtewert wird also zurückdatiert um die Laufzeit r/a, die eine Störung braucht, um von dem betreffenden Punkt ξ, η, ζ mit der Schallgeschwindigkeit a zum Aufpunkt x, y, z zu gelangen.

6. Bestimmtheits-, Abhängigkeits- und Einflußbereiche; Huygenssches Prinzip

Die Lösung (34.3) und (34.4) des Anfangswertproblems der Wellengleichung im R_1 zeigt, daß die Bestimmtheits-, Abhängigkeits- und Einflußbereiche in der zweidimensionalen x, t-Welt von Charakteristiken $x \pm at = $ const begrenzt werden, wie uns dies schon aus § 2 und § 16 bekannt ist. In analoger Weise erkennt man aus der Lösung (34.11) und (34.20) der Wellengleichung im R_3, daß die Abhängigkeitsbereiche für die Punkte x, y, z, t der vierdimensionalen Raum-Zeit-Welt von den MONGEschen Hyperkegeln (33.9)

$$(X - x)^2 + (Y - y)^2 + (Z - z)^2 = a^2 (T - t)^2$$

aus dem x, y, z-Raum R_3 ($t = 0$) ausgeschnitten werden. Die Bestimmtheits- und Einflußbereiche haben als Begrenzungen die in § 33, Ziff. 4, erwähnten charakteristischen Flächen, die sich als Hüllflächen der Hyperkegel erzeugen lassen.

Die Lösungen (34.3) und (34.11) des Anfangswertproblems der homogenen Wellengleichung zeigen nun aber weiter, daß nicht die Anfangsdaten des gesamten Abhängigkeitsbereichs, sondern nur die Anfangsdaten auf der Berandung des Abhängigkeitsbereichs in die Lösung eingehen. Für die Wellengleichung im R_3 läßt sich dieser Sachverhalt unmittelbar aus Gl. (34.11) ablesen. Für die Wellengleichung im R_1 gilt nach Gl. (34.3) die Behauptung nicht für die Funktion selbst, sondern erst für die Ableitungen

$$f_x = \frac{1}{2}\,[\bar{f}'(x+at) + \bar{f}'(x-at)] + \frac{1}{2a}\,[\bar{q}(x+at) - \bar{q}(x-at)],$$

$$f_t = \frac{a}{2}\,[\bar{f}'(x+at) - \bar{f}'(x-at)] + \frac{1}{2}\,[\bar{q}(x+at) + \bar{q}(x-at)].$$

Bei der Wellengleichung im R_3 kann man den Sachverhalt folgendermaßen interpretieren (Abb. 51):

Die für $t = 0$ gegebenen Anfangsdaten $f(x, y, z, 0) = \bar{f}(x, y, z)$ und $f_t(x, y, z, 0) = \bar{q}(x, y, z)$ sollen nur in einem beschränkten Bereich (B) des R_3 von Null verschieden sein, es soll also zur Zeit $t = 0$ nur in (B) eine „Störung" des Grundzustands $f \equiv 0$ vorliegen. Der Funktionswert $f(x, y, z, t)$ in einem festen Punkt $P(x, y, z)$ des R_3 für einen Zeitpunkt $t > 0$ hängt dann nach Gl. (34.11) nur von den Anfangsdaten auf dem innerhalb (B) liegenden Teil der Oberfläche der Kugel um P mit dem Radius at ab; auf dem restlichen Teil der Kugeloberfläche ist $\bar{f} = \bar{q} \equiv 0$. Infolgedessen ist der Funktionswert f in P nur in einem endlichen Zeitintervall $t_1 \leqq t \leqq t_2$ von Null verschieden. Die Grenzen t_1, t_2

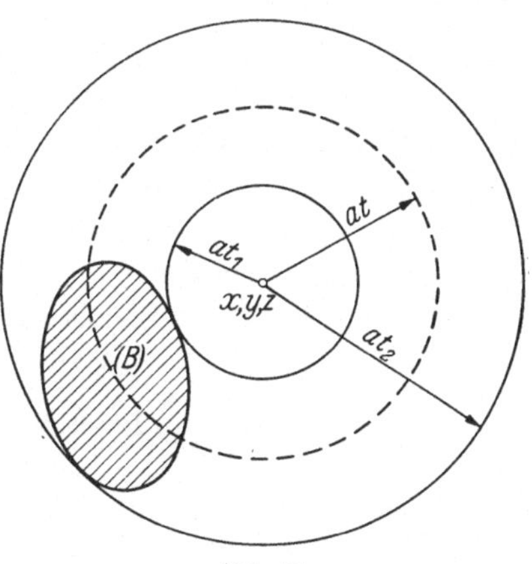

Abb. 51

dieses Intervalls sind durch die Radien at_1 und at_2 der kleinsten bzw. größten Kugel um P gegeben, deren Oberfläche den Bereich (B) trifft. Physikalisch heißt dies: Die vorgegebene Störung $\bar{f}(x, y, z)$, $\bar{q}(x, y, z)$ breitet sich im R_3 als scharf begrenztes Signal aus; sie erreicht den Punkt P zur Zeit $t = t_1$ und verschwindet wieder zur Zeit $t = t_2$.

Man bezeichnet die Tatsache, daß die Lösung eines Anfangswertproblems nur von den Anfangsdaten auf der Berandung des Abhängigkeitsbereichs abhängt, als HUYGENSsches Prinzip. Dieses gilt, wie wir soeben erkannt haben, für die Wellengleichung im R_3. In den §§ 35, 37 wird sich zeigen, daß bei der Wellengleichung das HUYGENSsche Prinzip in den Räumen R_m mit ungerader Dimensionszahl $m = 3 + 2\nu$ ($\nu = 0, 1, 2, \ldots$), nicht aber in den Räumen mit gerader Dimensionszahl $m = 2 + 2\nu$ gilt.

7. Ausstrahlungslösungen

Neben den Lösungen des Anfangswertproblems spielen die sog. „Ausstrahlungslösungen" eine wichtige Rolle. Sie sind Lösungen der homogenen Wellengleichung im ganzen R_3 mit Ausnahme der Strahlungsquelle $O(x = y = z = 0)$ und erfüllen mit Ausschluß von O die Anfangsbedingungen $f = f_t = 0$ für $t = 0$. Für das singuläre Verhalten in O wird die Ausstrahlungsbedingung

$$\lim_{\varepsilon \to 0} \left\{ \iint_{r=\varepsilon} \frac{\partial f}{\partial r}\, d o \right\} = Q(t) \tag{34.21}$$

vorgeschrieben. Das Integral ist über die Oberfläche einer Kugel um das Strahlungszentrum O mit dem Radius $r = \varepsilon$ zu erstrecken. $Q(t)$ wird als Quellstärke bezeichnet. Die gestellten Bedingungen werden erfüllt durch

$$f(x, y, z; t) = -\frac{1}{4\pi r} Q\left(t - \frac{r}{a}\right) \quad \text{mit} \quad r = \sqrt{x^2 + y^2 + z^2}, \tag{34.22}$$

wobei $Q(\xi)$ eine für $\xi \geq 0$ zweimal stetig differenzierbare und für $\xi < 0$ verschwindende, sonst aber beliebige Funktion ist.

Die Lösung (34.22) ist kugelsymmetrisch und erfüllt für $r \neq 0$ die Anfangsbedingungen $f = f_t = 0$ zur Zeit $t = 0$. Außerdem befriedigt sie für $r \neq 0$ die Wellengleichung, welche für eine kugelsymmetrische Funktion

$$f_{rr} + \frac{2}{r} f_r - \frac{1}{a^2} f_{tt} = 0 \quad \text{oder} \quad (r f)_{tt} - a^2 (r f)_{rr} = 0$$

lautet, also durch $r f = $ willkürliche Funktion von $(r - a t)$ erfüllt wird. Schließlich genügt die Lösung (34.22) wegen

$$f_r = \frac{1}{4\pi r^2} Q + \frac{1}{4\pi a r} Q'\left(t - \frac{r}{a}\right), \quad \text{also} \quad \lim_{\varepsilon \to 0} \iint_{r=\varepsilon} f_r\, d o = Q(t)$$

auch der Ausstrahlungsbedingung (34.21).

Das HUYGENSsche Prinzip gilt in folgendem Sinn auch für die Ausstrahlungslösungen (34.22): Der Funktionswert $f(x, y, z, t)$ in einem Punkt P zur Zeit t hängt nur von dem Wert der Quellstärke Q zur Zeit $t - r/a$ ab, nicht aber von den vorangegangenen Werten. Wenn $Q(t)$ nur für ein endliches Intervall $0 \leq t \leq t_0$ von Null verschieden ist, wird auch die Lösung f in P nur für ein endliches und zwar gleich langes Intervall $r/a \leq t \leq r/a + t_0$ nicht verschwinden. Das ausgestrahlte Signal $Q(t)$ breitet sich also wie beim Anfangswertproblem mit scharfen Grenzen aus. Außerdem ist hier die Zeitdauer t_0 des Signals für alle Punkte P des R_3 dieselbe.

§ 35. Wellengleichung im R_2; Absteigmethode von Hadamard

1. Homogene und nichthomogene Wellengleichung im R_2

Die Lösung der homogenen Wellengleichung im R_2

$$f_{tt} - a^2(f_{xx} + f_{yy}) = 0 \tag{35.1}$$

mit den Anfangsdaten $f(x, y, 0) = \bar{f}(x, y)$, $f_t(x, y, 0) = \bar{q}(x, y)$ läßt sich durch Spezialisierung aus der Lösung (34.11) der Wellengleichung im R_3 gewinnen, indem wir dort die Anfangsdaten von z unabhängig vorgeben. Dann ist die Lösung (34.11) ebenfalls von z unabhängig und erfüllt wegen $f_{zz} = 0$ die Wellengleichung (35.1) im R_2.

Durch diese von HADAMARD in allgemeinerem Zusammenhang viel benützte Methode des Absteigens auf einen Raum niedrigerer Dimension ergibt sich aus Gl. (34.12)

$$t\,\bar{f}_m(x, y, at) = \frac{t}{4\pi}\int\!\!\int_\Omega \bar{f}(x + \alpha at, y + \beta at)\,d\omega = \frac{1}{4\pi a^2 t}\int\!\!\int_O \bar{f}(\xi, \eta)\,do \tag{35.2}$$

mit

$$\xi = x + \alpha a t, \quad \eta = y + \beta a t, \quad \zeta = z + \gamma a t,$$

also

$$(x - \xi)^2 + (y - \eta)^2 + (z - \zeta)^2 = a^2 t^2.$$

Wie in § 34 bedeutet O die Oberfläche der Kugel um x, y, z mit dem Radius at und

$$do = \frac{a t}{\zeta - z}\,d\xi\,d\eta = \frac{a t\,d\xi\,d\eta}{\sqrt{a^2 t^2 - (x - \xi)^2 - (y - \eta)^2}} \tag{35.3}$$

das Oberflächenelement von O. Wenn man Gl. (35.3) in (35.2) einsetzt, ergibt sich

$$t\,\bar{f}_m(x, y, a t) = \frac{1}{2\pi a}\int\!\!\int_{r \leq at} \frac{\bar{f}(\xi, \eta)\,d\xi\,d\eta}{\sqrt{a^2 t^2 - (x - \xi)^2 - (y - \eta)^2}}, \tag{35.4}$$

wobei das Integral über die ganze Kreisfläche $r = \sqrt{(x - \xi)^2 + (y - \eta)^2} \leq at$ in der x, y-Ebene zu erstrecken ist. Da in Gl. (35.2) die obere und die untere Halbkugel von O, die beide denselben Beitrag liefern, zu berücksichtigen sind, tritt in Gl. (35.4) der Faktor $1/2\pi$ an Stelle von $1/4\pi$.

Nach Gl. (35.4) folgt aus Gl. (34.11) schließlich

$$f(x, y, t) = \frac{\partial}{\partial t}\left[\frac{1}{2\pi a}\int\!\!\int_{r \leq at} \frac{\bar{f}(\xi, \eta)\,d\xi\,d\eta}{\sqrt{a^2 t^2 - r^2}}\right]$$
$$+ \frac{1}{2\pi a}\int\!\!\int_{r \leq at} \frac{\bar{q}(\xi, \eta)\,d\xi\,d\eta}{\sqrt{a^2 t^2 - r^2}} \tag{35.5}$$

mit $r = \sqrt{(x - \xi)^2 + (y - \eta)^2}$ als Lösung des für Gl. (35.1) gestellten Anfangswertproblems.

Für die nichthomogene Wellengleichung im R_2

$$f_{tt} - a^2(f_{xx} + f_{yy}) = h(x, y, t)$$

und die Anfangsdaten $f(x, y, 0) = f_t(x, y, 0) = 0$ liefert die Methode der Variation der Konstanten sofort die Lösung

$$f(x, y, t) = \frac{1}{2\pi a} \int\limits_0^t d\tau \iint\limits_{r \leqq a(t-\tau)} \frac{h(\xi, \eta, \tau)\, d\xi\, d\eta}{\sqrt{a^2(t - \tau)^2 - r^2}}. \tag{35.6}$$

2. Ausstrahlungslösungen

Die Ausstrahlungslösungen werden ebenso wie in § 34, Ziff. 7, definiert. An Stelle der Gl. (34.21) tritt die Ausstrahlungsbedingung

$$\lim_{\varepsilon \to 0} \left\{ \int\limits_{r=\varepsilon} \frac{\partial f}{\partial r}\, ds \right\} = Q(t), \tag{35.7}$$

wobei das Integral über den Kreis um die Strahlungsquelle $O\,(x = y = 0)$ mit dem Radius $r = \varepsilon$ erstreckt wird.

Auch bei den Ausstrahlungslösungen können wir folgendermaßen eine Absteigmethode verwenden: Wenn man die z-Achse des R_3 mit Strahlungsquellen (34.22) einer räumlich konstanten, d. h. von z unabhängigen Quellstärke $Q(t)$, linienhaft belegt, entsteht die ebenfalls von z unabhängige Ausstrahlungslösung

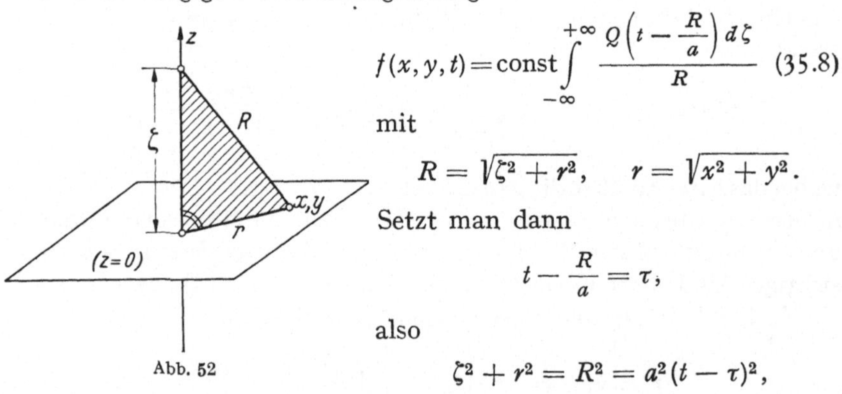

Abb. 52

$$f(x, y, t) = \text{const} \int\limits_{-\infty}^{+\infty} \frac{Q\left(t - \dfrac{R}{a}\right) d\zeta}{R} \tag{35.8}$$

mit

$$R = \sqrt{\zeta^2 + r^2}, \qquad r = \sqrt{x^2 + y^2}.$$

Setzt man dann

$$t - \frac{R}{a} = \tau,$$

also

$$\zeta^2 + r^2 = R^2 = a^2(t - \tau)^2,$$

so wirken in dem Punkt x, y der Ebene $z = 0$ (Abb. 52) zur Zeit t die Strahlungsquellen ζ mit der Quellstärke $Q(\tau)$ jeweils für $\tau = t - R/a$. Dabei läuft τ von $\tau = 0$, weil $Q(\tau)$ nach Voraussetzung für $\tau < 0$ verschwindet, bis $\tau = t - r/a$ wegen $R \geqq r$.

Unter Berücksichtigung von

$$\zeta\, d\zeta = a^2(\tau - t)\, d\tau = -a\, R\, d\tau, \quad \text{also} \quad \frac{d\zeta}{R} = -\frac{a\, d\tau}{\sqrt{a^2(t-\tau)^2 - r^2}}$$

kommt dann als Ausstrahlungslösung im R_2 die zylindersymmetrische Lösung

$$f(x,\, y,\, t) = \begin{cases} -\dfrac{a}{2\pi} \displaystyle\int\limits_0^{t-\frac{r}{a}} \dfrac{Q(\tau)\, d\tau}{\sqrt{a^2(t-\tau)^2 - r^2}} & \text{für} \quad t > \dfrac{r}{a}, \\[4mm] 0 & \text{für} \quad t < \dfrac{r}{a}. \end{cases} \tag{35.9}$$

Der in Gl. (35.8) unbestimmt gebliebene Zahlenfaktor ist in Gl. (35.9) nachträglich so gewählt worden, daß die Austrahlungsbedingung (35.7) erfüllt wird. Um dies einzusehen, müssen wir das singuläre Verhalten der Ausstrahlungslösung in der Strahlungsquelle O näher betrachten: Durch partielle Integration unter Berücksichtigung von

$$\frac{1}{\sqrt{a^2(t-\tau)^2 - r^2}} = -\frac{1}{a}\, \frac{d}{d\tau}\, \ln\left| a(t-\tau) + \sqrt{a^2(t-\tau)^2 - r^2}\, \right|$$

erhält man

$$f(x, y, t) = \frac{1}{2\pi}\left\{ Q\!\left(t - \frac{r}{a}\right)\ln r - Q(0)\ln 2\, at - \int_0^t Q'(\tau)\ln 2\, a(t-\tau)\, d\tau \right\} + \eta(t, r)$$

mit $\eta \to 0$ für $r \to 0$ und hierauf sofort Gl. (35.7).

Die im Integral (35.9) auftretende Funktion

$$G(x,\, y,\, t;\, \xi,\, \eta,\, \tau) = \frac{1}{\sqrt{a^2(t-\tau)^2 - (x-\xi)^2 - (y-\eta)^2}}$$

wird uns in der HADAMARDschen Integrationstheorie (§§ 39, 41) als „Grundlösung" der Wellengleichung (35.1) wieder begegnen.

3. Bestimmtheits-, Abhängigkeits- und Einflußbereiche; Nichtgültigkeit des Huygensschen Prinzips

Die Lösung (35.5) des Anfangswertproblems zeigt, daß die Abhängigkeitsbereiche in der x, y-Ebene $(t = 0)$ von den MONGEschen Kegeln

$$(X - x)^2 + (Y - y)^2 = a^2(T - t)^2$$

in der dreidimensionalen Raum-Zeit-Welt ausgeschnitten werden und daß somit die Bestimmtheits- und Einflußbereiche die von den MONGEschen Kegeln umhüllten charakteristischen Flächen (Böschungsflächen) als Begrenzungen haben.

Gl. (35.5) zeigt weiter, daß das HUYGENSsche Prinzip nicht gilt. Der Wert $f(x, y, t)$ hängt nicht nur von den Anfangsdaten am Rand $r = at$ des Abhängigkeitsbereichs ab, sondern von den Anfangsdaten auf der ganzen Kreisscheibe $r \leqq at$. Dies rührt daher, daß die Lösung $f(x, y, t)$ als eine von z unabhängige Lösung der Wellengleichung im R_3 aufgefaßt werden kann. Dann sind auch die Anfangsdaten $\bar{f}, \bar{q}$ von z unabhängig, der in Abb. 51 dargestellte Bereich (B) ist also nicht beschränkt, sondern ist ein zur z-Achse paralleler unendlich langer Zylinder. Wenn der Aufpunkt P außerhalb (B) liegt, gibt es zwar eine kleinste, aber keine größte, den Bereich (B) treffende Kugel um P. Wenn die Kugeln größer und größer werden, schneidet (B) aus ihren Oberflächen immer kleinere Bruchteile aus, die Mittelwerte $\bar{f}_m$, $\bar{q}_m$ in Gl. (34.11) gehen also mit $t \to \infty$ asymptotisch gegen Null. Physikalisch heißt das: Im R_2 breitet sich eine vorgegebene Störung $\bar{f}(x, y)$, $\bar{q}(x, y)$ wie im R_3 mit einer scharfen Vorderfront aus, jedoch existiert keine scharfe Rückfront, sondern es bildet sich ein unendlich langer, asymptotisch abklingender Nachhall.

Dasselbe Phänomen des Nachhalls zeigt sich auch bei den Ausstrahlungslösungen (35.9) im R_2; auch hier ist das HUYGENSsche Prinzip nicht gültig: Bei einer nur ein endliches Zeitintervall $0 \leqq t \leqq t_0$ wirkenden Quellstärke $Q(t)$ hat man nach Gl. (35.9) in einem Punkt x, y zur Zeit t verschwindende Funktionswerte f für $t < r/a$, für $t > r/a$ jedoch verschwindet f nicht identisch, sondern strebt mit $t \to \infty$ asymptotisch gegen Null. Während das Signal (34.22) im R_3 nur von der Quellstärke Q in dem bestimmten Zeitpunkt $t - r/a$ abhängt, wird das Signal (35.9) auch von den Werten der Quellstärke in der vorangegangenen Zeit $\tau < t - r/a$ beeinflußt.

4. Gegenüberstellung der Ausstrahlungslösungen im R_1, R_2 und R_3

$f(x_1, \ldots, t)$ möge als Potential einer in einem ruhenden homogenen Medium sich ausbreitenden akustischen Welle gedeutet werden. Nach § 6, Ziff. 4, ist dann $p = -\bar{\varrho} f_t$ der Schalldruck und $u = \mathrm{grad} f$ die Schallschnelle. Wir stellen einander gegenüber:

a) im R_1 die rechtslaufende Welle (als eindimensionale Ausstrahlungslösung)

$$f = \varphi\left(t - \frac{x}{a}\right),$$

$$u = f_x = -\frac{1}{a}\,\varphi' = Q\left(t - \frac{x}{a}\right),$$

$$p = -\bar{\varrho} f_t = -\bar{\varrho}\,\varphi' = a\bar{\varrho} Q\left(t - \frac{x}{a}\right);$$

b) im R_3 die kugelsymmetrische Ausstrahlungslösung (34.22)

$$f = -\frac{1}{4\pi r} Q\left(t - \frac{r}{a}\right),$$

$$p = \frac{\bar{\varrho}}{4\pi r} Q'\left(t - \frac{r}{a}\right);$$

c) im R_2 die zylindersymmetrische Ausstrahlungslösung (35.9).

Bei gleichem Quellstärkeverlauf $Q(t)$ ergibt sich der in Abb. 53 dargestellte Zusammenhang: Die in der Figur vorgegebene, für $0 < \tau < t_0$ durchwegs positive Quellstärke $Q(\tau)$ liefert im R_1 eine zur Kurve $Q(t)$ affine Druckkurve $p(t)$, also eine reine Verdichtungswelle. Im R_3 ist die Druckkurve $p(t)$ zur Differentialkurve $Q'(t)$ affin, man hat also eine Verdichtungswelle mit nachfolgender Verdünnungswelle. Als Übergangsform erhält man im R_2 eine Druckkurve $p(t)$ mit unendlich langer, asymptotisch abklingender Schleppe.

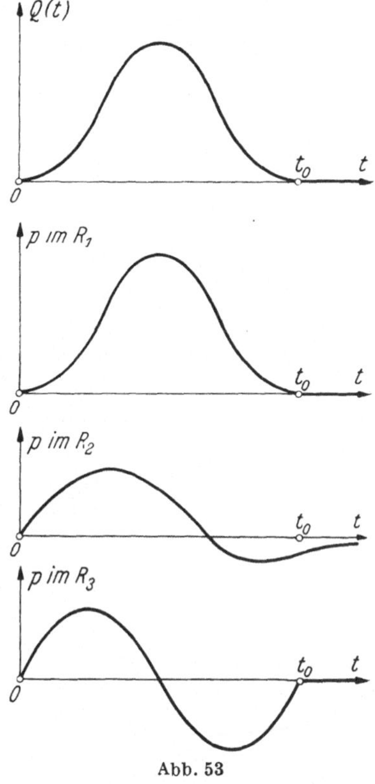

Abb. 53

§ 36. Anwendung auf die linearisierte stationäre Überschallströmung um Drehkörper (linienhafte Quellenverteilung)

1. Achsensymmetrische Strömung um Drehkörper

Die Ausstrahlungslösung (35.9) der Wellengleichung im R_2 läßt sich umdeuten als achsensymmetrische Lösung der Differentialgleichung

$$\varphi_{zz} - \frac{1}{\beta^2}(\varphi_{xx} + \varphi_{yy}) = 0 \qquad (36.1)$$

für das Potential $\varphi(x, y, z)$ einer linearisierten stationären Zusatzströmung, die sich einer zur z-Achse parallelen Überschall-Grundströmung überlagert. Gl. (36.1) ist bis auf andere Bezeichnung der Koordinaten identisch mit Gl. (6.16). Zur Abkürzung ist

$$\beta = \operatorname{cotg}\alpha = \sqrt{M^2 - 1}$$

gesetzt: $M = \bar{u}/\bar{a} > 1$ ist die MACH-Zahl und $\alpha = \arcsin(1/M)$ der MACH-Winkel der Grundströmung. In Gl. (36.1) ist gegenüber Gl. (35.1)

z und $1/\beta^2$ an Stelle von t und a^2 getreten. Die Ausstrahlungslösung (35.9) lautet also bei Abänderung des unwesentlichen konstanten Faktors

$$\varphi(x, y, z) = \begin{cases} -\displaystyle\int_0^{z-\beta r} \frac{Q(\zeta)\, d\zeta}{\sqrt{(z-\zeta)^2 - \beta^2 r^2}} & \text{für } z > \beta r \\[2ex] & \qquad\text{mit } r = \sqrt{x^2 + y^2}\,. \\[1ex] \qquad\quad 0 & \text{für } z < \beta r \end{cases} \tag{36.2}$$

Sie ist achsensymmetrisch bezüglich der z-Achse, hängt also nur von r und z ab, und verschwindet stromaufwärts des von O ausgehenden MACH-Kegels. Längs der positiven z-Achse ist sie singulär, die z-Achse ist mit „Strömungsquellen" linienhaft belegt. In den Punkten $P(r, z)$ stromabwärts des von O ausgehenden MACH-Kegels (Abb. 54) hängt das

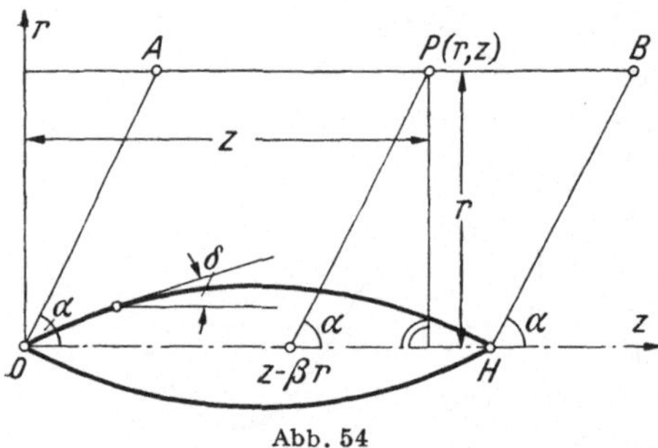

Abb. 54

Potential $\varphi(r, z)$ von den Quellstärken $Q(\zeta)$ der z-Achse von $\zeta = 0$ bis $\zeta = z - \beta r$ ab. Der vom Punkt $z - \beta r$ der z-Achse stromabwärts laufende MACH-Kegel enthält den Aufpunkt $P(r, z)$.

Wir betrachten nun einen (hinreichend schlanken und spitzen) Drehkörper mit der z-Achse von O bis H als Dreh-achse. Wenn wir dann die zunächst willkürliche Quellstärkeverteilung $Q(\zeta)$ so wählen, daß am Meridian $r = r(z)$ des Drehkörpers die Randbedingung der tangentialen Umströmung

$$\overline{u}\,\mathrm{tg}\,\delta(z) = \varphi_r \tag{36.3}$$

erfüllt wird, stellt Gl. (36.2) die vom Drehkörper hervorgerufene Störung der Grundströmung dar. Gl. (36.3) ist eine Integralgleichung für die gesuchte Quellstärke $Q(\zeta)$. Man kann $Q(\zeta)$ numerisch näherungsweise berechnen, indem man die Integralgleichung durch ein System linearer algebraischer Gleichungen ersetzt[1].

Das einfachste Beispiel ist die Überschallströmung um einen Drehkegel. Das Zusatzpotential φ dieser Strömung ergibt sich aus Gl. (36.2) mit

$$Q(\zeta) = q\,\zeta, \qquad q = \text{const.}$$

Man erhält dabei

$$\varphi(x, y, z) = q\left(\sqrt{z^2 - \beta^2 r^2} - z\,\mathfrak{Ar}\,\mathfrak{Cof}\left(\frac{z}{\beta r}\right)\right),$$

---

[1] KÁRMÁN, TH. V., u. N. B. MOORE: Trans. Amer. Soc. Engrs. Juni 1932.

also für die Geschwindigkeitskomponenten parallel und senkrecht zur Drehachse

$$u = \varphi_z = - q\,\operatorname{Ar\,\mathfrak{Cof}}\left(\frac{z}{\beta\,r}\right),$$

$$v = \varphi_r = \beta q\,\sqrt{\left(\frac{z}{\beta\,r}\right)^2 - 1}\,. \tag{36.4}$$

Die Strömung ist hiernach kegelsymmetrisch, d. h. der Geschwindigkeitsvektor ist auf jeder Halbgeraden vom Nullpunkt aus ($r/z = $ const) nach Größe und Richtung konstant. Ist δ ein vorgegebener kleiner Winkel, so kann man die konstante Quellstärke q so wählen, daß für $r/z = \operatorname{tg}\delta = $ const

$$\bar{u}\,\operatorname{tg}\delta = \varphi_r = \beta\,q\,\sqrt{\left(\frac{\operatorname{cotg}\delta}{\beta}\right)^2 - 1}$$

gilt. Die Randbedingung (36.3) ist dann auf dem Drehkegel $r/z = \operatorname{tg}\delta$ erfüllt.

2. Nichtgültigkeit des Huygenschen Prinzips

Am Beispiel der achsensymmetrischen Strömung um einen Drehkörper wollen wir die Bemerkungen über das HUYGENSsche Prinzip von §35, Ziff.3, in der neuen, stationären Deutung der Wellengleichung wiederholen. Die von dem Drehkörper (Abb. 54) in einem Punkt P stromabwärts des von O ausgehenden MACH-Kegels hervorgerufene Störung der Parallelströmung hängt nach Gl. (36.2) nicht nur vom Meridianwinkel $\delta(\zeta)$ an der Stelle $\zeta = z - \beta r$ ab, sondern von den Winkeln δ des ganzen stromaufwärts liegenden Intervalls $0 \leq \zeta \leq z - \beta r$. Daher setzt auf einer Parallelen zur z-Achse die Störung der Grundströmung zwar mit einer scharfen Vorderfront im Schnittpunkt A mit dem von O ausgehenden MACH-Kegel ein, endet aber nicht im Schnittpunkt B mit dem von H ausgehenden MACH-Kegel, sondern hat eine unendlich lange, asymptotisch abklingende Nachwirkung.

Man vergleiche hiermit das entsprechende Verhalten der zweidimensionalen Überschallströmung um ein endlich langes Profil. Hier handelt es sich um die Potentialgleichung

$$\varphi_{zz} - \frac{1}{\beta^2}\,\varphi_{xx} = 0,$$

die der Wellengleichung im R_1 entspricht, und um deren Lösung $\varphi(x, z) = \varphi(z - \beta x)$. Die Störung in P ist hier nur vom Profilwinkel $\delta(\zeta)$ an der Stelle $\zeta = z - \beta x$ abhängig, nämlich

$$\bar{u}\,\delta(z - \beta x) = \varphi_x = -\beta\,\varphi'(z - \beta x)\,.$$

Sie setzt bei A ein und endet bei B, ist also auf jeder Parallelen zur z-Achse auf eine Strecke von der Länge OH des Profils beschränkt.

3. Schiefe Strömung um Drehkörper

Auch die schiefe Überschallströmung um Drehkörper läßt sich aus der Ausstrahlungslösung (35.9) der Wellengleichung im R_2 herleiten[1]. Wir schreiben die lineare Potentialgleichung der dreidimensionalen stationären Strömung (6.16) in Zylinderkoordinaten z, r, ω, nämlich

$$\varphi_{zz} - \frac{1}{\beta^2}\left(\varphi_{xx} + \varphi_{yy}\right) = \varphi_{zz} - \frac{1}{\beta^2}\left(\varphi_{rr} + \frac{1}{r}\,\varphi_r + \frac{1}{r^2}\,\varphi_{\omega\omega}\right) = 0. \qquad (36.5)$$

Damit die Linearisierung der Potentialgleichung physikalisch sinnvoll bleibt, muß der Anstellwinkel γ (= Winkel zwischen Grundströmung und Drehkörperachse) als hinreichend klein vorausgesetzt werden.

$\varphi(z, r, \omega)$ soll das Gesamtpotential der Strömung sein. Wir zerlegen es durch

$$\varphi = \overline{\varphi} + \varphi'(z, r) + \varphi''(z, r, \omega) \quad \text{mit} \quad \overline{\varphi} = \overline{u}\cdot(z + \gamma\,y) = \overline{u}\cdot(z + \gamma\,r\cos\omega)$$

in das Potential $\overline{\varphi}$ der Grundströmung (= Parallelströmung mit Anstellwinkel γ), in das durch Gl. (36.2) gegebene Zusatzpotential φ' für die achsensymmetrische Strömung um den Drehkörper und ein jetzt noch zu ermittelndes, durch die Schiefstellung des Drehkörpers hervorgerufenes zweites Zusatzpotential φ''. Da φ' bereits die Randbedingung (36.3) der tangentialen Strömung an der Körperoberfläche $r = r(z)$ erfüllt, muß φ'' die vom Queranteil $\gamma\,\overline{u}\,r\cos\omega$ der Grundströmung bewirkte Störung an der Körperoberfläche gerade wieder aufheben, φ'' muß also für $r = r(z)$ der Randbedingung

$$\varphi_r'' = -\gamma\,\overline{u}\cos\omega \qquad (36.6)$$

genügen.

Die gesuchte Funktion $\varphi''(z, r, \omega)$ läßt sich durch den Dipolansatz

$$\varphi'' = \chi_r(r, z)\cos\omega \qquad (36.7)$$

folgendermaßen ermitteln: Durch Einsetzen der Funktion (36.7) in die Differentialgleichung (36.5) kommt nach Abspaltung des Faktors $\cos\omega$

$$0 = \chi_{rzz} - \frac{1}{\beta^2}\left(\chi_{rrr} + \frac{1}{r}\chi_{rr} - \frac{1}{r^2}\chi_r\right) = \frac{\partial}{\partial r}\left[\chi_{zz} - \frac{1}{\beta^2}\left(\chi_{rr} + \frac{1}{r}\chi_r\right)\right].$$

Wenn man dann für $\chi(r, z)$ eine Lösung (36.2)

$$\chi(r, z) = \int_0^{z-\beta r} \frac{M(\zeta)\,d\zeta}{\sqrt{(z - \zeta)^2 - \beta^2\,r^2}} \quad \text{für} \quad z > \beta r, \quad \chi(r, z) = 0 \quad \text{für} \quad z < \beta r$$

der Differentialgleichung (36.1) nimmt, verschwindet die eckige Klammer, die Funktion φ'' erfüllt also die in Frage stehende Differentialgleichung (36.5). Ähnlich wie in Ziff. 1 muß schließlich die Belegungs-

---

[1] Tsien, S. S.: J. Aeron. Sci. **5**, 480—483 (1938). — C. Ferrari: Aerotecnica **17**, 507—518 (1937).

funktion $M(\zeta)$ noch geeignet gewählt werden. Die Randbedingung (36.6) liefert für $M(\zeta)$ die Integralgleichung

$$\bar{u}\,\gamma = -\chi_{rr},$$

für die man wieder eine Näherungslösung aus einem System linearer algebraischer Gleichungen erhält.

In § 45, Ziff. 4, werden wir auf die hier erörterten linienhaften Quellen- und Dipolverteilungen im Rahmen der Distributionstheorie nochmals zurückkommen. Analoge flächenhafte Verteilungen werden wir in § 45, Ziff. 1 bis 3, kennenlernen.

Durch Hinzunahme höherer Multipole zu den Dipolen und Quellen hat D. SUSCHOWK neuerdings auch verbeulte Drehkörper behandelt[1].

§ 37. Wellengleichung im R_m; Darbouxsche Gleichung

1. Anfangswertproblem und Ausstrahlungslösungen

Die Ergebnisse der §§ 34, 35 über das Anfangswertproblem und die Ausstrahlungslösungen der Wellengleichung im R_3 bzw. R_2 lassen sich auf beliebige ungerade bzw. gerade Dimensionszahlen $m = 3 + 2\nu$ bzw. $m = 2 + 2\nu$ mit $\nu = 0, 1, 2, \ldots$ verallgemeinern. Wir verweisen hierzu auf das in dieser Sammlung erschienene Werk von COURANT-HILBERT[2] und beschränken uns darauf, die Resultate kurz zusammenzustellen. Zur Vereinfachung der Formeln normieren wir die Geschwindigkeiten mit $a = 1$ in Gl. (34.1). Außerdem fassen wir wie in § 33 die Koordinaten $x_1, \ldots, x_m$ im Symbol x zusammen.

Das Anfangswertproblem $f(x, 0) = \bar{f}(x)$, $f_t(x, 0) = \bar{q}(x)$ der homogenen Wellengleichung wird gelöst durch

$$\begin{aligned}
f(x, t) &= \frac{1}{(m-2)!} \frac{\partial^{m-1}}{\partial t^{m-1}} \int_0^t (t^2 - r^2)^{\frac{m-3}{2}} r\,\bar{f}_m(x, r)\,dr \\
&+ \frac{1}{(m-2)!} \frac{\partial^{m-2}}{\partial t^{m-2}} \int_0^t (t^2 - r^2)^{\frac{m-3}{2}} r\,\bar{q}_m(x, r)\,dr
\end{aligned} \tag{37.1}$$

mit den Mittelwerten der Anfangsdaten

$$\begin{aligned}
\bar{f}_m(x, r) &= \frac{1}{\omega_m} \int \cdots \int_{\Omega_m} \bar{f}(x + \alpha r)\,d\omega_m, \\
\bar{q}_m(x, r) &= \frac{1}{\omega_m} \int \cdots \int_{\Omega_m} \bar{q}(x + \alpha r)\,d\omega_m.
\end{aligned} \tag{37.2}$$

---

[1] Vgl. R. SAUER: ZAMP (ACKERET-Heft), 1958.

[2] COURANT, R., u. D. HILBERT: Methoden der mathematischen Physik, **2** 385—410. (Grundlehren d. math. Wissenschaften Bd. 48) Berlin: Springer. 1937.

Dabei ist $r = \sqrt{(x_1 - \xi_1)^2 + \cdots + (x_{,n} - \xi_m)^2}$, ferner $\alpha = (\alpha_1, \ldots, \alpha_m)$ Einheitsvektor im R_m, also $\alpha_1^2 + \cdots + \alpha_m^2 = 1$. Die Integrale (37.2) werden erstreckt über die Oberfläche Ω_m der Einheitskugel im R_m um den Aufpunkt x; $d\omega_m$ ist das Flächenelement dieser Kugelfläche und

$$\omega_m = \frac{2\pi^{\frac{m}{2}}}{\Gamma\left(\frac{m}{2}\right)}$$

ihr Flächeninhalt. Man sieht leicht, daß sich Gl. (37.1) mit $m = 3$ auf Gl. (34.11) und mit $m = 2$ auf Gl. (35.5) spezialisiert.

Für das Anfangswertproblem $f(x, 0) = f_t(x, 0) = 0$ der inhomogenen Wellengleichung liefert die Methode der Variation der Konstanten

$$f(x, t) = \frac{1}{(m-2)!} \int_0^t d\tau \frac{\partial^{m-2}}{\partial t^{m-2}} \int_0^{t-\tau} [(t-\tau)^2 - r^2]^{\frac{m-3}{2}} r h_m(x, r, \tau) dr \quad (37.3)$$

mit

$$h_m(x, r, \tau) = \frac{1}{\omega_m} \int \cdots \int_{\Omega_m} h(x + \alpha r, \tau) d\omega_m. \quad (37.4)$$

Als Ausstrahlungslösungen mit der Ausstrahlungsbedingung

$$\lim_{\varepsilon \to 0} \int \cdots \int_{O_m} \frac{\partial f}{\partial r} d o_m = Q(t) \quad (37.5)$$

$(O_m = $ Oberfläche der Kugel um den Nullpunkt mit Radius $r = \varepsilon)$ ergibt sich

$$f(x, t) = - \frac{1}{\omega_m(m-2)!} \frac{1}{r^{m-2}} \frac{\partial^{m-2}}{\partial t^{m-2}} \int_0^{t-r} Q(\tau)[(t-\tau)^2 - r^2]^{\frac{m-3}{2}} d\tau \quad (37.6)$$

mit $r = \sqrt{x_1^2 + \cdots + x_m^2}$.

Ebenso wie vom R_3 zum R_2 kann man allgemein von den Lösungen $f(x, t)$ für einen Raum R_m mit ungerader Dimensionszahl $m = 3 + 2\nu$ auf einen Raum R_{m-1} mit gerader Dimensionszahl $m - 1 = 2 + 2\nu$ absteigen.

2. Umformungen und Huygensches Prinzip

Die Darstellungsformeln (37.1) und (37.6) lassen sich folgendermaßen umformen:

Das zweite Glied in Gl. (37.1) kann bei ungerader Dimensionszahl $m = 3 + 2\nu$ in

$$f(x, t) = t \Pi_\nu[t U(x, t)] \quad \text{mit} \quad U(x, t) = \frac{1}{\omega_m} \int \cdots \int_{\Omega_m} \bar{q}(x + \alpha t, \tau) d\omega_m \quad (37.7)$$

und bei gerader Dimensionszahl $m = 2 + 2\nu$ in

$$f(x, t) = \Pi_\nu^* \left[t \, V(x, t) \right] \quad \text{mit} \quad V(x, t) = \int\limits_0^t \frac{r \, U(x, r)}{\sqrt{t^2 - r^2}} \, dr \qquad (37.8)$$

übergeführt werden. Dieselbe Umformung läßt sich natürlich auch beim ersten Glied vornehmen. In den Gln. (37.7) und (37.8) bedeuten Π_ν und Π_ν^* formale Polynome mit Potenzen von tU bzw. tV vom Grade ν, wobei die Potenzen von U bzw. V durch die entsprechenden Ableitungen nach t ersetzt werden sollen.

Die Ausstrahlungslösung (37.6) kann bei ungerader Dimensionszahl $m = 3 + 2\nu$ in

$$f(x, t) = \frac{(-1)^{\nu+1}}{4\pi^{\nu+1}} \left(\frac{d}{d(r^2)} \right)^\nu \left[\frac{Q(t-r)}{r} \right] \qquad (37.9)$$

und bei gerader Dimensionszahl $m = 2 + 2\nu$ in

$$f(x, t) = \frac{(-1)^{\nu+1}}{2\pi^{\nu+1}} \left(\frac{d}{d(r^2)} \right)^\nu \int\limits_r^t \frac{Q(t-r)}{\sqrt{\tau^2 - r^2}} \, d\tau \qquad (37.10)$$

umgeformt werden.

Wie die Gln. (37.7) bis (37.10) zeigen, ist das Huygenssche Prinzip in allen R_m mit ungerader Dimensionszahl erfüllt, dagegen nicht erfüllt in den Räumen mit gerader Dimensionszahl. Für $m = 3$ und $m = 2$ hatten wir diesen Sachverhalt schon in § 34, Ziff. 6, und § 35, Ziff. 3, kennengelernt. Die dortigen Aussagen lassen sich wörtlich auf die Dimensionszahlen $3 + 2\nu$ bzw. $2 + 2\nu$ übertragen, wobei an Stelle der Kugeln des R_3 bzw. der Kreise des R_2 die Kugeln

$$(x_1 - \xi_1)^2 + \cdots + (x_m - \xi_m)^2 \leqq a^2 \, t^2$$

des R_m treten.

3. Darbouxsche Gleichung der Mittelwerte

Die in den Gln. (34.12) und (37.2) eingeführten Mittelwerte

$$f_m(x, r) = \frac{1}{\omega_m} \int \cdots \int\limits_{\Omega_m} f(x + \alpha r) \, d\omega_m \qquad (37.11)$$

einer Ortsfunktion $f(x)$ im R_m, gebildet über die Oberfläche der Kugel vom Radius r um den Punkt x als Mittelpunkt, sind Funktionen von $x_1, \ldots, x_m$ und r. Wenn $f(x)$ stetige zweite Ableitungen besitzt, genügt der Mittelwert $f_m(x, r)$ der sog. Darbouxschen Differentialgleichung

$$\frac{\partial^2 f_m}{\partial r^2} + \frac{m-1}{r} \frac{\partial f_m}{\partial r} - \Delta f_m = 0, \qquad \Delta = \frac{\partial^2}{\partial x_1^2} + \cdots + \frac{\partial^2}{\partial x_m^2} \qquad (37.12)$$

und erfüllt für $r = 0$ die Anfangsbedingungen

$$f_m(x, 0) = f(x), \qquad \frac{\partial f_m}{\partial r}(x, 0) = 0. \tag{37.13}$$

Zur Herleitung der Gln. (37.12) und (37.13) bilden wir

$$\frac{\partial}{\partial r} f_m(x, r) = \frac{1}{\omega_m} \int \cdots \int_{\Omega_m} \left(\alpha_1 \frac{\partial f}{\partial x_1} + \cdots + \alpha_m \frac{\partial f}{\partial x_m} \right) d\omega_m$$

$$= -\frac{1}{\omega_m\, r^{m-1}} \int \cdots \int_{O_m} \mathfrak{n}\, \mathrm{grad} f\, d o_m;$$

hierbei ist O_m die Oberfläche der Kugel um x mit dem Radius r und $\mathfrak{n} = (-\alpha_1, \ldots, -\alpha_m)$ die nach innen gerichtete Normale. Nach dem auf den R_m verallgemeinerten Satz von GAUSS kommt dann

$$\frac{\partial}{\partial r} f_m(x, r) = \frac{1}{\omega_m\, r^{m-1}} \int \cdots \int_{K_m} \Delta f\, d\tau; \tag{37.14}$$

K_m ist die von O_m begrenzte Kugel, $d\tau$ das Volumenelement im R_m. Für $r \to 0$ geht offenbar $f_m(x, r) \to f(x)$ und $\partial/\partial r\, f_m(x, r) \to 0$, womit Gl. (37.13) bewiesen ist. Durch nochmaliges Differenzieren folgt

$$\frac{\partial^2}{\partial r^2} f_m(x, r) = -\frac{m-1}{\omega_m\, r^m} \int \cdots \int_{K_m} \Delta f\, d\tau + \frac{1}{\omega_m\, r^{m-1}} \int \cdots \int_{O_m} \Delta f\, d o_m,$$

woraus man mit Rücksicht auf

$$\int \cdots \int_{O_m} \Delta f\, d o_m = r^{m-1} \int \cdots \int_{\Omega_m} \Delta f\, d\omega_m = r^{m-1} \Delta \left\{ \int \cdots \int_{\Omega_m} f\, d\omega_m \right\}$$

$$= \omega_m\, r^{m-1} \Delta f_m(x, r)$$

und wegen Gl. (37.14) die Differentialgleichung (37.12) erhält.

4. Elementare Lösungen der Darbouxschen Gleichung

Wir betrachten jetzt solche Lösungen der DARBOUXschen Gleichung, welche nur von einer der m Koordinaten x_k, etwa x_1, abhängen, also

$$f_m(x_1, \ldots x_m, r) = \varphi(x_1, r).$$

Diese Funktionen $\varphi(x_1, r)$ der beiden unabhängigen Veränderlichen x_1 und r genügen der speziellen DARBOUXschen Gleichung[1]

$$\varphi_{rr} + \frac{m-1}{r}\, \varphi_r - \varphi_{x_1 x_1} = 0, \tag{37.15}$$

---

[1] DARBOUX, G.: Théorie des surfaces, **2**, 65 (1915). — Vgl. außerdem A. WEINSTEIN: C. R. Acad. Sci. Paris, **234**, 2584—2585 (1952).

die in der Differentialgeometrie und Physik eine wichtige Rolle spielt. Wir transformieren sie mit

$$\lambda = r + x_1, \qquad \mu = r - x_1$$

auf die Normalform

$$\varphi_{\lambda\mu} + n \frac{\varphi_\lambda + \varphi_\mu}{\lambda + \mu} = 0 \quad \text{mit} \quad n = \frac{m-1}{2}, \tag{37.16}$$

die uns schon in § 29 als Potentialgleichung (29.5) begegnet ist. In Gl. (29.5) war n eine beliebige reelle Zahl, in Gl. (37.16) ist n spezieller, nämlich $n = 0, \frac{1}{2}, 1, \frac{3}{2}, \ldots$.

Bei ganzzahligen n, also ungerader Dimensionszahl $m = 1, 3, 5, \ldots$, lassen sich Lösungen der Darbouxschen Gl. (37.16) mit zwei hinreichend oft stetig differenzierbaren, sonst aber willkürlichen Funktionen $L(\lambda)$, $M(\mu)$ angeben, nämlich

$$\varphi = L(\lambda) + M(\mu) \qquad \text{für} \quad n = 0,$$
$$\varphi = \frac{\partial^{2n-2}}{\partial \lambda^{n-1} \partial \mu^{n-1}} \left\{ \frac{L(\lambda) + M(\mu)}{\lambda + \mu} \right\} \quad \text{für} \quad n = 1, 2, \ldots. \tag{37.17}$$

Der Beweis ergibt sich leicht durch den Schluß von n auf $n + 1$: Für $n = 1$ befriedigt

$$\varphi = \frac{L(\lambda) + M(\mu)}{\lambda + \mu}$$

die Darbouxsche Gleichung $(\lambda + \mu)\varphi_{\lambda\mu} + 1 \cdot (\varphi_\lambda + \varphi_\mu) = 0$. Ist nun aber $\varphi(\lambda, \mu)$ irgendeine hinreichend oft stetig differenzierbare Lösung der Darbouxschen Gleichung mit $n > 0$, also

$$(\lambda + \mu)\varphi_{\lambda\mu} + n(\varphi_\lambda + \varphi_\mu) = 0,$$

dann kommt durch Differentiation nach λ und μ

$$(\lambda + \mu)\varphi_{\lambda\lambda\mu\mu} + \varphi_{\lambda\lambda\mu} + \varphi_{\lambda\mu\mu} + n(\varphi_{\lambda\lambda\mu} + \varphi_{\lambda\mu\mu}) = 0$$

oder

$$(\lambda + \mu)(\varphi_{\lambda\mu})_{\lambda\mu} + (n+1)[(\varphi_{\lambda\mu})_\lambda + (\varphi_{\lambda\mu})_\mu] = 0,$$

d. h. $\varphi_{\lambda\mu}$ ist Lösung der Darbouxschen Gleichung mit $n + 1$, was zu beweisen war. Offenbar gilt dieser Schluß von n auf $n + 1$ nicht nur für ganze Zahlen n.

Die Lösungen (37.17) werden vielfach zur expliziten Darstellung nichtstationärer[1] und stationärer[2] Gasströmungen (vgl. § 29) verwendet, sofern es gelingt, die zunächst willkürlichen Funktionen $L(\lambda)$ und

---

[1] Hadamard, J.: Leçons sur la propagation des ondes, S. 163—169 (1903). — Love u. Pidduck: Phil. Trans. Roy. Soc. Lond. (A) **222**, 167—226 (1922). — R. Sauer: Z. angew. Math. Mech. **31**, 339—343 (1951).

[2] Christianovich, S. A.: Prikl. Mat. Mek. Moskau **11**, 215—222 (1947). — S. V. Falkovich: Prikl. Mat. Mek. Moskau **11**, 459—464 (1947).

$M(\mu)$ durch die Anfangs- und Randbedingungen des Problems festzulegen. Als besonders nützlich erweist sich hierbei auch die Lösung der Differentialgleichung (37.16) mit $n = -1$, nämlich

$$\varphi = L(\lambda) + M(\mu) - \frac{\lambda + \mu}{2} [L'(\lambda) + M'(\mu)].$$

§ 38. Reduktion dreidimensionaler Probleme auf zwei- und eindimensionale Probleme durch Symmetrieannahmen

1. Symmetrieannahmen und Trennung der Veränderlichen

Die Anzahl der unabhängigen Veränderlichen verringert sich, wenn man den Lösungen Symmetriebedingungen auferlegt. Auf diese Weise kamen wir bei der HADAMARDschen Absteigmethode (§ 35) von den Lösungen der Wellengleichung im R_3 mit den vier unabhängigen Veränderlichen x, y, z, t zu den Lösungen der Wellengleichung im R_2 mit den drei unabhängigen Veränderlichen x, y, t, indem wir als Symmetriebedingung die Unabhängigkeit der Lösungen von z verlangten. Statt wie bei der Absteigmethode aus bekannten Lösungen mit n unabhängigen Veränderlichen solche mit $n - 1$ Veränderlichen herzuleiten, wollen wir jetzt dreidimensionale Probleme durch Symmetrieforderungen und durch Trennung der Veränderlichen auf zwei- und eindimensionale reduzieren und diese Probleme dann mit den im Kapitel III dargelegten Methoden behandeln.

Solche Reduktionen auf niedrigere Dimensionszahl sind uns schon bei den drehsymmetrischen Strömungen (§ 22, Ziff. 3, und § 36, Ziff. 1) sowie bei den zylindersymmetrischen und kugelsymmetrischen Wellen (§ 23, Ziff. 3) und schließlich auch bei den linearisierten „nahezu" drehsymmetrischen Strömungen um schief angeblasene Drehkörper (§ 36, Ziff. 3) begegnet.

Im folgenden behandeln wir einige weitere Beispiele, nämlich Nachbarlösungen drehsymmetrischer nichtlinearisierter Strömungen sowie kegelsymmetrische Strömungen.

2. Nachbarlösungen drehsymmetrischer Überschallströmungen

In § 6, Ziff. 2, hatten wir die Potentialgleichung (6.7) für die stationäre dreidimensionale isentropische Gasströmung angegeben. Bei nichtisentropischen Strömungen, wie sie insbesondere hinter gekrümmten Unstetigkeitsfronten (Verdichtungsstößen) auftreten, existiert kein Geschwindigkeitspotential. Es treten dann an Stelle der Potentialgleichung (6.7) die vier quasilinearen Differentialgleichungen erster Ordnung

$$v(u_y - v_x) + w(u_z - w_x) - \frac{a^2}{\varkappa(\varkappa - 1)}\, s_x = 0,$$

$$w(v_z - w_y) + u\,(v_x - u_y) - \frac{a^2}{\varkappa(\varkappa - 1)}\, s_y = 0,$$

$$u(w_x - u_z) + v(w_y - v_z) - \frac{a^2}{\varkappa(\varkappa - 1)}\, s_z = 0, \qquad (38.1)$$

$$u_x(a^2 - u^2) + v_y(a^2 - v^2) + w_z(a^2 - w^2) -$$

$$- v\,w(v_z + w_y) - w\,u(w_x + u_z) - u\,v(u_y + v_x) = 0$$

für die vier Funktionen u, v, w (Geschwindigkeitskomponenten) und s (dimensionslose Entropie) der drei unabhängigen Veränderlichen x, y, z. Dabei ist, wie in § 22, Ziff. 4, angenommen, daß die Staupunkttemperatur für alle Stromlinien dieselbe ist und daß es sich um ein ideales Gas handelt, daß also nach § 6

$$a^2 = a_0^2 - \frac{\varkappa - 1}{2}\,(u^2 + v^2 + w^2)$$

gilt.

Führt man an Stelle von x, y, z Zylinderkoordinaten x, r, ω (Abb. 13) ein und bezeichnet die Geschwindigkeitskomponenten wieder mit u, v, w, so sind bei einer drehsymmetrischen Strömung (x-Achse = Drehachse) die gesuchten Funktionen u, v, w, s nur von den zwei Koordinaten x, r, nicht aber von ω abhängig.

Bei Strömungen, die sich von einer vorgegebenen drehsymmetrischen Überschallströmung $u_0(x, r)$, $v_0(x, r)$, $w_0 \equiv 0$, $s_0(x, r)$ nur wenig unterscheiden, linearisieren wir das Problem, indem wir die Abweichungen von der drehsymmetrischen Strömung nur linear berücksichtigen. Wir setzen

$$u(x, r, \omega) = u_0(x, r) + \varepsilon\, u_1(x, r)\cos\omega,$$

$$v(x, r, \omega) = v_0(x, r) + \varepsilon\, v_1(x, r)\cos\omega,$$

$$w(x, r, \omega) = \qquad\qquad \varepsilon\, w_1(x, r)\sin\omega, \qquad (38.2)$$

$$s(x, r, \omega) = s_0(x, r) + \varepsilon\, s_1(x, r)\cos\omega,$$

wobei ε ein die Abweichung von der drehsymmetrischen Strömung kennzeichnender kleiner konstanter positiver Faktor ist. In diesem Ansatz ist die Veränderliche ω separiert, so daß nur noch die Funktionen u_1, v_1, w_1, s_1 der beiden unabhängigen Veränderlichen x, r zu bestimmen sind. Er rechtfertigt sich dadurch, daß nach Einsetzen der Gln. (38.2) in die Gln. (38.1) (bei der vorausgesetzten Beschränkung auf die in ε linearen Glieder) und Herausheben eines von ω abhängigen Faktors vier Differentialgleichungen für u_1, v_1, w_1 und s_1 entstehen. Diese sind linear und ihre Charakteristiken in der x, r-Ebene sind identisch mit den MACH-Linien der vorgegebenen drehsymmetrischen Grundströmung.

Der Ansatz (38.2) ist bei solchen Problemen brauchbar, bei denen sich mit ihm die Anfangs- und Randbedingungen, wieder natürlich unter Vernachlässigung zweiter und höherer Potenzen von ε, erfüllen lassen[1].

3. Dreh- und kegelsymmetrische Überschallströmungen und Nachbarlösungen

Bei kegelsymmetrischen Überschallströmungen, bei denen Strömungsgeschwindigkeit und Entropie auf jeder Halbgeraden durch den Nullpunkt konstant sind, führt man zweckmäßig Polarkoordinaten r, ω, δ ein (Abb. 55). Die Funktionen u, v, w, s hängen dann wieder nur von zwei Veränderlichen, nämlich ω und δ, ab.

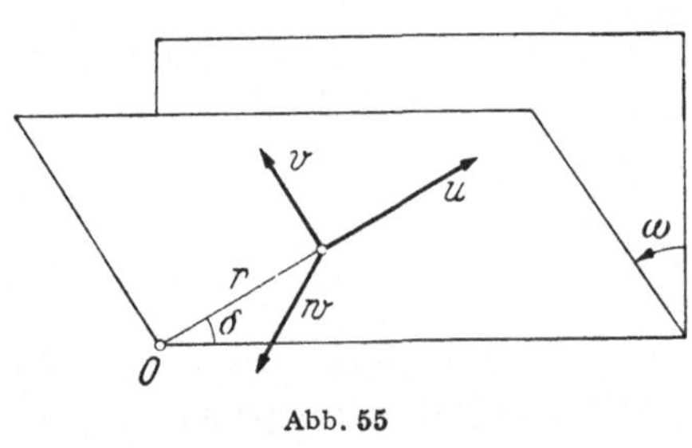

Abb. 55

Die sich aus den Gln. (38.1) ergebenden Differentialgleichungen sind aber nur in dem Bereich hyperbolisch, in dem die zu den Geraden durch O senkrechte Geschwindigkeitskomponente $\sqrt{v^2 + w^2}$ größer ist als die lokale Schallgeschwindigkeit a. Hier geht also bei der Reduktion von drei unabhängigen Veränderlichen auf zwei das ursprünglich hyperbolische Problem in einem Teil des Strömungsfeldes in ein elliptisches Problem über. Wir werden auf diesen Sachverhalt in Ziff. 4 zurückkommen.

Die Lösungen, die sowohl kegelsymmetrisch als auch drehsymmetrisch sind, hängen nur noch von der einen Veränderlichen δ ab. Die partiellen Differentialgleichungen (38.1) reduzieren sich dann auf gewöhnliche[2], und die Entropie ist im ganzen Strömungsfeld konstant $(s = s_0)$.

Bei kegelsymmetrischen Strömungen, die sich von einer drehsymmetrischen nur wenig unterscheiden, setzt man ähnlich wie in den Gln. (38.2)

$$
\begin{aligned}
u(\delta, \omega) &= u_0(\delta) + \varepsilon\, u_1(\delta) \cos\omega, \\
v(\delta, \omega) &= v_0(\delta) + \varepsilon\, v_1(\delta) \cos\omega, \\
w(\delta, \omega) &= \qquad\quad \varepsilon\, w_1(\delta) \sin\omega, \\
s(\delta, \omega) &= s_0 \quad + \varepsilon\, s_1 \cdot \cos\omega \quad \text{mit}
\end{aligned}
\qquad
\begin{aligned}
s_0 &= \text{const}, \\
s_1 &= \text{const}.
\end{aligned}
\qquad (38.3)
$$

[1] Vgl. hierzu R. SAUER: Einführung in die theoretische Gasdynamik, 2. Aufl., § 23. Berlin/Göttingen/Heidelberg: Springer 1951. — K. SAMELSON: Z. angew. Math. Mech. **35**, 170—175 (1955).

[2] BUSEMANN, A.: Z. angew. Math. Mech. **9**, 496—498 (1929). — G. I. TAYLOR u. I. C. MACCOLL: Proc. Roy. Soc., Lond. (A) **139**, 278—311 (1933).

Nach Einsetzen in die Gln. (38.1) ergeben sich für die zugleich dreh- und kegelsymmetrische Grundströmung $u_0(\delta)$, $v_0(\delta)$ die eben genannten gewöhnlichen, nichtlinearen Differentialgleichungen und für die zu überlagernde Zusatzströmung $u_1(\delta)$, $v_1(\delta)$, $w_1(\delta)$ gewöhnliche lineare Differentialgleichungen.

4. Kegelsymmetrische linearisierte Überschallströmung

Die in Ziff. 3 bereits erwähnte Reduktion von drei unabhängigen Veränderlichen auf zwei durch Kegelsymmetrie soll jetzt für die linearisierte Überschallströmung, also für die Potentialgleichung (36.1)

$$\operatorname{ctg}^2\alpha\,\varphi_{zz} - \varphi_{xx} - \varphi_{yy} = 0$$

(α = MACH-Winkel der zur z-Achse parallelen Grundströmung) näher erörtert werden[1]. Strömungen dieser Art treten bei vielen praktischen Aufgaben auf, z. B. bei Drehkegeln und bei Dreiecksflügeln mit kleinem Anstellwinkel.

Wir legen das Symmetriezentrum (Abb. 56) in den Punkt A ($x = y = 0$, $z = -1$) und führen die „Kegelkoordinaten" ein

$$\xi = \frac{x}{z+1},$$
$$\eta = \frac{y}{z+1}, \qquad (38.4)$$

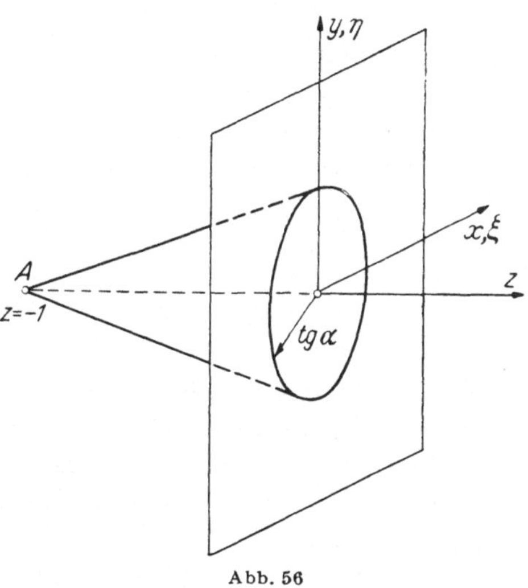

Abb. 56

die längs jeder Geraden durch A konstant sind. Infolge der Kegelsymmetrie setzen wir für das Geschwindigkeitspotential der sich der Grundströmung überlagernden Zusatzströmung

$$\varphi(x, y, z) = (z + 1)\,f(\xi, \eta).$$

Die Geschwindigkeitskomponenten

$$u = \varphi_x = f_\xi, \qquad v = \varphi_y = f_\eta, \qquad w = \varphi_z = f - \xi f_\xi - \eta f_\eta \qquad (38.5)$$

hängen dann nur von ξ, η ab, sind also auf den Halbgeraden durch A konstant. Durch Einsetzen der zweiten Ableitungen

$$\varphi_{xx} = \frac{1}{z+1}f_{\xi\xi}, \qquad \varphi_{yy} = \frac{1}{z+1}f_{\eta\eta},$$
$$\varphi_{zz} = \frac{1}{z+1}(\xi^2 f_{\xi\xi} + 2\xi\eta f_{\xi\eta} + \eta^2 f_{\eta\eta})$$

---

[1] BUSEMANN, A.: Dtsch. Akad. Luftf.-Forsch. **7 B**, 105—120 (1943).

in die lineare Potentialgleichung (36.1) ergibt sich die wiederum lineare Differentialgleichung

$$(\text{tg}^2\alpha - \xi^2)\, f_{\xi\xi} - 2\xi\eta\, f_{\xi\eta} + (\text{tg}^2\alpha - \eta^2)\, f_{\eta\eta} = 0 \qquad (38.6)$$

mit den beiden unabhängigen Veränderlichen ξ, η.

Gl. (38.6) ist elliptisch für $\xi^2 + \eta^2 < \text{tg}^2\alpha$, d. h. im Innern des von A stromabwärts gehenden MACH-Kegels bzw. des von ihm in der x, y-Ebene ausgeschnittenen MACH-Kreises, und hyperbolisch im Außenbereich $\xi^2 + \eta^2 > \text{tg}^2\alpha$ dieses Kreises. Daß sich im Innern des MACH-Kegels ein elliptisches Problem ergibt, wird durch folgende Überlegung verständlich: Wegen der geforderten Kegelsymmetrie muß eine in einem Innenpunkt P des MACH-Kegels angenommene Störung sogleich auf dem ganzen Strahl $A\,P$ wirken und breitet sich daher in dem ganzen Innenbereich des MACH-Kegels aus. Der Einflußbereich für eine Störung in einem Innenpunkt P ist also stets die ganze Fläche des MACH-Kreises, d. h. es existieren keine reellen Charakteristiken.

Die Richtungsbedingung der Differentialgleichung (38.6),

$$(\text{tg}^2\alpha - \xi^2)\, d\eta^2 + 2\xi\eta\, d\xi\, d\eta + (\text{tg}^2\alpha - \eta^2)\, d\xi^2 = 0$$

oder

$$\eta = \xi\frac{d\eta}{d\xi} \pm \text{tg}\alpha\sqrt{1 + \left(\frac{d\eta}{d\xi}\right)^2}\,,$$

ist eine CLAIRAUTsche Gleichung und liefert die Tangenten des MACH-Kreises $\xi^2 + \eta^2 = \text{tg}^2\alpha$ als Charakteristiken. Somit haben wir hier ein neues Beispiel der in § 20 untersuchten Differentialgleichungen mit geradlinigen Charakteristiken und können die dortigen Ergebnisse sofort übertragen:

Der LEGENDRE-Transformation (19.8) von x, y, f in u, v, φ entspricht hier die Transformation (38.5) von ξ, η, f in u, v, $-w$. Die den Gln. (20.3), (20.4) und (20.5) entsprechenden Gleichungen

$$\xi\cos\lambda + \eta\sin\lambda = \text{tg}\alpha, \qquad \xi\cos\mu + \eta\sin\mu = \text{tg}\alpha,$$

$$u = \int [L(\lambda)\cos\lambda\, d\lambda + M(\mu)\cos\mu\, d\mu],$$

$$v = \int [L(\lambda)\sin\lambda\, d\lambda + M(\mu)\sin\mu\, d\mu],$$

$$w = -\text{tg}\alpha\int [L(\lambda)\, d\lambda + M(\mu)\, d\mu]$$

liefern die Strömung außerhalb des MACH-Kegels. Für das Innere des MACH-Kegels ergeben sich durch die Substitution (20.9) die Gleichungen

$$(\xi - i\eta) + (\xi + i\eta)\frac{1}{\tau} = 2\text{tg}\alpha \quad \text{oder} \quad \xi + i\eta = 2\text{tg}\alpha\frac{\tau}{1 + \tau\hat{\tau}}\,,$$

$$u + iv = \int\left(\tau\, d\mathsf{T} + \frac{1}{\hat{\tau}}\, d\hat{\mathsf{T}}\right), \quad w = -\text{tg}\alpha(\mathsf{T} + \hat{\mathsf{T}}).$$

Wie in § 20 sind $L(\lambda)$, $M(\mu)$ und die analytische Funktion $\mathsf{T}(\tau)$ zunächst willkürlich und müssen durch die Anfangs- und Randbedingungen festgelegt werden.

§ 39. Hadamardsche Integrationstheorie

1. Grundgedanke

Bei mehr als zwei unabhängigen Veränderlichen haben wir bisher die Lösung des Anfangswertproblems nur im Spezialfall der Wellengleichung (§§ 34, 35, 37) behandelt. Wir wenden uns jetzt zum Anfangswertproblem der allgemeinen linearen Differentialgleichung zweiter Ordnung

$$L[f] = \sum_{i,k=1}^{n} a_{ik} f_{ik} + 2 \sum_{i=1}^{n} b_i f_i + c f = h(x) \qquad (39.1)$$

mit den wieder im Symbol x zusammengefaßten n unabhängigen Veränderlichen $x_1, \ldots, x_n$. Die Koeffizienten a_{ik}, b_i, c und h sind Funktionen von x und sollen in dem in Frage stehenden Bereich des R_n die Bedingungen des hyperbolischen Typus (§ 33, Ziff. 3) sowie die jeweils erforderlichen Stetigkeits- und Differenzierbarkeitsbedingungen erfüllen. HADAMARD hat zur Lösung des Anfangswertproblems der Differentialgleichung (39.1) eine allgemeine Integrationstheorie entwickelt[1]. Wir wollen diese Theorie im folgenden auseinandersetzen und geben zunächst einen Überblick über die Grundgedanken:

Auf einer raumartigen Ausgangsfläche $\varkappa$ (vgl. § 30, Ziff. 5) sind die Anfangsdaten f und $f_i = \partial f / \partial x_i$ gegeben. Ebenso wie beim RIEMANNschen Integrationsverfahren für Differentialgleichungen mit $n = 2$ unabhängigen Veränderlichen (§ 28) wird die GREENsche Integralformel angewandt (Abb. 57). Im Falle $n = 2$ hatten wir in einer gewisssen Umgebung der von keiner Charakteristik berührten Ausgangskurve k einen Punkt P betrachtet und vorausgesetzt, daß das von P ausgehende Charakteristikenpaar aus der Ausgangskurve k einen Bogen AB ausschneidet. Die GREENsche Integralformel, in dem Bereich ABP auf die gesuchte Lösung f und die RIEMANNsche Funktion R angewandt,

---

[1] HADAMARD, J.: Le problème de Cauchy. Paris 1932. — Zur Verallgemeinerung der HADAMARDschen Theorie auf lineare Differentialgleichungen höherer als zweiter Ordnung vgl. F. BUREAU: Acad. Roy. Belgique Bull. Cl. Sci. **5**, 33, 587—610, 684—711, 827—853 (1947) — C. R. Acad. Sci., Paris **225**, 852—854; **226**, 150—152 (1948). — J. ELIANU: C. R. Acad. Sci., Paris **228**, 1095—1096, 1186—1188 (1949). — Zum Anfangswertproblem quasilinearer hyperbolischer Differentialgleichungen mit n unabhängigen Veränderlichen vgl. auch J. SCHAUDER: Fund. Math. **24**, 213—246 (1935). — Über das Anfangswertproblem für Systeme von Differentialgleichungen vgl. z. B. I. PETROWSKY: Rec. Math. **2**,44, 815—868 (1937).

lieferte dann eine explizite Darstellung des Funktionswertes $f(P)$ durch die Anfangsdaten f, f_x, f_y auf dem Bogen $A B$ der Ausgangskurve k. Im Falle $n = 3$ betrachten wir in analoger Weise einen Punkt P in der Umgebung der raumartigen Ausgangsfläche $\varkappa$ und setzen voraus, daß das von P ausgehende charakteristische Konoid die Ausgangsfläche $\varkappa$ in einer doppelpunktfreien geschlossenen Kurve b schneidet, die einen

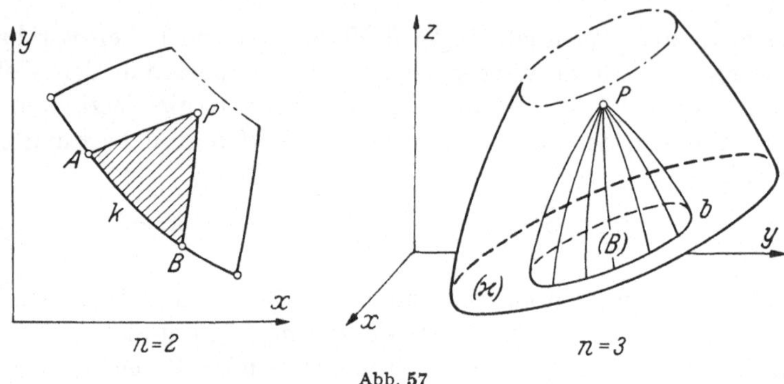

Abb. 57

Bereich (B) begrenzt. Die GREENsche Integralformel wird nun in dem vom charakteristischen Konoid und (B) eingeschlossenen Raumbereich auf f und eine gewisse „Grundlösung" G angewandt und liefert dann $f(P)$, dargestellt durch die Anfangsdaten f, f_i in dem Ausschnitt (B) der Ausgangsfläche $\varkappa$.

Soweit erscheint die HADAMARDsche Theorie als Verallgemeinerung des RIEMANNschen Integrationsverfahrens. Es kommen jedoch folgende neue Gesichtspunkte hinzu:

Die im Falle $n = 2$ benützte RIEMANNsche Funktion ist die Lösung eines von der Ausgangskurve k und den Anfangsdaten auf k unabhängigen charakteristischen Anfangswertproblems. Die im Falle $n = 3$ benützte Funktion ist nicht die Verallgemeinerung der RIEMANNschen Funktion, sondern eine „Grundlösung" G im Sinne von § 28, Ziff. 6, und ist singulär auf dem von P ausgehenden charakteristischen Konoid, so daß im allgemeinen die in der GREENschen Formel auftretenden Integrale divergieren. Man gelangt von der GREENschen Formel zu der gewünschten Darstellungsformel der Lösung $f(P)$ erst mit Hilfe eines besonderen Grenzprozesses, durch den gewisse „endliche Bestandteile" der divergierenden Integrale definiert werden.

Die hier für $n = 3$ formulierten Aussagen lassen sich sinngemäß auf beliebige Dimensionen $n > 3$ übertragen, wobei jedoch die Grundlösungen G bei geraden und ungeraden Dimensionszahlen wesentlich verschiedene Eigenschaften aufweisen.

In anderer Weise als Hadamard hat früher Volterra[1] das Riemannsche Integrationsverfahren auf $n > 2$ unabhängige Veränderliche verallgemeinert. An Stelle der Grundlösungen, die auf den charakteristischen Konoiden unendlich werden, benützt er Integrale der Grundlösungen. Dadurch wird zwar die Ordnung der Singularitäten erniedrigt, aber die Darstellungsformel ergibt sich erst durch einen nachfolgenden Differentiationsprozeß.

Auf die Untersuchungen von M. Riesz[2] gehen wir hier nicht ein, da wir auf die von ihm eingeführten uneigentlichen Funktionen in § 43, Ziff. 4, im Rahmen des Distributionskalküls zurückkommen werden.

2. Greensche Formel im R_n

Es soll nun nach den in Ziff. 1 skizzierten Grundgedanken die Hadamardsche Theorie entwickelt werden. Wir beginnen damit, die Greensche Formel im R_n zu erläutern:

Wie in § 28, Ziff. 2, werden die adjungierten Differentialausdrücke

$$\left.\begin{aligned}
L[u] &= \sum_{i,k=1}^{n} a_{ik} u_{ik} + 2 \sum_{i=1}^{n} b_i u_i + c\,u, \\[1ex]
M[v] &= \sum_{i,k=1}^{n} (a_{ik} v)_{ik} - 2 \sum_{i=1}^{n} (b_i v)_i + c\,v \\[1ex]
&= \sum_{i,k=1}^{n} a_{ik} v_{ik} + 2 \sum_{i=1}^{n} b_i' v_i + c'\,v
\end{aligned}\right\} \qquad (39.2)$$

definiert. Die Indizes an den Klammern bedeuten ebenso wie an den Funktionen u, v Ableitungen nach x_i, x_k. Wie im Fall $n = 2$ ergibt sich der Divergenzausdruck

$$v\,L[u] - u\,M[v] = \operatorname{div} \mathfrak{p} = \sum_{i=1}^{n} \frac{\partial P_i}{\partial x_i} \qquad (39.3)$$

mit

$$P_i = v \sum_{k=1}^{n} a_{ik} u_k - u \sum_{k=1}^{n} a_{ik} v_k + u\,v \left(2 b_i - \sum_{k=1}^{n} \frac{\partial a_{ik}}{\partial x_k} \right). \qquad (39.4)$$

---

[1] Volterra, V.: Acta math., Stockh. **18**, 161—232 (1894).

[2] Riesz, M.: L'intégrale de Riemann-Liouville et le problème de Cauchy. Acta math. Uppsala **81**, 1—223 (1949). — F. Bureau: Sur l'intégration des équations linéaires aux derivées partielles simplement hyperboliques, par la méthode des singularités. Acad. Roy. Belgique, Bull. Cl. Sci. V, Ser. **34**, 480—499 (1948). — H. Malmheden: A class of hyperbolic systems of linear differential equations. Lunds Univ. mat. Sem. 8 (1947). — L. Garding: The solution of Cauchys problem for two totally hyperbolic linear differential equations by means of Riesz integrals. Ann. Math., Princeton II Ser. **48**, 785—826 (1947).

Durch Anwendung des GAUSSschen Satzes im R_n

$$\int \cdots \int_K \operatorname{div} \mathfrak{p}\, dx_1 \ldots dx_n = - \int \cdots \int_O \sum_{i=1}^n P_i\, v_i\, do$$

[K = beschränkter Bereich im R_n, O = Hülle von K, do = Element von O, $\mathfrak{n} = (v_1, \ldots, v_n)$ = nach innen gerichtete Normale von O] folgt die GREENsche Integralformel

$$\int \cdots \int_K \{v\, L[u] - u\, M[v]\}\, dx_1 \ldots dx_n = - \int \cdots \int_O \sum_{i=1}^n P_i\, v_i\, do. \qquad (39.5)$$

Führt man nach Gl. (30.10) den zum Normalenvektor $\mathfrak{n}$ konjugierten Vektor $\mathfrak{t}$ mit der Länge

$$|\mathfrak{t}| = t = \sqrt{\sum_{i=1}^n \left\{ \sum_{k=1}^n a_{ik}\, v_k \right\}^2} \qquad (39.6)$$

sowie die Differentiation

$$\frac{\delta}{\delta t} = \frac{1}{t} \sum_{i,k=1}^n a_{ik}\, v_k\, \frac{\partial}{\partial x_i}$$

nach dem Längenelement in der konjugierten Richtung ein, so läßt sich Gl. (39.5) umformen in

$$\int \cdots \int_K \{v\, L[u] - u\, M[v]\}\, dx_1 \ldots dx_n$$
$$= \int \cdots \int_O \left\{ t \left(u\, \frac{\delta v}{\delta t} - v\, \frac{\delta u}{\delta t} \right) + u\, v\, S \right\} do \qquad (39.7)$$

mit

$$S = \sum_{i,k=1}^n \frac{\partial a_{ik}}{\partial x_k}\, v_i - 2 \sum_{i=1}^n b_i\, v_i. \qquad (39.8)$$

3. Grundlösung

Die in die GREENsche Formel einzusetzende Grundlösung $v = G(x, \xi)$ der adjungierten Differentialgleichung

$$M[v] = \sum_{i,k} a_{ik}\, v_{ik} + 2 \sum_i b_i'\, v_i + c'\, v = 0$$

soll ähnlich wie in § 28, Ziff. 6, folgende Eigenschaften haben:

a) $G(x, \xi)$ ist in den Innenpunkten x des vom Punkt ξ ausgehenden charakteristischen Konoids $\Gamma(x, \xi) = 0$ definiert. Unter $\Gamma(x, \xi)$ wird wie in § 12, Ziff. 5, das Quadrat der geodätischen Entfernung $\varrho(x, \xi)$ verstanden, wenn man im R_n der $x_1, \ldots, x_n$ durch

$$d\sigma^2 = \tfrac{1}{2} \sum_{i,k=1}^n A_{ik}\, dx_i\, dx_k \qquad (12.9)$$

mit der zu a_{ik} reziproken Matrix A_{ik} eine Riemannsche Maßbestimmung einführt. Die Determinante D der a_{ik} verschwindet nicht, da $L[f]$ vom hyperbolischen Typus ist. Wie in § 12 kann ohne Beschränkung der Allgemeinheit vorausgesetzt werden, daß für die Innenpunkte x des charakteristischen Konoids $\Gamma(x, \xi)$ positiv, also $\varrho(x, \xi)$ reell ist.

Auf dem Mantel $\Gamma(x, \xi) = 0$ des charakteristischen Konoids wird die Grundlösung singulär, und zwar hat die Grundlösung bei ungeradem n die Form

$$G(x, \xi) = R(x, \xi)\,[\Gamma(x, \xi)]^{-(\frac{1}{2}+\nu)}, \qquad n = 3 + 2\nu, \qquad (39.9\,\mathrm{a})$$

und bei geradem n die Form

$$G(x, \xi) = R(x, \xi)\,[\Gamma(x, \xi)]^{-(1+\nu)} + R^*(x, \xi)\ln\Gamma(x, \xi), \qquad (39.9\,\mathrm{b})$$

$$n = 4 + 2\nu.$$

Die Funktionen $R(x, \xi)$, $R^*(x, \xi)$ sind im Innern des Konoids und auf dem Konoid $\Gamma(x, \xi) = 0$ regulär.

b) $G(x, \xi)$ genügt bei festem ξ als Funktion von x im Innern des charakteristischen Konoids der Differentialgleichung

$$M[G(x, \xi)] \equiv \sum_{i,k} a_{ik}\frac{\partial^2 G}{\partial x_i\,\partial x_k} + 2\sum_i b_i'\frac{\partial G}{\partial x_i} + c'G = 0. \qquad (39.10)$$

c) Schließlich soll $G(x, \xi)$ durch die zusätzliche Bedingung

$$R(\xi, \xi) = \frac{1}{\sqrt{|D|}}, \qquad D = \text{Determinante}\,|a_{ik}| \neq 0, \qquad (39.11)$$

normiert werden.

Da es bei den Grundlösungen nur auf die Art der Singularitäten ankommt, bezeichnet man gewöhnlich auch jede Funktion $G(x, \xi) + \Phi(x, \xi)$ als Grundlösung, bei der Φ eine in und auf dem charakteristischen Konoid reguläre Lösung von $M[\Phi] = 0$ ist.

Hadamard hat gezeigt, daß bei geeigneten Differenzierbarkeitsannahmen für die Koeffizienten a_{ik}, b_i und c stets Grundlösungen mit den geforderten Eigenschaften a), b), c) existieren und daß bei ungeradem $n = 3 + 2\nu$ die Funktion $R(x, \xi)$ eindeutig festliegt.

Im Falle der ungeraden $n = 3 + 2\nu$ kommt man bei Voraussetzung analytischer Koeffizienten a_{ik}, b_i, c zu der Grundlösung (39.9a) in folgender Weise: Wir setzen:

$$G(x, \xi) = R(x, \xi)\cdot\Gamma^r(x, \xi), \qquad (39.12)$$

wobei $r < 0$ eine zunächst unbestimmte negative Zahl ist, und versuchen $R(x, \xi)$ und die Zahl r so zu bestimmen, daß die

Forderungen a), b), c) erfüllt werden. Durch Einsetzen in Gl. (39.10) kommt

$$r(r-1)\, \Gamma^{r-2} R \sum_{i,k} a_{ik} \frac{\partial \Gamma}{\partial x_i}\, \frac{\partial \Gamma}{\partial x_k} + r\, \Gamma^{r-1} \Big\{ 2 \sum_{i,k} a_{ik} \frac{\partial R}{\partial x_i}\, \frac{\partial \Gamma}{\partial x_k} + $$
$$+ R \Big(\sum_{i,k} a_{ik} \frac{\partial^2 \Gamma}{\partial x_i \partial x_k} + 2 \sum_i b_i' \frac{\partial \Gamma}{\partial x_i} \Big) \Big\} + \Gamma^r M[R] = 0. \tag{39.13}$$

Das erste Glied der Gl. (39.13) ist wegen

$$\sum_{i,k} a_{ik} \frac{\partial \Gamma}{\partial x_i}\, \frac{\partial \Gamma}{\partial x_k} = 2\Gamma \tag{12.15}$$

singulär von der Ordnung Γ^{r-1}. Von derselben Ordnung singulär ist das zweite Glied, während das dritte Glied von der Ordnung Γ^r singulär ist. Wenn man Gl. (39.13) durch $2r\, \Gamma^{r-1}$ dividiert, zur Abkürzung

$$\sum_{i,k} a_{ik} \frac{\partial^2 \Gamma}{\partial x_i \partial x_k} + 2 \sum_i b_i' \frac{\partial \Gamma}{\partial x_i} = 2Q$$

setzt und die aus den Gln. (12.14) und (12.5) folgenden Beziehungen

$$2 \sum_{i,k} a_{ik} \frac{\partial R}{\partial x_i}\, \frac{\partial \Gamma}{\partial x_k} = 2s \sum_{i,k} a_{ik} \frac{\partial R}{\partial x_i}\, p_k = 2s \sum_i \frac{\partial R}{\partial x_i}\, \dot{x}_i = 2s \frac{dR}{ds}$$

berücksichtigt, erhält man

$$s \frac{dR}{ds} + (r - 1 + Q)\, R + \frac{\Gamma}{2r} M[R] = 0. \tag{39.14}$$

In der Umgebung des Punktes ξ ist nach § 12

$$\frac{\partial \Gamma}{\partial x_i} = s\, p_i = s \sum_l A_{il}\, \dot{x}_l = \sum_l A_{il}(x_l - \xi_l) + \cdots,$$

$$\frac{\partial^2 \Gamma}{\partial x_i \partial x_k} = A_{ik} + \cdots,$$

$$Q = \frac{1}{2} \sum_{i,k} a_{ik} A_{ik} + \cdots = \frac{n}{2} + \cdots$$

und somit

$$s \frac{dR}{ds} + \Big(r - 1 + \frac{n}{2} \Big) R + \cdots = 0. \tag{39.15}$$

Da nach Gl. (39.11) die Funktion $R(x, \xi)$ für $x = \xi$, d. h. für $s = 0$, einen nichtverschwindenden Wert hat, muß in Gl. (39.15) der Koeffizient von R verschwinden, es ist also

$$r = 1 - \frac{n}{2} = - \Big(\frac{1}{2} + \nu \Big)$$

in Übereinstimmung mit dem Ansatz (39.9a).

Setzt man für R die formale Potenzreihe

$$R \sim R_0 + R_1 \Gamma + R_2 \Gamma^2 + \cdots = \sum_{k=0}^{\infty} R_k \Gamma^k \tag{39.16}$$

in Gl. (39.13) ein, so erhält man durch dieselben Umformungen, die zu Gl. (39.14) geführt hatten, und durch Ordnen nach Potenzen von Γ für R_0 die Differentialgleichung

$$s \frac{d R_0}{d s} + (r - 1 + Q)\, R_0 = 0,$$

ferner für R_1:

$$s \frac{d R_1}{d s} + (r + Q)\, R_1 = - \frac{M[R_0]}{2(r + 1)}$$

usw. Hieraus folgt sofort

$$R_0(x, \xi) = R(\xi, \xi) \exp\left\{ - \int\limits_0^s \frac{1}{s}\, (r - 1 + Q)\, d s \right\},$$

$$R_1(x, \xi) = - \frac{R_0}{2(r + 1)\, s} \int\limits_0^s \frac{M[R_0]}{R_0}\, d s$$

und allgemein

$$R_k(x, \xi) = - \frac{R_0}{2(r + k)\, s^k} \int\limits_0^s s^{k-1}\, \frac{M[R_{k-1}]}{R_0}\, d s. \qquad (39.17)$$

Für $s \to 0$ haben die R_k endliche Grenzwerte. Durch Majorantenbildung kann man zeigen, daß die Reihe (39.16) in und auf dem charakteristischen Konoid gleichmäßig konvergiert, womit dann die Existenz der Grundlösung $G = R \Gamma^{-(\frac{1}{2}+\nu)}$ des Ansatzes (39.9a) nachgewiesen ist.

Den Fall der Grundlösung (39.9b) mit geradem $n = 4 + 2\nu$ kann man in ähnlicher Weise behandeln. Daß man hier im allgemeinen ohne Hinzunahme eines logarithmischen Gliedes nicht zum Ziele kommt, ist nach Gl. (39.17) zu erwarten; denn bei geradem n ist $r = -(1 + \nu)$ eine ganze negative Zahl, der Nenner $r + k$ in Gl. (39.17) verschwindet also für $k = 1 + \nu$.

Die Grundlösungen $G(x, \xi)$ erfüllen dieselbe Symmetriebeziehung (28.24) wie die Riemannsche Funktion, wie in § 40, Ziff. 7, gezeigt wird.

4. Darstellungsformel der Lösung des Anfangswertproblems

Setzt man $u = f$ und $v = G$ in die Greensche Formel (39.7) ein und begrenzt den Integrationsbereich (K) nach Ziff. 1 durch das von P ausgehende charakteristische Konoid und die Ausgangsfläche (vgl. Abb. 57), so divergieren im allgemeinen die in der Greenschen Formel auftretenden Integrale wegen der in Gl. (39.9a) bzw. (39.9b) angegebenen Singularitäten der Grundlösung.

Wir machen daher nach Hadamard folgenden Grenzprozeß (Abb. 58), bei dem wir einerseits die Umgebung des Konoidmantels, auf dem Γ in erster Ordnung verschwindet, und andrerseits die Umgebung der Konoidspitze, in der Γ in zweiter Ordnung gegen Null geht (vgl. § 12, Ziff. 5), zunächst ausschließen:

Das charakteristische Konoid wird von innen durch eine Flächenschar (Parameter ε) approximiert, die mit $\varepsilon \to 0$ gegen das Konoid konvergiert. Eine zweite Flächenschar (Parameter δ) schneidet aus dem Integrationsbereich (K) Umgebungen des Punktes P ab, welche mit $\delta \to 0$ in der Größenordnung einer Kugel vom Radius δ gegen den Punkt P konvergieren. Die GREENsche Formel wird nun auf den Bereich $(K_{\varepsilon\delta})$ angewandt, der von einer Fläche (ε) und einer Fläche (δ) sowie der Ausgangsfläche begrenzt ist. Bei Festhaltung von δ sind die Integrale der GREENschen Formel Funktionen $Q(\varepsilon)$ von ε. Auf Grund der Gl. (39.9a) bzw. (39.9b) ergeben sich für diese Integrale Entwicklungen von der Form

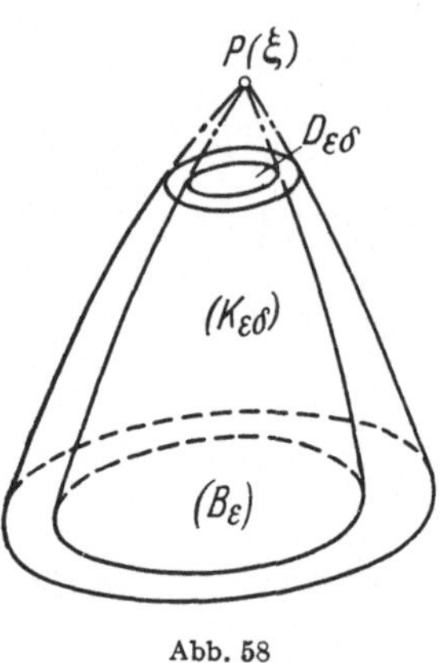

Abb. 58

$$Q(\varepsilon) = q + \varepsilon^{-(\frac{1}{2}+\nu)}(q_0 + q_1\varepsilon + \cdots + q_\nu\varepsilon^\nu) + \{\varepsilon\}, \quad n = 3 + 2\nu, \qquad (39.18a)$$

im Falle der ungeraden n, und

$$Q(\varepsilon) = q\ln\varepsilon + \varepsilon^{-(1+\nu)}(q_0 + q_1\varepsilon + \cdots + q_{1+\nu}\varepsilon^{1+\nu}) + \{\varepsilon\},$$
$$n = 4 + 2\nu, \qquad (39.18b)$$

im Falle der geraden n. Die Koeffizienten q, q_0, $\ldots$, q_ν, $q_{1+\nu}$ sind Funktionen von δ. Die Restglieder $\{\varepsilon\}$ streben mit $\varepsilon \to 0$ gegen Null. Der erste Koeffizient q ist in jedem der beiden Fälle invariant gegen Parametertransformationen $\bar\varepsilon = \bar\varepsilon(\varepsilon)$ mit $\bar\varepsilon(0) = 0$ und $d\bar\varepsilon/d\varepsilon \neq 0$. Er soll als „endlicher Bestandteil" des divergierenden Integrals $Q(\varepsilon)$ bezeichnet werden, wobei wir das HADAMARDsche Symbol

$$q = \overline{|Q}$$

benützen. In § 40 werden wir den Grenzprozeß für ungerade n ausführlicher besprechen.

Die GREENsche Formel (39.7) oder (39.5), angewandt auf den Raumbereich $(K_{\varepsilon\delta})$, stellt eine lineare Beziehung

$$Q_{K_{\varepsilon\delta}} = Q_{B_\varepsilon} + Q_{M_{\varepsilon\delta}} + Q_{D_{\varepsilon\delta}} \qquad (39.19)$$

dar, in der $Q_{K_{\varepsilon\delta}}$ das in Gl. (39.7) links auftretende n-fache Integral, erstreckt über $(K_{\varepsilon\delta})$, und $Q_{B_\varepsilon} + Q_{M_{\varepsilon\delta}} + Q_{D_{\varepsilon\delta}}$ das in Gl. (39.7) rechts auftretende $(n-1)$-fache Integral bedeutet. Der Integrationsbereich (O) dieses $(n-1)$-fachen Integrals ist zerlegt in die von der Fläche (ε) aus der Ausgangsfläche $\varkappa$ und der Fläche (δ) ausgeschnittenen Bereiche (B_ε) und $(D_{\varepsilon\,\delta})$ sowie in den der Begrenzung von $(K_{\varepsilon\,\delta})$ angehörenden Teil $(M_{\varepsilon\,\delta})$ der Fläche (ε). Für $\varepsilon \to 0$ ergibt sich aus Gl. (39.19) die entsprechende Gleichung

$$q_{K_\delta} - q_B - q_{M_\delta} - q_{D_\delta} = 0 \tag{39.20}$$

zwischen den endlichen Bestandteilen der Integrale Q. Wegen der Invarianz gegen Transformationen von ε können die Grenzübergänge bei den einzelnen Integralen unabhängig voneinander ausgeführt werden.

Der endliche Bestandteil q_B ist von δ unabhängig, die drei übrigen endlichen Bestandteile sind Funktionen von δ. Wie wir in § 40, Ziff. 5, sehen werden, ist $q_{M_\delta} = 0$, so daß sich Gl. (39.20) auf

$$q_{D_\delta} = q_{K_\delta} - q_B \tag{39.21}$$

reduziert. Auf Gl. (39.21) wendet man nun den Grenzprozeß $\delta \to 0$ an und erhält nach § 40, Ziff. 6, den Grenzwert

$$- \lim_{\delta \to 0} q_{D_\delta} = \text{const} \cdot f(\xi) = (- 4\,\pi)^{1+\nu}\, 2^{\nu - \frac{1}{2}}\, \frac{\nu!}{(2\nu)!}\, f(\xi).$$

Hiermit und mit

$$\lim_{\delta \to 0} q_{K_\delta} = \overline{\left|\int \cdots \int_K G(x,\,\xi)\, h(x)\, dx_1 \ldots dx_n \right.}$$

geht Gl. (39.21) über in die Darstellungsformel

$$(- 4\,\pi)^{1+\nu}\, 2^{\nu - \frac{1}{2}}\, \frac{\nu!}{(2\nu)!}\, f(\xi) = \overline{\left|\int \cdots \int_B \left\{t\left(f\,\frac{\delta G}{\delta t} - G\,\frac{\delta f}{\delta t}\right) + f\,G\,S\right\} do \right.}$$

$$- \overline{\left|\int \cdots \int_K G(x,\,\xi)\, h(x)\, dx_1 \cdots dx_n \right.}, \tag{39.22}$$

durch welche die gesuchte Lösung $f(\xi)$ durch die Anfangsdaten f und $\delta f/\delta t$ auf (B) explizit gegeben wird. Über die Differenzierbarkeitsforderungen für die Integranden vgl. § 40, Ziff. 4.

Bei geradem $n = 4 + 2\nu$ kann man analog vorgehen[1] oder statt dessen, wie es Hadamard getan hat, die Lösung durch die Absteigmethode aus der Lösung für ungerades n herleiten. Wir werden uns im folgenden auf den Fall der ungeraden n beschränken.

Die Darstellungsformel (39.22) zeigt, daß der Abhängigkeitsbereich für die Lösung $f(\xi)$ im Punkt P von dem von P ausgehenden charakteristischen Konoid aus der Ausgangsfläche ausgeschnitten wird. Im Spezialfall der Wellengleichung haben wir in § 37, Ziff. 2, festgestellt, daß bei geradem n (Wellengleichung in einem R_m mit ungerader Dimensionszahl) die Anfangsdaten nicht des ganzen Abhängigkeitsbereichs, sondern nur seines Randes in die Lösung des Anfangswertproblems ein

---

[1] Vgl. K. Friedrichs: Göttinger Nachr., 172ff (1927). — F. Bureau: Acad· Roy. Belgique, Bull. Cl. Sci. (5) **34**, 480—499 (1948).

gehen. HADAMARD hat für die allgemeinen linearen Differentialgleichungen (39.1) gezeigt, daß diese Aussage (wir hatten sie als HUYGENSsches Prinzip bezeichnet) bei ungeradem n nie und bei geradem n dann und nur dann gilt, wenn der logarithmische Teil $R^*(x, \xi)$ der Grundlösung (39.9b) verschwindet. In § 44, Ziff. 3, werden wir das HUYGENSsche Prinzip im Spezialfall der Wellengleichung mit Hilfe des Distributionskalküls nochmals herleiten.

Außerdem folgt aus der Darstellungsformel (39.22) unmittelbar die eindeutige Bestimmtheit der Lösung aus den Anfangsdaten. Auch die Existenz der Lösung kann durch Verifikation verhältnismäßig leicht nachgewiesen werden, wie sich in § 40, Ziff. 8, zeigen wird.

§ 40. Erläuterung des Hadamardschen Grenzprozesses

1. Endlicher Bestandteil divergenter einfacher Integrale

Zur Vorbereitung für die Erläuterung der in § 39 angewandten Grenzprozesse führen wir zunächst analoge Betrachtungen an einfachen Integralen durch und beschränken uns hierbei durchwegs auf den Fall der ungeraden $n = 3 + 2\nu$, also auf den ·zu Gl. (39.18a) gehörigen Grenzprozeß. Gegeben sei ein Integral von der Form

$$Q(\varepsilon) = \int\limits_a^{b-\varepsilon} \frac{A(x)\,dx}{(b-x)^{\frac{3}{2}+\nu}}, \qquad \nu = 0, 1, 2, \ldots; \qquad (40.1)$$

dabei ist $A(x)$ im abgeschlossenen Intervall $a \leq x \leq b$ eine $(\nu + 1)$-mal stetig differenzierbare Funktion mit der TAYLOR-Entwicklung

$$A(x) = A(b) - (b - x)\,A'(b)$$
$$+ \frac{(b-x)^2}{2!}\,A''(b) + \cdots + (-1)^\nu \frac{(b-x)^\nu}{\nu!}\,A^{(\nu)}(b) + A_1(x),$$
$$A_1(x) = (-1)^{\nu+1}\frac{(b-x)^{\nu+1}}{(\nu+1)!}\,A^{(\nu+1)}(b - \vartheta(x)(b-x)), \quad 0 < \vartheta(x) < 1,$$

in der nicht alle Koeffizienten $A(b)$, $A'(b)$, $\ldots$, $A^{(\nu)}(b)$ verschwinden sollen. Dann divergiert das Integral

$$Q(\varepsilon) = \int\limits_a^{b-\varepsilon} \frac{A(x)\,dx}{(b-x)^{\frac{3}{2}+\nu}} = \begin{cases} \dfrac{A(b)}{\frac{1}{2}+\nu}\left[\dfrac{1}{\varepsilon^{\frac{1}{2}+\nu}} - \dfrac{1}{(b-a)^{\frac{1}{2}+\nu}}\right] \\[2ex] -\dfrac{A'(b)}{1!\,(-\frac{1}{2}+\nu)}\left[\dfrac{1}{\varepsilon^{-\frac{1}{2}+\nu}} - \dfrac{1}{(b-a)^{-\frac{1}{2}+\nu}}\right] \\[2ex] \cdots \cdots \cdots \cdots \cdots \cdots \cdots \\[1ex] +\dfrac{(-1)^\nu A^{(\nu)}(b)}{\nu!\,\frac{1}{2}}\left[\dfrac{1}{\varepsilon^{\frac{1}{2}}} - \dfrac{1}{(b-a)^{\frac{1}{2}}}\right] \\[2ex] +\dfrac{(-1)^{1+\nu}}{(\nu+1)!}\int\limits_a^{b-\varepsilon} \dfrac{A^{(\nu+1)}(b - \vartheta(x)(b-x))}{(b-x)^{\frac{1}{2}}}\,dx \end{cases} \qquad (40.2)$$

für $\varepsilon \to 0$; das letzte Glied auf der rechten Seite ist konvergent, da der Integrand nur in der Ordnung $\varepsilon^{-\frac{1}{2}}$ unendlich wird. Den endlichen Bestandteil von $Q(\varepsilon)$ definieren wir wie in Gl. (39.18a) durch den Grenzwert

$$q = \overline{Q(\varepsilon)} = \lim_{\varepsilon \to 0}\{Q(\varepsilon) - \varepsilon^{-(\frac{1}{2}+\nu)}(q_0 + q_1\,\varepsilon + \cdots + q_\nu\,\varepsilon^\nu)\}, \quad (40.3)$$

wobei die Koeffizienten q_0, q_1, $\ldots$, q_ν so zu wählen sind, daß sich ein endlicher Grenzwert q ergibt. Solche Koeffizienten q_0, q_1, $\ldots$, q_ν existieren, und zwar eindeutig, nämlich

$$q_0 = \frac{A(b)}{\frac{1}{2}+\nu}, \qquad q_1 = -\frac{A'(b)}{1!(-\frac{1}{2}+\nu)}, \qquad \ldots, \qquad q_\nu = \frac{(-1)^\nu A^{(\nu)}(b)}{\nu!\,\frac{1}{2}},$$

worauf man für den endlichen Bestandteil den eindeutig bestimmten Wert

$$q = -\frac{1}{(b-a)^{\frac{1}{2}+\nu}}\left[\frac{A(b)}{\frac{1}{2}+\nu} - \frac{A'(b)}{1!(-\frac{1}{2}+\nu)}(b-a) + \cdots \right.$$
$$\left. + (-1)^\nu \frac{A^{(\nu)}(b)}{\nu!\,\frac{1}{2}}(b-a)^\nu\right] + \int_a^b \frac{A_1(x)\,dx}{(b-x)^{\frac{3}{2}+\nu}} \qquad (40.4)$$

erhält.

2. Rechenregeln für endliche Bestandteile

Manche Rechenregeln der gewöhnlichen Integralrechnung gelten unverändert auch für das Rechnen mit den endlichen Bestandteilen divergenter Integrale, z. B.

$$\overline{\int_a^b} = \overline{\int_a^c} + \overline{\int_c^b}. \qquad (40.5)$$

Bei Ungleichungen und Abschätzungen dagegen bestehen wesentliche Unterschiede, insbesondere die folgenden:

a) Aus $b > a$ und $A(x) > 0$ folgt nach den Gln. (40.2) und (40.3) nicht notwendig $q > 0$. So ist beispielsweise für $A = 1 > 0$ der endliche Bestandteil

$$q = \overline{\int_a^b} \frac{dx}{(b-x)^{\frac{3}{2}}} = -\frac{2}{\sqrt{b-a}} < 0.$$

b) In der gewöhnlichen Integralrechnung hängt das Integral $(-\infty < a < b < +\infty)$

$$\Im[A] = \int_a^b A(x)\,dx$$

„stetig" von der stetigen Funktion $A(x)$ ab, d. h. für zwei stetige Funktionen $A(x)$, $\bar{A}(x)$ gibt es zu einem beliebigen $\varepsilon > 0$ ein $\eta(\varepsilon) > 0$, so daß gilt

$$|\mathfrak{J}[A] - \mathfrak{J}[\bar{A}]| < \varepsilon, \quad \text{wenn} \quad |A(x) - \bar{A}(x)| < \eta(\varepsilon).$$

Der endliche Bestandteil eines divergenten Integrals

$$q[A] = \left| \int_a^b \frac{A(x)\,dx}{(b-x)^{\frac{3}{2}+\nu}} \right.$$

dagegen hängt, wie Gl. (40.4) zeigt, von der $(\nu + 1)$-mal stetig differenzierbaren Funktion $A(x)$ „stetig in der Ordnung $(\nu + 1)$" ab, d. h. es gibt zu einem beliebigen $\varepsilon > 0$ ein $\eta(\varepsilon) > 0$, so daß gilt

$$|q[A] - q[\bar{A}]| < \varepsilon, \quad \text{wenn} \quad |A^{(\mu)}(x) - \bar{A}^{(\mu)}(x)| < \eta(\varepsilon) \quad \text{für} \quad \mu = 0, 1, \ldots, \nu + 1.$$

Während man also bei einem eigentlichen Integral von einer kleinen Änderung des Integranden auf eine kleine Änderung des Integrals schließen kann, ist der entsprechende Schluß bezüglich des endlichen Bestandteils divergenter Integrale erst dann zulässig, wenn auch die Ableitungen des Integranden bis zur Ordnung $(\nu + 1)$ einschließlich nur kleine Änderungen erfahren.

Besonders wichtig für das Folgende ist die Differentiation der endlichen Bestandteile nach einem Parameter ξ, der sowohl im Integranden als auch in der stetig nach ξ differenzierbaren oberen Grenze $b(\xi)$ auftritt. An Stelle der Differentiationsvorschrift der gewöhnlichen Integralrechnung

$$\mathfrak{J}(\xi) = \int_a^{b(\xi)} f(x,\xi)\,dx, \quad \frac{d\mathfrak{J}}{d\xi} = \int_a^b \frac{\partial}{\partial\xi} f(x,\xi)\,dx + f(b(\xi),\xi)\frac{db}{d\xi}$$

für die in einem x, ξ-Bereich stetigen Funktionen $f(x,\xi)$ und $f_\xi(x,\xi)$ gilt für die Differentiation endlicher Bestandteile die einfachere Regel

$$q(\xi) = \left| \int_a^{b(\xi)} \frac{A(x,\xi)\,dx}{(b(\xi)-x)^{\frac{3}{2}+\nu}} \right. ,$$

$$\frac{dq}{d\xi} = \left| \int_a^{b(\xi)} \frac{\partial}{\partial\xi}\left[\frac{A(x,\xi)}{(b(\xi)-x)^{\frac{3}{2}+\nu}} \right] dx \right. ,$$

$$(40.6)$$

d. h. trotz der Abhängigkeit des Integrationsintervalls von ξ wird lediglich der Integrand differenziert. In Gl. (40.6) ist natürlich vorauszusetzen, daß der durch Differentiation entstandene Integrand die in Ziff. 1 gestellten Voraussetzungen erfüllt.

Der Beweis der Differentiationsregel (40.6) folgt unmittelbar aus

$$\frac{\partial}{\partial \xi} \int\limits_{a}^{b-\varepsilon} \frac{A(x,\xi)\,dx}{(b-x)^{\frac{3}{2}+\nu}} = \frac{1}{\varepsilon^{\frac{3}{2}+\nu}} A(b-\varepsilon,\xi)\frac{db}{d\xi}$$

$$+ \int\limits_{a}^{b-\varepsilon} \frac{\partial}{\partial \xi}\left[\frac{A(x,\xi)}{(b-x)^{\frac{3}{2}+\nu}}\right]dx;$$

denn das erste Glied auf der rechten Seite kann keinen Beitrag zum endlichen Bestandteil liefern.

3. Beispiel

Zur Erläuterung behandeln wir das für später wichtige Beispiel

$$q_{p+1}(\alpha) = \sqrt{\int\limits_{\sqrt{\alpha}}^{R} \frac{d r}{(r^2-\alpha)^{\frac{3}{2}+p}}} \quad \text{mit} \quad R > \sqrt{\alpha} > 0.$$

Für $p = -1$ ergibt sich das konvergente uneigentliche Integral

$$q_0(\alpha) = \int\limits_{\sqrt{\alpha}}^{R} \frac{d r}{\sqrt{r^2-\alpha}} = \ln\frac{R+\sqrt{R^2-\alpha}}{\sqrt{\alpha}} = -\frac{1}{2}\ln\alpha + P(\alpha)$$

mit

$$P(\alpha) = \ln\left(R+\sqrt{R^2-\alpha}\right) = \ln R + \ln\left(1+\sqrt{1-\frac{\alpha}{R^2}}\right).$$

Durch Differentiation kommt

$$q_1(\alpha) = 2\frac{\partial q_0}{\partial \alpha} = -\frac{1}{\alpha} + 2\frac{\partial P}{\partial \alpha}$$

und allgemein

$$q_p = \frac{2^p}{1\cdot 3\cdots(2p-1)}\left[(-1)^p\frac{(p-1)!}{2}\frac{1}{\alpha^p} + \frac{\partial^p P}{\partial \alpha^p}\right].$$

Für $R \to \infty$ kommt wegen

$$P(\alpha) = \ln R + \ln 2 - \frac{\alpha}{4R^2} + \cdots, \quad \text{also} \quad \frac{\partial^p P}{\partial \alpha^p} \to 0,$$

die einfachere Beziehung

$$\sqrt{\int\limits_{\sqrt{\alpha}}^{\infty} \frac{d r}{(r^2-\alpha)^{\frac{3}{2}+p}}} = \frac{(-1)^{p+1}2^{2p}}{(2p+1)\binom{2p}{p}}\frac{1}{\alpha^{p+1}}, \quad p = 0,1,2,\ldots. \tag{40.7}$$

4. Erweiterung der Betrachtungen auf mehrfache Integrale

Die in § 39 auftretenden Integrale q_{D_δ}, q_{K_δ} und q_B sind von der Gestalt

$$\int_T \cdots \int \frac{A(x_1, \ldots, x_m)}{[g(x_1, \ldots, x_m)]^{\frac{3}{2}+p}} \, dx_1 \ldots dx_m, \qquad p = 0, 1, 2, \ldots$$

Dabei wird der beschränkte, einfach zusammenhängende Integrationsbereich T ganz oder teilweise von der Fläche $g(x) = 0$ begrenzt und der Zähler A soll auf $g = 0$ nicht verschwinden. Diese Fläche soll keinen singulären Punkt haben, d. h. es sollen in keinem ihrer Punkte sämtliche ersten Ableitungen $\partial g / \partial x_i$ gleichzeitig verschwinden. Infolgedessen geht der Abstand eines sich der Fläche $g = 0$ nähernden Punkts in der Größenordnung g gegen Null. Wenn sich an die Fläche $g = 0$ andere Teile der Begrenzungsfläche anschließen, sollen sie die Fläche $g = 0$ nichtberührend schneiden. Man kann dann im Integrationsbereich T für die Umgebung der Fläche $g = 0$ neue Koordinaten $\lambda_1, \ldots, \lambda_{m-1}$ und $\lambda_m = g \geqq 0$ derart einführen, daß die sich an $g = 0$ anschließenden Teile der Begrenzungsfläche von Koordinatenlinien aufgespannt werden.

Die in § 39 noch offengelassenen Differenzierbarkeitseigenschaften werden jetzt durch folgende Forderungen festgelegt:

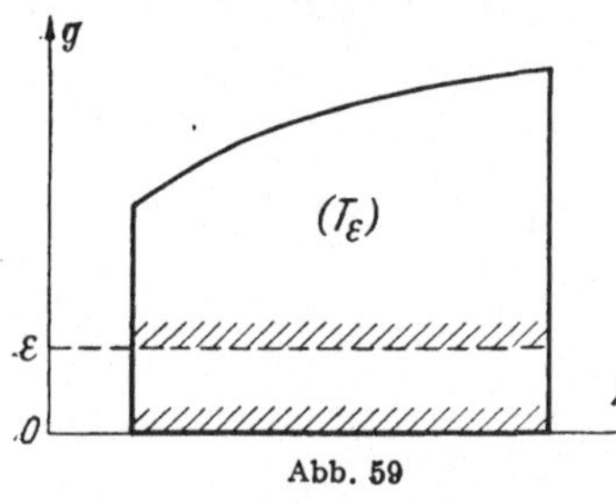

Abb. 59

Wir transformieren das in Frage stehende m-fache Integral auf die neuen Veränderlichen, nämlich

$$\int \cdots \int \frac{A(x_1, \ldots, x_m)}{[g(x_1, \ldots, x_m)]^{\frac{3}{2}+p}} \, dx_1 \ldots dx_m$$

$$= \int \cdots \int d\lambda_1 \cdots d\lambda_{m-1} \int \frac{A \, F \, dg}{g^{\frac{3}{2}+p}}$$

mit $F = \dfrac{\partial(x_1, \ldots, x_m)}{\partial(\lambda_1, \ldots, \lambda_{m-1}, g)} \neq 0$. Der Integrand AF soll stetige Ableitungen nach g bis zur Ordnung $p + 1$ besitzen und mit diesen Ableitungen in der Umgebung von $g = 0$ auch bezüglich der Parameter $\lambda_1, \ldots, \lambda_{m-1}$ stetig sein.

Um nun den endlichen Bestandteil q des m-fachen Integrals zu definieren, ersetzen wir die Fläche $g = 0$ durch eine Nachbarfläche $g = \varepsilon > 0$, welche aus dem Bereich T einen Teilbereich T_ε ausschneidet; in Abb. 59 sind diese Bereiche im λ, g-Raum dargestellt. Dann ist

$$Q(\varepsilon) = \int_{T_\varepsilon} \cdots \int \frac{A}{g^{\frac{3}{2}+p}} \, dx_1 \cdots dx_m = q + \varepsilon^{-(\frac{1}{2}+p)}(q_0 + q_1 \varepsilon + \cdots + q_p \varepsilon^p)$$

und man erhält, da man wegen der (in einer abgeschlossenen Umgebung von $g = 0$ bezüglich der $\lambda_1, \ldots, \lambda_{m-1}$ gleichmäßigen) Stetigkeit der Funktion AF und ihrer $(p + 1)$ Ableitungen nach g die Reihenfolge von Grenzprozeß und Integration ertauschen darf,

$$
\begin{aligned}
q &= \left| \int \cdots \int_{T} \frac{A}{g^{\frac{3}{2}+p}}\, d x_1 \ldots d x_m \right. \\
&= \int \cdots \int d\lambda_1 \cdots d\lambda_{m-1} \left| \int\limits_{g=0}^{\chi(\lambda_1,\ldots,\lambda_{m-1})} \frac{AF}{g^{\frac{3}{2}+p}}\, d g \right.
\end{aligned}
\tag{40.8}
$$

Hierdurch ist die Definition der endlichen Bestandteile mehrfacher Integrale auf die in Ziff. 1 gegebene Definition der endlichen Bestandteile einfacher Integrale zurückgeführt. Als wichtige Folgerung ergibt sich, daß die Differentiationsvorschrift (40.6) auch für die endlichen Bestandteile mehrfacher Integrale sinngemäß anwendbar ist. Das heißt: Wenn der endliche Bestandteil q Funktion eines Parameters ξ ist, von dem sowohl der Integrand als auch die Begrenzungsfläche $g(x, \xi) = 0$ des Integrationsbereichs T abhängt, so braucht bei der Differentiation diese Abhängigkeit des Integrationsbereichs $T(\xi)$ von ξ nicht berücksichtigt zu werden, also

$$
\begin{aligned}
\frac{\partial q(\xi)}{\partial \xi} &= \frac{\partial}{\partial \xi} \left| \int\limits_{T(\xi)} \cdots \int \frac{A(x, \xi)}{g^{\frac{3}{2}+p}(x, \xi)}\, d x_1 \ldots d x_m \right. \\
&= \left| \int\limits_{T(\xi)} \cdots \int \frac{\partial}{\partial \xi} \left[\frac{A}{g^{\frac{3}{2}+p}} \right] d x_1 \ldots d x_m \right. .
\end{aligned}
\tag{40.9}
$$

Natürlich ist hierbei wieder vorauszusetzen, daß der Integrand $\dfrac{\partial}{\partial \xi}\left[\dfrac{A}{g^{\frac{3}{2}+p}}\right]$ die für die Existenz des endlichen Bestandteils erforderlichen Differenzierbarkeits- und Stetigkeitsvoraussetzungen erfüllt.

Im Vergleich zur Differentiation gewöhnlicher mehrfacher Integrale nach einem den Integrationsbereich beeinflussenden Parameter (vgl. § 34, Ziff. 3) ist die Differentiation der endlichen Bestandteile nach Gl. (40.9) erheblich einfacher, was die Verifikation der Darstellungsformel in Ziff. 8 wesentlich erleichtern wird.

Wir wenden uns nun zur Diskussion der in der Darstellungsformel (39.20) auftretenden divergenten Integrale und setzen voraus, daß bei allen vorgenommenen Operationen die jeweils erforderlichen Differenzierbarkeitsbedingungen erfüllt sind.

5. Grenzprozeß $\varepsilon \to 0$ für das Flächenintegral $Q_{M_{\varepsilon\delta}}$ über den Mantel des charakteristischen Konoids

Das Integral $Q_{M_{\varepsilon\delta}}$ ordnet sich nicht den in Ziff. 4 behandelten divergenten Integralen unter, sondern ist von der Form

$$Q_{M_{\varepsilon\delta}} = \int \cdots \int\limits_{(g=\varepsilon)} \frac{A(x)\,df}{g^{\frac{1}{2}+p}}\,.$$

Führt man ebenso wie in Ziff. 4 neue Veränderliche $\lambda_1, \ldots, \lambda_{n-1}, g$ ein und setzt

$$F_i = \frac{\partial(x_1, \ldots, x_{i-1}, x_{i+1}, \ldots, x_n)}{\partial(\lambda_1, \ldots, \lambda_{n-1})}\,, \quad i = 1, 2, \ldots, n,$$

so ergibt sich für das Flächenelement der Fläche $g = \varepsilon$

$$df = \sqrt{\sum F_i^2}\, d\lambda_1 \ldots d\lambda_{n-1}.$$

Man erhält dann (nach Ausschluß der Spitze des charakteristischen Konoids durch Abgrenzung mit einer Fläche $D_{\varepsilon\delta}$, vgl. Abb. 58)

$$Q_{M_{\varepsilon\delta}} = \int \cdots \int\limits_{(g=\varepsilon)} \frac{A\,df}{g^{\frac{1}{2}+p}} = \int \cdots \int\limits_{(g=\varepsilon)} \frac{A(\lambda, g)\sqrt{\sum F_i^2}}{g^{\frac{1}{2}+p}}\, d\lambda_1 \ldots d\lambda_{n-1}$$

$$= \varepsilon^{-(\frac{1}{2}+p)}(q_0 + q_1\varepsilon + \cdots + q_p\varepsilon^p) + \{\varepsilon\}, \tag{40.10}$$

wenn der Integrand in der Umgebung von $g = 0$ und seine Ableitungen nach g bis zur Ordnung $p + 1$ stetige Funktionen der $\lambda_1, \ldots, \lambda_{n-1}$ sind. Die Entwicklung (40.10) zeigt, daß der endliche Bestandteil von $Q_{M_{\varepsilon\delta}}$ beim Grenzprozeß $\varepsilon \to 0$ verschwindet, wie bereits in § 39, Ziff. 4, angekündigt war.

6. Grenzprozeß $\delta \to 0$

Wir besprechen nun den Grenzprozeß $\delta \to 0$ bei den endlichen Bestandteilen q_{M_δ}, q_{K_δ} und q_{D_δ}. Man kann die Untersuchung auf die Ausdrücke q_{M_δ} und q_{D_δ} beschränken, da nach Gl. (39.20) aus der Existenz der Grenzwerte von q_{M_δ} und q_{D_δ} auch die Existenz des Grenzwerts von q_{K_δ} folgt.

a) Da nach Ziff. 5 stets $q_{M_\delta} = 0$ ist, hat man sofort $q_M = \lim\limits_{\delta \to 0} q_{M_\delta} = 0$.

b) Zur Berechnung des Ausdrucks q_{D_δ} denken wir uns in dem charakteristischen Konoid neue Koordinaten $\lambda_1, \ldots, \lambda_{n-1}, s$ derart eingeführt, daß die Parameterlinien $\lambda_1, \ldots, \lambda_{n-1} = $ const von dem Konoidscheitel ausgehende geodätische Linien sind. s soll der durch die

Gl. (12.5) definierte Parameter sein und von dém Konoidscheitel ($s = 0$) an gezählt werden.

In der Umgebung des Konoidscheitels ξ ist nach Gl. (12.5)

$$x_i - \xi_i = s \sum_k a_{ik} p_k + s^2 \{\cdots\},$$

also bei Festhalten von s und Änderung der λ_ν:

$$x_i + d x_i - \xi_i = s \sum_k a_{ik} \left(p_k + \sum_l \frac{\partial p_k}{\partial \lambda_l} d\lambda_l \right) + s^2 \{\cdots\}.$$

Daraus folgt

$$\frac{\partial x_i}{\partial \lambda_l} = s \sum_k a_{ik} \frac{\partial p_k}{\partial \lambda_l} + s^2 \{\cdots\}, \tag{40.11}$$

d. h. die Ableitungen $\partial x_i / \partial \lambda_l$ gehen bei Annäherung des Punkts x gegen die Konoidspitze in der Größenordnung s gegen Null. Ebenso zeigt man, daß auch die höheren Ableitungen der x_i nach den λ_k von der Größenordnung s sind.

Mit Hilfe der Veränderlichen $\lambda_1, \ldots, \lambda_{n-1}, s$ berechnen wir das Flächenelement do der Fläche (D_δ), welche durch eine Gleichung $s = s(\lambda_1, \ldots, \lambda_{n-1})$ gegeben ist. Es ergibt sich

$$\nu_i\, do = F_i\, d\lambda_1 \ldots d\lambda_{n-1} \quad \text{mit} \quad F_i = \frac{\delta(x_1, \ldots, x_{i-1}, x_{i+1}, \ldots, x_n)}{\delta(\lambda_1, \ldots, \lambda_{n-1})}.$$

Dabei sind die $\dfrac{\delta}{\delta \lambda_k} = \dfrac{\partial}{\partial \lambda_k} + \dfrac{\partial s}{\partial \lambda_k} \dfrac{\partial}{\partial s}$ die Ableitungen nach den λ_k auf der Fläche D_δ. Oben wurde gezeigt, daß die ersten und höheren Ableitungen der x_i nach den λ_k an der Konoidspitze in der Größenordnung s gegen Null gehen. Dasselbe gilt auf der Fläche (D_δ) für die ersten und höheren Ableitungen von s nach den λ_k. Infolgedessen werden die Determinanten F_i und ihre Ableitungen nach den λ_k klein in der Größenordnung s^{n-1}.

Wir zerlegen den Integranden des endlichen Bestandteils q_{D_δ} in

$$t\left(f \frac{\delta G}{\delta t} - G \frac{\delta f}{\delta t} \right) + f G S = \frac{1}{\Gamma^{\frac{1}{2}+\nu}} \left\{ t\left(f \frac{\delta R}{\delta t} - R \frac{\delta f}{\delta t} \right) + f R S \right\}$$

$$- \left(\frac{1}{2} + \nu \right) \frac{t f R \dfrac{\delta \Gamma}{\delta t}}{\Gamma^{\frac{3}{2}+\nu}}$$

und erhalten bei der Integration des ersten Gliedes mit Rücksicht auf Gl. (39.5) und Gl. (12.14)

$$\lim_{\delta \to 0} \overline{\int \cdots \int_{D_\delta} \left\{ t\left(f \frac{\delta R}{\delta t} - R \frac{\delta f}{\delta t} \right) + f R S \right\} \frac{do}{\Gamma^{\frac{1}{2}+\nu}}}$$

$$= \lim_{\delta \to 0} \overline{\int \cdots \int_{D_\delta} d\lambda_1 \ldots d\lambda_{n-1} \frac{\sum F_i \Phi_i}{s^{n-2} H^{\frac{n-2}{2}}}} = 0,$$

wobei die Φ_i reguläre Funktionen sind; denn die F_i und ihre Ableitungen gehen in der Ordnung s^{n-1} gegen Null. Es bleibt daher lediglich

$$- \frac{1}{\frac{1}{2}+\nu}\, q_D = \lim_{\delta \to 0}\left[\int \cdots \int_{D_\delta} \frac{f R\, t\, \frac{\delta \Gamma}{\delta t}\, do}{\Gamma^{\frac{3}{2}+\nu}}\right] \tag{40.12}$$

zu berechnen:

Wir approximieren $f(x)\,R(x,\xi)$ mit einem auch bezüglich der in Frage kommenden Ableitungen für $\delta \to 0$ verschwindenden Fehler durch

$$f(\xi)\,R(\xi,\xi) = \frac{f(\xi)}{\sqrt{|D|}}$$

mit D nach Gl. (39.11) und setzen nach § 39, Ziff. 2, und den Gln. (12.14) und (12.5)

$$t\frac{\delta \Gamma}{\delta t}\, do = \sum_{i,k} a_{ik}\, v_k\, \frac{\partial \Gamma}{\partial x_i}\, do = s \sum_k \dot{x}_k F_k\, d\lambda_1 \ldots d\lambda_{n-1}$$

$$= s\begin{vmatrix} \dfrac{\partial x_1}{\partial s} & \cdots & \dfrac{\partial x_n}{\partial s} \\[2mm] \dfrac{\partial x_1}{\partial \lambda_1} & \cdots & \dfrac{\partial x_n}{\partial \lambda_1} \\[1mm] \cdot \cdot \cdot \cdot \cdot \cdot \cdot \\[1mm] \dfrac{\partial x_1}{\partial \lambda_{n-1}} & \cdots & \dfrac{\partial x_n}{\partial \lambda_{n-1}} \end{vmatrix} d\lambda_1 \ldots d\lambda_{n-1}. \tag{40.13}$$

Durch Subtraktion der mit $\partial s/\partial \lambda_\nu$ multiplizierten Glieder $\partial x_k/\partial s$ der ersten Zeile von den Gliedern $\delta x_k/\delta \lambda_\nu$ der parallelen Zeilen der Determinante $\sum \dot{x}_k F_k$ gingen diese Glieder in $\partial x_k/\partial \lambda_\nu$ über. Geometrisch bedeutet dies, daß man die Flächen (D_δ) durch die Flächen $s = \mathrm{const}$ approximieren darf.

Um für $\Gamma = s^2 H$ in Gl. (40.12) einen einfacheren Ausdruck zu erhalten, drehen wir den R_n so, daß im Konoidscheitel ξ die quadratische Form H sich spezialisiert zu

$$2H = -\alpha_1^2\, \dot{x}_1^2 - \cdots - \alpha_{n-1}^2\, \dot{x}_{n-1}^2 + \alpha_n^2\, \dot{x}_n^2,$$

wobei offenbar die Determinantenbeziehung

$$\alpha_1^2 \cdots \alpha_n^2 = \text{Determinante der } A_{ik} = \frac{1}{D}$$

gilt. Nach Hinzufügen der Affintransformation

$$x_i^* = \alpha_i\, x_i$$

ergibt sich aus den Gln. (40.12) und (40.13)

$$q_D = -\,(1 + 2\nu)\,2^{\frac{n}{2}-1}\,\frac{f(\xi)}{\sqrt{|D|}}\,\lim_{\delta\to 0}\overline{\int\cdots\int_{D_\delta}}\,\frac{s}{\alpha_1\ldots\alpha_n}\,\frac{\partial(x_1^*,\ldots,x_n^*)}{\partial(s,\lambda_1,\ldots,\lambda_{n-1})}\,\times$$

$$\times\,\frac{d\lambda_1\ldots d\lambda_{n-1}}{s^n(-\dot x_1^{*\,2}-\cdots-\dot x_{n-1}^{*\,2}+\dot x_n^{*\,2})^{n/2}}$$

$$=-\,(1+2\nu)\,2^{\frac{n}{2}-1}\,f(\xi)\,\lim_{\delta\to 0}\overline{\int\cdots\int_{D_\delta}}\,\frac{\partial(x_1^*,\ldots,x_n^*)}{\partial(s,\lambda_1,\ldots,\lambda_{n-1})}\,\times$$

$$\times\,\frac{d\lambda_1\ldots d\lambda_{n-1}}{s^{n-1}(-\dot x_1^{*\,2}-\cdots-\dot x_{n-1}^{*\,2}+\dot x_n^{*\,2})^{n/2}}\,.$$

Ersetzt man nun beim Grenzprozeß $\delta\to 0$, $s\to 0$ die Ableitungen $\frac{\partial x_i^*}{\partial s}$ durch $\frac{x_i^*-\xi_i}{s}=\frac{\eta_i}{s}$, so kommt

$$q_D = -\,(1+2\nu)\,2^{\frac{n}{2}-1}\,f(\xi)\,\overline{\int\cdots\int_{(\eta_n=1)}}\,\begin{vmatrix}\eta_1 & \cdots & \eta_n\\ \dfrac{\partial\eta_1}{\partial\lambda_1} & \cdots & \dfrac{\partial\eta_n}{\partial\lambda_1}\\ \cdots\cdots\cdots\cdots\cdots\cdots\\ \dfrac{\partial\eta_1}{\partial\lambda_{n-1}} & \cdots & \dfrac{\partial\eta_n}{\partial\lambda_{n-1}}\end{vmatrix}\,\times \qquad (40.14)$$

$$\times\,\frac{d\lambda_1\ldots d\lambda_{n-1}}{(-\eta_1^2-\cdots-\eta_{n-1}^2+\eta_n^2)^{n/2}}\,,$$

wobei über eine beliebige Fläche innerhalb des charakteristischen Kegels, etwa $\eta_n=1$, integriert wird.

Wir können nun über die λ_i noch passend verfügen und setzen $\lambda_1=\eta_1,\ldots,\lambda_{n-1}=\eta_{n-1}$. Dann wird die Determinante in Gl. (40.14) gleich 1 und man hat

$$q_D = -\,(1+2\nu)\,2^{\frac{n}{2}-1}\,f(\xi)\,\overline{\int\cdots\int_{(\eta_n=1)}}\,\frac{d\eta_1\ldots d\eta_{n-1}}{(1-\eta_1^2-\cdots-\eta_{n-1}^2)^{n/2}}\,.$$

Nach Einführen von Polarkoordinaten in der Hyperebene $\eta_n=1$, wobei

$$r^2=\eta_1^2+\cdots+\eta_{n-1}^2,$$

$$\omega_{n-1}=\frac{2\pi^{\frac{n-1}{2}}}{\left(\dfrac{n-3}{2}\right)!}=\text{Oberfläche der Einheitskugel im }R_{n-1}$$

ist, ergibt sich

$$q_D = -\,(1+2\nu)\,2^{\nu+\frac12}\,f(\xi)\,\omega_{n-1}\,\overline{\int_0^1}\,\frac{r^{n-2}\,dr}{(1-r^2)^{n/2}}\,.$$

Mit $r = 1/z$ folgt daraus mit Rücksicht auf Gl. (40.7)

$$q_D = -(1 + 2\nu)\, 2^{\nu+\frac{1}{2}} f(\xi)\, \omega_{n-1} \left| \int\limits_1^\infty \frac{dz}{(z^2-1)^{n/2}} \right.$$

$$= -(1 + 2\nu)\, 2^{\nu+\frac{1}{2}} f(\xi)\, \omega_{n-1} \frac{(-1)^{1+\nu}\, 2^{2\nu}}{(1+2\nu)\binom{2\nu}{\nu}} ;$$

nach Einsetzen von

$$\omega_{n-1} = \frac{2\pi^{1+\nu}}{\nu!}$$

erhält man schließlich nach kurzer Rechnung für $-q_D$ den auf der linken Seite der Gl. (39.22) stehenden Ausdruck.

7. Symmetrieeigenschaft der Grundlösung $G(x, \xi)$

Ähnlich wie in § 28, Ziff. 5, wird jetzt die raumartige Ausgangsfläche durch das charakteristische Konoid eines Punktes α ersetzt und angenommen, daß die beiden charakteristischen Konoide mit den Scheiteln ξ und α einen beschränkten Raumbereich K einschließen (Abb. 60).

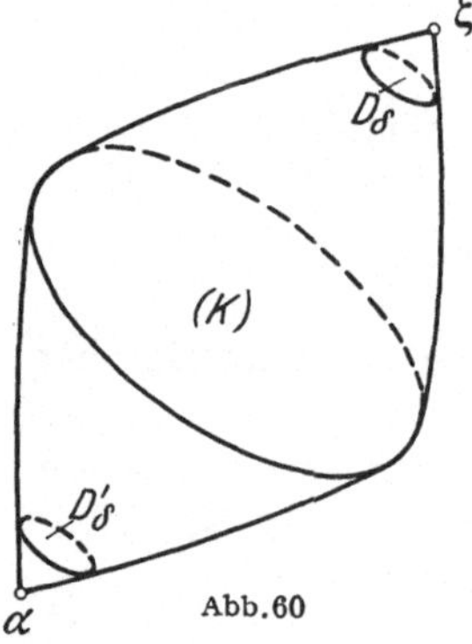

Wir bilden nun die Grundlösung $\mathsf{X}(x, \alpha)$ für die Differentialgleichung $L[f] = 0$ und das charakteristische Konoid mit dem Scheitel α. In analoger Weise wie in § 39, Ziff. 4, ergibt sich dann mit $u = \mathsf{X}$ und $v = G$ eine Darstellungsformel, wenn über die Hülle des von den beiden charakteristischen Konoiden eingeschlossenen Raumbereiches integriert wird. In § 39 hatten wir die Umgebung des Punktes ξ auszuschließen, jetzt müssen wir ebenso die Umgebung des Punktes α ausschließen. Beim Grenzprozeß $\varepsilon \to 0$ hatte sich für das Integral $Q_{M\delta}$, erstreckt über das ξ-Konoid, ein verschwindender endlicher Bestandteil ergeben. Jetzt erhalten wir ebenso auch für das (dem Integral über M_δ von § 39 entsprechende) Integral, das über das α-Konoid erstreckt wird, einen verschwindenden endlichen Bestandteil. Es bleiben also lediglich die Integrale über die den Konoidscheiteln benachbarten Schnittflächen (D_δ) und (D_δ'). Das erste Integral konvergiert nach § 40, Ziff. 6, bis auf einen von ξ unabhängigen Zahlenfaktor gegen $f(\xi) = \mathsf{X}(\xi, \alpha)$, das zweite Integral konvergiert in derselben Weise und mit demselben Zahlenfaktor gegen $G(\alpha, \xi)$. Infolgedessen ergibt sich als Darstellungsformel

$$\mathsf{X}(\xi, \alpha) = G(\alpha, \xi), \tag{40.15}$$

also dieselbe Symmetriebeziehung, die wir in Gl. (28.14) für die RIEMANNsche Funktion kennengelernt haben.

8. Verifikation der Darstellungsformel (39.22)

Wir haben jetzt noch die in § 39, Ziff. 4, angekündigte Verifikation der Darstellungsformel (39.22) nachzutragen. Der Kürze halber beschränken wir uns dabei auf das Anfangswertproblem der homogenen Gleichung $L[f] = 0$, d. h. auf den Fall $h \equiv 0$. In der Darstellungsformel fällt dann das zweite Integral, das über den Raumbereich K erstreckt wird, weg.

Es ist zu zeigen: a) daß die durch Gl. (39.22) dargestellte Funktion $f(\xi)$ der Differentialgleichung $L[f] = 0$ genügt, b) daß sie bei Annäherung des Punktes ξ an die Ausgangsfläche samt ihren ersten Ableitungen gegen die auf der Ausgangsfläche vorgegebenen Anfangsdaten strebt.

a) Die Verifikation der Differentialgleichung $L[f(\xi)] = 0$, die sonst sehr mühsam wäre (vgl. z. B. § 34, Ziff. 3), ist wegen der Differentiationsregel (40.9) für endliche Bestandteile äußerst einfach. Wir haben nach Gl. (40.9) lediglich zu zeigen, daß der Integrand $\{\cdots\}$ des B-Integrals in der Darstellungsformel die Gleichung $L_{(\xi)}\{\cdots\} = 0$ befriedigt, wobei sich die Differentiationsprozesse auf ξ beziehen. Da ξ nur in G und $\delta G/\delta t$ vorkommt, genügt es zu zeigen, daß $L_{(\xi)}[G(x, \xi)] = 0$ (Differentiation bezüglich ξ) gilt. Dies folgt aber unmittelbar aus der Symmetriebeziehung (40.15); denn es ist

$$L_{(\xi)}[G(x, \xi)] = L_{(\xi)}[\mathsf{X}(\xi, x)]$$

und $L_{(\xi)}[\mathsf{X}(\xi, x)]$ verschwindet definitionsgemäß, da X Grundlösung der Differentialgleichung $L[f] = 0$ ist.

b) Der Nachweis, daß $f(\xi)$ gegen die gegebenen Anfangswerte konvergiert, gelingt ebenfalls leicht. Wenn ξ gegen einen Punkt der Ausgangsfläche strebt, schrumpft der vom charakteristischen Konoid und der Ausgangsfläche eingeschlossene Raumbereich in derselben Weise wie bei dem Grenzprozeß $\delta \to 0$ von § 40, Ziff. 6, Abs. c, auf einen Punkt ein und man erhält wie dort als Grenzwert $f(\xi)$, wobei jetzt $f(\xi)$ der gegebene Anfangswert ist.

Der direkte Nachweis, daß auch die Ableitungen $\partial f/\partial \xi_i$ gegen die Anfangsdaten streben, wäre ziemlich unbequem. Wir führen den Nachweis daher nach Hadamard folgendermaßen indirekt: Wenn die Ausgangsfläche und alle Daten analytisch wären, könnte man wie in § 4 die Existenz und Eindeutigkeit einer analytischen Lösung des Anfangswertproblems beweisen und die durch die Darstellungsformel (39.22) gegebene Lösung müßte mit dieser analytischen Lösung zusammenfallen, also sämtliche Anfangsbedingungen erfüllen. Wenn die Ausgangsfläche und die Anfangsdaten f, $\partial f/\partial \xi_i$ nicht analytisch sind, aber in einem Punkt P von $\varkappa$ durch analytische Funktionen bis zu Ableitungen

genügend hoher Ordnung approximiert werden können, betrachtet man
die Lösung $\bar{f}$ des durch die analytische Ersatzfläche und die approximierenden analytischen Anfangsdaten festgelegten Anfangswertproblems. Diese analytische Lösung $\bar{f}$ strebt dann, wenn ξ gegen den
Punkt P läuft, gegen die in P gegebenen Anfangswerte $f, \partial f/\partial \xi_i$. Da
nun aber, wenn ξ gegen P rückt, der Integrationsbereich auf die Umgebung des Punkts P einschrumpft, erhält man für die durch die Darstellungsformel (39.22) gegebene Lösung des vorliegenden nichtanalytischen Anfangswertproblems dieselben Anfangsdaten $f, \partial f/\partial \xi_i$, falls,
wie vorausgesetzt, die approximierenden analytischen Funktionen und
die vorliegenden nichtanalytischen Funktionen Ableitungen hinreichend
hoher Ordnung miteinander gemeinsam haben.

§ 41. Anwendung auf die Wellengleichung im R_2

1. Grundlösung

Zur Erläuterung soll nun die in den §§ 39, 40 allgemein auseinandergesetzte HADAMARDsche Methode an der Wellengleichung im R_2

$$2L\,[f] \equiv 2M\,[f] \equiv f_{tt} - (f_{xx} + f_{yy}) = h\,(x,y,t) \qquad (41.1)$$

als dem einfachsten Beispiel erläutert werden. Die Untersuchungen
verlaufen hier im dreidimensionalen x, y, t-Raum und lassen sich daher
durchwegs geometrisch veranschaulichen. Wir beginnen mit der Ermittlung der Grundlösung $G(x, y, t, \xi, \eta, \tau)$ nach § 39, Ziff. 3 und
§ 12, Ziff. 3,4:

Nach den Gln. (12.6) und (12.9) ist (mit $a_{33} = -a_{11} = -a_{22} = \frac{1}{2}$
und $A_{33} = -A_{11} = -A_{22} = 2$)

$$A\,[p] = \tfrac{1}{4}\,p_3^2 - \tfrac{1}{4}\,(p_1^2 + p_2^2) = H\,[\dot{x}] = \dot{t}^2 - (\dot{x}^2 + \dot{y}^2),$$

$$d\sigma^2 = dt^2 - (dx^2 + dy^2).$$

Die charakteristischen Konoide sind identisch mit den MONGEschen
Kegeln

$$H\,[x - \xi] = (t - \tau)^2 - (x - \xi)^2 - (y - \eta)^2 = 0.$$

Die geodätischen Linien der Maßbestimmung $d\sigma^2 = dt^2 - dx^2 - dy^2$
sind nach den Gln. (12.5), nämlich

$$2\dot{x} = -p_1, \quad 2\dot{y} = -p_2, \quad 2\dot{t} = p_3, \quad p_1, p_2, p_3 = \text{const},$$

identisch mit Geraden des x, y, t-Raums, und zwar wegen der Nebenbedingung $4A\,[p] = p_3^2 - p_1^2 - p_2^2 \geqq 0$ mit den Geraden, deren Neigungswinkel zur t-Achse $\leqq 45°$ ist, die also innerhalb der MONGEschen

Kegel verlaufen. Die $45°$-Linien, d. h. die Mantellinien der MONGE-schen Kegel, sind die Nullinien der Maßbestimmung. Für das Quadrat der geodätischen Entfernung ergibt sich aus Gl. (12.10) oder (12.14)

$$\Gamma = \varrho^2 = \left[\int_0^s \sqrt{\dot{t}^2 - \dot{x}^2 - \dot{y}^2} \, ds \right]^2 = s^2(\dot{t}^2 - \dot{x}^2 - \dot{y}^2)$$

$$= (t - \tau)^2 - (x - \xi)^2 - (y - \eta)^2 \, .$$

Als Grundlösung erhält man

$$G(x, y, t, \xi, \eta, \tau) = \frac{1}{\sqrt{\Gamma}} = \frac{1}{\varrho} = \frac{1}{\sqrt{(t - \tau)^2 - (x - \xi)^2 - (y - \eta)^2}} \, ; \qquad (41.2)$$

denn dieser Ansatz erfüllt die in § 39, Ziff. 3, für $n = 3$ ($\nu = 0$) gestellten Forderungen. Offenbar hat $G \equiv \mathsf{X}$ die in Gl. (40.15) verlangte Symmetrieeigenschaft.

Die vorangehenden Untersuchungen lassen sich, wie nebenbei bemerkt sei, leicht auf den allgemeineren Fall

$$2L[f] \equiv 2M[f] \equiv f_{tt} - \sum_{i=1}^m f_{x_i x_i} - k f = h(x_1, \ldots, x_m, t) \qquad (41.3)$$

mit den $n = m + 1$ unabhängigen Veränderlichen $x_1, \ldots, x_m, t$ übertragen. Für das Quadrat der geodätischen Entfernung hat man hier

$$\Gamma = \varrho^2 = (t - \tau)^2 - \sum_{i=1}^m (x_i - \xi_i)^2 \, .$$

Wir versuchen Grundlösungen durch den Ansatz $f = G = v(\varrho)$ zu finden. Hierdurch geht Gl. (41.3) mit $h = 0$ über in die gewöhnliche Differentialgleichung

$$v'' + \frac{m}{\varrho} v' - k v = 0 \, .$$

Ihre Lösungen ergeben sich durch Rekursion von m auf $m + 2$. Ist nämlich v eine Lösung für eine ganze Zahl $m \geqq 0$, so ist $w = v'/\varrho$ wegen

$$w'' + \frac{m + 2}{\varrho} w' - k w = 0$$

eine Lösung für die Dimensionszahl $m + 2$.

Für ungerades $n = m + 1 = 3 + 2\nu$ (Wellengleichung im R_m mit gerader Dimensionszahl $m = 2 + 2\nu$) folgt aus

$$v = C_1 \mathfrak{Sin}(\varrho \sqrt{k}) + C_2 \mathfrak{Cof}(\varrho \sqrt{k}) \quad \text{für} \quad m = 0$$

durch Rekursion

$$G(x, t, \xi, \tau) = \frac{1}{\varrho} \mathfrak{Cof}(\varrho \sqrt{k}) \quad \text{für} \quad m = 2$$

und allgemein ($\nu = 0, 1, 2, \ldots$)

$$G(x, t, \xi, \tau) = R(x, t, \xi, \tau) \, \varrho^{-(1+2\nu)}$$

in Übereinstimmung mit Gl. (39.9a). Als Spezialfall für $m = 2$ $(v = 0)$ und $k = 0$ ergibt sich Gl. (41.2).

Für gerades $n = m + 1 = 4 + 2v$ (Wellengleichung im R_m mit ungerader Dimensionszahl $m = 3 + 2v$) erhält man aus

$$v = C_1 J_0(\varrho \sqrt{-k}) + C_2 N_0(\varrho \sqrt{-k}) \quad \text{für} \quad m = 1$$

mit

$$J_0(\varrho \sqrt{-k}) = \sum_{\mu=0}^{\infty} \left(\frac{k}{4}\right)^{\mu} \frac{\varrho^{2\mu}}{(\mu!)^2},$$

$$N_0(\varrho \sqrt{-k}) = \frac{2}{\pi} J_0(\varrho \sqrt{-k}) \cdot \ln\varrho + \text{reg. Funktion}$$

durch Rekursion

$$G(x, t, \xi, \tau) = \frac{1}{\varrho^2} J_0(\varrho \sqrt{-k}) + \frac{1}{\varrho} \frac{d}{d\varrho} J_0(\varrho \sqrt{-k}) \cdot \ln\varrho \quad \text{für} \quad m = 3$$

und allgemein $(v = 0, 1, 2, \ldots)$

$$G(x, t, \xi, \tau) = R(x, t, \xi, \tau) \varrho^{-(2+2v)} + 2R^*(x, t, \xi, \tau) \ln\varrho$$

in Übereinstimmung mit Gl. (39.9b).

2. Grenzprozeß $\varepsilon \to 0$ für das Integral $Q_{M_{\varepsilon\delta}}$ über den Mantel des charakteristischen Konoids

Wir wiederholen nun die in § 40 behandelten Grenzprozesse am Beispiel der Wellengleichung (41.1). Die Anfangsdaten des Anfangswertproblems seien wie in § 35 in der x, y-Ebene, d. h. für $t = 0$ gegeben. Dann wird der Integrationsbereich K vom charakteristischen

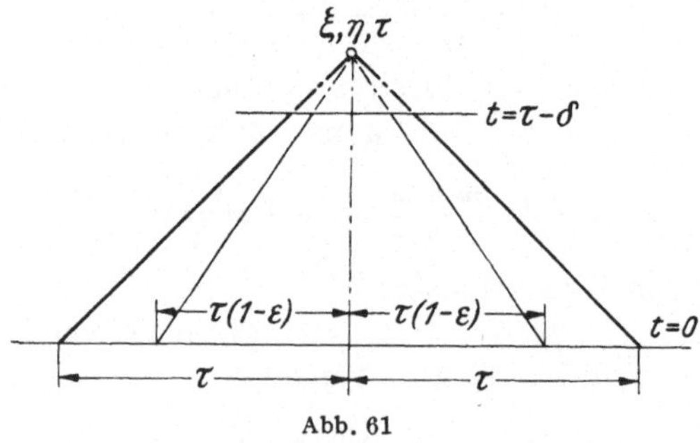

Abb. 61

Kegel mit dem Scheitel ξ, η, τ und der x, y-Ebene eingeschlossen, ist also durch $\Gamma \geqq 0$, $0 \leqq t \leqq \tau$ gegeben (Abb. 61).

Für den Grenzprozeß $\varepsilon \to 0$ nehmen wir als Flächenschar (ε) die zum charakteristischen Kegel koaxialen Drehkegel

$$(1 - \varepsilon)^2 (t - \tau)^2 - (x - \xi)^2 - (y - \eta)^2 = 0$$

und als Flächenschar (δ) für den Grenzprozeß $\delta \to 0$ die zur t-Achse senkrechten Ebenen $\tau - t = \delta$. Dann sind die bei den Grenzprozessen auftretenden Integrationsbereiche folgendermaßen bestimmt:

$(K_{\varepsilon\delta})$ $(1 - \varepsilon)^2 (t - \tau)^2 - (x - \xi)^2 - (y - \eta)^2 \geqq 0$, $0 \leqq t \leqq \tau - \delta$;

(B_ε) $(x - \xi)^2 + (y - \eta)^2 \leqq (1 - \varepsilon)^2 \tau^2$, $t = 0$;

$(D_{\varepsilon\delta})$ $(x - \xi)^2 + (y - \eta)^2 \leqq (1 - \varepsilon)^2 \delta^2$, $t = \tau - \delta$;

$(M_{\varepsilon\delta})$ $(1 - \varepsilon)^2 (t - \tau)^2 - (x - \xi)^2 - (y - \eta)^2 = 0$, $0 \leqq t \leqq \tau - \delta$.

Dabei ist $0 < \delta < \tau$ und $0 < \varepsilon < 1$.

Wir wenden uns nun zunächst zu dem Flächenintegral

$$Q_{M_{\varepsilon\delta}} = \int \{f(G_t \, v_3 - G_x \, v_1 - G_y \, v_2) - G(f_t \, v_3 - f_x \, v_1 - f_y \, v_2)\} \, do, \quad (41.4)$$

von dem in § 40, Ziff. 5, bereits allgemein gezeigt wurde, daß der endliche Bestandteil q_{M_δ} beim Grenzprozeß $\varepsilon \to 0$ verschwindet. In Gl. (39.7) ist hierbei

$$t \frac{\delta}{\delta t} = - v_1 \frac{\partial}{\partial x} - v_2 \frac{\partial}{\partial y} + v_3 \frac{\partial}{\partial t}, \quad S = 0$$

zu setzen. Zur Berechnung des Integrals (41.4) sind zunächst die Komponenten v_1, v_2, v_3 des Normalenvektors und das Oberflächenelement do zu bilden. Hierzu führen wir an Stelle von x, y, t Kegelkoordinaten Θ, E, T ein, nämlich

$$x - \xi = T(1 - E) \cos\Theta, \quad y - \eta = T(1 - E) \sin\Theta, \quad t - \tau = -T.$$

Durch $\Theta = $ const sind die Ebenen $(y - \eta) = (x - \xi) \operatorname{tg}\Theta$ durch die Achse des charakteristischen Kegels gegeben, durch $T = $ const die zur Achse senkrechten Ebenen und durch $E = $ const die koaxialen Drehkegel $(x - \xi)^2 + (y - \eta)^2 = (1 - E)^2 (t - \tau)^2$.

Für die Mantelfläche $(M_{\varepsilon\delta})$ hat man also

$$E = \varepsilon, \quad \delta \leqq T \leqq \tau, \quad 0 \leqq \Theta < 2\pi.$$

Mit $E = \varepsilon$ ergibt sich

$$x_T = (1 - \varepsilon) \cos\Theta, \qquad y_T = (1 - \varepsilon) \sin\Theta, \qquad t_T = -1;$$
$$x_\Theta = -T(1 - \varepsilon) \sin\Theta, \qquad y_\Theta = T(1 - \varepsilon) \cos\Theta, \qquad t_\Theta = 0$$

und hierauf

$$v_1 \, do = (y_\Theta \, t_T - y_T \, t_\Theta) \, dT \, d\Theta = - T(1 - \varepsilon) \cos\Theta \, dT \, d\Theta,$$
$$v_2 \, do = (t_\Theta \, x_T - t_T \, x_\Theta) \, dT \, d\Theta = - T(1 - \varepsilon) \sin\Theta \, dT \, d\Theta,$$
$$v_3 \, do = (x_\Theta \, y_T - x_T \, y_\Theta) \, dT \, d\Theta = - T(1 - \varepsilon)^2 \, dT \, d\Theta.$$

Außerdem ist

$$f_T = f_x(1 - \varepsilon) \cos\Theta + f_y(1 - \varepsilon) \sin\Theta - f_t,$$
$$f_E = - f_x \, T \cos\Theta - f_y \, T \sin\Theta$$

und daher

$$-G(f_t\,v_3-f_x\,v_1-f_y\,v_2)\,do=G(1-\varepsilon)\,[\varepsilon(2-\varepsilon)\,f_E-T(1-\varepsilon)f_T]\,d\,T\,d\Theta\,,$$
$$-f(G_t\,v_3-G_x\,v_1-G_y\,v_2)\,do=f(1-\varepsilon)\,[\varepsilon(2-\varepsilon)\,G_E-T(1-\varepsilon)G_T]\,d\,T\,d\Theta\,.$$

Unter Berücksichtigung von

$$G=\frac{1}{\sqrt{(t-\tau)^2-(x-\xi)^2-(y-\eta)^2}}=\frac{1}{T\sqrt{E(2-E)}}=E^{-1/2}\,\varphi(E,T)\,,$$
$$G_E=-\tfrac{1}{2}\,E^{-3/2}\,\varphi+E^{-1/2}\,\varphi_E\,,\qquad G_T=E^{-1/2}\,\varphi_T\,,$$

wobei φ, φ_E und φ_T bei $E=0$ stetig bleiben, erhält man die Entwicklung

$$Q_{M_{\varepsilon\delta}}=\int\!\!\int\limits_{M_{\varepsilon\delta}}\{f(G_t\,v_3-G_x\,v_1-G_y\,v_2)-G(f_t\,v_3-f_x\,v_1-f_y\,v_2)\}\,do$$
$$=-\frac{1}{\sqrt{\varepsilon}}\int\limits_{\delta}^{\tau}d\,T\int\limits_{0}^{2\pi}\Phi(T,\Theta)\,d\Theta+\{\varepsilon\}$$

mit einer bei $\varepsilon=0$ stetig bleibenden Funktion Φ und mit $\{\varepsilon\}\to0$ für $\varepsilon\to0$. Hiermit ist von neuem verifiziert, daß der endliche Bestandteil q_{M_δ} verschwindet.

3. Grenzprozeß $\delta\to0$

Der in § 40, Ziff. 6, behandelte Grenzprozeß $\delta\to0$ verläuft bei unserem Beispiel folgendermaßen:

In dem Integral

$$Q_{K_{\varepsilon\delta}}=\int\!\!\int\!\!\int\limits_{K_{\varepsilon\delta}}G\,h\,dx\,dy\,dt=\int\limits_{t=0}^{\tau-\delta}dt\int\!\!\int\limits_{S_\varepsilon}\frac{h(x,y,t)\,dx\,dy}{\sqrt{(t-\tau)^2-(x-\xi)^2-(y-\eta)^2}}$$

sind mit (S_ε) die Schnittkreisflächen bezeichnet, die von den Ebenen $t=\text{const}$ aus dem Bereich $(K_{\varepsilon\delta})$ ausgeschnitten werden. Da das Flächenintegral über (S_ε) für $\varepsilon\to0$ konvergiert, strebt $Q_{K_{\varepsilon\delta}}$ für $\varepsilon\to0$ gegen einen endlichen Grenzwert q_{K_δ} und dieser wiederum gegen einen endlichen Grenzwert q_K für $\delta\to0$. Das Integral Q_K ist hier also ein im gewöhnlichen Sinne uneigentliches Integral und der „endliche Bestandteil" q_k ist nichts anderes als der Grenzwert dieses uneigentlichen Integrals.

Um den Grenzwert $\delta\to0$ für das Flächenintegral Q_{D_δ} zu berechnen, betrachten wir zunächst das Integral

$$J=\int\!\!\int\limits_{S_\varepsilon}(G\,f_t-f\,G_t)\,dx\,dy=\int\!\!\int\limits_{S_\varepsilon}\frac{f_t}{\varrho}\,dx\,dy-T\int\!\!\int\limits_{S_\varepsilon}\frac{f}{\varrho^3}\,dx\,dy$$

über die Schnittkreisfläche (S_ε) des Bereichs $(K_{\varepsilon\delta})$ mit irgendeiner Ebene $t = \tau - T = $ const und zerlegen es in drei Bestandteile, nämlich

$$J = \iint\limits_{S_\varepsilon} \frac{f_t}{\varrho}\, dx\, dy - T \iint\limits_{S_\varepsilon} \frac{f - f^*}{\varrho^3}\, dx\, dy -$$

$$- T \iint\limits_{S_\varepsilon} \frac{f^*}{\varrho^3}\, dx\, dy = J_1 + J_2 + J_3. \tag{41.5}$$

Dabei ist $f = f(T, E, \Theta)$ der Funktionswert in irgendeinem Punkt E, Θ der Schnittkreisfläche (S_ε) und $f^* = f(T, 0, \Theta)$ der Funktionswert in dem Punkt $(0, \Theta)$ mit demselben Winkel Θ auf der Mantelfläche (M) des charakteristischen Kegels.

Die beiden ersten Integrale J_1 und J_2 sind ebenso wie das vorher untersuchte Integral Q_K uneigentliche Integrale im gewöhnlichen Sinne, da f_t und ebenso auch

$$\frac{f - f^*}{\varrho^2} = \frac{f_E(T, E_m, \Theta)\, E}{T^2 E (2 - E)} = \frac{f_E(T, E_m, \Theta)}{T^2 (2 - E)} \quad \text{mit} \quad 0 < E_m < E$$

im Bereich $0 \leq E \leq 1$ beschränkt sind. Für das dritte Integral ergibt sich

$$J_3 = - T \iint\limits_{S_\varepsilon} \frac{f^*}{\varrho^3}\, dx\, dy = - \int\limits_0^{2\pi} f^*\, d\Theta \int\limits_\varepsilon^1 \frac{(1 - E)\, dE}{E^{3/2} (2 - E)^{3/2}} \,.$$

Mit $\mu = 1 - E$ kommt

$$\int\limits_\varepsilon^1 \frac{(1 - E)\, dE}{E^{3/2} (2 - E)^{3/2}} = \int\limits_0^{1-\varepsilon} \frac{\mu\, d\mu}{(1 - \mu^2)^{3/2}} = \left(\frac{1}{\sqrt{1 - \mu^2}} \right)_{\mu = 0}^{\mu = 1 - \varepsilon} = - 1 + \frac{1}{\sqrt{\varepsilon}} \frac{1}{\sqrt{2 - \varepsilon}},$$

der endliche Bestandteil von J_3 ist also gleich $\int\limits_0^{2\pi} f^*\, d\Theta$.

Für $T = \delta$ geht J in das Integral $Q_{D_{\varepsilon\delta}}$ über. Beim Grenzprozeß $T = \delta \to 0$ streben die Integrale J_1 und J_2 gegen Null und der endliche Bestandteil von J_3 hat den Grenzwert

$$q_D = \lim_{\delta \to 0} \int\limits_0^{2\pi} f^*\, d\Theta = 2\pi f(\xi, \eta, \tau)$$

in Übereinstimmung mit § 40, Ziff. 6.

4. Darstellungsformel

Um die Darstellungsformel (39.22) in unserem Beispiel zu erhalten, haben wir noch den endlichen Bestandteil des Integrals Q_{B_ε} über die Ausgangsfläche beim Grenzprozeß $\varepsilon \to 0$ zu diskutieren. Da für $T = \tau$

das in Gl. (41.5) behandelte Integral J sich zu $-Q_{B_\varepsilon}$ spezialisiert, ergibt sich aus Gl. (41.5) mit den Anfangsdaten

$$f(x,y,0) = \bar{f}(x,y), \qquad f_t(x,y,0) = \bar{q}(x,y)$$

der endliche Bestandteil

$$q_B = -\int\limits_0^{2\pi} f^* \, d\Theta - \iint\limits_B \frac{\bar{q}}{\varrho} \, dx \, dy + \tau \iint\limits_B \frac{\bar{f} - f^*}{\varrho^3} \, dx \, dy.$$

Man hat somit die Darstellungsformel

$$2\pi f(\xi, \eta, \tau) = \iiint\limits_K \frac{h(x,y,t) \, dx \, dy \, dt}{\varrho} + \int\limits_0^{2\pi} f^*(\Theta) \, d\Theta +$$

$$+ \iint\limits_B \frac{\bar{q}(x,y) \, dx \, dy}{\varrho} - \tau \iint\limits_B \frac{\bar{f}(x,y) - f^*(\Theta)}{\varrho^3} \, dx \, dy. \tag{41.6}$$

Sie geht unter Berücksichtigung von

$$\int\limits_0^{2\pi} f^* \, d\Theta - \tau \iint\limits_B \frac{\bar{f} - f^*}{\varrho^3} \, dx \, dy = \frac{\partial}{\partial \tau} \iint\limits_B \frac{\bar{f}}{\varrho} \, dx \, dy$$

in die Darstellungsformel (35.5) bzw. (35.6) über, die wir in § 35 auf elementarem Wege gefunden haben.

Fünftes Kapitel

Behandlung von Anfangswertproblemen mit Hilfe des Distributionskalküls

In Kapitel V werden die Untersuchungen und Ergebnisse des Kapitels IV durch Verwendung des Kalküls der Distributionstheorie von L. SCHWARTZ[1] erweitert und vertieft. Zunächst werden in den §§ 42, 43 die Grundbegriffe und der Kalkül der Distributionstheorie nach A. KÖNIG[2] und F. PENZLIN[3] in dem für das Folgende erforderlichen Umfang behandelt. In § 44 wird dann der Kalkül auf Faltungsgleichungen, und zwar insbesondere auf Anfangswertprobleme der Wellengleichung angewandt. In § 45 wird die Brauchbarkeit des Kalküls an praktischen Beispielen aus der Theorie der dreidimensionalen linearisierten stationären Überschallströmung um flache und um schlanke Flugkörper (Tragflügel, Rumpf) erläutert. Zum Abschluß wird in § 46

---

[1] SCHWARTZ, L.: Théorie des distributions I, II. Paris: Hermann 1950/51.
[2] KÖNIG, H.: Math. Nachr. **9**, 129—148 (1953).
[3] PENZLIN, F.: Wiss. Z. der Univ. Jena **5**, 137—149 (1955/56).

die Anwendung der LAPLACE-Transformation auf Anfangswertprobleme partieller Differentialgleichungen erörtert. Dabei zeigt sich, wie der Kalkül der LAPLACE-Transformationen im Rahmen des Distributionskalküls sich vereinfacht und erweitert.

Für das Verständnis des Kapitels V ist die Kenntnis einiger einfacher Begriffe aus der Theorie der reellen Funktion (z. B. L^1-integrabel, fast überall, totalstetig) erforderlich. Der hiermit nicht genügend vertraute Leser sei etwa auf die Vorlesungen von F. RIESZ und BÈLA SZ. NAGY[1] verwiesen.

§ 42. Grundzüge des Distributionskalküls

1. Begriff der Distribution im R_1

Unter einer Distribution f versteht man eine formale Potenzreihe

$$f = \sum_0^\infty \partial^i f_i(x) \qquad (42.1)$$

nach einem formalen Parameter ∂. Dabei treffen wir folgende Voraussetzungen:

a) Die $f_i(x)$ sind lokal L^1-integrabel, d. h. in jedem endlichen Teilintervall sind die $f_i(x)$ meßbar und es existieren dort die LEBESGUEschen Integrale $\int |f_i(x)| dx$.

b) Die Reihe ist lokal endlich, d. h. für jeden Punkt x gibt es eine Umgebung, in der die Summation nur bis zu einem jeweils endlichen $N = N(x)$ läuft. Wir werden fortan die Grenzen der Summation bei solchen lokal endlichen Reihen nicht ausdrücklich angeben.

In dem Spezialfall $f_i(x) \equiv 0$ für $i \geqq 1$ ergibt sich

$$f = \partial^0 f_0(x) = f_0(x), \qquad (42.2)$$

die Distribution f spezialisiert sich hier also zur L^1-integrablen Funktion $f_0(x)$. In diesem Sinn ist der Distributionsbegriff eine Verallgemeinerung des Funktionsbegriffs.

Ein einfaches Beispiel einer nichttrivialen, d. h. sich nicht zu einer Funktion spezialisierenden Distribution ist

$$f = \partial \varepsilon(x) \qquad (42.3)$$

mit $f_0(x) = f_2(x) = f_3(x) = \cdots = 0$ und

$$f_1(x) = \text{HEAVISIDE-Funktion } \varepsilon(x) = \begin{cases} 1 & \text{für} \quad x > 0, \\ 0 & \text{für} \quad x < 0. \end{cases} \qquad (42.4)$$

Wir werden in Ziff. 5 auf diese Distribution zurückkommen.

---

[1] RIESZ, F., u. BÈLA SZ. NAGY: Vorlesungen über Funktionalanalysis. Berlin (Deutscher Verlag der Wissenschaften) 1956.

2. Ableitung einer Distribution

Als Ableitung df/dx einer Distribution f definieren wir das Produkt von f mit dem Entwicklungsparameter ∂:

$$\frac{d}{dx} f = \partial f = \sum \partial^{i+1} f_i(x) = \partial f_0(x) + \partial^2 f_1(x) + \cdots \qquad (42.5)$$

Die Ableitung ist also wiederum eine Distribution und offenbar ist jede Distribution beliebig oft differenzierbar[1]:

$$\left(\frac{d}{dx}\right)^m f = \partial^m f = \sum \partial^{i+m} f_i(x) = \partial^m f_0(x) + \partial^{m+1} f_1(x) + \cdots \qquad (42.6)$$

Insbesondere ist jede L^1-integrable Funktion $f = f_0(x)$, nach Gl. (42.2) als Distribution gedeutet, differenzierbar. Ihre Ableitungen

$$\left(\frac{d}{dx}\right)^m f = \partial^m f_0(x) \qquad (42.7)$$

sind im allgemeinen nicht wieder Funktionen. Beispielsweise ist die in Gl. (42.3) eingeführte Distribution $\partial \varepsilon(x)$ die Ableitung der HEAVISIDE-Funktion $\varepsilon(x)$.

3. Gleichheit von Distributionen; Träger

Formale Potenzreihen (42.1) sollen in einem offenen Intervall (J) als Darstellungen derselben Distribution f gelten, wenn sie sich nur um eine Reihe der Form

$$\sum \partial^i [h_i'(x) - \partial h_i(x)]$$
$$= h_0'(x) + \partial [h_1'(x) - h_0(x)] + \cdots + \partial^k [h_k'(x) - h_{k-1}(x)] + \cdots \qquad (42.8)$$

unterscheiden. Dabei sind die $h_i(x)$ in (J) totalstetige, sonst aber willkürliche Funktionen und die $h_i'(x)$ ihre (fast überall existierenden) Ableitungen, so daß in (J) $h_i(x) = \int\limits_a^x h'(\xi) d\xi$ gilt.

Hiernach hat jede Distribution f in jedem offenen Intervall (J) unendlich viele Darstellungen

$$f = \sum \partial^i f_i(x) + \sum \partial^i [h_i'(x) - \partial h_i(x)]. \qquad (42.9)$$

Insbesondere sind die Reihen (42.8) die Darstellungen der Distribution $f = 0$. Bezeichnet man den Raum der Reihen (42.8) mit (U), so verabreden wir: Gleichungen zwischen Distributionen sollen fortan nicht im Sinn der Gleichheit der Darstellungen verstanden werden, sondern

$$\left.\begin{array}{r} f = 0 \\ f = g \end{array}\right\} \text{ soll bedeuten } \left\{\begin{array}{l} f \equiv 0 \quad \mathrm{mod} \ \ (U), \\ f \equiv g \quad \mathrm{mod} \ \ (U). \end{array}\right.$$

---

[1] Statt $\dfrac{d^m f(x)}{dx^m}$ benützen wir die Schreibweise $\left(\dfrac{d}{dx}\right)^m f(x)$.

Eine wichtige Folgerung ergibt sich für Funktionen $f_0(x)$, die in (J) eine stetige Ableitung $f_0'(x)$ im gewöhnlichen Sinne besitzen. Hier erhält man für die Ableitung der als Distribution gedeuteten Funktion $f_0 = \partial^0 f_0(x)$ nach Gl. (42.5) und Gl. (42.8)

$$\frac{d}{dx} f_0 = \partial f_0(x) = \partial f_0(x) + h_0'(x) - \partial h_0(x) = f_0'(x), \qquad (42.10)$$

wenn wir in Gl. (42.8)

$$h_0(x) = f_0(x) \quad \text{und} \quad h_i(x) = 0 \quad \text{mit} \quad i \geqq 1$$

setzen. Gl. (42.10) besagt:

Besitzt $f(x)$ in (J) eine stetige Ableitung $f'(x)$ im gewöhnlichen Sinn, so ist $f'(x)$ zugleich die Ableitung von $f = f(x)$ im Sinne der Distributionstheorie. Der Ableitungsbegriff der Distributionstheorie ist also eine Verallgemeinerung des Ableitungsbegriffs der klassischen Analysis.

Als Träger einer Distribution f bezeichnet man das Komplement der größten offenen Punktmenge, in der $f = 0$ gilt.

4. Konvergenz

Die Konvergenz einer Folge von Distributionen f^ν ($\nu = 1, 2, \ldots$) gegen eine Distribution f,

$$f^\nu \to f,$$

wird folgendermaßen definiert:

Es existieren Darstellungen $f = \sum \partial^i f_i(x)$, $f^\nu = \sum \partial^i f_i^\nu(x)$ mit folgenden Eigenschaften:

a) $f_i^\nu(x) \to f_i(x)$ fast überall für jedes i,

b) $|f_i^\nu(x)| \leqq |h_i(x)|$ für jedes i und alle ν mit einer lokal L^1-integrablen Funktion $h_i(x)$.

c) $f_i^\nu(x) = 0$ für alle $i > N(x)$ und alle ν.

Offenbar sind die Operationen limes-Bildung und Ableitung unbeschränkt vertauschbar:

$$\lim_{\nu \to \infty} \left(\frac{d}{dx} f^\nu \right) = \lim_{\nu \to \infty} (\partial f^\nu) = \partial \lim_{\nu \to \infty} f^\nu = \frac{d}{dx} (\lim_{\nu \to \infty} f^\nu) = \frac{d}{dx} f = \partial f. \qquad (42.11)$$

Mit

$$f^\nu = \sum_1^\nu g^k \quad \text{und} \quad f = \lim_{\nu \to \infty} f^\nu = \sum_1^\infty g^k$$

hat man also

$$\frac{d}{dx} \left(\sum_1^\infty g^k \right) = \sum_1^\infty \left(\frac{d}{dx} g^k \right), \qquad (42.12)$$

d. h. konvergente Reihen von Distributionen dürfen stets gliedweise differenziert werden.

5. Faltung; Dirac-Distributionen

Wir wenden uns nun zu der für das Folgende wichtigen Faltungsoperation und schränken hierfür den Raum der Distributionen durch eine der beiden folgenden Forderungen ein:

a) Es gibt eine Darstellung, in der die $f_i(x)$ nicht nur in jedem endlichen Teilintervall, sondern über die ganze x-Achse L^1-integrabel sind.

b) Die Träger der Distributionen sind nach links beschränkt.

Auf andere Bedingungen, unter denen ebenfalls die Faltungsoperation möglich ist, wollen wir hier nicht eingehen.

Dann läßt sich die Faltung zweier Distributionen definieren durch

$$f * g = \{\textstyle\sum \partial^i f_i(x)\} * \{\textstyle\sum \partial^i g_i(x)\}$$

(42.13)

$$= \sum_{i=0}^{\infty} \partial^i \left\{ \sum_{k=0}^{i} \int_{-\infty}^{+\infty} f_k(x-t) g_{i-k}(t)\, dt \right\} = \sum_{i=0}^{\infty} \partial^i \left\{ \sum_{k=0}^{i} \int_{-\infty}^{+\infty} f_k(t) g_{i-k}(x-t)\, dt \right\}.$$

Das so definierte Faltungsprodukt spezialisiert sich zum Faltungsprodukt der klassischen Analysis, wenn f und g gemäß Gl. (42.2) Funktionen sind. Es ist unabhängig von den für f und g benützten Darstellungen, wie man leicht durch Nachrechnen bestätigt, und offenbar kommutativ und assoziativ. Außerdem folgt aus Gl. (42.13) sofort die Differentiationsregel

$$\frac{d}{dx}(f * g) = \left(\frac{d}{dx} f\right) * g = f * \left(\frac{d}{dx} g\right).$$

(42.14)

Aus der HEAVISIDEschen Sprungfunktion, Gl. (42.4), erhält man durch Ableitung die Distributionen

$$\delta = \partial \varepsilon(x), \quad \frac{d}{dx}\delta = \delta' = \partial^2 \varepsilon(x), \quad \left(\frac{d}{dx}\right)^m \delta = \delta^{(m)} = \partial^{m+1}\varepsilon(x); \quad (42.15)$$

die erste dieser Distributionen haben wir bereits in Gl. (42.3) eingeführt. Die so erhaltenen Distributionen haben als Träger den Nullpunkt, d. h. sie verschwinden in jedem den Nullpunkt nicht enthaltenden offenen Intervall (J); denn für $x < 0$ und $x > 0$ ist $\varepsilon(x) = \text{const}$ und daher nach Gl. (42.10)

$$\delta = \partial \varepsilon(x) = \varepsilon'(x) = 0.$$

Hiernach erfüllen die Distributionen δ und $\delta^{(m)}$ die oben gestellte Forderung (b), können also in Faltungsprodukten auftreten.

Wir falten δ mit einer Distribution

$$g = \textstyle\sum \partial^i \{\varepsilon(x) g_i(x)\},$$

deren Träger in der rechten Halbachse $x \geqq 0$ enthalten ist, so daß wiederum die Forderung (b) erfüllt wird. Dabei kommt

$$\delta * g = \sum \partial^{i+1} \int_{-\infty}^{+\infty} \varepsilon(x-t)\,\varepsilon(t)\,g_i(t)\,dt$$

$$= \sum \partial^{i+1}\varepsilon(x)\int_0^x g_i(t)\,dt = \sum \partial^i\varepsilon(x)\,g_i(x) = g,$$

also

$$\delta * g = g, \qquad \delta^{(m)} * g = \partial^m\{\partial\varepsilon(x)*g\} = \partial^m g = \left(\frac{d}{dx}\right)^m g. \quad (42.16)$$

Die Faltung einer Distribution mit δ liefert also wieder dieselbe Distribution, die Faltung mit $\delta^{(m)}$ ihre m-te Ableitung. Hiernach leisten die Distributionen δ, $\delta^{(m)}$ gerade das, was DIRAC von seinen „uneigentlichen Funktionen" δ, $\delta^{(m)}$ verlangt hat. Aus diesem Grund gaben wir ihnen die DIRACschen Bezeichnungen und nennen sie fortan DIRAC-Distributionen.

Für die Faltung mit δ und den Ableitungen von δ kann man die Beschränkung auf Distributionen g mit links abgeschnittenem Träger fallenlassen.

6. Regularisierung

Konvergiert in einem offenen Intervall (J) eine Folge L^1-integrabler Funktionen $f^\nu(x)$ gegen die L^1-integrable Funktion $f(x)$,

$$f^\nu(x) \to f(x),$$

und existieren die Ableitungen von $f^\nu(x)$ bis mindestens zur m-ten Ordnung, dann gilt nach Ziff. 4

$$\left(\frac{d}{dx}\right)^m f^\nu(x) \to \left(\frac{d}{dx}\right)^m f(x) = \partial^m f(x).$$
$$(42.17)$$

Das heißt: Die Folge der Funktionen $\left(\frac{d}{dx}\right)^m f^\nu(x)$ konvergiert im distribu-

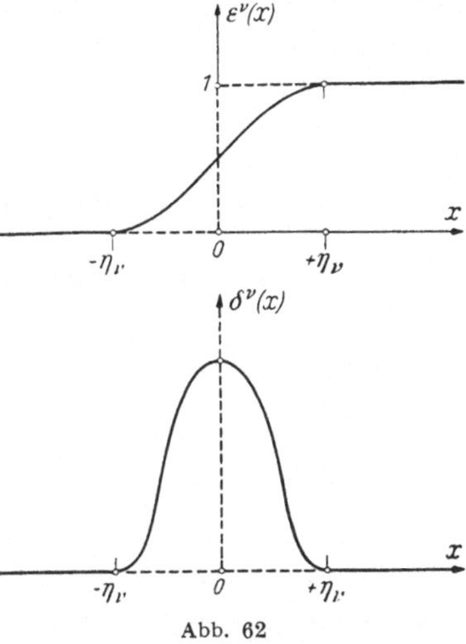
Abb. 62

tionstheoretischen Sinn ebenfalls, und zwar gegen die m-te Ableitung $\partial^m f(x)$ der Funktion $f(x)$. Diese Ableitung ist eine Distribution, im allgemeinen aber keine Funktion.

Wir erläutern diesen Prozeß am Beispiel der DIRAC-Distributionen: Die Funktionen (Abb. 62 unten)

$$\delta^\nu(x) = \begin{cases} \dfrac{k}{\eta_\nu}\exp\left\{-\dfrac{1}{1-(x/\eta_\nu)^2}\right\} & \text{für} \quad \eta_\nu > 0, \quad |x| \leqq \eta_\nu, \\[2mm] 0 & \text{für} \quad |x| \geqq \eta_\nu, \end{cases}$$

sowie die durch Integration entstehenden Funktionen (Abb. 62 oben)

$$\varepsilon^\nu(x) = \int\limits_{-\infty}^{x} \delta^\nu(\xi)\,d\xi$$

sind für alle x im gewöhnlichen Sinn unbeschränkt differenzierbar. Die Konstante k sei festgelegt durch

$$\frac{1}{k} = \int\limits_{-1}^{+1} \exp\left(-\frac{1}{1-t^2}\right) dt.$$

Dann hat für jedes $\eta_\nu > 0$ die von der x-Achse und der Kurve $y = \delta^\nu(x)$ eingeschlossene Fläche den Inhalt 1 und es ist $\varepsilon^\nu(x) = 0$ für $x \leqq -\eta_\nu$ und $\varepsilon^\nu(x) = 1$ für $x \geqq \eta_\nu$.

Für $\eta_\nu \to 0$ $(\nu = 1, 2, \ldots)$ konvergieren die Funktionen $\varepsilon^\nu(x)$ gegen die HEAVISIDE-Funktion,

$$\varepsilon^\nu(x) \to \varepsilon(x) = \begin{cases} 1 & \text{für} \quad x > 0, \\ 0 & \text{für} \quad x < 0, \end{cases} \qquad \text{vgl. (42.4)}$$

und die Ableitungen der im gewöhnlichen Sinn unbeschränkt differenzierbaren Funktionen $\varepsilon^\nu(x)$ gegen die DIRAC-Distributionen

$$\delta^\nu(x) = \frac{d}{dx}\varepsilon^\nu(x) \to \partial\varepsilon(x) = \delta,$$

$$\left(\frac{d}{dx}\right)^m \delta^\nu(x) = \left(\frac{d}{dx}\right)^{m+1}\varepsilon^\nu(x) \to \partial^{m+1}\varepsilon(x) = \delta^{(m)}.$$

In analoger Weise kann man jeder Distribution f durch Faltung mit den Funktionen $\delta^\nu(x)$ eine Folge unbeschränkt differenzierbarer Funktionen

$$f^\nu(x) = \delta^\nu(x) * f$$

zuordnen und erhält dann die Distribution f als Limes dieser Funktionenfolge

$$f = \lim_{\nu \to \infty} f^\nu(x). \qquad (42.18)$$

Man bezeichnet diesen Prozeß, durch welchen die Distributionen in anschaulicher Weise aus differenzierbaren Funktionen der gewöhnlichen Analysis hergeleitet werden, als Regularisierung.

7. Distributionen im R_n

Die bisher bei einer unabhängigen Veränderlichen x gegebenen Definitionen lassen sich leicht auf den n-dimensionalen Raum R_n der Punkte

$$X = (x_1, \ldots, x_{n-1}, x_n)$$

übertragen. Wie in § 33 zeichnen wir eine der n Veränderlichen und zwar $x_n = t$ aus und fassen die übrigen Veränderlichen im Symbol

$$x = (x_1, \ldots, x_m) \quad \text{mit} \quad m = n - 1$$

zusammen. Die x erfüllen dann einen m-dimensionalen Unterraum R_m des von den

$$X = (x_1, \ldots, x_m, x_n) = (x, x_n)$$

aufgespannten R_n. Im folgenden verwenden wir im R_n griechische Indizes (ν, μ usw. von 1 bis n laufend) und im R_m lateinische Indizes (i, k usw. von 1 bis $m = n - 1$ laufend).

Die Distributionen im R_n definieren wir analog zu Gl. (42.1) durch die lokal endlichen Potenzreihen

$$f = \sum \partial_1^{l_1} \partial_2^{l_2} \ldots \partial_n^{l_n} f_{l_1, l_2 \ldots, l_n}(x_1, x_2, \ldots, x_n) = \sum \partial^L f_L(X) \quad (42.19)$$

mit den n formalen Parametern ∂_μ und den in R_n lokal L^1-integrablen Funktionen $f_L(X)$.

Aus der zu Gl. (42.5) analogen Ableitungsdefinition

$$\frac{\partial}{\partial x_\mu} f = \partial_\mu f \tag{42.20}$$

folgt sofort

$$\frac{\partial}{\partial x_\mu} \left\{ \frac{\partial}{\partial x_\nu} f \right\} = \partial_\mu \partial_\nu f = \partial_\nu \partial_\mu f = \frac{\partial}{\partial x_\nu} \left\{ \frac{\partial}{\partial x_\mu} f \right\};$$

die Reihenfolge der Differentiationen ist also ohne Einschränkung vertauschbar. Ist f_L nach einem x_ν stetig differenzierbar, dann stimmt der partielle Differentialquotient mit der distributionstheoretischen Ableitung überein.

Auch die Faltungsdefinition nach Gl. (42.13) läßt sich sofort auf den R_n übertragen, wenn wir verlangen, daß die zugelassenen Distributionen die beiden folgenden Bedingungen erfüllen:

a) Es gibt eine Darstellung, in der die $f_L(X)$ nicht nur lokal, sondern bei festem $x_n = t$ über den ganzen R_m der x L^1-integrabel sind.

b) Die Träger der Distributionen sind bezüglich t nach unten beschränkt.

Aus der HEAVISIDE-Funktion des R_n

$$\varepsilon_{R_n}(X) = \varepsilon(t)\,\varepsilon(x_1) \ldots \varepsilon(x_m) \tag{42.21}$$

ergeben sich wie in Gl. (42.15) die DIRAC-Distributionen im R_n

$$\delta_{R_n} = \partial_1 \partial_2 \ldots \partial_n \varepsilon(X), \qquad \frac{\partial}{\partial x_\mu} \delta_{R_n} = \partial_\mu \delta_{R_n} \quad \text{usf.} \tag{42.22}$$

Wie in Ziff. 5 hat man im R_n

$$\delta_{R_n} * g = g, \qquad \left\{ \frac{\partial}{\partial x_\mu} \delta_{R_n} \right\} * g = \frac{\partial}{\partial x_\mu} g = \partial_\mu g \quad \text{usf.} \tag{42.23}$$

§ 43. Sprungfunktionen

Die Vorteile des Distributionskalküls zeigen sich sofort bei den Sprungfunktionen

$$\bar{y}(x) = \varepsilon(x)\, y(x) = \begin{cases} y(x) & \text{für} \quad x > 0 \\ 0 & \text{für} \quad x < 0 \end{cases} \tag{43.1}$$

im R_1 und

$$\bar{y}(X) = \varepsilon\big(\sigma(X)\big)\, y(X) = \begin{cases} y(X) & \text{für} \quad \sigma(X) > 0 \\ 0 & \text{für} \quad \sigma(X) < 0 \end{cases} \tag{43.2}$$

im R_n. Hierbei ist $\varepsilon(x)$ bzw. $\varepsilon(\sigma)$ die HEAVISIDEsche elementare Sprungfunktion, Gl. (42.4), hinsichtlich x bzw. hinsichtlich der Variablen σ. Diese wird eingeführt durch

$$\sigma(X) = t - \vartheta(x) \tag{43.3}$$

mit der für alle x eindeutigen und mindestens zweimal stetig nach den x_i differenzierbaren Funktion $\vartheta(x)$. Die Gleichung $\sigma = 0$ liefert eine m-dimensionale Hyperfläche im R_n, der hierdurch in die beiden Teilräume $\sigma > 0$ und $\sigma < 0$ zerlegt wird.

Der Träger der Sprungfunktionen, Gl. (43.1) bzw. Gl. (43.2), ist am Nullpunkt $x = 0$ bzw. an der Hyperfläche $\sigma = 0$ nach „links", d. h. für $x < 0$ bzw. $\sigma < 0$, abgeschnitten. Es treten dabei an der Begrenzung des Trägers im allgemeinen Unstetigkeiten auf, so daß die Ableitungen von $\bar{y}(x)$ bzw. $\bar{y}(X)$ in der Umgebung von $x = 0$ bzw. $\sigma = 0$ wie bei der elementaren Sprungfunktion $\varepsilon(x)$ im distributionstheoretischen Sinn zu bilden sind.

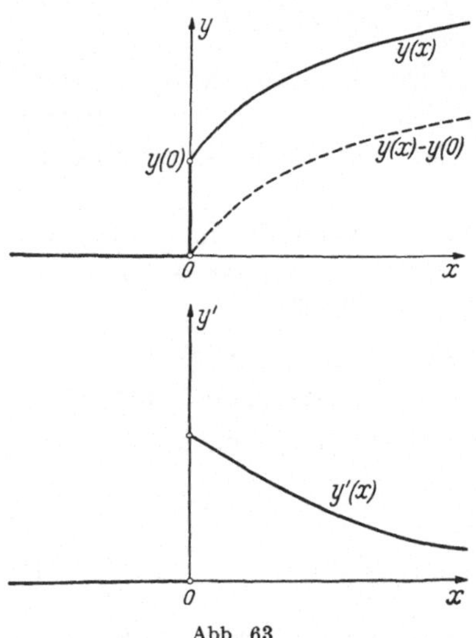

Abb. 63

Wir behandeln im folgenden zunächst Sprungfunktionen mit endlichem Sprung der Funktionswerte und hierauf Sprungfunktionen mit unendlich großem Sprung.

1. Funktionen mit endlichem Sprung im R_1

Die Funktion $y(x)$ in Gl. (43.1) habe für $x \geqq 0$ eine stetige Ableitung $y'(x)$. Dann ist $\bar{y}(x) - \varepsilon(x)\,y(0)$ stetig (Abb. 63) und hat die Ableitung

$$\frac{d}{dx}[\bar{y}(x) - y(0)\,\varepsilon(x)] = \frac{d}{dx}\{\varepsilon(x)[y(x) - y(0)]\} = \varepsilon(x)\, y'(x),$$

die bei $x = 0$ von 0 auf $y'(0)$ springt.

Aus der Zerlegung

$$\bar{y}(x) = \varepsilon(x)[y(x) - y(0)] + \varepsilon(x)\,y(0)$$

folgt dann sofort die distributionstheoretische Ableitung

$$\frac{d}{dx}\bar{y}(x) = \partial\,\bar{y}(x) = \varepsilon(x)\,y'(x) + y(0)\,\partial\varepsilon(x) = \varepsilon(x)\,y'(x) + y(0)\,\delta. \quad (43.4)$$

Unter der Voraussetzung, daß $y(x)$ stetige Ableitungen bis mindestens zur r-ten Ordnung hat, erhält man ebenso

$$\left(\frac{d}{dx}\right)^r \bar{y}(x) = \partial^r\,\bar{y}(x)$$

$$= \varepsilon(x)\,y^{(r)}(x) + y^{(r-1)}(0)\,\delta + y^{(r-2)}(0)\,\delta' + \cdots + y(0)\,\delta^{(r-1)}. \quad (43.5)$$

2. Funktionen mit endlichem Sprung im R_n

Die Funktion $y(X)$ in Gl. (43.2) habe für $\sigma \geqq 0$ stetige Ableitungen erster und zweiter Ordnung. Dann erhält man ähnlich wie in Ziff. 43.1 aus der Zerlegung

$$\bar{y}(X) = \varepsilon(\sigma)\big[y(X) - y(x,\,\vartheta(x))\big] + \varepsilon(\sigma)\,y(x,\,\vartheta(x))$$

durch Differentiation nach $x_n = t$ im distributionstheoretischen Sinn

$$\frac{\partial}{\partial t}\bar{y}(X) = \partial_n\,\bar{y}(X) = \varepsilon(\sigma)\,y_{|n}(x,\,t) + \partial_n\,\varepsilon(\sigma)\,y(x,\,\vartheta(x)). \quad (43.6$$

Hierbei bedeutet das Zeichen $|n$ als unterer Index und im folgenden ebenso das Zeichen $|i$ partielle Differentiation nach $x_n = t$ bzw. x_i im gewöhnlichen Sinn.

Für die Differentiation nach den $x_i\,(i = 1, 2, \ldots, m = n - 1)$ ergibt sich

$$\frac{\partial}{\partial x_i}\bar{y}(X) = \partial_i\,\varepsilon(\sigma)\,y(x,\,t) = \partial_n\,\partial_i\,\varepsilon(\sigma)\int\limits_{\vartheta(x)}^{t} y(x,\,t')\,dt' \quad (43.7)$$

$$= \varepsilon(\sigma)\,y_{|i}(x,\,t) - \partial_n\,\varepsilon(\sigma)\,\vartheta_{|i}(x)\,y(x,\,\vartheta(x)).$$

Wegen $\sigma_{|n} = 1$ und $\sigma_{|i} = -\vartheta_{|i}$ lassen sich die Formeln (43.6) und (43.7) zusammenfassen in eine gemeinsame Formel für die Differentiationen nach den $x_\mu\,(\mu = 1, 2, \ldots, n)$

$$\frac{\partial}{\partial x_\mu}\bar{y}(X) = \partial_\mu\,\bar{y}(X) = \varepsilon(\sigma)\,y_{|\mu}(x,\,t) + \partial_n\,\varepsilon(\sigma)\,\sigma_{|\mu}(x,\,t)\,y(x,\,\vartheta(x)). \quad (43.8)$$

Durch Wiederholung dieses Verfahrens kann man die zweiten distributionstheoretischen Ableitungen berechnen und erhält hiermit nach elementaren Rechnungen für den im folgenden viel benützten Differentialausdruck

$$\square\,\bar{y} = \left\{\left(\frac{\partial}{\partial t}\right)^2 - \sum_1^m \left(\frac{\partial}{\partial x_i}\right)^2\right\}\bar{y} = \left\{\partial_n^2 - \sum_1^m \partial_i^2\right\}\bar{y} \quad (43.9)$$

die wichtige Beziehung

$$\Box\, y(X) = \left\{\partial_n^2 - \sum_1^m \partial_i^2\right\} \bar{y}(X) =$$

$$= \begin{cases} \varepsilon(\sigma)\,\Box\, y(x, t) \\[2mm] + \partial_n \varepsilon(\sigma)\left\{y_{|n}(x, \vartheta(x)) + \sum_1^m \vartheta_{|i}(x) y_{|i}(x, \vartheta(x))\right\} \\[2mm] + \partial_n\left\{\partial_n \varepsilon(\sigma) y(x, \vartheta(x)) + \sum_1^m \partial_i \varepsilon(\sigma) \vartheta_{|i}(x) y(x, \vartheta(x))\right\}. \end{cases} \quad (43.10)$$

Für die Hyperebene $\sigma = t = 0$ (also $\vartheta(x) \equiv 0$) als Begrenzungsfläche des Trägers von $\bar{y}$ folgt hieraus die einfache speziellere Formel

$$\Box\, \bar{y}(X) = \varepsilon(t)\,\Box\, y(x, t) + \partial_n \varepsilon(t)\, y_{|n}(x, 0) + \partial_n \partial_n \varepsilon(t)\, y(x, 0). \quad (43.11)$$

3. Funktionen mit unendlich großem Sprung im R_1

Die abgeschnittenen Potenzfunktionen

$$f^\alpha(x) = \frac{\varepsilon(x)}{\Gamma(\alpha)}\, x^{\alpha-1} = \begin{cases} \dfrac{1}{\Gamma(\alpha)}\, x^{\alpha-1} & \text{für } x > 0 \\[4mm] 0 & \text{für } x < 0 \end{cases} \qquad (\alpha \neq 0, -1, -2, \ldots) \quad (43.12)$$

sind für $\alpha > 0$ lokal L^1-integrabel und daher Distributionen. Für $\alpha \leqq 0$ ist

$$f^{\alpha+k}(x) = \frac{\varepsilon(x)}{\Gamma(\alpha+k)}\, x^{\alpha+k-1} \quad \text{mit} \quad k > -\alpha \qquad (43.13)$$

eine lokal L^1-integrable Funktion, wobei k irgendeine ganze Zahl größer als $(-\alpha)$ ist.

Die Distributionen f^α für $\alpha \leqq 0$ werden nun als distributionstheoretische Ableitungen dieser Funktionen $f^{\alpha+k}(x)$ definiert:

$$f^\alpha = \partial^k f^{\alpha+k}(x) = \partial^k\left\{\frac{\varepsilon(x)}{\Gamma(\alpha+k)}\, x^{\alpha+k-1}\right\} \quad \text{mit} \quad k > -\alpha. \quad (43.14)$$

Verschiedene Zahlen k liefern dieselbe Distribution im Sinne von Ziff. 42.3.

Die Distributiónen f^α genügen den einfachen Beziehungen

$$\frac{d}{dx}\, f^\alpha = \partial f^\alpha = f^{\alpha-1}, \qquad (43.15)$$

$$f^\alpha * f^\beta = f^{\alpha+\beta}. \qquad (43.16)$$

Die erste dieser Beziehungen folgt fast unmittelbar aus der Definition Gl. (43.14). Die zweite läßt sich mit Berücksichtigung der Integraldarstellung der EULERschen B-Funktion

$$\int\limits_0^1 v^{p-1}(1-v)^{q-1}\,dv = \mathsf{B}(p,q) = \frac{\Gamma(p)\,\Gamma(q)}{\Gamma(p+q)}$$

folgendermaßen verifizieren:

$$\Gamma(\alpha+k_1)\,\Gamma(\beta+k_2)\,f^\alpha * f^\beta = \partial^{k_1+k_2}\,\varepsilon(x)\int\limits_0^x t^{\alpha+k_1-1}(x-t)^{\beta+k_2-1}\,dt$$

$$= \left\{\int\limits_0^1 v^{\alpha+k_1-1}(1-v)^{\beta+k_2-1}\,dv\right\}\partial^{k_1+k_2}\,\varepsilon(x)\,x^{\alpha+\beta+k_1+k_2-1}$$

$$= \mathsf{B}(\alpha+k_1,\beta+k_2)\,\partial^{k_1+k_2}\,\varepsilon(x)\,x^{\alpha+\beta+k_1+k_2-1} = \Gamma(\alpha+k_1)\,\Gamma(\beta+k_2)\,f^{\alpha+\beta}$$

Wegen $f^1 = \varepsilon(x)$ folgt aus Gl. (43.15)

$$f^0 = \delta, \quad f^{-1} = \delta', \quad \ldots, \quad f^{-r} = \delta^{(r)}. \tag{43.17}$$

Die DIRAC-Distributionen sind also Spezialfälle der Distribution f^α. Als Träger der f^α hat man:

a) für $\alpha = 0, -1, -2, \ldots$ den Nullpunkt $x = 0$, da es sich um DIRAC-Distributionen handelt;

b) für $\alpha \neq 0, -1, -2, \ldots$ die rechte Halbachse $x \geq 0$. In jedem offenen Intervall, das den Nullpunkt $x = 0$ nicht enthält, ist die Distribution f^α gleich der durch Gl. (43.12) gegebenen Funktion $f^\alpha(x)$. Für $\alpha > 0$ ist die Distribution f^α auf der ganzen x-Achse der Funktion $f^\alpha(x)$ gleich. Beispielsweise ist

$$f^{\frac{1}{2}} = \frac{1}{\sqrt{\pi}}\,\frac{\varepsilon(x)}{\sqrt{x}}, \tag{43.18}$$

eine Funktion, dagegen

$$f^{-\frac{1}{2}} = \frac{1}{\sqrt{\pi}}\,\partial\left\{\frac{\varepsilon(x)}{\sqrt{x}}\right\} = \begin{cases} 0 & \text{für } x < 0, \\ -\dfrac{1}{2\sqrt{\pi}}\,\dfrac{1}{x^{\frac{3}{2}}} & \text{für } x > 0 \end{cases}$$

eine sich nicht auf eine Funktion reduzierende Distribution.

4. Funktionen mit unendlich großem Sprung im R_n

Wir betrachten jetzt im R_n abgeschnittene Potenzfunktionen. Der Träger ist der Drehkegel $\sigma \geq 0$, wobei

$$\sigma = t - r, \quad r = \sqrt{x_1^2 + \cdots + x_m^2}. \tag{43.19}$$

Man bezeichnet diesen Kegel als „Zukunftskegel" des Punktes $X = 0$

im Gegensatz zum „Vergangenheitskegel", der durch $t + r \leqq 0$ definiert ist. Wir setzen ($\alpha > m - 1$)

$$f_m^\alpha(X) = \frac{\varepsilon(\sigma)}{M(\alpha)}(t^2 - r^2)^{\frac{\alpha-m-1}{2}} = \begin{cases} \dfrac{1}{M(\alpha)}(t^2 - r^2)^{\frac{\alpha-m-1}{2}} & \text{für} \quad \sigma > 0, \\[3ex] 0 \quad \text{für} \quad \sigma < 0 \end{cases} \qquad (43.20)$$

$\sigma > 0$ ist das Innere, $\sigma < 0$ das Äußere des Kegels $\sigma = 0$. Die Normierungskonstante $M(\alpha)$ hat den Wert

$$M(\alpha) = \pi^{\frac{m-1}{2}} 2^{\alpha-1} \Gamma\left(\frac{\alpha}{2}\right) \Gamma\left(\frac{\alpha - m + 1}{2}\right). \qquad (43.21)$$

Für $\alpha > m - 1$, also $\dfrac{\alpha - m - 1}{2} > -1$, ist $f_m^\alpha(X)$ lokal L^1-integrabel und daher Distribution. Für $\alpha \leqq m - 1$ ist

$$f_m^{\alpha+2k}(X) = \frac{\varepsilon(\sigma)}{M(\alpha + 2k)}(t^2 - r^2)^{\frac{\alpha-m-1}{2}+k} \text{ mit } 2k > m - 1 - \alpha \qquad (43.22)$$

eine lokal L^1-integrable Funktion, wobei k irgendeine ganze Zahl größer als $\dfrac{m-1-\alpha}{2}$ ist.

Ähnlich wie in Ziff. 3 definieren wir nun die Distributionen f_m^α als distributionstheoretische Ableitungen der Funktionen $f_m^{\alpha+2k}(X)$:

$$f_m^\alpha = \Box^k f_m^{\alpha+2k}(X) = \left\{\partial_n^2 - \sum_1^m \partial_i^2\right\} f_m^{\alpha+2k}(X) \text{ mit } 2k > m - 1 - \alpha, \qquad (43.23)$$

wobei wie in Ziff. 3 verschiedene ganze Zahlen k nur verschiedene Darstellungen derselben Distribution liefern.

Die Distributionen f_m^α wurden bereits vor Begründung der Distributionstheorie von M. RIESZ[1] in die Analysis eingeführt, nicht als Distributionen, sondern durch einen analytischen Fortsetzungsprozeß, und seien daher im folgenden als RIESZ-Distributionen bezeichnet.

Wir stellen nunmehr die wesentlichen Eigenschaften der RIESZ-Distributionen zusammen und verweisen bezüglich der Beweise auf die Originalarbeit von M. RIESZ.

Die Distributionen f_m^α genügen den zu Gl. (43.15) und (43.16) analogen Beziehungen, nämlich der fast unmittelbar aus der Definition Gl. (43.23) folgenden Gleichung

$$\Box f_m^\alpha = \left\{\partial_n^2 - \sum_1^m \partial_i^2\right\} f_m^\alpha = f_m^{\alpha-2} \qquad (43.24)$$

sowie der Beziehung

$$f_m^\alpha * f_m^\beta = f_m^{\alpha+\beta}. \qquad (43.25)$$

---

[1] RIESZ, M.: Acta math. **81**, 1—223 (1949).

Wie unter den f^α in Ziff. 3 sind auch unter den f_m^α als Spezialfälle DIRAC-Distributionen enthalten:

$$f_m^0 = \delta_{R_n}, \quad f_m^{-2} = \square\,\delta_{R_n}, \quad \ldots, \quad f_m^{-2r} = \square^r\,\delta_{R_n} \quad (m = n - 1). \tag{43.26}$$

Als Träger der f_m^α hat man:

a) für $\alpha = 0, -2, -4, \ldots$ den Nullpunkt $X = 0$, da es sich um DIRAC-Distributionen handelt;

b) für $\alpha = m - 1, m - 3, \ldots$ den Kegelmantel $\sigma = 0$, wie sofort aus

$$f_m^{m-1} = \square\, f_m^{m+1} = \frac{1}{\pi^{\frac{m-1}{2}} 2^m \Gamma\left(\dfrac{m+1}{2}\right)}\, \square\,\varepsilon(\sigma)$$

und

$$f_m^{m-1-2k} = \square^k f_m^{m-1}$$

zu entnehmen ist;

c) sonst offenbar das abgeschlossene Kegel-Innere $\sigma \geqq 0$. In jedem offenen Gebiet, das den Kegel $\sigma = 0$ nicht enthält, ist die Distribution f_m^α gleich der durch Gl. (43.20) gegebenen Funktion $f_m^\alpha(X)$. Für $\alpha > m - 1$ ist sie im ganzen R_{m+1} der Funktion $f_m^\alpha(X)$ gleich.

Mit $\alpha = 2$, $m = 1, 2, 3$ und $k = 0, 0, 1$ erhält man aus Gl. (43.23) die für das Folgende wichtigen Beispiele:

$$\left.\begin{aligned}
f_1^2 &= \tfrac{1}{2}\varepsilon(t - r) &&\text{mit}\quad r = |x_1|, &&\text{Fall (c)}\\[2mm]
f_2^2 &= \frac{1}{2\pi}\frac{\varepsilon(t - r)}{\sqrt{t^2 - r^2}} &&\text{mit}\quad r = \sqrt{x_1^2 + x_2^2}, &&\text{Fall (c)}\\[2mm]
f_3^2 &= \frac{1}{8\pi}\,\square\,\varepsilon(t - r) &&\text{mit}\quad r = \sqrt{x_1^2 + x_2^2 + x_3^2}, &&\text{Fall (b).}
\end{aligned}\right\} \tag{43.27}$$

f_1^2 und f_2^2 sind Funktionen, f_3^2 dagegen nicht.

Zwischen den RIESZ-Distributionen verschiedener Dimensionszahl bestehen die Beziehungen

$$\text{(a)}\ f_m^\alpha * \delta_{R_{m-1}} = f_{m-1}^\alpha, \quad \text{(b)}\ \left[\frac{\partial}{\partial(r_m^2)}f_m^\alpha\right]_{r_m = r_{m+2}} = -\pi f_{m+2}^\alpha. \tag{43.28}$$

Die Beziehung (a) läßt sich mit Hilfe der Umformung

$$\int\limits_{-\sqrt{t^2-r_{m-1}^2}}^{+\sqrt{t^2-r_{m-1}^2}} (t^2 - r_m^2)^\beta\, dx_m = (t^2 - r_{m-1}^2)^\beta \int\limits_{-\sqrt{t^2-r_{m-1}^2}}^{+\sqrt{t^2-r_{m-1}^2}} \left[1 - \left(\frac{x_m}{\sqrt{t^2 - r_{m-1}^2}}\right)^2\right]^\beta dx_m$$

$$= (t^2 - r_{m-1}^2)^{\beta+\frac{1}{2}} \int\limits_{-1}^{+1} (1 - z^2)^\beta\, dz = (t^2 - r_{m-1}^2)^{\beta+\frac{1}{2}}\, 2 \int\limits_{0}^{1} (1 - w)^\beta \tfrac{1}{2} w^{-\frac{1}{2}} dw$$

$$= (t^2 - r_{m-1}^2)^{\beta+\frac{1}{2}}\, \mathbf{B}(\beta + 1, \tfrac{1}{2})$$

und unter Berücksichtigung von

$$\mathsf{B}(\beta + 1, \tfrac{1}{2}) = \frac{\Gamma(\beta + 1)\,\Gamma(\tfrac{1}{2})}{\Gamma(\beta + \tfrac{3}{2})}$$

verifizieren.

Die Beziehung (b) gilt unmittelbar für $\alpha > m + 1$. Für $\alpha \leq m + 1$ folgt sie aus der Identität

$$\frac{\partial}{\partial (r^2)}\left[\left(\frac{\partial}{\partial t}\right)^2 - \left(\frac{\partial}{\partial r}\right)^2 - \frac{m-1}{r}\,\frac{\partial}{\partial r}\right] = \left[\left(\frac{\partial}{\partial t}\right)^2 - \left(\frac{\partial}{\partial r}\right)^2 - \frac{m+1}{r}\,\frac{\partial}{\partial r}\right]\frac{\partial}{\partial (r^2)}\,,$$

in der die Klammern für Distributionen, die wie die f_m^α nur von t und r abhängen, mit $\Box$ im R_m bzw. im R_{m+2} gleichwertig sind.

Die Beziehung (b) findet sich bei F. PENZLIN[1] und im Spezialfall $\alpha = 2$ bei D. IWANENKO und A. SOKOLOW[2].

5. Beziehungen zum Hadamardschen Grenzprozeß

Die Faltungsprodukte der Distributionen f^α bzw. der RIESZ-Distributionen f_m^α mit Funktionen $y(x)$ bzw. $y(X)$ stehen in einer engen Beziehung zu dem in § 40 besprochenen HADAMARDschen Grenzprozeß.

Wir behandeln zunächst den eindimensionalen Fall: Schneidet man die Funktionen $f^{\alpha+k}(x)$ schon im Punkt $x = \tau > 0$ ab, so sind die Sprungwerte der Funktionen

$$f_\tau^{\alpha+k}(x) = \frac{\varepsilon(x - \tau)}{\Gamma(\alpha + k)}\,x^{\alpha+k-1} \quad (\tau > 0, \quad -k < \alpha < -k + 1) \quad (43.29)$$

am Randpunkt $x = \tau$ des Trägers endlich. Man kann daher die distributionstheoretischen Ableitungen nach Ziff. 1 bilden. Für $\tau \to 0$ konvergieren im distributionstheoretischen Sinn die Funktionen

$$f_\tau^{\alpha+k}(x) \to f^{\alpha+k}(x) \tag{43.30}$$

und die Ableitungen

$$\partial^k f_\tau^{\alpha+k}(x) \to \partial^k f^{\alpha+k}(x) = f^\alpha. \tag{43.31}$$

Mit Hilfe von Gl. (43.5) erhält man nach einiger Rechnung

$$f^\alpha = \lim_{\tau \to 0}\left\{f_\tau^\alpha(x) + \frac{\tau^\alpha}{\Gamma(\alpha)}\sum_{\nu=0}^{k-1}(-1)^\nu\frac{\tau^\nu\,\delta^{(\nu)}}{(\alpha + \nu)\,\nu!}\right\}, \quad (-k < \alpha < -k + 1), \tag{43.32}$$

beispielsweise

$$f^{-\frac{1}{2}} = \frac{1}{\sqrt{\pi}}\,\partial\left\{\frac{\varepsilon(x)}{\sqrt{x}}\right\} = \lim_{\tau \to 0}\left\{f_\tau^{-\frac{1}{2}}(x) + \frac{\tau^{-\frac{1}{2}}}{\sqrt{\pi}}\,\delta\right\}$$

$$= \lim_{\tau \to 0}\left\{-\frac{\varepsilon(x - \tau)}{2\sqrt{\pi}}\,x^{-\frac{3}{2}} + \frac{\tau^{-\frac{1}{2}}}{\sqrt{\pi}}\,\delta\right\}. \tag{43.33}$$

---

[1] Vgl. Fußnote 3 auf Seite 232.
[2] IWANENKO, D., u. A. SOKOLOW: Klassische Feldtheorie. Berlin 1953.

Falten wir nun f^α mit einer bei $x = 0$ links abgeschnittenen Funktion $\bar{y}(x) = \varepsilon(x)\,y(x)$, wobei $y(x)$ für $x \geqq 0$ stetige Ableitungen bis mindestens zur Ordnung k haben soll, so folgt mit Rücksicht auf die Gln. (43.5) und (43.15)

$$h = f^\alpha * \bar{y}(x) = \partial^k f^{\alpha+k}(x) * \bar{y}(x) = \delta^{(k)} * f^{\alpha+k}(x) * \bar{y}(x) = f^{\alpha+k}(x) * \partial^k \bar{y}(x)$$

$$= f^{\alpha+k}(x) * [\varepsilon(x)\,y\overset{(k)}{(x)}] + \sum_{\nu=0}^{k-1} y^{(\nu)}(0)\,f^{\alpha+\nu+1}. \tag{43.34}$$

Für $y(0) = y'(0) = \cdots = y^{(k-2)}(0) = 0$ wird

$$h = f^{\alpha+k}(x) * [\varepsilon(x)\,y\overset{(k)}{(x)}] + y^{(k-1)}(0)\,f^{\alpha+k}(x),$$

das Faltungsprodukt ist dann also eine Funktion $h(x)$. Mittels Gl. (43.32) ergibt sich die weitere Darstellung

$$h = f^\alpha * \bar{y} = \lim_{\tau \to 0} \left\{ f^\alpha_\tau(x) * \{\varepsilon(x)\,y(x)\} + \frac{\tau^\alpha}{\Gamma(\alpha)} \sum_{\nu=0}^{k-1} (-1)^\nu \tau^\nu \varepsilon(x) \frac{y^{(\nu)}(x)}{(\alpha+\nu)\,\nu!} \right.$$

$$\left. + \frac{\tau^\alpha}{\Gamma(\alpha)} \sum_{r=0}^{k-1} \sum_{\nu=0}^{r-1} \frac{(-1)^r \tau^r}{(\alpha+r)\,r!}\, y^{(\nu)}(0)\,\delta^{(r-\nu-1)} \right\}. \tag{43.35}$$

Sie zeigt wiederum, daß h für $y(0) = y'(0) = \cdots = y^{(k-2)}(0) = 0$ eine Funktion ist. In jedem Falle aber ist h für $x > 0$ eine Funktion, nämlich

$$[f^\alpha * \bar{y}]_{x>0} = \frac{\varepsilon(x)}{\Gamma(\alpha)} \lim_{\tau \to 0} \left\{ \int_0^{x-\tau} \frac{y(x')\,dx'}{(x-x')^{1-\alpha}} + \tau^\alpha \sum_{\nu=0}^{k-1} (-1)^\nu \tau^\nu \frac{y^{(\nu)}(x)}{(\alpha+\nu)\,\nu!} \right\}$$

$$(-k < \alpha \leqq -k+1). \tag{43.36}$$

Für $\alpha < 0$ ist der auf der rechten Seite zu bildende Grenzwert der „endliche Bestandteil" eines divergenten Integrals im Sinne von § 40. Mit der dort verwendeten Bezeichnungsweise ist also

$$[f^\alpha * \bar{y}]_{x>0} = \overline{f^\alpha(x) * y(x)} = \overline{\left| \int_0^x f^\alpha(x-x')\,y(x')\,dx' \right.} = \frac{1}{\Gamma(\alpha)} \overline{\left| \int_0^x \frac{y(x')\,dx'}{(x-x')^{1-\alpha}} \right.},$$

$$\tag{43.37}$$

beispielsweise

$$[f^{-\frac{1}{2}} * \bar{y}]_{x>0} = \overline{\left| \int_0^x f^{-\frac{1}{2}}(x-x')\,y(x')\,dx' \right.} = -\frac{1}{2\sqrt{\pi}} \overline{\left| \int_0^x \frac{y(x')\,dx'}{(x-x')^{3/2}} \right.}. \tag{43.38}$$

Dieselben Zusammenhänge bestehen im n-dimensionalen Fall: Wir schneiden die Funktionen $f_m^{\alpha+2k}(X)$ schon im Innern des Kegels $\sigma = t - r = 0$ am Hyperboloid-Mantel $t - \sqrt{r^2 + \tau} = 0\,(\tau > 0)$ ab und haben dann wieder endliche Sprungwerte. Aus den abgeschnittenen Funktionen

$$f_{m,\tau}^{\alpha+2k}(X) = \frac{\varepsilon(t - \sqrt{r^2 + \tau})}{M(\alpha + 2k)}(t^2 - r^2)^{\frac{\alpha - m - 1}{2} + k} \tag{43.39}$$

$$(\tau > 0,\ m - 1 - 2k < \alpha < m + 1 - 2k)$$

erhält man analog zu Gl. (43.37) für $\tau \to 0$

$$\square^k f_{m,\tau}^{\alpha+2k}(X) \to \square^k f_m^{\alpha+2k}(X) = f_m^\alpha.$$

Für die Faltungsintegrale ergibt sich die der Gl. (43.37) entsprechende Beziehung

$$[f_m^\alpha * \overline{y}]_{\sigma > 0} = \overline{\int\limits_{(\dot{K})} f_m^\alpha(X - X')\, y(X')\, dX'}$$

$$= \frac{1}{M(\alpha)} \overline{\int\limits_{(K)} \frac{y(X')\, dX'}{[(t - t')^2 - (x_1 - x_1')^2 - \cdots - (x_m - x_m')^2]^{m+1-\alpha}}} \tag{43.40}$$

Der Integrationsbereich (K) ist der Durchschnitt des Trägers von $y(X)$ mit dem Vergangenheitskegel des Punkts X.

§ 44. Faltungsgleichungen und Anfangswertprobleme

1. Verschiedene Typen von Faltungsgleichungen

Die Faltungsgleichungen

$$f * y = h, \tag{44.1}$$

bei denen die Distributionen f, h gegeben sind und die Distribution y gesucht wird, schließen umfassende Sonderfälle ein. Für

$$\text{(a)}\quad f = \sum a_{l_1 l_2 \ldots l_n} \partial_1^{l_1} \partial_2^{l_2} \ldots \partial_n^{l_n} \delta_{R_n} = \sum a_L \partial^L \delta_{R_n},$$

$$\text{(b)}\quad f = k(X),$$

$$\text{(c)}\quad f = k(X) + \lambda \delta_{R_n} \tag{44.2}$$

$(a_L = \text{const},\ k(X) = \text{Funktion})$ geht Gl. (44.1) über in

$$\text{(a)}\quad \sum a_L \left(\frac{\partial}{\partial X}\right)^L y(X) = h,$$

$$\text{(b)}\quad \int k(X - X')\, y(X')\, dX' = h, \tag{44.3}$$

$$\text{(c)}\quad \int k(X - X')\, y(X')\, dX' + \lambda y(X) = h,$$

also in eine lineare partielle $(n > 1)$ oder gewöhnliche $(n = 1)$ Differentialgleichung mit konstanten Koeffizienten oder in eine lineare Integralgleichung erster bzw. zweiter Art, wenn wir die gesuchte Distribution y als Funktion voraussetzen.

Im folgenden werden wir uns vor allem mit der Wellengleichung

$$\Box\, y = h$$

beschäftigen. Wegen

$$\Box\, y = \Box\, (\delta_{R_n} * y) = (\Box\, \delta_{R_n}) * y = f_m^{-2} * y,$$

wobei von Gl. (43.26) Gebrauch gemacht ist, können wir die Wellengleichung auch in der Form

$$\Box\, y = f_m^{-2} * y = h \qquad\qquad (44.4)$$

schreiben.

2. Formale Lösung einer Faltungsgleichung mittels Grundlösung

Neben der vorgegebenen zu lösenden Faltungsgleichung (44.1) betrachten wir die zugeordnete Faltungsgleichung

$$f * G = \delta_{R_n}, \qquad\qquad (44.5)$$

bei der die rechte Seite h der Gl. (44.1) durch den DIRAC-Operator δ_{R_n} ersetzt ist. Die Lösung G dieser Gleichung ist die ,,GREENsche Funktion". Beim Anfangswertproblem linearer Differentialgleichungen mit konstanten Koeffizienten [Fall (a) in Gl. (44.3)] sind diese GREENschen Funktionen, soweit sie Funktionen sind, im Fall des ganzen Raumes mit den in § 39 eingeführten Grundlösungen identisch. Im allgemeinen aber sind die durch Gl. (44.5) definierten Grundlösungen Distributionen, die sich nicht zu Funktionen spezialisieren. Ihr Zusammenhang mit den in § 39 eingeführten Grundlösungen ergibt sich durch die bei der Faltung auftretenden HADAMARDschen endlichen Bestandteile divergenter Integrale. In Ziff. 3 und 4 werden wir die Rechnungen für den Fall der Wellengleichung explizit durchführen.

Mit Hilfe der Grundlösung kann man die Faltungsgleichung (44.1) sofort formal lösen, indem man sie mit G faltet:

$$G * h = G * (f * y) = (G * f) * y = \delta_{R_n} * y = y,$$

also

$$y = G * h. \qquad\qquad (44.6)$$

Wie man hierbei eine durch Anfangs- bzw. Randbedingungen bestimmte Lösung erhält, werden wir später am Beispiel der Wellengleichung besprechen. Es wird sich zeigen, daß bei der distributionstheoretischen Formulierung des Problems die Anfangs- bzw. Randwerte in die rechte Seite der Faltungsgleichung eingehen.

Für die Faltungsgleichung (44.1), bei denen als Distribution f speziell eine RIESZ-Distribution f_m^{α} (— oder im Fall $m = 0$ eine

Distribution f^α —) auftritt, wie dies bei der Wellengleichung (44.4) der Fall ist, läßt sich sofort die Grundlösung

$$G = f_m^{-\alpha} \qquad (\text{bzw. } G = f^{-\alpha})$$

angeben; denn nach Gl. (43.25) bzw. (43.16) ist dann

$$f_m^\alpha * G = f_m^\alpha * f_m^{-\alpha} = \delta_{R_n} \qquad (\text{bzw. } f^\alpha * f^{-\alpha} = \delta).$$

insbesondere ist

$$G = f_m^2 \tag{44.7}$$

Grundlösung der Wellengleichung (44.4).

Als Beispiel im Fall $m = 0$ sei die ABELsche Integralgleichung

$$\frac{1}{\sqrt{\pi}} \int_0^x \frac{y(\xi)\, d\xi}{\sqrt{x - \xi}} = h(x)$$

kurz erörtert. Mit Rücksicht auf Gl. (43.16) schreiben wir sie in der Form

$$f^{\frac{1}{2}} * y = h,$$

erhalten dann als Grundlösung $G = f^{-\frac{1}{2}}$ und bekommen damit für $x \geqq 0$ als Lösung der Integralgleichung

$$y(x) = f^{-\frac{1}{2}} * h = \left(\frac{d}{dx} f^{\frac{1}{2}} \right) * h = \frac{d}{dx} \left(f^{\frac{1}{2}} * h \right) = \frac{1}{\sqrt{\pi}} \frac{d}{dx} \int_0^x \frac{h(\xi)\, d\xi}{\sqrt{x - \xi}}.$$

Wenn $y(x)$ Funktion sein soll, ist nach § 43, Ziff. 5, vorauszusetzen, daß $h(x)$ eine integrable Ableitung besitzt.

3. Anfangswertproblem der Wellengleichung; Huygenssches Prinzip; Absteig- und Aufsteigmethode

Wir wenden uns nun zur Wellengleichung

$$\Box y = f_m^{-2} * y = h, \tag{44.8}$$

in der die rechte Seite $h = h(X)$ eine im Halbraum $t > 0$ stetige Funktion sein soll, und stellen folgende Anfangswertaufgabe:

Gesucht ist eine Funktion $y(X)$, die im Halbraum $\sigma \equiv t \geqq 0$ existiert, stetige zweite Ableitungen hat, der Wellengleichung (44.8) genügt und für $t = 0$ die Anfangsbedingungen

$$y(x, 0) = p(x), \qquad y_t(x, 0) = q(x) \tag{44.9}$$

erfüllt.

Durch Übergang zu der bei $t = 0$ abgeschnittenen Funktion

$$\bar{y}(X) = \varepsilon(t)\, y(X) \tag{44.10}$$

erhält man nach Gl. (43.11) unter Berücksichtigung der Wellenglei-

chung (44.8) und der Anfangsbedingungen (44.9) die Distributionsgleichung

$$\Box\, \bar{y}(X) = f_m^{-2} * \bar{y} = \varepsilon(t)\, h(X) + \partial_n \varepsilon(t)\, q(x) + \partial_n \partial_n \varepsilon(t)\, p(x).$$

Die Anfangsbedingungen (44.9) treten, wie in Ziff. 2 angekündigt, auf
der rechten Seite der Faltungsgleichung auf. Nach Gl. (44.6) und
(44.7) kommt als Lösung

$$\bar{y}(X) = f_m^2 * \{\varepsilon(t)\, h(X) + \partial_n \varepsilon(t)\, q(x) + \partial_n \partial_n \varepsilon(t)\, p(x)\}. \quad (44.11)$$

Da nach § 43, Ziff. 4, der Träger der Grundlösung $G = f_m^2$ im
Zukunftskegel $t - r \geqq 0$ enthalten ist, kann G durch

$$G = \sum \partial^L \varepsilon(t - r)\, G_L(x, t) \quad (44.12)$$

dargestellt werden. Hiermit geht Gl. (44.11) über in

$$\bar{y}(X) = \sum \partial^L \left\{ \int\limits_{(K)} G_L(x - x', t - t')\, h(x', t')\, dx'\, dt' + \right.$$

$$(44.13)$$

$$\left. + \partial_n \int\limits_{(K)} G_L(x - x', t - t')\, q(x')\, dx'\, dt' + \partial_n \partial_n \int\limits_{(K)} G_L(x - x', t - t')\, p(x')\, dx'\, dt' \right\}.$$

Der Integrationsbereich (K) im R_n ist durch

$$0 \leqq t' \leqq t - r_{xx'} \quad \text{mit} \quad r_{xx'}^2 = (x_1 - x_1')^2 + \cdots + (x_m - x_m')^2 \quad (44.14)$$

gegeben; er wird begrenzt vom ,,Vergangenheitskegel``, der vom Aufpunkt $X = (x, t)$ in Richtung der negativen t-Achse sich erstreckt, und
von der Ebene $t = 0$. Die Basisfläche dieses Kegels in der Ebene $t = 0$
sei mit (B) bezeichnet. Die Forderung (a) bei der Definition der Faltung § 42, Ziff. 7, kann wegen der Endlichkeit des Integrationsbereichs
offenbar wegfallen.

Die einmalige Differentiation $\partial_n = \partial/\partial t$ der Integrale in Gl. (44.13)
läßt sich explizit ausführen: Da t und t' nur in der Verbindung $t - t'$
auftreten, ändern sich die über (K) zu erstreckenden Integrale nicht,
wenn man den Integrationsbereich (K) in Richtung der t-Achse parallel
verschiebt. Daher ist beispielsweise

$$\frac{\partial}{\partial t} \int\limits_{(K)} G_L(x - x', t - t')\, q(x')\, dx'\, dt' = \int\limits_{(B)} G_L(x - x', t)\, q(x')\, dx'$$

und Gl. (44.13) geht über in die Darstellungsformel

$$\bar{y}(X) = \sum \partial^L \left\{ \int\limits_{(K)} G_L(x - x', t - t')\, h(x', t')\, dx'\, dt' + \right.$$

$$\left. + \int\limits_{(B)} G_L(x - x', t)\, q(x')\, dx' + \frac{\partial}{\partial t} \int\limits_{(B)} G_L(x - x', t)\, p(x')\, dx' \right\}. \quad (44.15)$$

Aus Gl. (44.15) kann man von neuem das in den §§ 34—37 und § 39 behandelte HUYGHENSsche Prinzip ablesen. Bei Gl. (39.22) hatten wir hierfür die für gerade und ungerade Dimensionszahlen verschiedenen Eigenschaften der in § 39 eingeführten Grundlösung $G(x, \xi)$ herangezogen. Hier verwenden wir die entsprechenden Eigenschaften der Grundlösung $G = f_m^2$. Nach § 43, Ziff. 4, hat diese bei geradem m das abgeschlossene Innere des Kegels $\sigma \geq 0$, bei ungeradem m nur die Mantelfläche $\sigma = 0$ dieses Kegels als Träger. Infolgedessen sind in Gl. (44.15) die Integrale bei geradem m über die m-dimensionale Basisfläche (B), bei ungeradem m nur über die $(m-1)$-dimensionale Begrenzung von (B) zu erstrecken.

Außerdem wollen wir nochmals die Beziehungen (a), (b), Gl. (43.28) betrachten. Wendet man sie speziell auf die Grundlösung $G = f_m^2$ der Wellengleichung an, so ist die Beziehung (a) nur eine neue Formulierung der in § 35 und § 39 besprochenen HADAMARDschen Absteigmethode für den Übergang vom R_m auf den R_{m-1}, während Beziehung (b) eine ähnliche „Aufsteigmethode" vom R_m auf den R_{m+2} darstellt.

4. Wellengleichung für $m = 1$, $m = 2$ und $m = 3$

Bei der Wellengleichung im $R_1 (m = 1)$ erhält man mit der in Gl. (43.27) gegebenen Grundlösung $G = f_1^2$ aus Gl. (44.15)

$$\bar{y}(x_1, t) = \frac{1}{2} \iint\limits_{(K)} h(x_1', t')\, dx_1'\, dt' + \frac{1}{2} \int\limits_{x_1-t}^{x_1+t} q(x_1')\, dx_1' + \frac{1}{2} \frac{\partial}{\partial t} \int\limits_{x_1-t}^{x_1+t} p(x_1')\, dx_1',$$

wobei die Ableitung des letzten Integrals nach t sofort

$$\frac{\partial}{\partial t} \int\limits_{x_1-t}^{x_1+t} p(x_1')\, dx_1' = [p(x_1 + t) + p(x_1 - t)]$$

liefert. Somit haben wir, in etwas anderen Bezeichnungen und mit der Normierung $a = 1$, Gl. (34.3) und (34.4) wieder gewonnen.

Bei der Wellengleichung im $R_2 (m = 2)$ kommt nach Gl. (43.27) mit $G = f_2^2$ aus Gl. (44.15)

$$\bar{y}(x_1, x_2, t) = \frac{1}{2\pi} \iiint\limits_{(K)} \frac{h(x_1', x_2', t')\, dx_1'\, dx_2'\, dt'}{\sqrt{(t - t')^2 - (x_1 - x_1')^2 - (x_2 - x_2')^2}} +$$

$$+ \frac{1}{2\pi} \iint\limits_{(B)} \frac{q(x_1', x_2')\, dx_1'\, dx_2'}{\sqrt{t^2 - (x_1 - x_1')^2 - (x_2 - x_2')^2}} +$$

$$+ \frac{1}{2\pi} \frac{\partial}{\partial t} \iint\limits_{(B)} \frac{p(x_1', x_2')\, dx_1'\, dx_2'}{\sqrt{t^2 - (x_1 - x_1')^2 - (x_2 - x_2')^2}}$$

in Übereinstimmung mit Gl. (35.5) und (35.6).

Bei der Wellengleichung im $R_3 (m = 3)$ formen wir zunächst die in Gl. (43.27) gegebene Grundlösung $G = f_3^2$ um: Aus Gl. (43.10) mit $y(x, t) \equiv 1$ und $\sigma = t - r$, also $\vartheta(x) = \sqrt{x_1^2 + x_2^2 + x_3^2}$ ergibt sich

$$\Box\, \varepsilon(t - r) = \partial_4 \left\{ \partial_4 \varepsilon(t - r) + \partial_1 \left[\varepsilon(t - r)\, \frac{x_1}{r} \right] + \right.$$
$$\left. + \partial_2 \left[\varepsilon(t - r)\, \frac{x_2}{r} \right] + \partial_3 \left[\varepsilon(t - r)\, \frac{x_3}{r} \right] \right\}. \qquad (44.16)$$

Ferner folgt aus Gl. (43.8) mit $i = 1, 2, 3$:

$$\partial_i \left[\varepsilon(t - r)\, \frac{x_i}{r} \right] = \varepsilon(t - r)\, \frac{\partial}{\partial x_i} \left(\frac{x_i}{r} \right) - \partial_4 \varepsilon(t - r)\, \frac{x_i}{r}\, \frac{x_i}{r}$$
$$= \varepsilon(t - r) \left\{ \frac{1}{r} - \frac{x_i^2}{r^3} \right\} - \partial_4 \left\{ \varepsilon(t - r)\, \frac{x_i^2}{r^2} \right\},$$

also

$$\sum_{i=1}^3 \partial_i \left[\varepsilon(t - r)\, \frac{x_i}{r} \right] = \varepsilon(t - r)\, \frac{2}{r} - \partial_4 \varepsilon(t - r).$$

Durch Einsetzen in Gl. (44.16) kommt dann

$$\Box\, \varepsilon(t - r) = 2\partial_4 \left\{ \frac{\varepsilon(t - r)}{r} \right\},$$

womit die in Gl. (43.27) gegebene Grundlösung in

$$G = f_3^2 = \frac{1}{4\pi}\, \partial_4 \left\{ \frac{\varepsilon(t - r)}{r} \right\}, \qquad r^2 = x_1^2 + x_2^2 + x_3^2 \qquad (44.17)$$

übergeht.

Durch Einsetzen dieses Ausdrucks für G in die Lösungsformel (44.15) folgt zunächst

$$\bar{y}(x_1, x_2, x_3, t) = \begin{cases} \dfrac{1}{4\pi}\, \partial_4 \displaystyle\int\limits_{(K)} \dfrac{h(x', t')\, dx'\, dt'}{\sqrt{(x_1 - x_1')^2 + (x_2 - x_2')^2 + (x^3 - x_3')^2}} + \\[2ex] + \dfrac{1}{4\pi}\, \partial_4 \displaystyle\int\limits_{(B)} \dfrac{q(x')\, dx'}{\sqrt{(x_1 - x_1')^2 + (x_2 - x_2')^2 + (x_3 - x_3')^2}} + \\[2ex] + \dfrac{1}{4\pi}\, \partial_4\, \partial_4 \displaystyle\int\limits_{(B)} \dfrac{p(x')\, dx'}{\sqrt{(x_1 - x_1')^2 + (x_2 - x_2')^2 + (x_3 - x_3')^2}}. \end{cases}$$
$$(44.18)$$

Hierbei ist (B) der von der Kugel um (x_1, x_2, x_3) mit dem Radius t eingeschlossene Raumbereich des R_3.

Die einmalige Ableitung $\partial_4 = \partial / \partial t$ läßt sich leicht explizit ausführen: Bei den beiden letzten Integralen liefert die Ableitung das Integral über die Oberfläche der Kugel (B), also

$$\frac{\partial}{\partial t} \iiint\limits_{(B)} \frac{q(x')\, dx'}{\sqrt{(x_1 - x_1')^2 + (x_2 - x_2')^2 + (x_3 - x_3')^2}}$$
$$= \frac{1}{t} \iint q(x_1 + \alpha t, x_2 + \beta t, x_3 + \gamma t)\, do,$$

wobei wie in § 34, Ziff. 2, $do = t^2 d\omega$ das Oberflächenelement der Kugel (B) und $e = (\alpha, \beta, \gamma)$ die Radienvektoren der Einheitskugel

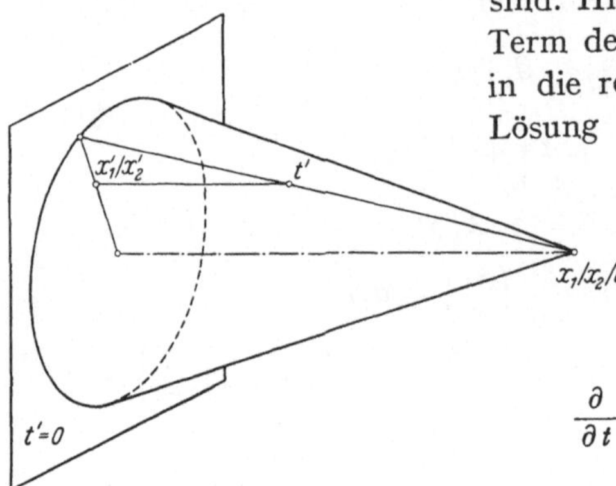

Abb. 64

sind. Hiermit ist der zweite und dritte Term der rechten Seite der Gl. (44.18) in die rechte Seite der POISSONschen Lösung des Anfangswertproblems, Gl. (34.11), übergeführt. Beim ersten Term veranschaulichen wir die Differentiation am analogen dreifachen Integral

$$\frac{\partial}{\partial t} \iiint\limits_{(K)} \frac{h(x_1', x_2', t')\, dx_1'\, dx_2'\, dt'}{\sqrt{(x_1 - x_1')^2 + (x_2 - x_2')^2}}$$

mit Hilfe der Abb. 64. Der Integrationsbereich (K) ist bei dieser dreidimensionalen Analogie das Innere des in der Abbildung dargestellten Vergangenheitskegels. Die Ableitung nach t ist das über die Mantelfläche (M) bzw. die Basisfläche (B) dieses Kegels erstreckte Integral

$$\iint\limits_{(M)} \frac{h(x_1', x_2', t')\, dx_1'\, dx_2'}{\sqrt{(x_1 - x_1')^2 + (x_2 - x_2)^2}}$$

$$= \iint\limits_{(B)} \frac{h\left(x_1', x_2', t - \sqrt{(x_1 - x_1')^2 + (x_2 - x_2')^2}\right)\, dx_1'\, dx_2'}{\sqrt{(x_1 - x_1')^2 + (x_2 - x_2')^2}}.$$

Hierbei ist von der geometrischen Tatsache Gebrauch gemacht, daß an der Mantelfläche (M) des Kegels die Beziehung

$$t' = t - \sqrt{(x_1 - x_1')^2 + (x_2 - x_2')^2}$$

gilt. Mithin ist, wenn wir das Ergebnis auf das vierfache Integral in Gl. (44.18) übertragen,

$$\frac{1}{4\pi} \partial_4 \int\limits_{(K)} \frac{h(x_1', x_2', x_3', t')\, dx_1'\, dx_2'\, dx_3'\, dt'}{\sqrt{(x_1 - x_1')^2 + (x_2 - x_2')^2 + (x_3 - x_3')^2}}$$

$$= \frac{1}{4\pi} \iiint\limits_{(B)} \frac{h\left(x_1', x_2', x_3', t - \sqrt{(x_1 - x_1')^2 + (x_2 - x_2')^2 + (x_3 - x_3')^2}\right)\, dx_1'\, dx_2'\, dx_3'}{\sqrt{(x_1 - x_1')^2 + (x_2 - x_2')^2 + (x_3 - x_3')^2}},$$

womit der erste Term der rechten Seite der Gl. (44.18) mit der rechten Seite der Gl. (34.20) in Übereinstimmung gebracht ist.

§ 45. Anwendung des Distributionskalküls
auf die dreidimensionale stationäre Überschallströmung

Da im folgenden $x_n = t$ als Raumkoordinate gedeutet wird, schreiben wir z statt t und setzen $x_1 = x$, $x_2 = y$, $x_3 = z$.

1. Problem des flachen Körpers (Tragflügel)

Eine vorgegebene, zur z-Achse parallele Grundströmung mit Überschallgeschwindigkeit (Strömungsgeschwindigkeit $w_\infty >$ Schallgeschwindigkeit a_∞) wird durch einen „flachen Tragflügel" gestört, der „nahezu" in der Ebene $y = 0$, und zwar im Halbraum $z > 0$ liegt (Abb. 65). (T) ist die Projektion des Tragflügels in der Ebene $y = 0$. Vgl. hierzu die einschlägige Literatur in der Gasdynamik, z. B. HEASLET-LOMAX[1] oder SAUER[2].

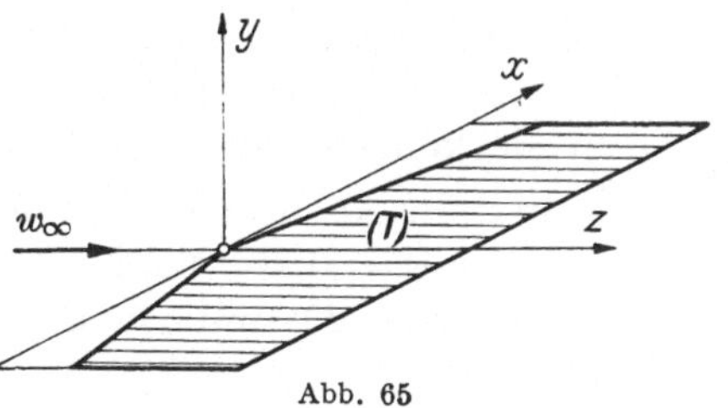

Abb. 65

Bei Beschränkung auf lineare Störungsglieder genügt das dem Potential der Grundströmung

$$\varphi_\infty = w_\infty\, z$$

sich überlagernde Störpotential $\varphi(x, y, z)$ der Wellengleichung

$$\left\{ [(w_\infty/a_\infty)^2 - 1]\left(\frac{\partial}{\partial z}\right)^2 - \left(\frac{\partial}{\partial x}\right)^2 - \left(\frac{\partial}{\partial y}\right)^2 \right\} \varphi(x, y, z) = 0,$$

die wir nach L. PRANDTL durch eine Affintransformation in die Normalform

$$\Box\, \varphi(x, y, z) \equiv \left[\left(\frac{\partial}{\partial z}\right)^2 - \left(\frac{\partial}{\partial x}\right)^2 - \left(\frac{\partial}{\partial y}\right)^2 \right] \varphi(x, y, z) = 0 \quad (45.1)$$

bringen.

Der Einfachheit halber setzen wir voraus, daß die Vorderkante der Tragflügelprojektion (T) „Überschallkante" sei, d. h. daß die Winkel zwischen den Tangenten der Vorderkante und der positiven z-Achse größer sind als $\pi/4$. Die charakteristischen Konoide der Wellengleichung (45.1) sind die zur z-Achse parallelen Drehkegel mit dem Öffnungswinkel $\pi/2$. Wenn die Vorderkante Überschallkante ist, gehen von ihr wie in Abb. 42 zwei charakteristische Flächen („MACH-Flächen") aus, die eine im oberen Raumquadranten $y > 0\,(z > 0)$ und die andere im unteren Quadranten $y < 0\,(z > 0)$. Da keine Rückwirkung strom-

---

[1] HEASLET, M., u. H. LOMAX: NACA Techn. Note Nr. 1515 (1948).
[2] SAUER, R.: Abh. math. Sem. Univ. Hamburg (1957).

aufwärts stattfindet, kann das Problem in den beiden Raumquadranten getrennt behandelt werden. Wir sprechen fortan nur mehr vom oberen Quadranten $y > 0 \, (z > 0)$.

Stromaufwärts von der MACH-Fläche, die von der Vorderkante ausgeht, bleibt die Grundströmung ungestört. Gesucht wird die Störung stromabwärts von der MACH-Fläche, insbesondere am Tragflügel selbst, d. h. für die Punkte der Tragflügelprojektion (T). Dabei sind folgende Bedingungen zu beachten:

(a) φ und die Ableitungen von φ verschwinden auf der raumartigen Ebene $z = 0$ (— und stromabwärts davon bis an die MACH-Fläche —).

(b) Beim Durchgang durch die MACH-Fläche sind die Funktion φ und ihre inneren, d. h. tangentialen Ableitungen stetig. Die äußeren Ableitungen können nach Ziff. 31.2 unstetig sein.

(c) φ und die Ableitungen von φ verschwinden auf der nicht raumartigen Ebene $y = 0$ stromaufwärts von der Flügelprojektion (T). In den Punkten von (T) sind φ und $\partial \varphi / \partial y$ gewisse, zunächst unbekannte Ortsfunktionen.

Wir haben nun statt des Anfangswertproblems von § 44, Ziff. 3, folgendes Anfangs- und Randwert-Problem zu lösen:

Gesucht ist eine Funktion $\varphi(x, y, z)$, die im Quadranten $z \geq 0$, $y \geq 0$ existiert, mit Ausschluß der MACH-Fläche stetige zweite Ableitungen hat und der Wellengleichung (45.1) genügt sowie die Randbedingungen

$$\varphi(x, 0, z) = \begin{cases} p(x, z) & \text{auf} \quad (T) \\ 0 & \text{vor} \quad (T) \end{cases}, \tag{45.2}$$

$$\left(\frac{\partial \varphi}{\partial y}\right)_{y=0} = \begin{cases} q(x, z) & \text{auf} \quad (T) \\ 0 & \text{vor} \quad (T) \end{cases} \tag{45.3}$$

erfüllt.

Durch Übergang zu der an der Begrenzung des Raumquadranten abgeschnittenen Funktion

$$\overline{\varphi}(x, y, z) = \varepsilon(y)\,\varepsilon(z)\,\varphi(x, y, z) \tag{45.4}$$

erhält man ähnlich wie in § 44, Ziff. 3, die Distributionsgleichung

$$\Box\,\overline{\varphi} = -\,\partial_2\varepsilon(y)\,q(x, z) - \partial_2\partial_2\varepsilon(y)\,p(x, z). \tag{45.5}$$

Unstetigkeiten der äußeren Ableitungen längs der MACH-Fläche [vgl. Bedingung (b)] liefern keinen weiteren Beitrag[1] zur rechten Seite von Gl. (45.5).

---

[1] Vgl. R. SAUER: Anwendung der Distributionstheorie usw., Mém. Mécanique des Fluides, offerts à M. D. Riabouchinsky, Publ. Min. de l'Air, S. 13, Paris 1954.

Mit Hilfe der Grundlösung $G = f_2^2$ erhält man wie in § 44, Ziff. 4,

$$\overline{\varphi}(x, y, z) = \begin{cases} - \dfrac{1}{2\pi} \displaystyle\iint_{(B)} \dfrac{q(x', z')\, dx'\, dz'}{\sqrt{(z-z')^2 - (x-x')^2 - y^2}} \\[2em] - \dfrac{1}{2\pi} \dfrac{\partial}{\partial y} \displaystyle\iint_{(B)} \dfrac{p(x', z')\, dx'\, dz'}{\sqrt{(z-z')^2 - (x-x')^2 - y^2}} \end{cases} \qquad (45.6)$$

Der Integrationsbereich (B) ist der Durchschnitt der Tragflügelprojektion (T) mit der von einem Hyperbelbogen und der x-Achse begrenzten Fläche, welche der vom Aufpunkt (x, y, z) ausgehende Vergangenheits-

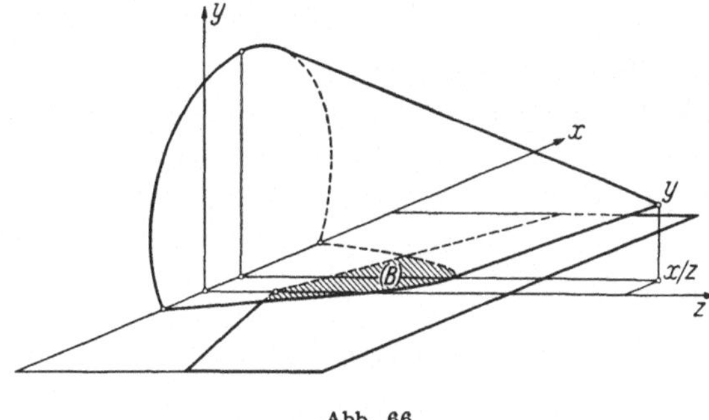

Abb. 66

kegel aus der Halbebene $y = 0$, $z \geqq 0$ ausschneidet (Abb. 66). Der Bereich (B) wird also begrenzt von einem Teil der Vorderkante von (T) und einem Bogenstück der Hyperbel $(z - z')^2 - (x - x')^2 - y^2 = 0$.

2. Umströmung eines Tragflügels bei vorgegebener Gestalt oder bei vorgegebener Auftriebsverteilung

Die Darstellungsformel (45.6) läßt sich vereinfachen. Da nämlich für Punkte des unteren Halbraums, also für negative y, die in Gl. (45.6) festgelegte Sprungfunktion $\overline{\varphi}(x, y, z)$ verschwindet, wird die rechte Seite der Gl. (45.6) Null, wenn man y durch $(-y)$, also $\partial/\partial y$ durch $(-\partial/\partial y)$ ersetzt. Hiernach ergeben sich aus Gl. (45.6) die beiden folgenden Darstellungsformeln

$$\overline{\varphi}(x, y, z) = - \frac{1}{\pi} \iint_{(B)} \frac{q(x', z')\, dx'\, dz'}{\sqrt{(z-z')^2 - (x-x')^2 - y^2}} \qquad (y > 0) \qquad (45.7)$$

und

$$\overline{\varphi}(x, y, z) = - \frac{1}{\pi} \frac{\partial}{\partial y} \iint_{(B)} \frac{p(x', z')\, dx'\, dz'}{\sqrt{(z-z')^2 - (x-x')^2 - y^2}} \qquad (y > 0). \qquad (45.8)$$

(a) Bei vorgegebener Gestalt des Tragflügels ist die Funktion $q(x, z)$ durch den örtlichen Anstellwinkel $\gamma(x, z)$ der zur (y, z)-Ebene parallelen Flügelquerschnitte gegeben,

$$q(x, z) = w_\infty \, \mathrm{tg}\, \gamma(x, z).\tag{45.9}$$

Infolgedessen liefert Gl. (45.7) sofort das Potential der gesuchten Strömung.

(b) Ist dagegen nicht die Gestalt des Tragflügels gegeben, sondern lediglich die Projektion (T), dafür aber die Auftriebsverteilung auf der Oberfläche des Tragflügels, so ist wegen der Proportionalität des Druckes und der z-Komponente w der Strömungsgeschwindigkeit

$$w(x, 0, z) = \omega(x, z)\tag{45.10}$$

als Ortsfunktion über (T) bekannt.

Nun gilt die Wellengleichung (45.1) bzw. (45.5) mit den Darstellungsformeln (45.7) und (45.8) der Lösung ebenso wie für das Potential φ auch für die Ableitungen von φ, z. B. für die Geschwindigkeitskomponente

$$w = \frac{\partial \varphi}{\partial z}.$$

Gl. (45.8) ist in diesem Falle zu ersetzen durch

$$\overline{w}(x, y, z) = -\frac{1}{\pi} \frac{\partial}{\partial y} \iint\limits_{(B)} \frac{\omega(x', z')\, dx'\, dz'}{\sqrt{(z - z')^2 - (x - x')^2 - y^2}} \qquad (y > 0),\tag{45.11}$$

wobei die an Stelle von $p(x, z)$ tretende Funktion $\omega(x, z)$ die in Gl. (45.10) angegebene Bedeutung hat. Durch Gl. (45.11) ist zwar nicht das Potential, dafür aber die Geschwindigkeitskomponente $\overline{w}(x, y, z)$ bestimmt.

3. Weitere Durchrechnung

In Ziff. 2 wurde das Tragflügelproblem im Prinzip gelöst, indem bei vorgegebener Geometrie (Fall a) das Geschwindigkeitspotential $\overline{\varphi}(x, y, z)$ und bei vorgegebener Auftriebsverteilung (Fall b) die Geschwindigkeitskomponente $\overline{w}(x, y, z) = \partial\overline{\varphi}/\partial z$ aus den Anfangs- und Randbedingungen bestimmt wurde. Tatsächlich will man aber im Fall (a) die Druckverteilung, also $\partial\overline{\varphi}/\partial z$, und im Fall (b) die Geometrie des Tragflügels, also die Geschwindigkeitskomponente $\overline{v}(x, y, z) = \partial\overline{\varphi}/\partial y$, kennen. Man hat also noch im Fall (a) aus $\overline{\varphi}(x, y, z)$ die Ableitung $\partial\overline{\varphi}/\partial z$ und im Fall (b) aus der Ableitung $\partial\overline{\varphi}/\partial z$ die Ableitung $\partial\overline{\varphi}/\partial y$ zu berechnen, und zwar beide Male am Tragflügel, d. h. für $y \to 0$. Wir führen im folgenden diese Rechnungen durch und beschränken uns dabei auf den verwickelteren Fall (b). Die analogen Rechnungen für den einfacheren Fall (a) seien dem Leser überlassen.

1. Umformung der Darstellungsformel für $\partial\overline{\varphi}/\partial z$.

Führt man in Gl. (45.11) die Differentiation $\partial/\partial y$ aus, so ergibt sich sofort

$$\overline{w} = \frac{\partial\overline{\varphi}(x, y, z)}{\partial z} = -\frac{y}{\pi}\iint\limits_{(B)}\frac{\omega(x', z')\,dx'\,dz'}{[(z - z')^2 - (x - x')^2 - y^2]^{3/2}} \; ; \qquad (45.12)$$

denn nach § 40 wird beim HADAMARDschen Kalkül der endlichen Bestandteile divergenter Integrale nach einem Parameter nur im Integranden, nicht aber bezüglich der Integrationsgrenzen differenziert.

Um die rechte Seite der Gl. (45.12) zu berechnen, verfahren wir wie in Ziff. 2 von § 41. Wir ersetzen den Integrationsbereich (B) durch den Teilbereich (B_ε), der von einem Bogenstück (H_ε) der Hyperbel

$$(z - z')^2 - (x - x')^2 - y^2 = \varepsilon \qquad (45.13)$$

und einem Teil (R_ε) der Vorderkante der Flügelprojektion (T) mit der Gleichung

$$z' = r(x') \qquad (45.14)$$

begrenzt wird.

Durch partielle Integration kommt

$$-\iint\limits_{(B_\varepsilon)}\frac{\omega(x', z')\,dx'\,dz'}{[(z - z')^2 - (x - x')^2 - y^2]^{3/2}}$$

$$= \iint\limits_{(B_\varepsilon)}\omega(x', z')\,dx'\,d\left\{\frac{z' - z}{[(x - x')^2 + y^2]\sqrt{(z - z')^2 - (x - x')^2 - y^2}}\right\}$$

$$= \left\{\begin{array}{l}\dfrac{1}{\sqrt{\varepsilon}}\displaystyle\int\limits_{(H_\varepsilon)}\frac{\omega(x', z')\,(z' - z)\,dx'}{(x - x')^2 + y^2} - \displaystyle\int\limits_{(R_\varepsilon)}\frac{\omega(x', z')\,(z' - z)\,dx'}{[(x - x')^2 + y^2]\sqrt{(z - z')^2 - (x - x')^2 - y^2}} \\[4mm] \quad - \displaystyle\iint\limits_{(B_\varepsilon)}\frac{\partial}{\partial z'}\,\omega(x', z')\,\frac{(z' - z)\,dx'\,dz'}{[(x - x')^2 + y^2]\sqrt{(z - z')^2 - (x - x')^2 - y^2}}\; .\end{array}\right.$$

Hierbei ist z' im Integral über (H_ε) mittels Gl. (45.13) und im Integral über (R_ε) mittels Gl. (45.14) als Funktion von x' einzusetzen.

Beim Grenzübergang $\varepsilon \to 0$ geht das erste Glied gegen ∞, die Integrale über (R_ε) und (B_ε) konvergieren gegen endliche Grenzwerte und liefern hierbei den endlichen Bestandteil des zu berechnenden divergenten Integrals. Somit hat man

$$\overline{w} = \frac{\partial\overline{\varphi}(x, y, z)}{\partial z}$$

$$= \left\{\begin{array}{l}\dfrac{y}{\pi}\displaystyle\int\limits_{(R)}\frac{\omega(x', r(x'))\,(z - r(x'))\,dx'}{[(x - x')^2 + y^2]\sqrt{(z - r(x'))^2 - (x - x')^2 - y^2}} + \\[4mm] \quad + \dfrac{y}{\pi}\displaystyle\iint\limits_{(B)}\frac{\partial}{\partial z'}\,\omega(x', z')\,\frac{(z - z')\,dx'\,dz'}{[(x - x')^2 + y^2]\sqrt{(z - z')^2 - (x - x')^2 - y^2}}\; .\end{array}\right. \qquad (45.15)$$

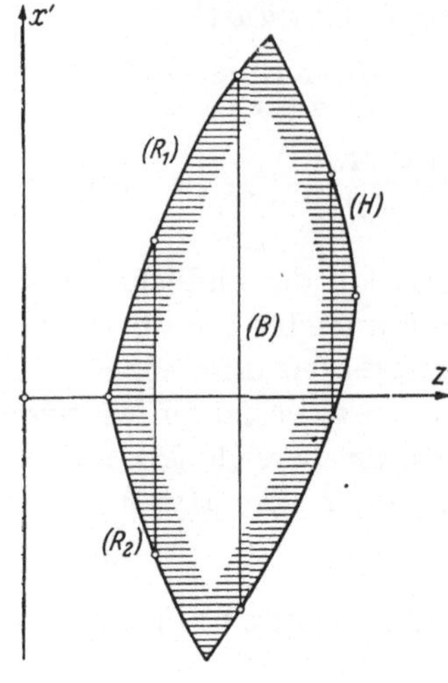

Abb. 67

2. Berechnung des Potentials $\bar{\varphi}$.

Das Potential $\bar{\varphi}$ läßt sich in derselben Weise darstellen, wenn auf (T) die Randwerte $\varphi(x', 0, z') = \chi(x', z')$ vorgegeben wären. Diese Werte sind in der Tat soweit bekannt, wie sie für die Darstellungsformel (45.15) benötigt werden, nämlich

$$\chi(x', r(x')) = 0,$$

da die Strömung bis an die Vorderkante von (T) ungestört bleibt, und

$$\frac{\partial}{\partial z'} \chi(x', z') = \omega(x', z')$$

im Bereich (B). Daher folgt aus Gl. (45.15) die Darstellungsformel des Potentials

$$\bar{\varphi}(x, y, z) = \frac{y}{\pi} \iint\limits_{(B)} \frac{\omega(x', z')(z - z')\, dx'\, dz'}{[(x - x')^2 + y^2]\sqrt{(z - z')^2 - (x - x')^2 - y^2}}. \tag{45.16}$$

3. Berechnung der Ableitung $\partial \bar{\varphi}/\partial y$.

Durch Ableitung der Gl. (45.16) nach y kommt

$$\pi \frac{\partial \bar{\varphi}(x, y, z)}{\partial y} = \overline{\iint\limits_{(B)} \frac{\partial}{\partial y} \left\{ \frac{y\,\omega(x', z')(z - z')}{[(x - x')^2 + y^2]\sqrt{(z - z')^2 - (x - x')^2 - y^2}} \right\}} dx'\, dz'$$

$$= \left\{ \begin{aligned} &\iint\limits_{(B)} \frac{\omega(x', z')(z - z')\, dx'\, dz'}{[(x - x')^2 + y^2]\sqrt{(z - z')^2 - (x - x')^2 - y^2}} - \\ &- 2y^2 \iint\limits_{(B)} \frac{\omega(x', z')(z - z')\, dx'\, dz'}{[(x - x')^2 + y^2]^2 \sqrt{(z - z')^2 - (x - x')^2 - y^2}} + \\ &+ y^2 \overline{\iint\limits_{(B)} \frac{\omega(x', z')(z - z')\, dx'\, dz'}{[(x - x')^2 + y^2][(z - z')^2 - (x - x')^2 - y^2]^{3/2}}} \,. \end{aligned} \right. \tag{45.17}$$

Der endliche Bestandteil des letzten Integrals läßt sich wieder durch partielle Integration bezüglich z' unter Berücksichtigung von

$$\frac{(z - z')\, dz'}{[(z - z')^2 - (x - x')^2 - y^2]^{3/2}} = d\left\{ \frac{1}{\sqrt{(z - z')^2 - (x - x')^2 - y^2}} \right\}$$

berechnen und man erhält dabei schließlich

$$
\pi\,\frac{\partial\bar\varphi(x,y,z)}{\partial y} = \left\{
\begin{aligned}
&\iint\limits_{(B)} \frac{\omega(x',z')\,(z-z')\,dx'\,dz'}{[(x-x')^2+y^2]\,\sqrt{(z-z')^2-(x-x')^2-y^2}} - \\
&- 2y^2 \iint\limits_{(B)} \frac{\omega(x',z')\,(z-z')\,dx'\,dz'}{[(x-x')^2+y^2]^2\,\sqrt{(z-z')^2-(x-x')^2-y^2}} - \\
&- y^2 \iint\limits_{(B)} \frac{\partial}{\partial z'}\,\omega(x',z')\,\frac{dx'\,dz'}{[(x-x')^2+y^2]\sqrt{(z-z')^2-(x-x')^2-y^2}} - \\
&- y^2 \int\limits_{(R)} \frac{\omega(x',r(x'))\,dx'}{[(x-x')^2+y^2]\,\sqrt{(z-r(x'))^2-(x-x')^2-y^2}}\,.
\end{aligned}
\right.
$$

$$(45.18)$$

4. Grenzübergang $y \to 0$.

Für die Durchführung des Grenzübergangs $y \to 0$ gehen wir von Gl. (45.17) aus. Wir fassen die beiden ersten Integrale zusammen und integrieren partiell nach x.

Dabei ergibt sich

$$
\iint\limits_{(B)} \frac{\omega(x',z')\,(z-z')}{\sqrt{(z-z')^2-(x-x')^2-y^2}} \cdot \frac{(x-x')^2-y^2}{[(x-x')^2+y^2]^2}\,dx'\,dz'
$$

$$
= \iint\limits_{(B)} \frac{\omega(x',z')\,(z-z')}{\sqrt{(z-z')^2-(x-x')^2-y^2}}\,dz'\,d\left(\frac{x-x'}{(x-x')^2+y^2}\right)
$$

$$
= \left\{
\begin{aligned}
&\overline{\iint\limits_{(B)} \frac{\omega(x',z')\,(z-z')\,(x-x')^2\,dx'\,dz'}{[(x-x')^2+y^2]\,[(z-z')^2-(x-x')^2-y^2]^{3/2}}} - \\
&- \iint\limits_{(B)} \frac{\partial}{\partial x'}\,\omega(x',z')\,\frac{(z-z')\,(x-x')\,dx'\,dz'}{[(x-x')^2+y^2]\,\sqrt{(z-z')^2-(x-x')^2-y^2}} + \\
&+ \overline{\{J\}}\,,
\end{aligned}
\right.
$$

wobei $\{J\}$ die ausintegrierten Bestandteile, d. h. die Integrale über den Rand sind.

In $\{J\}$ können endliche Bestandteile nur dort auftreten, wo die Geraden $z' = $ const, längs deren nach x' partiell integriert wird, von einem Punkt der Vorderkante begrenzt werden, nicht aber dort, wo sie auf die Hyperbel (H) stoßen (Abb. 67). Zerlegt man die Vorderkante (R) in die Teile (R_1) mit $x' \geqq 0$ und (R_2) mit $x' \leqq 0$, dann hat man

$$
\overline{\{J\}} = \int\limits_{(R_1)} \frac{\omega(x',z')\,(z-z')\,(x-x')\,dz'}{[(x-x')^2+y^2]\,\sqrt{(z-z')^2-(x-x')^2-y^2}} -
$$

$$
- \int\limits_{(R_2)} \frac{\omega(x',z')\,(z-z')\,(x-x')\,dz'}{[(x-x')^2+y^2]\,\sqrt{(z-z')^2-(x-x')^2-y^2}}
$$

mit $z' = r(x')$, oder nach Übergang zur Integrationsvariablen x' mit $dz' = \dfrac{dr(x')}{dx'}\,dx'$,

$$\{J\} = \int\limits_{(R)} \frac{\omega(x', r(x'))\,(z - r(x'))\,(x - x')\,\dfrac{dr(x')}{dx'}\,dx'}{[(x - x')^2 + y^2]\,\sqrt{(z - r(x'))^2 - (x - x')^2 - y^2}}\,.$$

Durch Einsetzen in Gl. (45.17) kommt nunmehr

$$\pi\,\frac{\partial \overline{\varphi}(x, y, z)}{\partial y} = \begin{cases} \overline{\displaystyle\iint\limits_{(B)}} \dfrac{\omega(x', z')\,(z - z')\,(x - x')^2\,dx'\,dz'}{[(x - x')^2 + y^2]\,[(z - z')^2 - (x - x')^2 - y^2]^{3/2}} + \\[4ex] + y^2\,\overline{\displaystyle\iint\limits_{(B)}} \dfrac{\omega(x', z')\,(z - z')\,dx'\,dz'}{[(x - x')^2 + y^2]\,[(z - z')^2 - (x - x')^2 - y^2]^{3/2}} - \\[4ex] - \displaystyle\iint\limits_{(B)} \dfrac{\partial}{\partial x'}\,\omega(x', z')\,\dfrac{(z - z')\,(x - x')\,dx'\,dz'}{[(x - x')^2 + y^2]\,\sqrt{(z - z')^2 - (x - x')^2 - y^2}} + \\[4ex] + \displaystyle\int\limits_{(R)} \dfrac{\omega(x', r(x'))\,(z - r(x'))\,(x - x')\,\dfrac{dr(x')}{dx'}\,dx'}{[(x - x')^2 + y^2]\,\sqrt{(z - r(x'))^2 - (x - x')^2 - y^2}}\,. \end{cases} \tag{45.19}$$

Durch Zusammenfassung der beiden ersten Integrale auf der rechten Seite zu

$$\overline{\iint\limits_{(B)}} \frac{\omega(x', z')\,(z - z')\,dx'\,dz'}{[(z - z')^2 - (x - x')^2 - y^2]^{3/2}}$$

und Berechnung des endlichen Bestandteils dieses divergenten Integrals durch partielle Integration bezüglich z' wie bei Gl. (45.17) kommt für die Summe der beiden ersten Glieder von Gl. (45.19)

$$\overline{\iint\limits_{(B)}} \frac{\omega(x', z')\,(z - z')\,dz'\,dx'}{[(z - z')^2 - (x - x')^2 - y^2]^{3/2}} = -\iint\limits_{(B)} \frac{\partial}{\partial z'}\,\omega(x', z')\,\frac{dx'\,dz'}{\sqrt{(z - z')^2 - (x - x')^2 - y^2}} -$$

$$-\int\limits_{(R)} \frac{\omega(x', r(x'))\,dx'}{\sqrt{(z - r(x'))^2 - (x - x')^2 - y^2}}\,.$$

Hier läßt sich der Grenzübergang $y \to 0$ unmittelbar ausführen. Bei den beiden letzten Gliedern von Gl. (45.19) liefert der Grenzübergang divergente Integrale, für die als endlicher Bestandteil der CAUCHYsche Hauptwert[1] (— in Gl. (45.20) durch Überstreichung des

---

[1] Der CAUCHYsche Hauptwert ordnet sich ähnlich wie die HADAMARDschen endlichen Bestandteile in den Distributionskalkül ein, wenn man aus der Funktion $f(x) = \ln|x|$ durch Ableitung die Distribution $\partial f(x)$ bildet und dann ähnlich wie in § 43, Ziff. 3 u. 5, vorgeht.

Integralzeichens gekennzeichnet —) zu nehmen ist. Sonach hat man als Endergebnis

$$\pi \left[\frac{\partial \overline{\varphi}(x, y, z)}{\partial y} \right]_{y \to 0}$$

$$= \begin{cases} -\iint\limits_{(B)} \frac{\partial}{\partial z'}\, \omega(x', z')\, \dfrac{d x'\, d z'}{\sqrt{(z - z')^2 - (x - x')^2}} - \int\limits_{(R)} \dfrac{\omega(x', r(x'))\, d x'}{\sqrt{(z - r(x'))^2 - (x - x')^2}} - \\[2ex] -\iint\limits_{(B)} \frac{\partial}{\partial x'}\, \omega(x', z')\, \dfrac{(z - z')\, d x'\, d z'}{(x - x')\,\sqrt{(z - z')^2 - (x - x')^2}} + \\[2ex] + \int\limits_{(R)} \dfrac{\omega(x', r(x'))\, (z - r(x'))\, \dfrac{d r(x')}{d x'}\, d x'}{(x - x')\,\sqrt{(z - r(x'))^2 - (x - x')^2}}\,. \end{cases} \qquad (45.20)$$

4. Vereinfachung der Durchrechnung durch den Distributionskalkül

In Ziff. 3 haben wir bei den Umformungen keinen weiteren Gebrauch vom Distributionskalkül gemacht, sondern mit endlichen Bestandteilen divergenter Integrale gerechnet. Wir wiederholen jetzt die Durchrechnung mit Verwendung des Distributionskalküls:

Mit den Bezeichnungen

$$G = -\frac{1}{\pi} \frac{\varepsilon(z - \sqrt{x^2 + y^2})}{\sqrt{z^2 - x^2 - y^2}} \qquad (= -2 f_2^2 \text{ in Gl. } (43.27))$$

und

$$\Omega = \partial_y\, \varepsilon(y)\, \varepsilon(z - r(x))\, \omega(x, z)$$

tritt an Stelle der Gln. (45.5) und (45.11)

$$\Box\, \overline{w} = -\partial_y\, \Omega, \qquad \overline{w} = G * \partial_y\, \Omega = \partial_y\, G * \Omega.$$

Die Distribution G läßt sich umformen in

$$G = -\frac{1}{\pi}\, \partial_z\, \varepsilon(z - \sqrt{x^2 + y^2})\, \mathfrak{Ar}\,\mathfrak{Cof} \left(\frac{z}{\sqrt{x^2 + y^2}} \right).$$

Nach Einführung der weiteren Distribution

$$G^* = -\frac{1}{\pi}\, \partial_y\, \varepsilon(z - \sqrt{x^2 + y^2})\, \mathfrak{Ar}\,\mathfrak{Cof} \left(\frac{z}{\sqrt{x^2 + y^2}} \right)$$

$$= \frac{1}{\pi}\, \varepsilon(z - \sqrt{x^2 + y^2})\, \frac{y z}{x^2 + y^2}\, \frac{1}{\sqrt{z^2 - x^2 - y^2}} \qquad (y > 0)$$

hat man

$$\partial_y\, G = \partial_z\, G^*,$$

also

$$\overline{w} = \partial_y\, G * \Omega = \partial_z\, G^* * \Omega = G^* * \partial_z\, \Omega.$$

Mit

$$\partial_z \Omega = \partial_y \partial_z \varepsilon(y)\, \varepsilon(z - r(x))\, \omega(x, r(x)) + \partial_y \varepsilon(y)\, \varepsilon(z - r(x))\, \frac{\partial \omega(x, z)}{\partial z}$$

kommt dann für $y > 0$ wiederum

$$\overline{w} = \frac{y}{\pi} \int\limits_{(R)} \frac{\omega(x', r(x'))\,(z - r(x'))\,dx'}{[(x - x')^2 + y^2]\, \sqrt{(z - r(x'))^2 - (x - x')^2 - y^2}} +$$

$$+ \frac{y}{\pi} \iint\limits_{(B)} \frac{\partial \omega(x', z')}{\partial z'}\, \frac{(z - z')\,dx'\,dz'}{[(x - x')^2 + y^2]\, \sqrt{(z - z')^2 - (x - x')^2 - y^2}} . \qquad (45.15)$$

Für das Potential $\overline{\varphi}$ ergibt sich aus

$$\overline{w} = \partial_z \overline{\varphi} \quad \text{und} \quad \overline{w} = \partial_z G^* * \Omega = \partial_z (G^* * \Omega)$$

sofort die frühere Gleichung

$$\overline{\varphi} = G^* * \Omega = \frac{y}{\pi} \iint\limits_{(B)} \frac{\omega(x', z')\,(z - z')\,dx'\,dz'}{[(x - x')^2 + y^2]\, \sqrt{(z - z')^2 - (x - x')^2 - y^2}} . \qquad (45.16)$$

Für die Berechnung der Ableitung

$$\partial_y \overline{\varphi} = \partial_y G^* * \Omega$$

nehmen wir folgende Umformungen vor:

$$G^* = -\frac{1}{\pi} \partial_z \varepsilon\left(z - \sqrt{x^2 + y^2}\right) \frac{y}{x^2 + y^2} \sqrt{z^2 - x^2 - y^2}$$

$$= -\frac{1}{\pi} \partial_z \varepsilon\left(z - \sqrt{x^2 + y^2}\right) \left\{ \frac{y z^2}{\sqrt{z^2 - x^2 - y^2}}\, \frac{1}{x^2 + y^2} - \frac{y}{\sqrt{z^2 - x^2 - y^2}} \right\}$$

$$= -\frac{1}{\pi} \partial_x \partial_z \varepsilon\left(z - \sqrt{x^2 + y^2}\right) \times$$

$$\times \left\{ z \arctan\left(\frac{y \sqrt{z^2 - x^2 - y^2}}{x z} \right) - 2y \arctan\left(\frac{\sqrt{z^2 - y^2} - x}{\sqrt{z^2 - x^2 - y^2}} \right) \right\},$$

$$\partial_y G^* = -\frac{1}{\pi} \partial_x \partial_z \varepsilon\left(z - \sqrt{x^2 + y^2}\right) \times$$

$$\times \left\{ \frac{x \sqrt{z^2 - x^2 - y^2}}{x^2 + y^2} - 2 \arctan\left(\frac{\sqrt{z^2 - y^2} - x}{\sqrt{z^2 - x^2 - y^2}} \right) \right\}$$

$$= -\frac{1}{\pi} \partial_x \varepsilon\left(z - \sqrt{x^2 + y^2}\right) \frac{x z}{x^2 + y^2}\, \frac{1}{\sqrt{z^2 - x^2 - y^2}} -$$

$$- \frac{1}{\pi} \partial_z \varepsilon\left(z - \sqrt{x^2 + y^2}\right) \frac{1}{\sqrt{z^2 - x^2 - y^2}} = \partial_x G_{\mathrm{I}}^* + \partial_z G_{\mathrm{II}}^* .$$

Hiernach erhält man

$$\partial_y \overline{\varphi} = \partial_y G^* * \Omega = \partial_x G_{\mathrm{I}}^* * \Omega + \partial_z G_{\mathrm{II}}^* * \Omega = G_{\mathrm{I}}^* * \partial_x \Omega + G_{\mathrm{II}}^* * \partial_z \Omega .$$

Nun ist

$$\partial_x \Omega = \partial_x \partial_y\, \varepsilon(y)\, \varepsilon\big(z - r(x)\big)\, \omega\big(\xi(z),\, z\big) + \partial_y\, \varepsilon(y)\, \varepsilon\big(z - r(x)\big)\, \frac{\partial \omega(x,\, z)}{\partial x},$$

wobei $x = \xi(z)$ die Auflösung von $z = r(z)$ bedeutet, und wegen

$$\partial_x\, \varepsilon\big(z - r(x)\big) = -\,\partial_z\, \varepsilon\big(z - r(x)\big)\, \frac{d r(x)}{d x}$$

weiterhin

$$\partial_x \Omega = -\,\partial_y\, \partial_z\, \varepsilon(y)\, \varepsilon\big(z - r(x)\big)\, \frac{d r(x)}{d x}\, \omega\big(x,\, r(x)\big) +$$

$$+ \partial_y\, \varepsilon(y)\, \varepsilon\big(z - r(x)\big)\, \frac{\partial \omega(x,\, z)}{\partial x}.$$

Durch Einsetzen dieses Ausdrucks für $\partial_x \Omega$ und des bereits vorne berechneten Ausdrucks für $\partial_z \Omega$ in die Faltungsproduktsumme

$$\partial_y \overline{\varphi} = G_{\mathrm{I}}^* * \partial_x \Omega + G_{\mathrm{II}}^* * \partial_z \Omega$$

folgt schließlich

$$\partial_y \overline{\varphi} = \begin{cases} \dfrac{1}{\pi} \displaystyle\int\limits_{(R)} \dfrac{\omega(x',\, r(x'))\,(z - r(x'))\,(x - x')\,\dfrac{d r(x')}{d x'}\, d x'}{[(x - x')^2 + y^2]\,\sqrt{(z - r(x'))^2 - (x - x')^2 - y^2}} - \\[3em] -\dfrac{1}{\pi} \displaystyle\iint\limits_{(B)} \dfrac{\partial \omega(x',\, z')}{\partial x'}\, \dfrac{(z - z')\,(x - x')\, d x'\, d z'}{[(x - x')^2 + y^2]\,\sqrt{(z - z')^2 - (x - x')^2 - y^2}} - \\[3em] -\dfrac{1}{\pi} \displaystyle\int\limits_{(R)} \dfrac{\omega(x',\, r(x'))\, d x'}{\sqrt{(z - r(x'))^2 - (x - x')^2 - y^2}} - \\[3em] -\dfrac{1}{\pi} \displaystyle\iint\limits_{(B)} \dfrac{\partial \omega(x',\, z')}{\partial z'}\, \dfrac{d x'\, d y'}{\sqrt{(z - z')^2 - (x - x')^2 - y^2}}, \end{cases}$$

in Übereinstimmung mit Gl. (45.19) und den folgenden Gleichungen zur Auswertung der endlichen Bestandteile der beiden divergenten Integrale in Gl. (45.19).

Hieran schließt sich der Grenzübergang $y \to 0$ nach Ziff. 3.

5. Problem des schlanken Körpers (drehsymmetrischer Rumpf)

Während bisher auf der rechten Seite der Wellengleichung DIRAC-Distributionen mit einem zweidimensionalen Bereich der Ebene $y = 0$ als Träger auftraten, nehmen wir jetzt DIRAC-Distributionen, deren Träger in der positiven z-Achse enthalten, also eindimensional ist. Mit Ausschluß der z-Achse fordern wir

$$\Box\, \varphi(x, y, z) = \partial_x \partial_y\, \varepsilon(x)\, \varepsilon(y)\, \varepsilon(z)\, f(z) + \partial_x \partial_y \partial_y\, \varepsilon(x)\, \varepsilon(y)\, \varepsilon(z)\, m(z). \quad (45.21)$$

Es ergibt sich dann wie in Ziff. 1 durch Faltung mit der Grund-Lösung $G = f_2^2$, Gl. (43.27), unmittelbar

$$\varphi(x, y, z) = \frac{1}{2\pi} \frac{\varepsilon(z - r)}{\sqrt{z^2 - r^2}} *$$

$$* \{\partial_x \partial_y \, \varepsilon(x) \, \varepsilon(y) \, \varepsilon(z) \, f(z) + \partial_x \partial_y \partial_y \, \varepsilon(x) \, \varepsilon(y) \, \varepsilon(z) \, m(z)\} \qquad (45.22)$$

$$= \left\{ \begin{aligned} &\frac{1}{2\pi} \partial_x \partial_y \iiint\limits_{(K)} \frac{f(z')\, dx'\, dy'\, dz'}{\sqrt{(z - z')^2 - (x - x')^2 - (y - y')^2}} + \\ &+ \frac{1}{2\pi} \partial_y \left\{ \partial_x \partial_y \iiint\limits_{(K)} \frac{m(z')\, dx'\, dy'\, dz'}{\sqrt{(x - x')^2 - (y - y')^2 - (z - z')^2}} \right\}. \end{aligned} \right.$$

Der Integrationsbereich (K) ist durch

$$0 \leqq z' \leqq z - \sqrt{(x - x')^2 + (y - y')^2}, \qquad x' \geqq 0, \qquad y' \geqq 0$$

festgelegt. Er wird aus dem ersten Raumoktanten von dem vom Auf-punkt (x, y, z) ausgehenden Vergangenheitskegel ausgeschnitten.

Die Differentiationen $\partial_x \partial_y = \partial/\partial x \cdot \partial/\partial y$ der Integrale lassen sich ähn-lich wie die Differentiation $\partial_n = \partial/\partial t$ in § 44, Ziff. 3, explizit ausführen: Da sich die Integrale nicht ändern, wenn man den Integrationsbereich (K) in Richtung der x-Achse oder in Richtung der y-Achse parallel verschiebt, hat man

$$\partial_y \iiint\limits_{(K)} J(x - x', \, y - y', \, z, z')\, dx'\, dy'\, dz' = \iint\limits_{(B)} J(x - x', y, z, z')\, dx'\, dz'$$

und ebenso weiter

$$\partial_x \partial_y \iiint\limits_{(K)} J(x - x', y - y', z, z')\, dx'\, dy'\, dz' = \partial_x \iint\limits_{(B)} J(x - x'\, y, z, z')\, dx'\, dz'$$

$$= \varepsilon(z) \int\limits_0^{z-r} J(x, y, z, z')\, dz' \quad \text{mit} \quad r = \sqrt{x^2 + y^2}.$$

Hierbei ist (B) die Begrenzungsfläche von (K) in der Ebene $y = 0$ und das Integrationsintervall $0 \leq z' \leq z - r$ die vom Vergangenheitskegel des Aufpunkts (x, y, z) ausgeschnittene Strecke der positiven z-Achse. Nach Ausführung dieser Differentiationen geht Gl. (45.22) über in

$$\varphi(x, y, z) = \frac{\varepsilon(z)}{2\pi} \left\{ \int\limits_0^{z-r} \frac{f(z')\, dz'}{\sqrt{(z - z')^2 - r^2}} + \frac{\partial}{\partial y} \int\limits_0^{z-r} \frac{m(z')\, dz}{\sqrt{(z - z')^2 - r^2}} \right\}. \qquad (45.23)$$

Hiermit sind wir, in etwas anderer Bezeichnungsweise, zu den in § 36 behandelten Potentialen für die achsensymmetrische und die schiefe Umströmung schlanker Drehkörper zurückgekommen.

§ 46. Anwendung der Laplace-Transformation
auf Anfangswertprobleme

Ein nützliches Hilfsmittel zur Lösung von Anfangs- und von Randwertproblemen partieller Differentialgleichungen sind oft gewisse Integraltransformationen, insbesondere die LAPLACE-Transformation und die FOURIER-Transformation. Sowohl die FOURIER- wie die LAPLACE-Transformation lassen sich durch den Distributionskalkül erweitern und werden dabei einfacher und durchsichtiger. Da für den Gegenstand des vorliegenden Buches, die Anfangswert- und Ausstrahlungsprobleme bei hyperbolischen Differentialgleichungen, die LAPLACE-Transformation besonders nützlich ist, beschränken wir uns hier auf die LAPLACE-Transformation.

Durch die LAPLACE-Transformation werden Differentiationsprozesse in algebraische Prozesse übergeführt. So geht eine gewöhnliche Differentialgleichung in eine algebraische Gleichung über und allgemeiner eine Differentialgleichung mit $n = m + 1$ unabhängigen Veränderlichen $x_1, \ldots, x_m, t$, wenn man die Transformation bezüglich t vornimmt, in eine Differentialgleichung mit nur mehr m unabhängigen Variablen $x_1, \ldots, x_m$. Bezüglich der Veränderlichen s, die bei der vorgenommenen Transformation der Veränderlichen t entspricht, ist die transformierte Differentialgleichung eine algebraische Gleichung.

1. Definition und Rechenregeln der Laplace-Transformation
in der klassischen Analysis

Wir schicken zunächst eine Zusammenstellung der Grundbegriffe und der Rechenregeln aus der Theorie der LAPLACE-Transformation in der gewöhnlichen Analysis voraus, um dann im folgenden die LAPLACE-Transformation durch den Distributionskalkül zu erweitern. Für ein gründlicheres Studium der LAPLACE-Transformation im Rahmen der gewöhnlichen Analysis verweisen wir den Leser auf die einschlägige Spezialliteratur[1].

Durch die LAPLACE-Transformation

$$L\{F(t)\} \equiv \int_0^\infty F(t)\, e^{-st}\, dt = f(s), \quad \text{kurz:} \quad F(t) \circ\!\!-\!\!\bullet\, f(s) \qquad (46.1)$$

werden die „Oberfunktionen" $F(t)$ in „Unterfunktionen" $f(s)$ transformiert. t ist hierbei eine reelle Variable, s soll als komplexe Variable betrachtet werden.

---

[1] Vgl. insbesondere G. DOETSCH: Handbuch der LAPLACE-Transformation I, II, III. Basel: Birkhäuser 1950, 1955, 1956 — Tabellen zur LAPLACE-Transformation und Anleitung zum Gebrauch. Berlin/Göttingen/Heidelberg: Springer 1947.

Wenn zu einer Oberfunktion $F(t)$ eine Unterfunktion $f(s)$ existiert, dann gibt es nur diese eine Unterfunktion, die Abbildung des „Oberraums" der Funktionen $F(t)$ auf den „Unterraum" der Funktionen $f(s)$ ist also eindeutig.

Wenn das LAPLACE-Integral $L\{F(t)\}$ für ein gewisses (komplexes) s_0 konvergiert, dann konvergiert es in der ganzen Halbebene $Rl\ s > Rl\ s_0$. Infolgedessen konvergiert das LAPLACE-Integral einer Funktion $F(t)$, wenn es überhaupt konvergiert, stets in den Punkten einer Halbebene $Rl\ s > \beta$ mit $\beta \gtreqless 0$. Im Fall $\beta = -\infty$ entartet die Halbebene zur Vollebene. Die Punkte der Begrenzungsgeraden $Rl\ s = \beta$ einschließlich des Punkts ∞ gehören alle oder nur teilweise oder gar nicht zu den Konvergenzpunkten.

Die Oberfunktionen $F(t)$ brauchen nur im Reellen (für $0 < t < \infty$) definiert zu sein und sind beliebig bis auf die Forderung, daß die LAPLACE-Integrale $L\{F(t)\}$ jeweils für ein gewisses s konvergieren.

Die Unterfunktionen $f(s)$ dagegen sind sehr spezielle Funktionen. $f(s)$ ist nämlich im Konvergenzbereich des LAPLACE-Integrals $L\{F(t)\}$, nicht notwendig aber für $s = \infty$, stets eine reguläre analytische Funktion der komplexen Veränderlichen s. Innerhalb der Konvergenzhalbebene muß jedoch für $s \to \infty$ die Funktion $f(s) \to 0$ gehen.

Für die LAPLACE-Transformation gelten folgende Rechenregeln:

a) *Additionssatz und Ähnlichkeitssatz*

$$c_1\,F_1(t) + c_2\,F_2(t) \circ\!\!-\!\!\cdot\ c_1\,f_1(s) + c_2\,f_2(s)\,, \qquad (46.2)$$

$$F(at) \circ\!\!-\!\!\cdot\ \frac{1}{a}\,f\left(\frac{s}{a}\right) \quad \text{für} \quad a > 0. \qquad (46.3)$$

b) *Verschiebungssatz und Dämpfungssatz*

$$\varepsilon(t-b)\,F(t-b) \circ\!\!-\!\!\cdot\ e^{-bs}\,f(s) \quad \text{für} \quad b > 0. \qquad (46.4)$$

Hierbei ist $\varepsilon(x)$ die HEAVISIDE-Funktion, $\varepsilon(t\text{-}b)\,F(t\text{-}b)$ geht also aus der bei $t = 0$ links abgeschnittenen Funktion $F(t)$ durch Verschiebung um b nach rechts hervor:

$$e^{-\gamma t}F(t) \circ\!\!-\!\!\cdot\ f(s+\gamma) \qquad \text{für beliebiges komplexes } \gamma. \qquad (46.5)$$

c) *Differentiation und Integration der Oberfunktion* $F(t)$. Unter der Voraussetzung, daß die Ableitung $F'(t)$ eine Unterfunktion besitzt, d. h. daß das LAPLACE-Integral $L\{F'(t)\}$ für ein gewisses $s = s_0$ (und demnach in einer Halbebene) konvergiert, gilt dasselbe auch für $F(t)$ und es ist

$$F'(t) \circ\!\!-\!\!\cdot\ s f(s) - F(0).$$

Durch wiederholte Anwendung dieser Regel unter entsprechenden Voraussetzungen für $F''(t)$ usf. kommt

$$F^{(k)}(t) \circ\!\!-\!\!\cdot\ s^k f(s) - F(0)\,s^{k-1} - \cdots - F^{(k-2)}(0)\,s - F^{(k-1)}(0). \qquad (46.6)$$

Die Ableitungen sind hier natürlich stets im Sinn der gewöhnlichen Analysis, nicht im Sinn des Distributionskalküls zu verstehen.

Wenn $F(t)$ eine Unterfunktion besitzt, dann besitzt stets auch $\int_0^t F(\tau)\,d\tau$ eine Unterfunktion, nämlich

$$\int_0^t F(\tau)\,d\tau \;\circ\!\!-\!\!\cdot\; \frac{1}{s}\,f(s)\,.$$

Durch wiederholte Anwendung dieses Satzes kommt

$$\left(\int_0^t d\tau\right)^k F(\tau) \;\circ\!\!-\!\!\cdot\; \frac{1}{s^k}\,f(s)\,. \tag{46.7}$$

d) *Integration und Differentiation der Unterfunktion* $f(s)$. Unter der Voraussetzung, daß $\int_s^\infty f(\sigma)\,d\sigma$ Unterfunktion ist, wobei der Integrationsweg ganz in der Regularitätshalbebene von $f(s)$ verläuft, d. h. daß diese Funktion als Laplace-Integral einer Oberfunktion dargestellt werden kann, ist auch $f(s)$ eine Unterfunktion und es gilt

$$\frac{F(t)}{t} \;\circ\!\!-\!\!\cdot\; \int_s^\infty f(\sigma)\,d\sigma\,.$$

Durch wiederholte Anwendung dieser Regel unter entsprechenden Voraussetzungen für $(\int_s^\infty d\sigma)^k f(\sigma)$ kommt

$$\frac{F(t)}{t^k} \;\circ\!\!-\!\!\cdot\; \left(\int_s^\infty d\sigma\right)^k f(\sigma)\,. \tag{46.8}$$

Wenn $f(s)$ eine Unterfunktion ist, dann ist stets auch $f'(s)$, $f''(s)$ usw. eine Unterfunktion, nämlich

$$-t\,F(t) \;\circ\!\!-\!\!\cdot\; f'(s)$$

und allgemein

$$(-1)^k\,t^k\,F(t) \;\circ\!\!-\!\!\cdot\; f^{(k)}(s)\,. \tag{46.9}$$

e) *Faltungssatz*. Die Faltung zweier Oberfunktionen wird definiert durch

$$F_1(t)*F_2(t) = \int_0^t F_1(\tau)\,F_2(t-\tau)\,d\tau = \int_0^t F_1(t-\tau)\,F_2(\tau)\,d\tau\,. \tag{46.10}$$

Durch die Laplace-Transformation bilden sich die Faltungsprodukte der Oberfunktionen in gewöhnliche Produkte der Unterfunktionen ab, also

$$F(t)*G(t) \;\circ\!\!-\!\!\cdot\; f(s)\,g(s)\,. \tag{46.11}$$

Dabei sind gewisse zusätzliche Voraussetzungen nötig. Der Satz ist beispielsweise richtig, wenn eines der beiden LAPLACE-Integrale $L\{F(t)\}$, $L\{G(t)\}$ absolut konvergiert. Dann konvergiert das LAPLACE-Integral $L\{F(t) * G(t)\}$ und Gl. (46.11) ist gültig.

2. Erweiterung der Laplace-Transformation auf Distributionen

Wir formen die in Gl. (46.1) gegebene Definition der LAPLACE-Transformationen folgendermaßen um:

Von den Oberfunktionen $F(t)$ setzen wir fortan voraus, daß sie von vornherein als bei $t = 0$ links abgeschnittene Funktionen vorgegeben sind. Dann können wir sowohl bei der Definitionsgleichung (46.1) der LAPLACE-Transformation wie auch bei der Definitionsgleichung (46.10) der Faltung $\int\limits_{-\infty}^{+\infty}$ an Stelle von $\int\limits_{0}^{\infty}$ setzen. Die Definition des Faltungsprodukts stimmt nunmehr mit der früheren, in § 42, Ziff. 5, gegebenen Definition überein und aus

$$F(t) * e^{st} = \int\limits_{-\infty}^{+\infty} F(\tau)\, e^{s(t-\tau)} d\tau = e^{st} \int\limits_{-\infty}^{+\infty} F(\tau)\, e^{-s\tau} d\tau = e^{st} \cdot f(s)$$

ergibt sich

$$L\{F(t)\} = \int\limits_{-\infty}^{+\infty} F(t)\, e^{-st} dt = f(s) = e^{-st}[F(t) * e^{st}]. \qquad (46.12)$$

In dieser Form läßt sich die Definition der LAPLACE-Transformation sogleich auf Distributionen, die für alle t durch eine endliche Summe

$$F = \sum_i \partial^i F_i(t) \qquad (46.13)$$

darstellbar sind, übertragen, nämlich

$$L\{F\} = e^{-st}\,[F * e^{st}], \qquad (46.14)$$

wenn wir an die Distributionen F folgende Forderungen stellen:

a) Die Träger der Distributionen F sollen in der reellen Halbachse $t \geq 0$ enthalten sein. Die Darstellung (46.13) kann also stets so gewählt werden, daß $F_i(t) \equiv 0$ für $t < 0$ gilt.

b) Die Faltungsprodukte $F * e^{st}$ sollen im Sinn des Distributionskalküls existieren, d. h. die Funktionen $F_i(t)$ sollen Unterfunktionen

$$L\{F_i(t)\} = \int\limits_{0}^{+\infty} F_i(t)\, e^{-st} dt = f_i(s)$$

besitzen.

Die Laplace-Transformation nach Gl. (46.14) läßt sich dann folgendermaßen durchführen: Nach Gl. (42.13) ist

$$F * e^{st} = \sum_i \partial^i \int_0^\infty F_i(\tau)\, e^{s(t-\tau)}\, d\tau = \sum_i \partial^i \left\{ e^{st} \int_0^\infty F_i(\tau)\, e^{-s\tau}\, d\tau \right\} = e^{st} \sum_i s^i f_i(s),$$

also

$$L\{F\} = \sum_i s^i f_i(s)$$

oder

$$F = \sum_i \partial^i F_i(t) \circ\!\!-\!\!\bullet f(s) = \sum_i s^i L\{F_i(t)\} = \sum_i s^i f_i(s). \qquad (46.15)$$

Die $f_i(s)$ sind nach Ziff. 1 reguläre analytische Funktionen in rechten Halbebenen $Rl\, s > \beta_i$, unter Umständen mit Ausschluß des Punkts ∞. Für global endliche Summen $\sum_i$ ist dann auch $f(s)$ im gemeinsamen Konvergenzbereich der Laplace-Integrale $L\{F_i(t)\}$, also in der Halbebene $Rl\, s > \beta_{max}$ (β_{max} = Maximum der β_i), eine reguläre analytische Funktion. Auch bei der Erweiterung des Oberraums der Funktionen $F(t)$ durch Hinzunahme von Distributionen F bleiben die Funktionen $f(s)$ des Unterraums analytische Funktionen der komplexen Veränderlichen s, die jeweils in einer rechten Halbebene regulär sind. Sie brauchen jetzt also für $s \to \infty$ nicht mehr wie in Ziff. 1 zu verschwinden.

3. Rechenregeln der Laplace-Transformation im Distributionsraum

Bei der Erweiterung der Laplace-Transformation auf Distributionen bleiben die Rechenregeln der Laplace-Transformation der gewöhnlichen Analysis im wesentlichen gültig, jedoch treten gewisse Vereinfachungen ein und gewisse einschränkende Voraussetzungen fallen weg.

Eine wichtige Folge der Erweiterung des Oberraums durch Distributionen ist die Tatsache, daß die Laplace-Transformation jetzt auf die Dirac-Distributionen angewendet werden kann. Dabei ergibt sich aus der Definitionsgleichung (46.15) und der elementaren Beziehung

$$L\{\varepsilon(t)\} = \int_0^\infty e^{-st}\, dt = \frac{1}{s}$$

sofort

$$L\{\delta\} = L\{\partial\, \varepsilon(t)\} = s\, L\{\varepsilon(t)\} = s \cdot \frac{1}{s} = 1,$$

also

$$L\{\delta\} = 1, \quad \text{kurz} \quad \delta \circ\!\!-\!\!\bullet 1. \qquad (46.16)$$

Eine weitere wichtige Folge ist die Vereinfachung der Differentiationsregel (46.6) zu

$$\frac{d}{dt} F \circ\!\!-\!\bullet\; s f(s), \qquad \left(\frac{d}{dt}\right)^k F \circ\!\!-\!\bullet\; s^k f(s), \tag{46.17}$$

wobei jetzt die Ableitungen im Sinne des Distributionskalküls zu bilden sind. Der Beweis ergibt sich unmittelbar aus

$$\frac{d}{dt} F * e^{st} = \delta' * F * e^{st} = F * (\delta' * e^{st}) = s(F * e^{st}) = s\, e^{st} f(s),$$

also

$$L\left\{\frac{d}{dt} F\right\} = e^{-st}\left\{\frac{d}{dt} F * e^{st}\right\} = s f(s).$$

Durch Anwendung der Regel (46.17) auf Gl. (46.16) kommt weiter

$$\delta' \circ\!\!-\!\bullet\; s, \qquad \delta^{(k)} \circ\!\!-\!\bullet\; s^k. \tag{46.18}$$

Spezialisiert sich die Distribution F zu einer für $t > 0$ im gewöhnlichen Sinn differenzierbaren Funktion $\varepsilon(t)\, F(t)$ und sind die in Ziff. 1 bei Gl. (46.6) erforderlichen Voraussetzungen erfüllt, dann erhält man aus

$$\left(\frac{d}{dt}\right)^k F = \varepsilon(t)\, F^{(k)}(t) + F^{(k-1)}(0)\, \delta + \cdots + F'(0)\, \delta^{(k-2)} + F(0)\, \delta^{(k-1)}$$

durch Einsetzen in Gl. (46.17) unter Berücksichtigung von Gl. (46.18) sofort

$$L\left\{\varepsilon(t)\, F^{(k)}(t)\right\} + F^{(k-1)}(0) \cdot 1 + \cdots + F'(0)\, s^{k-2} +$$
$$+ F(0)\, s^{k-1} = L\left\{\left(\frac{d}{dt}\right)^k F\right\} = s^k f(s),$$

also die in der gewöhnlichen Analysis gültige Regel (46.6).

Daß der Faltungssatz (46.11) auch für Distributionen F, G gültig bleibt, läßt sich unter der Voraussetzung, daß die auftretenden Faltungsprodukte existieren, unmittelbar verifizieren: Es ist

$$[F * G] * e^{st} = \left\{\sum_i \partial^i \left[\sum_{k=0}^{i} \int F_k(\xi)\, G_{i-k}(t-\xi)\, d\xi\right]\right\} * e^{st}$$

$$= \sum_i \partial^i \left\{\int_0^\infty e^{s(t-\tau)} \left[\sum_{k=0}^{i} \int F_k(\xi)\, G_{i-k}(\tau-\xi)\, d\xi\right] d\tau\right\}$$

$$= e^{st} \sum_i s^i L\left[\sum_{k=0}^{i} \{F_k(t) * G_{i-k}(t)\}\right] = e^{st} \sum_i s^i \left[\sum_{k=0}^{i} f_k(s)\, g_{i-k}(s)\right].$$

Wegen

$$f(s)\, g(s) = \left[\sum_i s^i f_i(s)\right]\left[\sum_l s^l g_l(s)\right] = \sum_i s^i \left[\sum_{k=0}^{i} f_k(s)\, g_{i-k}(s)\right]$$

kommt also

$$L\{F * G\} = e^{-st}[(F * G) * e^{st}] = \sum_i s^i \left[\sum_{k=0}^{i} f_k(s)\, g_{i-k}(s)\right] = f(s)\, g(s),$$

wie behauptet.

4. Tabelle von Laplace-Korrespondenzen

In der einschlägigen Literatur, insbesondere in den in Ziff. 1 zitierten Tabellen von G. Doetsch, sind zahlreiche Korrespondenzen $F(t)\, \circ\!\!-\; f(s)$ für die Laplace-Transformation in der gewöhnlichen Analysis für den praktischen Gebrauch bereitgestellt. Wir geben in der nachstehenden Tabelle einige wenige dieser Korrespondenzen an und ergänzen sie durch einige Korrespondenzen für Distributionen des Oberraums.

Tabelle einiger Korrespondenzen für die Laplace-Transformation

Nr.	Funktion $F(t)$ bzw. Distribution F im Oberraum	Analytische Funktion $f(s)$ im Unterraum
1	$\varepsilon(t) = \begin{cases} 1 & \text{für } t > 0 \\ 0 & \text{für } t < 0 \end{cases}$	$\dfrac{1}{s}$
2	$\delta = \partial\,\varepsilon(t)$	1
3	$\delta^{(k)} = \partial^{k+1}\,\varepsilon(t)$	s^k mit $k = 1, 2, \ldots$
4	$\varepsilon(t)\, t$	$\dfrac{1}{s^2}$
5	$\varepsilon(t)\,\dfrac{t^{k-1}}{(k-1)!}$	s^{-k} mit $k = 1, 2, \ldots$
6	$\varepsilon(t)\,\dfrac{t^{\alpha-1}}{\Gamma(\alpha)}$ $(=$ Funktionen $f^\alpha(t)$ in § 43, Ziff. 3$)$	$s^{-\alpha}$ mit $\alpha > 0$
7	$\partial^k\left\{\varepsilon(t)\,\dfrac{t^{\alpha+k-1}}{\Gamma(\alpha+k)}\right\}$ mit ganzer Zahl $k > -\alpha$ $(=$ Distributionen f^α in § 43, Ziff. 3$)$	$s^{-\alpha}$ mit $\alpha \gtrless 0$
8	$\varepsilon(t)\cos\beta t$	$\dfrac{s}{s^2 + \beta^2}$ mit $\beta \gtrless 0$
9	$\varepsilon(t)\sin\beta t$	$\dfrac{\beta}{s^2 + \beta^2}$ mit $\beta \gtrless 0$
10	$\dfrac{\varepsilon(t - r)}{\sqrt{t^2 - r^2}}$ mit $r > 0$	$K_0(rs)$ mit $K_0(z) = \dfrac{\pi}{2}\,i\,H_0^{(1)}(iz)$ (modifizierte Hankel-Funktion)

Die Korrespondenzen 2 und 3 sind bereits in Gl. (46.18) angegeben. Die Korrespondenzen 4 und 5 bzw. 7 ergeben sich aus Korrespondenz 1 bzw. 6 mit Hilfe der Regel (46.9). Die Korrespondenzen 8 bis 10 sind der klassischen Theorie der LAPLACE-Transformation entnommen.

5. Anwendungen auf Faltungsgleichungen

An zwei einfachen Beispielen zeigen wir, wie die auf Distributionen erweiterte LAPLACE-Transformation zur Lösung linearer Faltungsgleichungen verwendet werden kann.

a) Die ABELsche Integralgleichung (vgl. § 44, Ziff. 2)

$$\frac{1}{\sqrt{\pi}} \int_0^x \frac{y(\xi)\,d\xi}{\sqrt{x-\xi}} = f^{\frac{1}{2}}(x) * y(x) = h(x),$$

wobei $y(x)$ und $h(x)$ bei $x = 0$ links abgeschnittene Funktionen sein sollen, geht mit

$$f^{\frac{1}{2}}(x) = \varepsilon(x)\,\frac{x^{-\frac{1}{2}}}{\sqrt{\pi}}, \qquad L\{f^{\frac{1}{2}}(x)\} = \frac{1}{\sqrt{s}}$$

(vgl. Korrespondenz 6 in Ziff. 4 mit $\alpha = \frac{1}{2}$) im Unterraum in die in s algebraische Gleichung

$$L\{f^{\frac{1}{2}}\}\,L\{y\} = \frac{1}{\sqrt{s}}\,L\{y\} = L\{h\},$$

also

$$L\{y\} = \sqrt{s}\,L\{h\}$$

über. Die Rücktransformation in den Oberraum liefert mit

$$f^{-\frac{1}{2}} = \partial\left\{\varepsilon(x)\,\frac{x^{-\frac{1}{2}}}{\sqrt{\pi}}\right\}, \qquad L\{f^{-\frac{1}{2}}\} = \sqrt{s}$$

(vgl. Korrespondenz 7 mit $\alpha = -\frac{1}{2}$) sofort

$$y(x) = f^{-\frac{1}{2}} * h(x) = \frac{1}{\sqrt{\pi}}\,\frac{d}{dx} \int_0^x \frac{h(\xi)\,d\xi}{\sqrt{x-\xi}}$$

wie in § 44.

Die Sätze für Faltung und Differentiation der Distributionen f^{α} in § 43, Ziff. 3, folgen unmittelbar aus den Regeln (46.17) und (46.11) der LAPLACE-Transformation, angewandt auf die Korrespondenz 7. Infolgedessen ist das hier angegebene Lösungsverfahren der ABELschen Gleichung im Grunde identisch mit der in § 44, Ziff. 2, verwendeten Methode.

b) Die Integralgleichung[1]

$$\int_0^x \cos(x-\xi)\,y(\xi)\,d\xi = \varepsilon(x)\cos x * y(x) = h(x),$$

in der $y(x)$ und $h(x)$ wieder bei $x=0$ links abgeschnittene Funktionen sein sollen, liefert mit Hilfe der Korrespondenz 8 im Unterraum die in s algebraische Gleichung

$$L\{\varepsilon(x)\cos x\}\,L\{y\} = \frac{s}{1+s^2}\,L\{y\} = L\{h\},$$

also

$$L\{y\} = \frac{1}{s}\,L\{h\} + s\,L\{h\}.$$

Bei Rücktransformation in den Oberraum kommt unter Berücksichtigung der Korrespondenzen 1 und 3

$$y = \varepsilon(x)*h(x) + \delta'*h(x) = \int_0^x h(\xi)\,d\xi + \frac{d}{dx}\,h(x),$$

wobei die Ableitung von $h(x)$ im Sinn des Distributionskalküls zu nehmen ist.

6. Anwendung auf Anfangs-Randwert-Probleme bei linearen partiellen Differentialgleichungen

Die Anwendung der LAPLACE-Transformation verläuft hier nach nebenstehendem Schema (vgl. das in Ziff. 1 zitierte Tabellenwerk von G. DOETSCH):

Wie bereits in den Vorbemerkungen des § 46 angekündigt wurde, geht die partielle Differentialgleichung für $\Phi(x,t)$ im Oberraum durch die LAPLACE-Transformation hinsichtlich $t\,(0 \le t < \infty)$ in eine gewöhnliche Differentialgleichung für die Unterfunktion $\varphi(x,s)$ über, wobei x die unabhängige Veränderliche ist und daneben s als Parameter in der Differentialgleichung auftritt. Bezüglich s ist die im Unterraum vorliegende Gleichung eine algebraische Gleichung.

Die Anfangsdaten der im Oberraum gegebenen partiellen Differentialgleichung gehen durch Anwendung der Regel (46.6) in die im Unterraum sich ergebende gewöhnliche Differentialgleichung selbst ein.

---

[1] SCHWARTZ, L.: Annales de Télécommunications, **3**, 135—140 (1948).

18*

Oberbereich: Lineare *partielle* Differentialgleichung   +   Anfangsdaten   +   Randdaten

z. B.

$$\frac{\partial^2}{\partial x^2}\Phi(x,t) - \frac{\partial^2}{\partial t^2}\Phi(x,t) = 0$$

$$\Phi(x,0)=p(x),\quad \Phi_t(x,0)=q(x)$$
$$0 \le x \le 1$$

$$\Phi_x(0,t)=\Phi_x(1,t)=0$$

$\downarrow$

Unterbereich: Lineare *gewöhnliche* Differentialgleichung in x mit s als Parameter

(LAPLACE-Transformation hinsichtlich t)

$$\varphi_{xx} - s^2\varphi = -s\,p(x) - q(x)$$

$$\varphi_x(0,s)=\varphi_x(1,s)=0$$

$$\varphi(x,s) = L\{\Phi(x,t)\}$$

Die Randbedingungen des Oberraums dagegen transformieren sich im Unterraum wieder in Randbedingungen. Unter diesen Randbedingungen ist die im Unterraum vorliegende gewöhnliche Differentialgleichung zu lösen und schließlich muß man die Lösung im Unterraum unter der Voraussetzung, daß sie eine Unterfunktion ist, in den Oberraum zurücktransformieren.

Als Beispiel ist in dem obenstehenden Schema die sehr einfache Anfangs-Randwert-Aufgabe gewählt, die in § 2, Ziff. 5, bereits als Beispiel b) behandelt wurde. Wenden wir auf dieses Beispiel unser Lösungsschema an, so empfiehlt es sich, für die Anfangsdaten wieder die formalen FOURIER-Reihen[1]

$$\Phi(x, 0) = p(x) \sim \sum A_n \cos n \pi x, \qquad \Phi_t(x, 0) = q(x) \sim \sum B_n \cos n \pi x$$

zu benützen. Im Unterbereich hat man dann die Aufgabe, die gewöhnliche Differentialgleichung

$$\varphi_{xx} - s^2 \varphi = - \sum (A_n s + B_n) \cos n \pi x \qquad (46.19)$$

unter den Randbedingungen

$$\varphi_x(x, s) = 0 \quad \text{für} \quad x = 0 \quad \text{und für} \quad x = 1$$

zu lösen.

Durch den formalen FOURIER-Ansatz

$$\varphi \sim \sum c_n(s) \cos n \pi x, \quad \text{also} \quad \varphi_x \sim - \sum n \pi c_n(s) \sin n \pi x$$

werden die Randbedingungen automatisch erfüllt. Durch Einsetzen dieser Ausdrücke in die Differentialgleichung (46.19) und Koeffizientenvergleich werden die zunächst unbestimmten Funktionen $c_n(s)$ festgelegt, nämlich

$$c_n(s) \, (n^2 \pi^2 + s^2) = A_n s + B_n,$$

also

$$c_n(s) = \frac{A_n s}{s^2 + n^2 \pi^2} + \frac{B_n}{s^2 + n^2 \pi^2}.$$

Mit Hilfe der Korrespondenzen 8 und 9 gelingt die Rücktransformation in den Oberraum

$$C_n(t) \circ\!\!-\!\!\bullet \, c_n(s) \quad \text{mit} \quad C_n(t) = A_n \cos n \pi t + B_n \frac{\sin n \pi t}{n \pi},$$

schließlich also

$$\Phi(x, t) \circ\!\!-\!\!\bullet \, \varphi(x, s) \quad \text{mit} \quad \Phi(x, t) \sim \sum \left(A_n \cos n \pi t + B_n \frac{\sin n \pi t}{n \pi} \right) \cos n \pi x$$

in Übereinstimmung mit § 2, Ziff. 5.

---

[1] Da wir bisher die Funktionen im Oberraum gewöhnlich mit großen Buchstaben bezeichnet haben, bezeichnen wir hier und im folgenden das Geschwindigkeitspotential mit Φ und seine LAPLACE-Transformierte mit φ.

7. Anwendung auf Ausstrahlungsprobleme
bei linearen partiellen Differentialgleichungen

Bei Ausstrahlungsproblemen, wie z. B. in § 35, Ziff. 2, bzw. § 36 hat man das in Ziff. 6 für Anfangs-Randwert-Probleme angegebene Verfahren dadurch zu modifizieren, daß die Randbedingungen des Ober- und Unterraums durch Ausstrahlungsbedingungen zu ersetzen sind. Wir erläutern dies kurz für das Ausstrahlungsproblem von § 35, Ziff. 2, der Wellengleichung im R_2 (bzw. für die Überschallströmung um Drehkörper, vgl. § 36, Ziff. 1).

$$\Phi_{xx} + \Phi_{yy} - \Phi_{tt} = 0.$$

Da es sich um Lösungen mit Drehsymmetrie bezüglich der t-Achse handelt, schreiben wir die Wellengleichung in Polarkoordinaten

$$\Phi_{rr} + \frac{1}{r}\,\Phi_r - \Phi_{tt} = 0. \tag{46.20}$$

Als Anfangsbedingungen stellen wir

$$\Phi(r,\,0) = \Phi_t(r,\,0) = 0. \tag{46.21}$$

Die Ausstrahlungsbedingung (35.7) soll zunächst lediglich durch die Forderung ersetzt werden, daß $\Phi(r,\,t)$ für $r \to 0$ wie $\ln r$ unendlich wird.

Die Laplace-Transformation der Differentialgleichung (46.20) mit den Anfangsdaten (46.21) liefert im Unterraum

$$\varphi_{rr} + \frac{1}{r}\,\varphi_r - s^2\,\varphi = 0.$$

Die Lösungen dieser Differentialgleichung, die im Punkte $r = 0$ eine logarithmische Singularität haben, sind bis auf einen willkürlichen Faktor gleich der modifizierten Hankel-Funktion $K_0(r\,s)$, also

$$\varphi(r,\,s) = f(s)\,K_0(r\,s).$$

Bei der Rücktransformation in den Oberraum geht die willkürliche Unterfunktion $f(s)$ in eine willkürliche Oberfunktion $F(t)$ und die Hankel-Funktion $K_0(r\,s)$ in die in Korrespondenz 10 der Tabelle von Ziff. 4 angegebene Oberfunktion über. Der Faltungssatz (46.11) liefert also

$$\Phi(r,\,t) = \varepsilon(t)\,F(t) * \frac{\varepsilon(t-r)}{\sqrt{t^2-r^2}} = \int\limits_0^{t-r} \frac{F(\tau)\,d\tau}{\sqrt{(t-\tau)^2-r^2}}.$$

Durch die Ausstrahlungsbedingung (35.7) ist dann die willkürliche Funktion $F(t)$ wie in § 35, Ziff. 2, festzulegen.

8. Anwendung auf die stationäre Überschallströmung
um einen quasizylindrischen Körper

Ein praktisches Beispiel für die Anwendung der LAPLACE-Transformation auf Anfangswertprobleme bei partiellen Differentialgleichungen liefert das Problem der Wechselwirkung bei Rumpf-Flügel-Anordnungen in linearisierter stationärer Überschallströmung. Die Rückwirkung des Flügels auf die Strömung um den als Zylinder idealisierten Rumpf kann durch eine entsprechende schwache Deformation des Zylinder-Rumpfes kompensiert werden und es bleibt dann schließlich die Aufgabe, die Überschallströmung um einen vorgegebenen „quasizylindrischen Körper", nämlich den deformierten Rumpf, zu ermitteln[1].

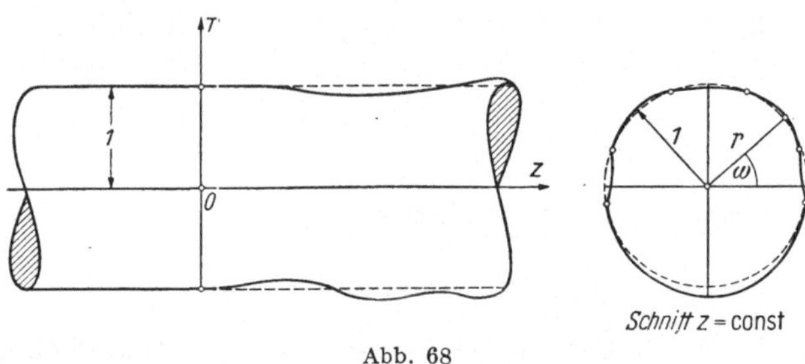

Abb. 68

Der quasizylindrische Körper (Abb. 68) ist zusammengesetzt aus einem undeformierten Drehzylinder für $z \leqq 0$ (Querschnittradius $r = 1$) und einem schwach deformierten Zylinder für $z > 0$, also

$$r = \begin{cases} 1 & \text{für} \quad z \leqq 0, \\ k(z, \omega) & \text{für} \quad z > 0. \end{cases}$$

Hierbei sind z, r, ω Zylinderkoordinaten. Die z-Ableitung der Funktion $k(z, \omega)$ sei durch die formale FOURIER-Reihe

$$\frac{\partial k(z, \omega)}{\partial z} = Q(z, \omega) \sim \sum [F_n(z)\cos n\omega + G_n(z)\sin n\omega] = \sum Q_n(z, \omega) \quad (46.22)$$

gegeben.

Das Potential $\Phi(z, r, \omega)$ der Zusatzströmung, die sich wegen der Deformation des Zylinders der ungestörten Strömung überlagert, genügt der Wellengleichung in Zylinderkoordinaten (vgl. Gl. (36.5))

$$\square \, \Phi(z, r, \omega) \equiv \Phi_{zz} - \left(\Phi_{rr} + \frac{1}{r}\,\Phi_r + \frac{1}{r^2}\,\Phi_{\omega\omega} \right) = 0. \quad (46.23)$$

Hierbei ist die Wellengleichung wie Gl. (45.1) durch die PRANDTLsche Affintransformation auf die Normalform ($\beta^2 = 1$ in Gl. (36.5)) gebracht.

---

[1] NIELSEN, J.: Quasi-cylindrical Theory of Wing-Body-Interference at Supersonic Speeds and Comparison with Experiments. NACA Rep. 1252 (1955).

Außerdem ist die Anfangsbedingung

$$\Phi(z, r, \omega) = 0 \quad \text{für} \quad z \leqq 0 \tag{46.24}$$

und die Randbedingung

$$\Phi_r(z, 1, \omega) = w_\infty \frac{\partial k}{\partial z} = w_\infty Q(z, \omega) \quad \text{für} \quad r = 1, \quad z \geqq 0 \tag{46.25}$$

zu erfüllen. Wir haben hierbei die Aufgabe ähnlich wie in § 45, Ziff. 1, vereinfacht. Dort hatten wir die Randbedingung in der Tragflügelprojektion in der Ebene $y = 0$ statt auf der Tragflügeloberfläche vorgeschrieben, in Gl. (46.25) verlegen wir die Randbedingung von der Oberfläche des quasizylindrischen Körpers auf die Oberfläche des Zylinders $r = 1$.

Wir suchen das Problem nunmehr durch Laplace-Transformation hinsichtlich z (— mit r und ω als Parameter —) zu lösen: Für

$$\varphi(s, r, \omega) = L\{\Phi(z, r, \omega)\}$$

ergibt sich aus Gl. (46.23) mit Hilfe der Differentiationsregel (46.6) unter Berücksichtigung der Anfangsbedingungen (46.24) die Differentialgleichung

$$s^2 \varphi - \left(\varphi_{rr} + \frac{1}{r} \varphi_r + \frac{1}{r^2} \varphi_{\omega\omega}\right) = 0. \tag{46.26}$$

Die Randbedingung (46.25) im Oberraum liefert im Unterraum die Bedingung

$$\varphi_r(s, 1, \omega) = w_\infty L\{Q(z, \omega)\} = w_\infty q(s, \omega) \tag{46.27}$$

mit

$$q(s, \omega) \sim \sum [f_n(s) \cos n\,\omega + g_n(s) \sin n\,\omega] = \sum q_n(s, \omega), \tag{46.28}$$

$$f_n(s) = L\{F_n(z)\}, \qquad g_n(s) = L\{G_n(z)\}.$$

Mit dem Ansatz

$$\varphi(s, r, \omega) = \varphi_n(s, r) \cos n\,\omega \quad \text{oder} \quad = \varphi_n(s, r) \sin n\,\omega$$

geht Gl. (46.26) in die modifizierte Bessel-Gleichung

$$s^2 r^2 \varphi_n'' + s r \varphi_n' - (s^2 r^2 + n^2) \varphi_n = 0$$

über, welche die modifizierten Bessel-Funktionen 1. und 2. Art $I_n(r s)$ und $K_n(r s)$ als linear unabhängige Lösungen besitzt. Man kann zeigen, daß nur die $K_n(r s)$ im Oberraum auf Funktionen $\varphi(z, r, \omega)$ führen, welche die Anfangsbedingung (46.24) erfüllen. Infolgedessen setzen wir für $\varphi(s, r, \omega)$ die formale Fourier-Reihe

$$\varphi(s, r, \omega) \sim \sum K_n(s r)\,[C_n \cos n\,\omega + D_n \sin n\,\omega]. \tag{46.29}$$

Die Koeffizienten C_n und D_n ergeben sich durch Koeffizientenvergleich aus der Randbedingung (46.27) unter Berücksichtigung der Gln. (46.28),

$$C_n = \frac{w_\infty f_n(s)}{s\,K_n'(s)}, \qquad D_n = \frac{w_\infty g_n(s)}{s\,K_n'(s)}.$$

Damit geht Gl. (46.29) über in

$$\varphi(s,\, r,\, \omega) \sim \frac{w_\infty}{s} \sum K_n(s\,r)\, \frac{q_n(s,\,\omega)}{K'_n(s)}\,. \tag{46.30}$$

Praktisch interessiert nun vor allem die Druckverteilung und diese ist, bis auf einen konstanten Faktor, durch die Geschwindigkeitskomponente Φ_z gegeben.

Die Berechnung von Φ_z geschieht folgendermaßen:

Wegen $\Phi(0,\, r,\, \omega) = 0$ nach Anfangsbedingung (46.24) ist

$$\Phi_z\, \circ\!\!-\!\!\cdot\, s\,\varphi, \quad \text{also} \quad \Phi_z(z,\, r,\, \omega) = L^{-1}\{s\,\varphi(s,\, r,\, \omega)\}$$

und nach Gl. (46.30)

$$\Phi_z(z,\, r,\, \omega) \sim w_\infty \sum L^{-1}\left\{K_n(s\,r)\, \frac{q_n(s,\,\omega)}{K'_n(s)}\right\}. \tag{46.31}$$

Die Rücktransformation L^{-1} in den Oberraum gelingt mit Hilfe der von NIELSEN[1] untersuchten und teilweise tabulierten Funktionen

$$\varepsilon(z)\,W_n(z,\, r) = L^{-1}\left\{e^{s(r-1)}\, \frac{K_n(s\,r)}{K'_n(s)} + \frac{1}{\sqrt{r}}\right\}. \tag{46.32}$$

Nach dem Verschiebungssatz (46.4) folgt nämlich aus

$$\varepsilon(z)\,Q_n(z,\, \omega) = L^{-1}\{q_n(s,\, \omega)\}$$

sogleich

$$\varepsilon\big(z - (r-1)\big)\,Q_n\big(z - (r-1),\, \omega\big) = L^{-1}\{e^{-s(r-1)}\,q_n(s,\, \omega)\}$$

und aus Gl. (46.31)

$$\frac{1}{w_\infty}\,\Phi_z(z,\, r,\, \omega) \sim \sum L^{-1}\left\{\left[e^{s(r-1)}\, \frac{K_n(s\,r)}{K'_n(s)} + \frac{1}{\sqrt{r}}\right] [e^{-s(r-1)}\,q_n(s,\, \omega)]\right\} - $$
$$- \frac{1}{\sqrt{r}}\, L^{-1}\{e^{-s(r-1)}\,q_n(s,\, \omega)\}.$$

Auf Grund des Faltungssatzes (46.11) kommt dann

$$\frac{1}{w_\infty}\,\Phi_z(z,\, r,\, \omega) \sim \sum [\varepsilon(z)\,W_n(z,\, r)] * [\varepsilon\big(z - (r-1)\big)\,Q_n\big(z - (r-1),\, \omega\big)] - $$
$$- \frac{1}{\sqrt{r}}\,\varepsilon\big(z - (r-1)\big)\,Q_n\big(z - (r-1),\, \omega\big)$$

oder, in Integralform geschrieben,

$$\frac{1}{w_\infty}\,\Phi_z(z,\, r,\, \omega) \sim \sum \left\{ \int_{r-1}^{z} W_n(z - \zeta,\, r)\,Q_n\big(\zeta - (r-1),\, \omega\big)\,d\zeta - \right.$$
$$\left. - \frac{1}{\sqrt{r}}\,\varepsilon\big(z - (r-1)\big)\,Q_n\big(z - (r-1),\, \omega\big)\right\}. \tag{46.33}$$

Hierdurch ist die gesuchte Lösung mit Hilfe der Funktionen $W_n(z,\, r)$ durch die Randbedingung (46.23) dargestellt.

---

[1] NIELSEN, J.: Tables of Characteristic Functions for Solving Boundary-Value-Problems of the Wave-Equation with Applications to Supersonic Interference. NACA Techn. Note 3873 (1957).

Namenverzeichnis

Sachverzeichnis